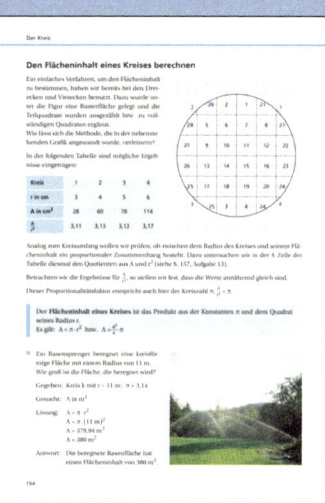

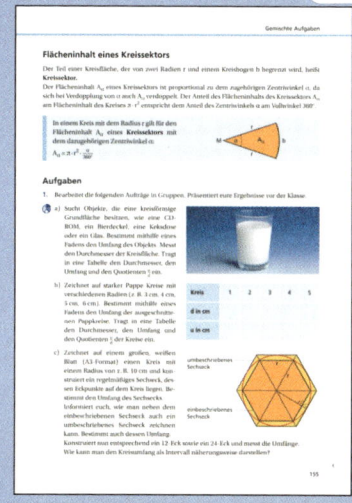

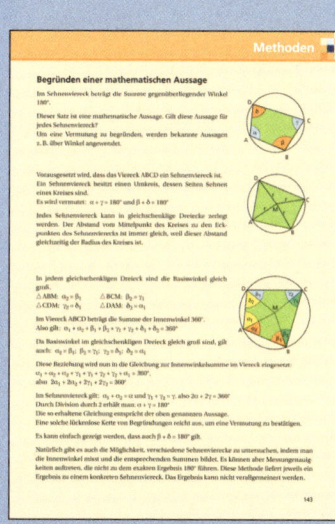

Inhalte
Diese Seiten vermitteln dir – unterstützt durch Merkstoff und Beispiele – mathematisches Wissen über wichtige Begriffe, Gesetze und Zusammenhänge.

Aufgaben
Mithilfe dieser Aufgaben kannst du den Lernstoff üben und anwenden.
Aufgaben mit einem Experten-Icon haben einen höheren Schwierigkeitsgrad.

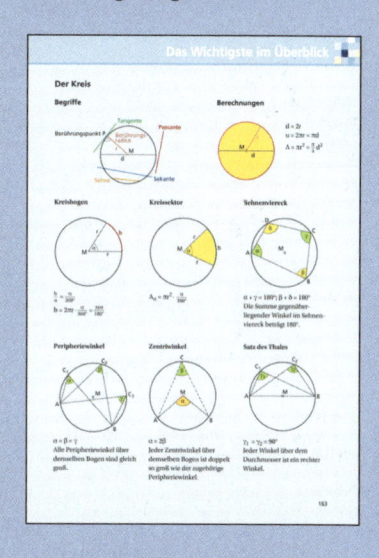

Anwendungen
Möchtest du zum Lösen von Aufgaben Hilfsmittel einsetzen, so findest du hier Hinweise zum Arbeiten mit dem Taschenrechner und mit Computerprogrammen.

Projekt/Mosaik/Methoden
Diese Seiten enthalten neben Sachinformationen Tipps zum Lösen von Aufgaben, interessante Fragen und Aufträge, die du in der Gruppe bearbeiten kannst.

Das Wichtigste im Überblick
Diese Seiten findest du am Ende jedes Kapitels. Sie stellen das Wichtigste in übersichtlicher Form zusammen.

Mathematik 7

Gymnasium Brandenburg

Herausgeber

Dr. Axel Brückner

DUDEN PAETEC Schulbuchverlag
Berlin · Mannheim

Autoren

Dr. Hubert Bossek	Gero Konstroffer
Dr. Axel Brückner	Dr. Günter Liesenberg
Gunter Gerth	Wilhelm Münchow
Thomas Klatte	Rosemarie Schulz

Mit Beiträgen von:
Dr. Uwe Bahro, Andreas Bergt, Margrit Busch, Arno Fischedick, Martina Hanelt, Heidemarie Heinrich, Sabine Küfer, Karlheinz Lehmann, Hans-Detmar Pelz, Ingo Postler, Dr. Ulf Rothkirch, Ellen Rudolph, Manuel Rumi, Dr. Klaus Scheibe, Ramona Schmidt, Uwe Schmidt, Christina Schneider, Elke Schomaker, Dr. Rüdiger Scholz, Dr. Christina Sikora, Prof. Dr. Hans-Dieter Sill, Dr. Horst Thamm, Dr. Michael Unger, Dr. Jochen Weitendorf, Elvira Wittig, Annemarie Wolke, Helmut Wunderling, Silvia Zesch

Redaktion Dr. Michael Unger
Gestaltungskonzept Britta Scharffenberg
Einband Britta Scharffenberg
Layout Martina Holzinger
Grafik Wolfgang Beyer, Martina Holzinger
Titelbild Eisberg, panthermedia / H. Niermann

www.duden-schulbuch.de

Die Links zu externen Webseiten Dritter, die in diesem Lehrwerk angegeben sind, wurden vor Drucklegung sorgfältig auf ihre Aktualität geprüft. Der Verlag übernimmt keine Gewähr für die Aktualität und den Inhalt dieser Seiten oder solcher, die mit ihnen verlinkt sind.

1. Auflage, 4. Druck 2012

Alle Drucke dieser Auflage sind inhaltlich unverändert und können im Unterricht nebeneinander verwendet werden.

© 2008 Duden Paetec GmbH, Berlin

Das Werk und seine Teile sind urheberrechtlich geschützt. Jede Nutzung in anderen als den gesetzlich zugelassenen Fällen bedarf der vorherigen schriftlichen Einwilligung des Verlages. Hinweis zu den §§ 46, 52a UrhG: Weder das Werk noch seine Teile dürfen ohne eine solche Einwilligung eingescannt und in ein Netzwerk eingestellt oder sonst öffentlich zugänglich gemacht werden. Dies gilt auch für Intranets von Schulen und sonstigen Bildungseinrichtungen.

Das Wort **Duden** ist für den Verlag Bibliographisches Institut GmbH als Marke geschützt.

Druck: DZA Druckerei zu Altenburg GmbH, Altenburg

ISBN 978-3-8355-1094-4

Inhalt gedruckt auf säurefreiem Papier aus nachhaltiger Forstwirtschaft.

Inhaltsverzeichnis

Fit in Mathematik 6

1 Rechnen mit gebrochenen Zahlen 6
2 Zuordnungen erkennen und untersuchen 8
3 Winkel bestimmen und Dreiecke berechnen 10
4 Flächen erfassen 12
5 Körper untersuchen 14

1 Rechnen mit rationalen Zahlen 16

Rückblick 18
1.1 Rationale Zahlen untersuchen 22
1.2 Rationale Zahlen addieren und subtrahieren 33
    Projekt: Angaben und Berechnungen zur Erde 38
1.3 Rationale Zahlen multiplizieren und dividieren 40
1.4 Potenzen und Wurzeln untersuchen 45
1.5 In Sachzusammenhängen sicher rechnen 49
1.6 Gemischte Aufgaben 51
Teste dich selbst 57
Das Wichtigste im Überblick 58

2 Rechnen mit Prozenten und Zinsen 60

Rückblick 62
2.1 Rechnen mit Prozenten 64
    Mosaik: Jeder n-te 67
2.2 Grundaufgaben der Prozentrechnung 68
    Mosaik: Prozentsatz und Tabellenkalkulation 77
    Mosaik: Promillerechnung 78
2.3 Prozentuale Veränderung 80
2.4 Rechnen mit Zinsen 84
    Methoden: Lösen von Sachaufgaben 90
2.5 Gemischte Aufgaben 92
Teste dich selbst 96
Das Wichtigste im Überblick 97

Inhaltsverzeichnis

3 Lösen von Gleichungen und Ungleichungen — 98

Rückblick 100
3.1 Grundbegriffe 102
3.2 Lösen von Gleichungen 110
3.3 Lösen von Gleichungen mit Brüchen 118
    Mosaik: Lösungen suchen – mit dem Taschenrechner 120
3.4 Lösen von Ungleichungen 121
3.5 Gleichungen mit Beträgen 125
3.6 Umstellen von Formeln 126
3.7 Lösungsstrategien bei Sachaufgaben 127
    Methoden: Lösen von Sachaufgaben 129
3.8 Gemischte Aufgaben 130
Teste dich selbst 136
Das Wichtigste im Überblick 137

4 Der Kreis — 138

Rückblick 140
4.1 Der Kreis 142
    Methoden: Begründen einer mathematischen Aussage 143
4.2 Sätze am Kreis 147
4.3 Umfang und Flächeninhalt von Kreisen bestimmen 151
4.4 Gemischte Aufgaben 159
Teste dich selbst 162
Das Wichtigste im Überblick 163

5 Prismen und Zylinder untersuchen — 164

Rückblick 166
5.1 Prismen und Zylinder beschreiben 168
5.2 Prismen und Zylinder darstellen 170
    Mosaik: Entwickeln von räumlichen Vorstellungen 171
5.3 Prismen und Zylinder berechnen 174
5.4 Gemischte Aufgaben 178
Projekt: Näherungsweise experimentelle Bestimmung der Zahl π ... 181
Teste dich selbst 182
Das Wichtigste im Überblick 183

6 Erfassen und Darstellen von Daten — 184

Rückblick 186
6.1 Grundbegriffe... 188
6.2 Kennwerte 192
6.3 Klasseneinteilung...................................... 197
Projekt: Das Internet...................................... 201
6.4 Gemischte Aufgaben 202
Mosaik: Brandenburg 206
Teste dich selbst 208
Das Wichtigste im Überblick 209

7 Elektronische Medien nutzen — 210

7.1 Zum Arbeiten mit dem Taschenrechner 212
7.2 Zum Arbeiten mit Tabellenkalkulationsprogrammen. 216
7.3 Zum Arbeiten mit dynamischer Geometriesoftware.. 221

8 Nutzen von Strategien beim Lösen von Aufgaben — 226

8.1 Lösen von Sachaufgaben 228
8.2 Lösen von Konstruktionsaufgaben 230
8.3 Lösen von Beweisaufgaben 232
Jahresabschlusstest... 236

A Anhang — 238

Zum Nachschlagen 239
Lösungen zu „Teste dich selbst"............................ 240
Lösungen zum Jahresabschlusstest 245
Register 246

Fit in Mathematik

1 Rechnen mit gebrochenen Zahlen

Anteile vom Ganzen

Ein Bruch besteht aus Zähler, Bruchstrich und Nenner. Gleichnamige Brüche haben gleiche Nenner. Man vergleicht sie, indem man ihre Zähler vergleicht.

Erweitern und Kürzen

Manche Brüche sind gleich groß, obwohl ihre Nenner und ihre Zähler unterschiedlich sind. Sie gehen durch Erweitern (Zähler und Nenner mit derselben Zahl multiplizieren) oder Kürzen (Zähler und Nenner durch dieselbe Zahl dividieren) auseinander hervor. Dabei ändert sich nur die **Einteilung** des Ganzen, der **Anteil** und damit der Wert des Bruches ändert sich nicht.

Addieren und Subtrahieren

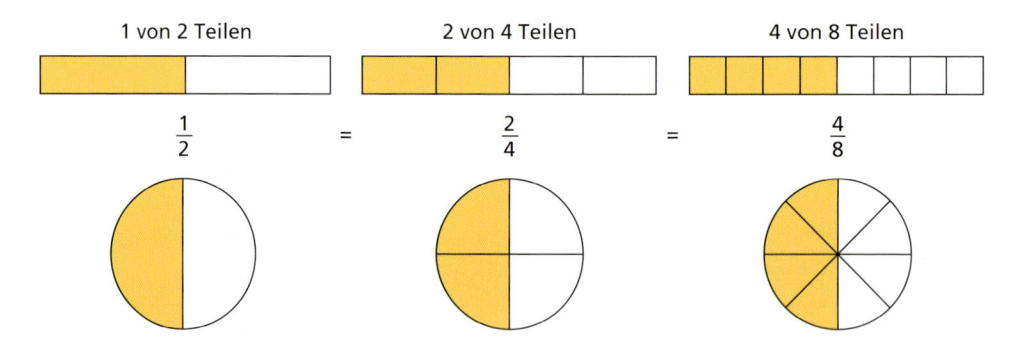

1 von 2 Teilen   2 von 4 Teilen   4 von 8 Teilen

$$\frac{1}{2} = \frac{2}{4} = \frac{4}{8}$$

- Brüche zuerst gleichnamig machen, dann die Zähler addieren bzw. subtrahieren und die Nenner beibehalten
- bei Dezimalbrüchen Komma unter Komma schreiben

Multiplizieren und Dividieren

Ob gleichnamig oder nicht, man kann Brüche direkt multiplizieren oder dividieren.
Beim Multiplizieren rechne Zähler mal Zähler und Nenner mal Nenner.
Beim Dividieren multipliziere den ersten Bruch mit dem Kehrwert des zweiten.

Bei Dezimalbrüchen gehst du so vor:
(1) Rechne zuerst, als wären keine Kommas da.
(2) Setze dann das Komma so, dass rechts vom Komma so viel Stellen stehen, wie beide Faktoren zusammen haben.

Zum Dividieren werden beide Kommas so lange nach rechts verschoben, bis der Divisor eine natürliche Zahl ist.
Jetzt kann einfach dividiert werden.

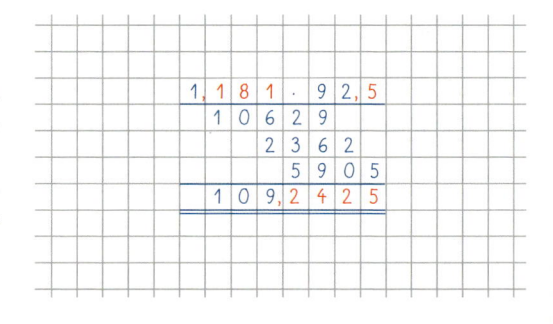

```
1,181 · 92,5
 10629
  2362
   5905
 109,2425
```

Rechnen mit gebrochenen Zahlen

Aufgaben

1. Berechne.
   a) $\frac{9}{8} + \frac{1}{4}$
   b) $\frac{3}{2} - \frac{3}{4}$
   c) $\frac{4}{6} + \frac{1}{2}$
   d) $\frac{9}{10} + \frac{2}{5}$
   e) $\frac{1}{10} - \frac{1}{100}$
   f) $\frac{25}{12} - \frac{7}{6}$
   g) $\frac{3}{14} + \frac{6}{7}$
   h) $\frac{12}{11} - \frac{15}{22}$
   i) $\frac{17}{100} + \frac{1}{2}$
   j) $\frac{4}{13} + \frac{8}{26}$
   k) $1\frac{5}{12} - \frac{3}{4}$
   l) $\frac{16}{19} + \frac{10}{57}$
   m) $1 + \frac{1}{3}$
   n) $\frac{1}{4} + 2$
   o) $1 - \frac{1}{10}$

2. Addiere. Kürze, wenn möglich, die Ergebnisse.
   a) $\frac{1}{10} + \frac{2}{5}$
   b) $\frac{3}{4} + \frac{1}{5}$
   c) $\frac{2}{9} + \frac{1}{3}$
   d) $\frac{1}{12} + \frac{3}{4}$
   e) $\frac{2}{3} + \frac{4}{5}$
   f) $\frac{3}{8} + \frac{5}{12}$
   g) $\frac{1}{12} + \frac{4}{15}$
   h) $\frac{2}{15} + \frac{2}{5}$
   i) $\frac{5}{6} + \frac{5}{12}$
   j) $\frac{3}{4} + \frac{4}{3}$
   k) $\frac{1}{8} + \frac{1}{6}$
   l) $1\frac{1}{2} + \frac{3}{4}$

3. Berechne vorteilhaft.
   a) $\frac{1}{7} \cdot \frac{2}{3} \cdot \frac{7}{8}$ $\quad$ $\frac{2}{9} \cdot \frac{5}{10} \cdot \frac{3}{6}$ $\quad$ $\frac{1}{12} \cdot \frac{6}{11} \cdot \frac{11}{12}$ $\quad$ $\frac{8}{15} \cdot \frac{5}{6} \cdot \frac{3}{4}$
   b) $\frac{2 \cdot 5 \cdot 4}{5 \cdot 8 \cdot 5}$ $\quad$ $\frac{8 \cdot 7 \cdot 9}{3 \cdot 10 \cdot 7}$ $\quad$ $\frac{5 \cdot 4 \cdot 14}{2 \cdot 10 \cdot 8}$ $\quad$ $\frac{3}{4} \cdot \frac{0}{4} \cdot \frac{7}{3}$
   c) $\frac{2}{3} \cdot \frac{3}{4} \cdot \frac{1}{8} \cdot \frac{6}{9}$ $\quad$ $\frac{2}{11} \cdot \frac{121}{20} \cdot \frac{10}{14} \cdot \frac{7}{8}$ $\quad$ $\frac{4 \cdot 5 \cdot 3 \cdot 8}{3 \cdot 8 \cdot 4 \cdot 5}$ $\quad$ $\frac{22}{33} \cdot 33 \cdot \frac{5}{44}$

4. Ein Dolmetscher übersetzt ein Buch vom Niederländischen ins Deutsche. Er soll insgesamt 3 400 € erhalten. Als Vorschuss erhält er $\frac{6}{17}$ des Honorars.
   Nachdem der Übersetzer $\frac{7}{9}$ des Buches übersetzt hat, fehlen noch 126 Seiten.
   Nutze alle Informationen: Wie viel Honorar erhält der Dolmetscher pro Seite?
   Runde geeignet.

5. Familie Hanelt möchte ihre drei Katzen im Flugzeug mit nach Wien nehmen. Die Fluggesellschaft berechnet dafür pro angefangenem Kilogramm sieben Euro.

   Fidor (2 700 g)  $\qquad$ Wotan (5,9 kg)  $\qquad$ Emir (4,25 kg)

6. Welches Ergebnis gehört zu welcher Aufgabe? Erfinde eine ähnliche Zuordnung.

   Aufgabe: 14,82 : 1,9 $\quad$ 1,482 : 19 $\quad$ 148,2 : 190 $\quad$ 0,1482 : 0,19 $\quad$ 1482 : 1,9

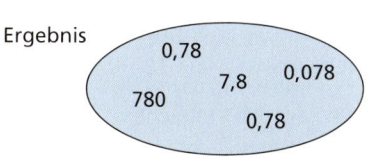

   Ergebnis: 0,78 $\quad$ 7,8 $\quad$ 0,078 $\quad$ 780 $\quad$ 0,78

2 Zuordnungen erkennen und untersuchen

Bei einer **Zuordnung** ordnet man jeder Eingangsgröße eine Ausgangsgröße zu. Dies kann geschehen durch einen Text, eine Tabelle, ein Koordinatensystem, ein Schaubild oder ein Diagramm. Innerhalb der Zuordnungen treten zwei spezielle Arten von Zuordnungen auf, deren Eigenschaften ihr bereits kennt.

Proportionale Zuordnung

Eine Zuordnung ist **proportional,** wenn sich die beiden einander zugeordneten Größen im **gleichen** Verhältnis ändern.

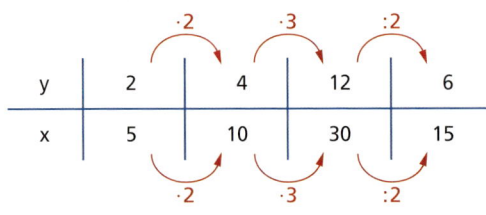

y	2	4	12	6
x	5	10	30	15

Alle Quotienten aus den zugeordneten Wertepaaren sind gleich.

$$\frac{2}{5} = \frac{4}{10} = \frac{12}{30} = \frac{6}{15}$$

Bei proportionalen Zuordnungen liegen die Punkte im Koordinatensystem auf einer Geraden durch den Koordinatenursprung.

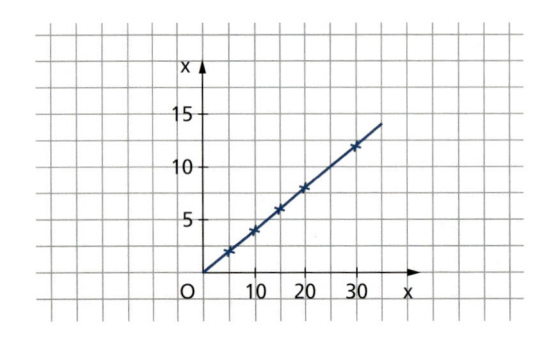

Antiproportionale Zuordnung

Eine Zuordnung ist **antiproportional,** wenn sich die beiden einander zugeordneten Größen im **umgekehrten** Verhältnis ändern.

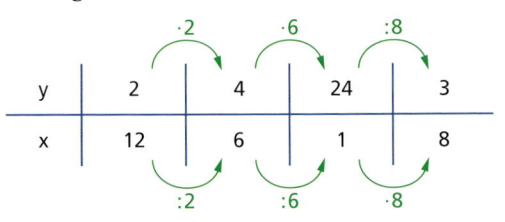

y	2	4	24	3
x	12	6	1	8

Alle Produkte aus den zugeordneten Wertepaaren sind gleich.

$$2 \cdot 12 = 4 \cdot 6 = 24 \cdot 1 = 3 \cdot 8$$

Bei antiproportionalen Zuordnungen liegen die Punkte im Koordinatensystem auf einem Hyperbelast.

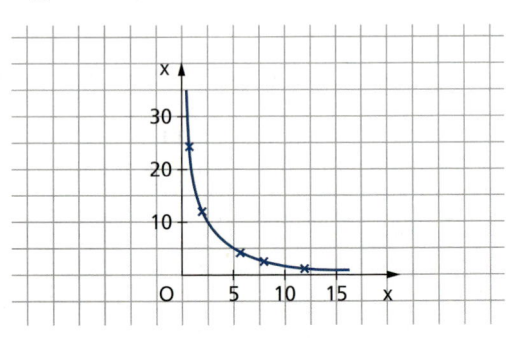

Wertepaare proportionaler oder antiproportionaler Zuordnungen lassen sich auch mit dem **Dreisatz** ermitteln:

5 Blumenzwiebeln kosten 2 €.
Wie viel Euro kosten 20 Zwiebeln?

1. *Dividieren* auf die Grundeinheit (auf die 1):
1 Blumenzwiebel kostet 2,00 € : 5 = 0,40 €.

2. *Multiplizieren* auf das Vielfache:
20 Zwiebeln kosten 0,40 € · 20 = 8,00 €.

Das Futter für 6 Pferde reicht genau 4 Tage.
Wie lange reicht das Futter für 3 Pferde?

1. *Multiplizieren* auf die Grundeinheit (auf die 1):
Für 1 Pferd reicht das Futter 6 · 4 Tage = 24 Tage.

2. *Dividieren* auf das Vielfache:
Für 3 Pferde reicht das Futter 24 Tage : 3 = 8 Tage.

Aufgaben

1. Welche Aufgaben kannst du lösen und welche nicht?
   Ermittle, wenn möglich, die Lösung der Aufgaben.
   a) Zum Streichen einer 4 m × 3 m großen Wandfläche benötigt man 2,4 kg Farbe. Wie viel Kilogramm der gleichen Farbe werden für eine 5 m × 3 m große Wandfläche benötigt?
   b) Aus einer bestimmten Menge Zinn werden 250 Zinnfiguren zu je 15 g gegossen.
      Wie viele Pferde mit Reiter können aus der gleichen Menge Zinn gegossen werden, wenn man für eine dieser Figuren 25 g Zinn benötigt?
   c) Claudia, Uwe, Jens und Maren spielen „Mensch ärgere dich nicht".
      Nach 25 min hat Claudia eine Figur, Uwe zwei Figuren, Jens keine Figur und Maren alle vier Figuren im Spiel. Welche Aussage kannst du über das Spielgeschehen nach 50 min treffen?
   d) Eine Schülerin löst eine Mathematikaufgabe in 9 min.
      Wie lange brauchen drei Schülerinnen zum Lösen dieser Aufgabe?
   e) Hannes geht Einkaufen. Am Wurststand sieht er, dass seine Lieblingswurst gerade im Angebot ist. Er kauft 225 g davon und bezahlt dafür 1,35 €.
      Wie viel Euro kosten 100 g dieser Wurst?
   f) Zwei Maurer brauchen zum Mauern einer Hauswand 10 h.
      Wie lange brauchen fünf Maurer dafür?
   g) In ein Regal passen genau neun Dosen (d = 11,5 cm) nebeneinander. Wie viele Dosen mit einem Durchmesser von 10,5 cm passen in das Regal nebeneinander?
   h) Drei Eier bekommt man für 45 ct. Wie viele Eier bekommt man für einen Euro?

2. Die folgenden Zusammenhänge sind entweder proportional oder antiproportional.
   Berechne möglichst im Kopf und gib nur die Ergebnisse an.
   a) Jan fährt mit dem Fahrrad in zwei Stunden 25 km.
      Wie weit kommt er bei gleichem Tempo in drei Stunden?
   b) Bernd kauft drei Packungen Milch und bezahlt 2,10 €.
      Wie viel Euro muss Herr Petzold für fünf Packungen bezahlen?
   c) Vier Freunde teilen sich eine große Packung Eis. Jeder bekommt sechs Kugeln.
      Wie viele Kugeln bekommt jeder, wenn das Eis auf sechs Kinder aufgeteilt wird?
   d) Lee hat Plätzchen gebacken. Wenn sie jeden Tag fünf davon isst, dann reichen die Plätzchen für zwölf Tage. Wann ist ihr Vorrat aufgebraucht, wenn sie täglich sechs Stück vernascht?
   e) Bei einer Geschwindigkeit von 50 $\frac{km}{h}$ ist das Auto nach anderthalb Stunden am Ziel.
      Wie schnell muss es fahren, um schon nach einer Stunde anzukommen?
   f) Eine Rose kostet 70 Cent. Herr Neubert kauft einen Strauß mit 13 Stück.
      Wie viel Euro muss er bezahlen?
   g) Verbaut Sophia in jeder Schicht 20 Bausteine, reichen ihre Bausteine für ein Bauwerk, das 24 Schichten hoch ist.
      Welche Höhe erreicht es, wenn sie pro Schicht nur 16 Bausteine verarbeitet?
   h) Herr Meier trägt einen Sandberg ab. Wenn er jedes Mal 20 kg in der Schubkarre transportiert, muss er zwölf Fuhren machen. Wie viel Kilogramm Sand muss in der Schubkarre sein, wenn er es mit acht Fuhren schaffen will?
   i) Für sechs gleiche Flaschen bekommt Jannick 150 Cent Pfandgeld.
      Wie viel Pfandgeld gibt es je Flasche?

3 Winkel bestimmen und Dreiecke berechnen

Winkelbeziehungen nutzen

Um die Lage von Geraden zu untersuchen, prüfen wir Winkel an geschnittenen Parallelen und nutzen die Winkelbeziehungen. Die Winkel α und β sind Stufenwinkel an geschnittenen Parallelen. Sind α und β gleich groß, so sind die Geraden g und h parallel zueinander.

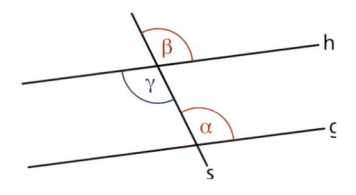

Die Winkel α und γ bilden ein Paar Wechselwinkel. Um zu zeigen, dass diese Winkel an geschnittenen Parallelen ebenfalls gleich groß sind, kann man die Aussage über Scheitelwinkel verwenden. Aus α = β (Stufenwinkel) und β = γ (Scheitelwinkel) folgt α = γ (Wechselwinkel).

Dreiecke konstruieren und berechnen

Die Summe der Innenwinkel in einem Dreieck beträgt 180°. Sind zwei Winkel in einem beliebigen Dreieck gegeben, so lässt sich demzufolge der dritte Innenwinkel berechnen.

Um beliebige Dreiecke eindeutig konstruieren zu können, müssen drei geeignete Stücke gegeben sein.

Zudem sollte man vorher prüfen, ob aus den gegebenen Stücken überhaupt ein Dreieck entsteht. Prüfungskriterien neben der Innenwinkelsumme sind:

a) Die Summe zweier Seitenlängen muss größer sein als die dritte Seitenlänge (Dreiecksungleichung).

b) Der größeren von zwei Seiten muss auch der größere Winkel gegenüberliegen (Seiten-Winkel-Beziehungen).

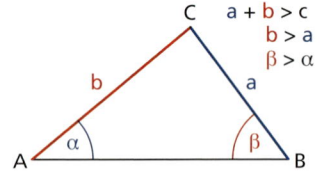

$a + b > c$
$b > a$
$β > α$

Je nach der Art der gegebenen Stücke (Seiten, Winkel) lassen sich vier Fälle unterscheiden, die in den Kongruenzsätzen formuliert sind: Zwei Dreiecke sind kongruent zueinander, wenn

1. sie in allen drei Seiten übereinstimmen,
2. sie in zwei Seiten und dem eingeschlossenen Winkel übereinstimmen,
3. sie in einer Seite und den beiden angrenzenden Winkeln übereinstimmen,
4. sie in zwei Seiten und dem der größeren Seite gegenüberliegenden Winkel übereinstimmen.

Bei der **Konstruktion von Dreiecken** ist es hilfreich, in folgenden Schritten vorzugehen:

1. Zeichne eine Planfigur und markiere die gegebenen Stücke.
2. Stelle einen Lösungsplan auf.
3. Führe die Konstruktion aus und beschreibe sie.
4. Kontrolliere alle Bedingungen und prüfe die Anzahl der Lösungen.

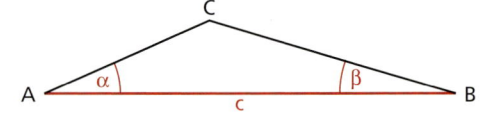

Strecke $\overline{AB}$ zeichnen …

Konstruktion eindeutig …

Winkel bestimmen und Dreiecke berechnen

Aufgaben

1. Katja behauptet: „Wenn das Blatt groß genug ist, kann ich zeigen, dass sich g und h schneiden."
   Was sagst du dazu?
   a) (Skizze: g und h mit Schnittlinie s; Winkel 116° und 68°)
   b) (Skizze: g und h mit Schnittlinie s; Winkel 82° und 80°)

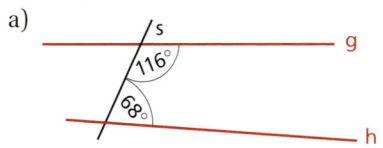

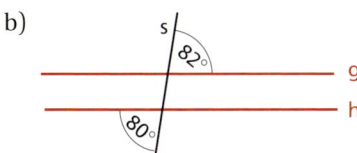

2. Von den Seitenlängen eines Dreiecks ABC ist Folgendes bekannt:
   a) a = 7 cm
      b = 5 cm
   b) b = 12 cm
      c = 15 cm
   c) a = 4,1 cm
      c = 6,3 cm
   d) b = 3,5 cm
      c = 3,5 cm

   Vergleiche jeweils die Größe der gegenüberliegenden Innenwinkel.

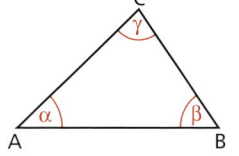

3. Im Dreieck ABC ist die Größe der folgenden Innenwinkel bekannt:
   a) $\alpha = 64°$
      $\beta = 39°$
   b) $\beta = 102°$
      $\gamma = 29°$
   c) $\gamma = 17°$
      $\alpha = 65°$
   d) $\alpha = 45°$
      $\gamma = 45°$

   Äußere dich jeweils über die Längen der gegenüberliegenden Seiten und vergleiche.

4. Gibt es Dreiecke ABC mit folgenden Seitenlängen? Begründe deine Antwort.
   a) a = 5 cm
      b = 4 cm
      c = 3 cm
   b) a = 2 cm
      b = 6 cm
      c = 9 cm
   c) a = 7 cm
      b = 6 cm
      c = 1 cm
   d) a = 28 cm
      b = 65 cm
      c = 38 cm

5. Untersuche mittels der Kongruenzsätze, ob mit den Stücken Dreiecke eindeutig festgelegt sind.
   a) c = 5,2 cm; a = 3,1 cm; $\beta = 18°$
   b) a = 6 cm; b = 7,2 cm; c = 5 cm
   c) b = 4,7 cm; $\alpha = 38°$; $\beta = 45°$
   d) c = 5,9 cm; a = 4 cm; $\alpha = 50°$

6. Untersuche, ob die Dreiecke eindeutig konstruierbar sind. Begründe deine Entscheidung.
   a) c = 4,7 cm; b = 5,3 cm; $\alpha = 45°$
   b) c = 8,1 cm; a = 4,2 cm; b = 9,1 cm
   c) a = 5,2 cm; $\alpha = 77°$; $\beta = 31°$
   d) b = 9 cm; $\alpha = 20°$; $\beta = 110°$
   e) a = 4,3 cm; b = 0,7 cm; c = 3,6 cm
   f) $\gamma = 45°$; $\beta = 81°$; $\alpha = 44°$
   g) b = 9,8 cm; c = 4,2 cm; $\gamma = 61°$
   h) b = 4,85 cm; $\alpha = 23°$; a = 6,9 cm

7. Von einem Dreieck sind die Stücke a, b und α bekannt.
   Wann kann man das Dreieck eindeutig konstruieren und unter welchen Bedingungen ist dies nicht möglich? Fertige zu jeder Möglichkeit eine Planfigur an.

8. Konstruiere ein Dreieck mit folgenden Maßen und fertige auch die Konstruktionsbeschreibung für deinen Nachbarn an. Lasse die Konstruktion ausführen und prüfe das Ergebnis.
   $\alpha = 62°$; a = 5,2 cm; b = 3,2 cm

9. Wie viele weitere Stücke müssen zur Konstruktion eines Dreiecks gegeben sein, wenn neben der Länge der Seite c noch Folgendes bekannt ist:
   a) Das Dreieck ist rechtwinklig.
   b) Das Dreieck ist gleichseitig.

10. Bestimme die Länge der Raumdiagonalen in einem Quader, der 6 cm lang, 4 cm breit und 3 cm hoch ist.

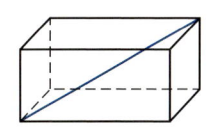

4 Flächen erfassen

Flächeninhalt und Umfang ebener Figuren

Figur		Flächeninhalt	Umfang
Quadrat		$A = a \cdot a$	$u = 4 \cdot a$
Rechteck		$A = a \cdot b$	$u = 2 \cdot a + 2 \cdot b$ $u = 2 \cdot (a + b)$
Dreieck		$A = \frac{g \cdot h}{2}$	Summe aller Seitenlängen
Parallelogramm		$A = g \cdot h$	Summe aller Seitenlängen
Trapez		$A = \frac{a + c}{2} \cdot h$	Summe aller Seitenlängen
Vieleck (Beispiel)		$A = A_1 + A_2 + A_3$	Summe aller Seitenlängen

Besonders leicht kann man einen Flächeninhalt bestimmen, wenn die Fläche in Rechtecke zerlegt werden kann.

Der Umfang wird berechnet, indem die Längen aller außen liegenden Seiten addiert werden.

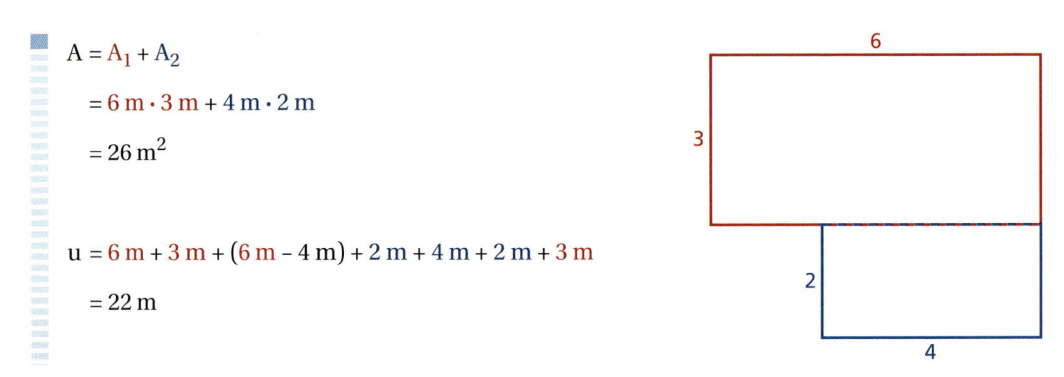

$A = A_1 + A_2$

$= 6 \, m \cdot 3 \, m + 4 \, m \cdot 2 \, m$

$= 26 \, m^2$

$u = 6 \, m + 3 \, m + (6 \, m - 4 \, m) + 2 \, m + 4 \, m + 2 \, m + 3 \, m$

$= 22 \, m$

Flächen erfassen

Aufgaben

1. Karolin behauptet: Alle Figuren haben den gleichen Umfang.

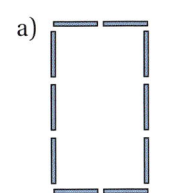

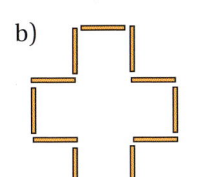

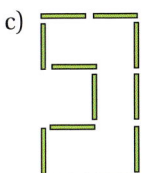

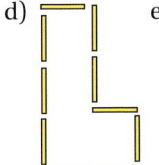

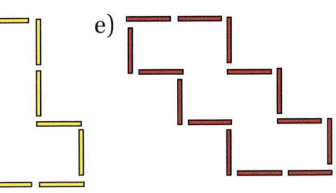

   a)   b)   c)   d)   e)

2. Ermittle den Umfang der nebenstehenden Figuren in Kästchenlängen.
   Zeichne weitere Figuren mit gleichem Umfang.

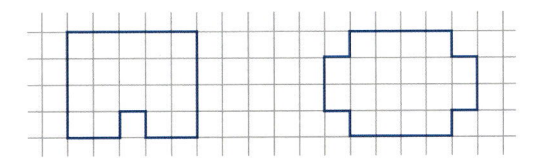

3. Bestimme den Flächeninhalt und den Umfang folgender Figuren.

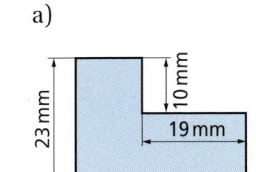

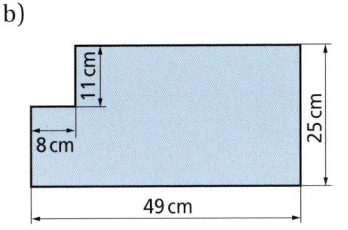

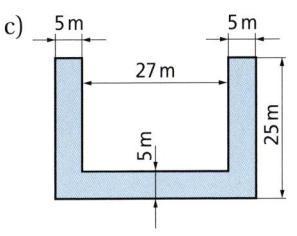

   a) 23 mm, 10 mm, 19 mm, 31 mm

   b) 11 cm, 8 cm, 25 cm, 49 cm

   c) 5 m, 5 m, 27 m, 5 m, 25 m

4. Der Umfang eines Rechtecks beträgt 24 cm. Zeichne ein mögliches Rechteck.
   Gib verschiedene Möglichkeiten an.

5. Wie groß ist jeweils der Flächeninhalt? Ermittle diesen durch Auszählen der Kästchen und überprüfe anschließend durch Rechnung.

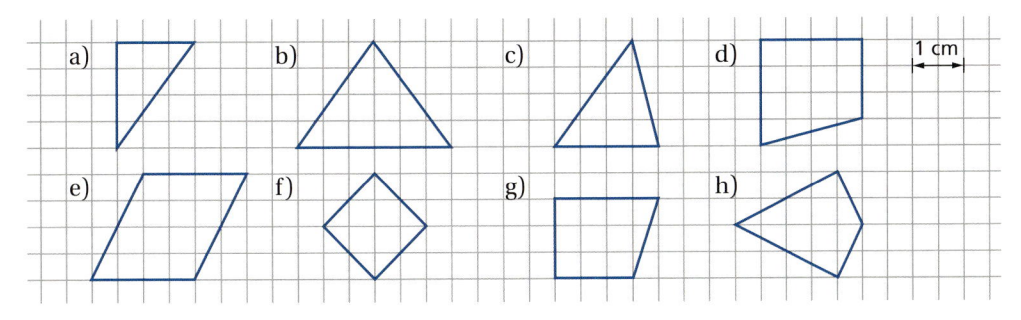

   a)   b)   c)   d)   1 cm

   e)   f)   g)   h)

6. Berechne den Flächeninhalt der Vielecke.

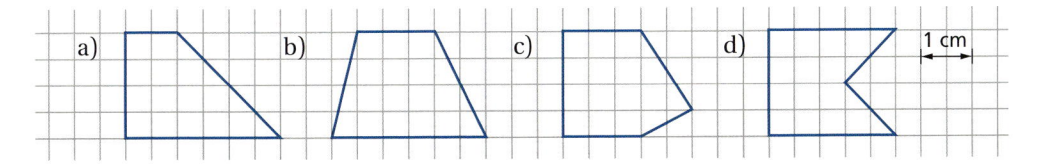

   a)   b)   c)   d)   1 cm

5 Körper untersuchen

Volumen und Oberflächeninhalt von Quadern

Um das Volumen eines Quaders zu berechnen, werden die Seitenlängen für Breite, Tiefe und Höhe miteinander multipliziert.

$V_{Quader} = a \cdot b \cdot c \qquad V_{Würfel} = a^3$

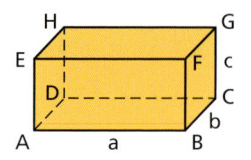

Auch das Volumen von Körpern, die nur aus Quadern bzw. Würfeln zusammengesetzt sind, kann durch Zerlegen in Teilkörper berechnet werden.

■ Es ist das Volumen des nebenstehend abgebildeten Körpers zu berechnen.

$V = V_{Quader} + V_{Würfel}$

$\quad = 50 \text{ mm} \cdot 20 \text{ mm} \cdot 12 \text{ mm} + (20 \text{ mm})^3$

$\quad = 12\,000 \text{ mm}^3 + 8\,000 \text{ mm}^3$

$\quad = 20\,000 \text{ mm}^3 = 20 \text{ cm}^3$

Das Volumen beträgt 20 cm^3.

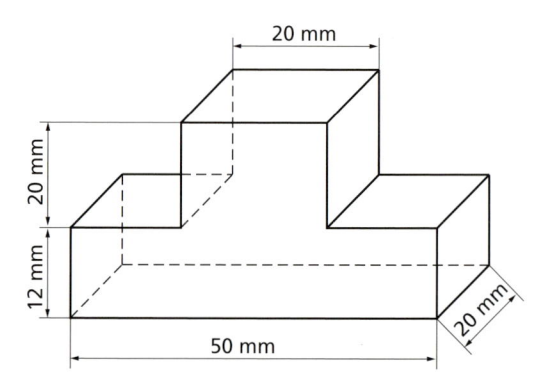

Für den Oberflächeninhalt von Quadern bzw. Würfeln gilt:

$A_O = 2 \cdot (a \cdot b + a \cdot c + b \cdot c) \qquad \text{bzw.} \qquad A = 6 \cdot a^2$

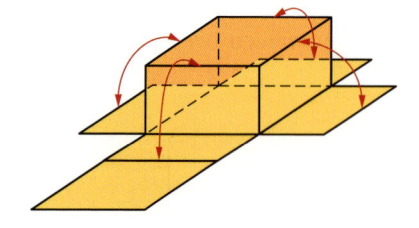

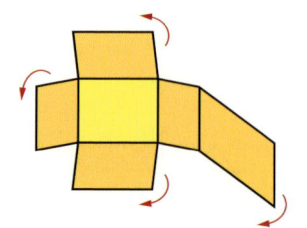

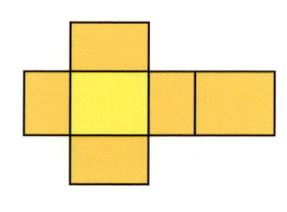

■ Ein Quader ist 12 cm lang, 8 cm breit und 6 cm hoch.
Berechne die minimale Größe der Verpackungsfläche (ohne Überlappungskanten).

$A_O = 2 \cdot (ab + ac + bc)$

$A_O = 2 \cdot (96 \text{ cm}^2 + 72 \text{ cm}^2 + 48 \text{ cm}^2)$

$A_O = 432 \text{ cm}^2$

Für die Verpackung des Quaders wird eine Fläche von mindestens 432 cm^2 benötigt.

Auf dieser Seite findest du zwei Darstellungsmöglichkeiten von Körpern, die dir bereits bekannt sind. So wird der Quader als Schrägbild und als Körpernetz dargestellt.

Körper untersuchen

Aufgaben

1. Berechne jeweils den Oberflächeninhalt des dargestellten Quaders.

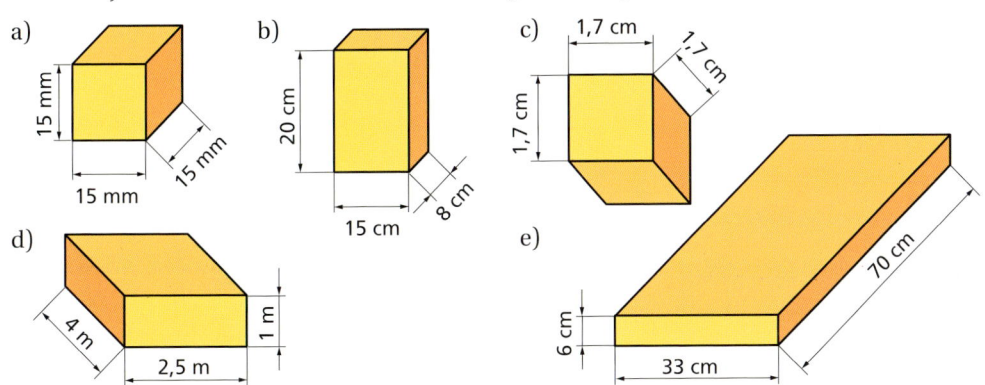

a) 15 mm × 15 mm × 15 mm

b) 20 cm × 15 cm × 8 cm

c) 1,7 cm × 1,7 cm × 1,7 cm

d) 4 m × 2,5 m × 1 m

e) 6 cm × 33 cm × 70 cm

2. Haben alle Körper das gleiche Volumen? Beschreibe, wie du das Volumen als Vielfaches des Volumens eines Einheitswürfels ermittelst.

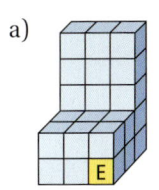

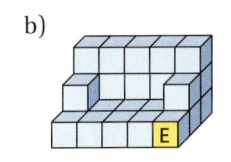

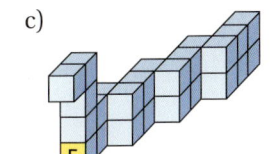

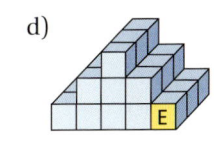

a)   b)   c)   d)

3. a) Denk dir um jeden Körper einen möglichst kleinen Würfel (Quader, der kein Würfel ist). Bestimme sein Volumen.

b) Welches Volumen hat der größte Quader, der in den Körper hineinpasst?

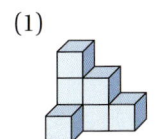

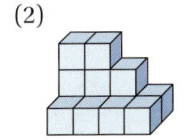

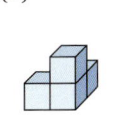

(1)   (2)   (3)

4. Jassir sagt: „Wenn in unserer Klasse doppelt so viele Schüler wären, dann könnten wir mit unseren Rucksäcken einen Kubikmeterwürfel füllen."

a) Besprecht in der Gruppe. Was meint ihr? Kann Jassir recht haben?

b) Prüft nach. Schätzt, wie viele Schulrucksäcke hineinpassen, und probiert es am selbst gebastelten Kantenmodell aus. Wie groß muss ein Würfel sein, in den alle Rucksäcke der Schule passen?

c) Wie viele Schuhkartons mit 25 cm, 15 cm und 20 cm Kantenlänge könnte man in solch einem Würfel stapeln?

5. Im Tierpark befindet sich ein großes, quaderförmiges Wasserbecken aus Glas, in dem Seekühe von allen Seiten zu beobachten sind.
Das Becken ist 15 m lang, 12 m breit und 3 m hoch.
Berechne das Volumen der darin befindlichen Wassermenge, wenn das Becken bis zu $\frac{9}{10}$ seiner Höhe mit Wasser gefüllt ist.

15

1 Rechnen mit rationalen Zahlen

Zeitzonen

Bei langen Reisen überquert man mehrere Zeitzonen. Familie Stelzer und Herr Kirschner sind auf dem Flughafen. Während die Familie auf ihren Flug nach Bangkok wartet, besteigt Herr Kirschner die Maschine nach New York.
Gib den Reisenden einen Tipp, wie sie ihre Uhren umstellen müssen, damit sie am Ziel die Ortszeit ablesen können.

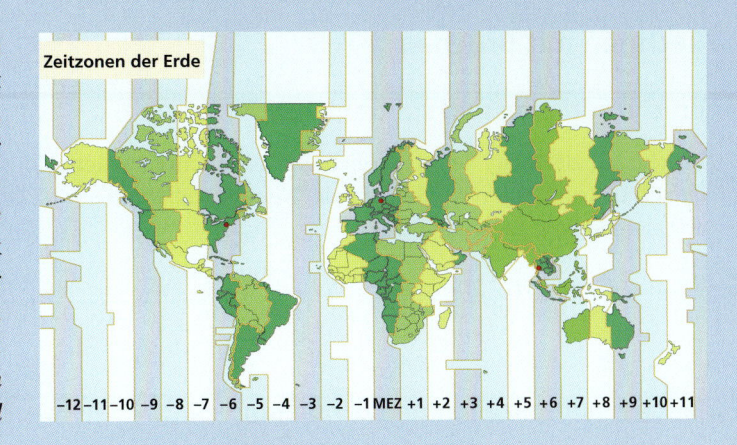

Höhen und Tiefen

Auf Karten werden Erhebungen über dem Meeresspiegel als Höhen (über NN) bezeichnet, das Gegenteil davon als Tiefen (unter NN).
Die Angabe NN (Normalnull) bezeichnet das Höhenniveau des Wasserspiegels der Weltmeere.
*Suche die Höhe deines Heimatorts in einem Atlas oder im Internet und gib diese an.
Gibt es in Deutschland auch einen Ort, der unter dem Meeresspiegel liegt?
Welcher Höhenunterschied besteht zwischen deinem Heimatort und dem tiefsten Ort in Deutschland?*

Giganten des Meeres nur zu $\frac{1}{10}$ sichtbar

Eisberge, die sich vom Festlandeis lösen, treiben ins offene Meer hinaus. Nur ein geringer Teil der Eismasse ragt aus dem Wasser heraus. Mithilfe moderner Technik wird u. a. gemessen, wie weit der Eisberg aus dem Wasser ragt und wie tief er hinabreicht.
Wie kann man sinnvoll mit Vorzeichen kennzeichnen, ob oberhalb oder unterhalb des Meeresspiegels gemessen wurde?

Rückblick

Rechnen mit Brüchen

Brüche addieren und subtrahieren

Brüche mit gleichem Nenner (gleichnamige Brüche) werden addiert/subtrahiert, indem die Zähler addiert/subtrahiert werden und der Nenner beibehalten wird. Ungleichnamige Brüche müssen erst gleichnamig gemacht werden.

$$\frac{2}{3} + \frac{4}{5} = \frac{10}{15} + \frac{12}{15} = \frac{22}{15}$$

$$\frac{7}{4} - \frac{2}{3} = \frac{21}{12} - \frac{8}{12} = \frac{13}{12}$$

Brüche multiplizieren und dividieren

Brüche werden miteinander multipliziert, indem jeweils die Zähler und die Nenner miteinander multipliziert werden (Zähler mal Zähler und Nenner mal Nenner).
Man dividiert durch einen Bruch, indem man mit dem Kehrwert des Bruchs multipliziert.
Falls es möglich ist, sollte vor dem Berechnen der Produkte oder Quotienten gekürzt werden.

$$\frac{4}{5} \cdot \frac{7}{16} = \frac{\overset{1}{\cancel{4}} \cdot 7}{5 \cdot \underset{4}{\cancel{16}}} = \frac{7}{20}$$

$$\frac{2}{5} : \frac{10}{11} = \frac{\overset{1}{\cancel{2}} \cdot 11}{5 \cdot \underset{5}{\cancel{10}}} = \frac{11}{25}$$

Rechnen mit Dezimalbrüchen

Dezimalbrüche addieren und subtrahieren

- Komma unter Komma
- freie Stellen mit Nullen auffüllen

```
  312,243              54,351
+  54,700            -  6,400
  366,943              47,951
```

Dezimalbrüche multiplizieren

- wie mit natürlichen Zahlen
- Anzahl der Dezimalstellen beider Faktoren ermitteln
- entsprechende Dezimalstellen von rechts durch ein Komma abtrennen
- bei der **Multiplikation mit 10** (100, 1000 ...) rückt das **Komma** um 1 (2, 3 ...) Stelle(n) nach **rechts**

$11 \cdot 0,5 = 5,5$
$4,1 \cdot 0,02 = 0,082$
$78,3 \cdot 1,78 = 139,374$

$0,45 \cdot 100 = 45$
$0,45 \cdot 1\,000 = 450$

$$\begin{array}{r} 11 \cdot 0,5 \\ \hline 5,5 \end{array}$$

Dezimalbrüche dividieren

- **Dividend** und **Divisor** so erweitern, dass im **Divisor** kein Komma mehr auftritt
- bei der **Division durch 10** (100, 1000 ...) rückt das **Komma** um 1 (2, 3 ...) Stelle(n) nach **links**

$12 : 0,02 = 1200 : 2 = 600$
$3,45 : 0,5 = 34,5 : 5 = 6,9$
$74,32 : 100 = 0,7432$

Ganze Zahlen verwenden

Zahlen, die kleiner als null sind, heißen negative Zahlen. Sie werden durch ein Minus als Vorzeichen gekennzeichnet. Der Zahl Null wird kein Vorzeichen zugeordnet.
Zahlen, die größer als null sind, heißen positive Zahlen; sie erhalten ein Plus als Vorzeichen.

Diese Zahlen lassen sich darstellen, indem der Zahlenstrahl nach links zu einer Zahlengeraden erweitert wird. Man kann sich auch vorstellen, dass der Zahlenstrahl an der Null gespiegelt wird.

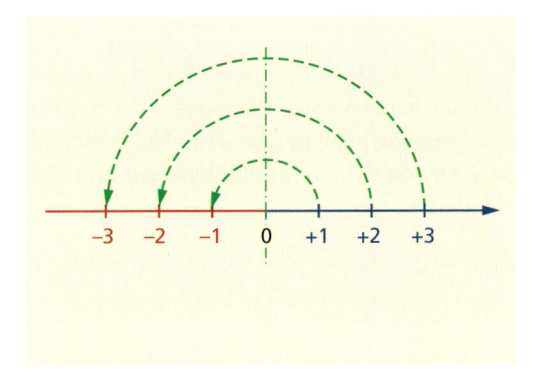

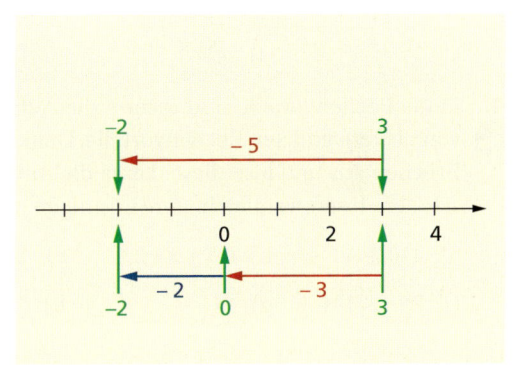

Die Zahlen +3 und −3 liegen auf der Zahlengeraden symmetrisch zur Null. Allgemein haben die Zahlen +a und −a auf der Zahlengeraden den gleichen Abstand zur Null, sie liegen aber auf verschiedenen Seiten der Null. Solche Zahlen heißen zueinander entgegengesetzte Zahlen (Gegenzahlen).

Erweitert man nun die Menge aller natürlichen Zahlen um ihre Gegenzahlen (um ihre entgegengesetzten Zahlen), so erhält man einen umfassenderen Zahlenbereich, den der ganzen Zahlen (die Menge $\mathbb{Z}$).
Die ganzen Zahlen enthalten die natürlichen Zahlen als Teilmenge.

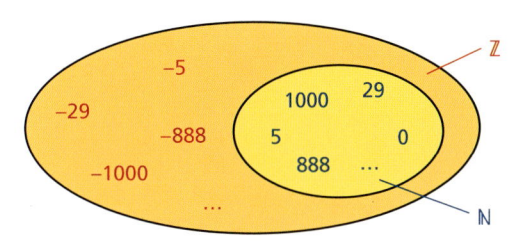

■ Negative Zahlen begegnen uns bei verschiedenen Sachverhalten:
- Geografische Höhen und Tiefen werden mit Angaben über NN (Normalnull) und unter NN gekennzeichnet (siehe S. 17).
- Kontoauszüge weisen Guthaben mit einem Plus (oder einem H für Haben) und Auszahlungen oder Schulden mit einem Minus (bzw. einem S für Soll) aus.
- Historische Jahresangaben verwenden die Schreibweisen v. Chr. (vor Christus) und mitunter auch n. Chr. (nach Christus).

Rückblick

Aufgaben

1. Übertrage in dein Heft und setze Zahlen so ein, dass wahre Aussagen entstehen.

   a) $\frac{1}{2} = \frac{3}{\blacksquare}$ b) $\frac{5}{13} = \frac{25}{\blacksquare}$ c) $\frac{\blacksquare}{2} = \frac{6}{12}$ d) $\frac{125}{\blacksquare} = \frac{25}{8}$ e) $\frac{84}{16} = \frac{\blacksquare}{4} = \frac{42}{\blacksquare} = \frac{\blacksquare}{32}$

2. Berechne. Kürze das Ergebnis so weit wie möglich.
   Erläutere dein Vorgehen beim Lösen der Aufgaben.

   a) $\frac{1}{2} + \frac{3}{2}$ b) $\frac{4}{5} - \frac{2}{5}$ c) $\frac{2}{3} + \frac{3}{2}$ d) $\frac{3}{2} - \frac{2}{3}$ e) $\frac{11}{4} - \frac{3}{16}$

3. Berechne. Kürze, wenn möglich, vor dem Multiplizieren. Erläutere dein Vorgehen beim Lösen der Aufgaben. Was passiert mit den Ergebnissen, wenn du vor dem Rechnen die Zahlen vertauschst, d. h., aus $\frac{5}{4} \cdot \frac{8}{3}$ würde $\frac{8}{3} \cdot \frac{5}{4}$ werden?

   a) $\frac{1}{2} \cdot \frac{3}{5}$ b) $\frac{5}{4} \cdot \frac{8}{3}$ c) $\frac{120}{150} \cdot \frac{3}{4}$ d) $\frac{1}{2} \cdot \frac{3}{5} \cdot \frac{1}{6}$ e) $\frac{6}{5} \cdot \frac{30}{9} \cdot \frac{18}{36}$

   f) $\frac{32}{7} \cdot \frac{21}{64}$ g) $\frac{6}{13} \cdot \frac{3}{5}$ h) $\frac{18}{2} \cdot \frac{3}{6}$ i) $\frac{7}{8} \cdot \frac{3}{2} \cdot \frac{6}{7}$ j) $\frac{1}{2} \cdot \frac{3}{5} \cdot 0$

   k) $\frac{11}{4} \cdot \frac{13}{5}$ l) $\frac{15}{2} \cdot \frac{30}{5}$ m) $\frac{13}{27} \cdot \frac{2}{3}$ n) $\frac{3}{5} \cdot \frac{9}{12} \cdot \frac{10}{15}$ o) $\frac{1}{2} \cdot \frac{3}{4} \cdot \frac{5}{6}$

4. Finde Rechenvorteile und rechne die Aufgaben unter deren Verwendung aus. Erläutere die von dir verwendeten Rechenvorteile. Denke dir fünf weitere (analoge) Aufgaben mit gemeinen Brüchen aus und löse diese. Lasse die Aufgaben auch von deinen Mitschülerinnen und Mitschülern lösen. Vergleicht eure Lösungen miteinander.

   a) $4 \cdot 0{,}2 \cdot 5$ b) $0{,}7 + 3 + 0{,}3$ c) $1{,}4 + 16 + 2{,}6$ d) $1{,}2 \cdot 3 \cdot 5$ e) $2{,}5 \cdot 1{,}5 \cdot 4$

   f) $25 \cdot (-7) \cdot 4$ g) $\frac{3}{2} \cdot \frac{7}{5} \cdot \frac{4}{7}$ h) $\frac{3}{8}\left(4 + \frac{5}{8}\right)$ i) $6\left(\frac{7}{9} - \frac{5}{18}\right)$ j) $99 \cdot (-14)$

5. Gib für jedes Feld die richtige Zahl an.

   Hinweis: Im Feld über zwei benachbarten Feldern steht jeweils das Ergebnis.

   a) Pyramide: E / C D / 108 A B / 83 25 9 71 — Addition

   b) Pyramide: E / C D / A B 11 / 99 44 22 11 — Subtraktion

   c) Pyramide: E / C D / A 15 B / 3 3 5 7 — Multiplikation

   Baue eine eigene Mauer, gib einige Steine und die Rechenoperation an. Lasse die Mauer lösen.

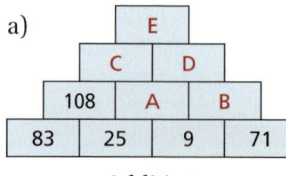

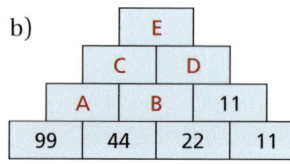

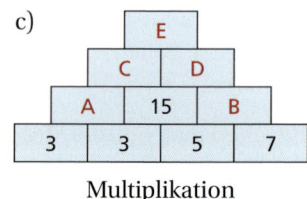

6. Welches Ergebnis gehört zu welcher Aufgabe? Oftmals hilft bereits eine Schätzung.

   Aufgabe: 96,48 : 7,2; 105,75 : 4,7; 81,88 : 8,9; 61,88 : 1,3; 4,704 : 0,84

   Ergebnis: 9,2; 47,6; 22,5; 5,6; 13,4

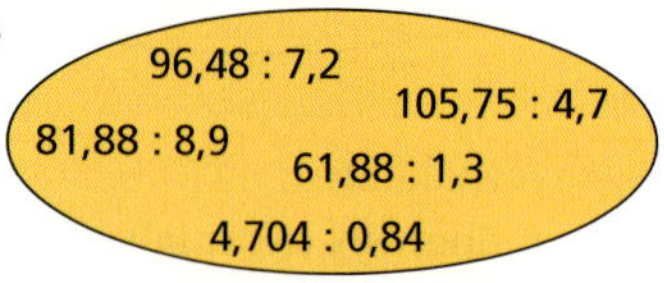

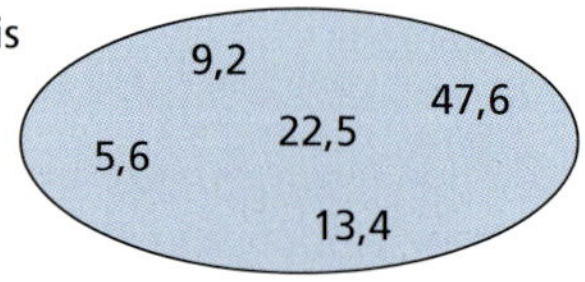

7. Berechne. Beachte die Vorrangregeln. Schreibe alle Zwischenschritte auf.

   a) $(163 - 152) \cdot [(14 \cdot 85 + 15 \cdot 14) - 99 - 21 - 379]$

   b) $(16 \cdot 15 + 17 + 45 + 19 + 43 + 5 + 181) : (49 + 1 \cdot 6)$

   c) $[125 \cdot 7 \cdot 8 \cdot (16\,951 - 17) \cdot 13\,999] \cdot (12 \cdot 75 - 12 \cdot 25)$

8. Auf dem folgenden Zahlenstrahl ermittelt man die zwischen den Zehnern liegenden Zahlen, indem man die Anzahl Striche zählt. Beispielsweise steht b für die Zahl 16, a steht für die Zahl −17 usw. Für welche Zahlen stehen die Buchstaben c bis p? Markiere auf diesem Zahlenstrahl −4, +26, +9, −11, +11, −2, −39, +37.

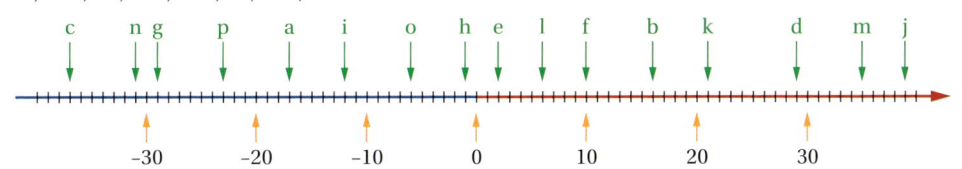

9. Schreibe zu den folgenden Sachverhalten Zahlen mit dem Vorzeichen „+" oder mit dem Vorzeichen „−":
   a) im Jahre 492 v. Chr.
   b) ein Guthaben von 62 €
   c) 23 °C über null
   d) eine Gipfelhöhe von 1 375 m über NN
   e) 5,80 € Schulden
   f) 75 cm über dem mittleren Wasserstand
   g) 14 Pluspunkte
   h) das Jahr 2005
   i) 762 m unter NN
   j) Ausgaben von 237 €
   k) 7 °C unter null
   l) zwei Tore erzielt; fünf Tore erhalten

10. Der Baikalsee, die sogenannte blaue Perle Sibiriens, ist der tiefste See der Erde. Dieser See liegt 456 m über NN und ist bis zu 1 620 m tief.
    Gib die Tiefe in Metern über bzw. unter NN an.

11. Eine Wetterstation misst um 4 Uhr morgens eine Temperatur von −3 °C. Bis 7 Uhr sinkt die Temperatur um vier Grad, anschließend steigt sie bis 13 Uhr um neun Grad, um dann bis zum frühen Abend (17 Uhr) um weitere drei Grad zu fallen.
    Gib die Temperaturen zu den genannten Zeiten an.

12. Matthias vergleicht die letzten beiden Kontoauszüge.
    Auf dem ersten Auszug steht „EUR 81,05 H", auf dem zweiten „EUR 38,95 S".
    Informiere dich, was die Abkürzungen bedeuten. Wie viel Geld hat er abgehoben?
    Wie viel Euro müsste Matthias einzahlen, um wieder ein Guthaben von 50 € auf dem Konto zu haben?

13. Der tiefste Punkt Deutschlands liegt mit 3,54 m unter NN in der Gemeinde Neuendorf in Schleswig-Holstein.
    Bauer Randers hat genau an dieser Stelle ein Haus (siehe Seite 17).
    Er behauptet, wenn er im ersten Obergeschoss sitzt und seinen Tee trinkt, dann befindet sich die Teetasse immer noch unterhalb des Meeresspiegels.
    a) Hat Bauer Randers recht? Begründe deine Aussage.
    b) Gibt es in Europa Orte, die noch tiefer unter NN liegen? Schlage nach oder informiere dich im Internet.

14. Mika beobachtet:
    Fünf Personen gehen in einen Raum, dann kommen drei heraus.
    Kurz darauf gehen vier Personen hinein und neun kommen heraus.

1.1 Rationale Zahlen untersuchen

Ausführbarkeit der Rechenoperationen

Rechenoperation	Natürliche Zahlen $\mathbb{N}$	Gebrochene Zahlen $\mathbb{Q}_+$
Addition	Jede Additionsaufgabe ist lösbar.	Jede Additionsaufgabe ist lösbar.
Subtraktion	Nicht jede Subtraktionsaufgabe ist lösbar. Beispiel: 5 – 8 = n.l.	Nicht jede Subtraktionsaufgabe ist lösbar. Beispiel: $\frac{5}{3} - \frac{8}{3}$ = n.l.
Multiplikation	Jede Multiplikationsaufgabe ist lösbar.	Jede Multiplikationsaufgabe ist lösbar.
Division	Nicht jede Divisionsaufgabe ist lösbar. Beispiel: 7 : 2 = n.l.	Jede Divisionsaufgabe ist lösbar. Die Division durch 0 ist nicht definiert.

Mit der Einführung der ganzen Zahlen (siehe S. 19) wird jede Subtraktionsaufgabe, die vorher mit natürlichen Zahlen nicht lösbar war, lösbar. Eine ähnliche Erweiterung des Zahlenbereichs führen wir nun ausgehend von den gebrochenen Zahlen durch.

Negative gebrochene Zahlen

Kathrin schaut sich die nebenstehende Temperaturkurve genauer an: Nach Mitternacht wurde es immer kälter. Die niedrigste Temperatur war um 4 Uhr in der Nacht mit –6,0 °C erreicht. Danach stieg die Temperatur: Um 5 Uhr auf – 4 °C; um 8 Uhr auf –0,5 °C; um 12 Uhr auf +3,6 °C.

Die Zahlen, die du bisher kennengelernt hast, eignen sich nicht, um diese Angaben alle zu beschreiben. Wir brauchen neue Zahlen.

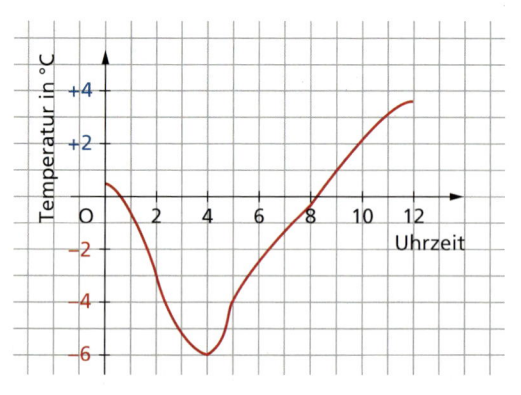

Diese neuen Zahlen können wir bekommen, wenn wir den bisher benutzten Zahlen**strahl** nach links zur Zahlen**geraden** erweitern. Zahlen, die rechts von der Null stehen, bekommen das **Vorzeichen** „+" und Zahlen, die links von der Null stehen, bekommen das Vorzeichen „–".

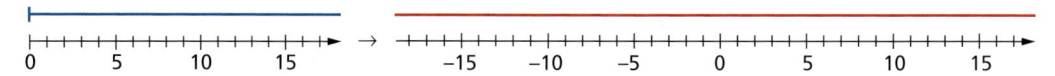

Die Zahlen auf der Zahlengeraden $\left(-\frac{3}{4}; -2,4; +\frac{1}{2}; -1\frac{1}{4}; -14; 0; +15\right)$ nennen wir **rationale Zahlen**.

Rationale Zahlen mit dem Vorzeichen „+" nennen wir positiv, die mit dem Vorzeichen „–" negativ. Das Pluszeichen bei positiven Zahlen wird meistens nicht hingeschrieben: +15,2 = 15,2.

Die natürlichen Zahlen und die ihnen zugeordneten negativen Zahlen bilden zusammen die Menge der **ganzen Zahlen** $\mathbb{Z}$. Diese Zahlen kennst du bereits.

Gebrochene Zahlen sind besondere rationale Zahlen: positiv oder Null.

Rationale Zahlen untersuchen

Welche Zahlen sind markiert?
(1) −1,7
(2) 0,8
(3) −0,2
(4) +1,6

Positive Zahlen: +0,8 = 0,8; +1,6 = 1,6
Negative Zahlen: −1,7 = −1,7; −0,2 = −0,2

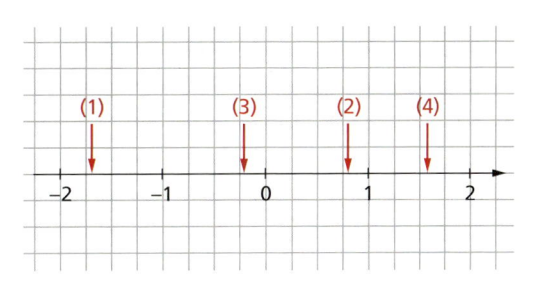

> Die gebrochenen und die negativen Zahlen zusammen bezeichnet man als **rationale Zahlen**. Für die Menge der rationalen Zahlen verwendet man das Symbol $\mathbb{Q}$.

Grafische Darstellung

Auf der **Zahlengeraden** lassen sich die negativen rationalen Zahlen und die positiven rationalen Zahlen sowie die Zahl 0 darstellen.

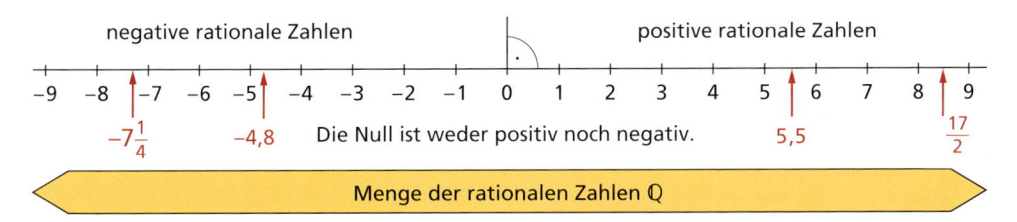

negative rationale Zahlen   positive rationale Zahlen

$-7\frac{1}{4}$ −4,8   Die Null ist weder positiv noch negativ.   5,5 $\frac{17}{2}$

Menge der rationalen Zahlen $\mathbb{Q}$

Die Menge der rationalen Zahlen besteht also aus den negativen Zahlen, der Zahl Null und den positiven Zahlen.

Beziehungen zwischen den Zahlenmengen

Die Zahlenbereiche können in einem Mengendiagramm dargestellt werden.

$\mathbb{N} \subset \mathbb{Q}_+$ bedeutet: Die natürlichen Zahlen sind eine Teilmenge der gebrochenen Zahlen und vollständig darin enthalten.

$7 \in \mathbb{N}$ bedeutet: 7 ist ein Element der natürlichen Zahlen.
$-7 \notin \mathbb{N}$ bedeutet: −7 ist kein Element der natürlichen Zahlen.

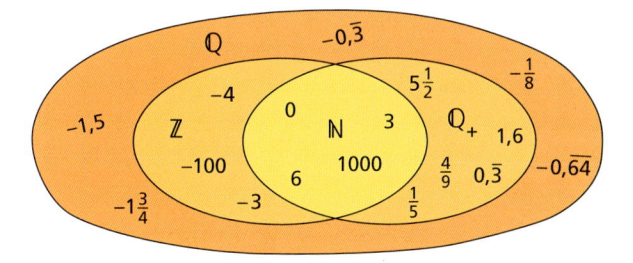

Die natürlichen Zahlen sind eine Teilmenge der ganzen Zahlen $\mathbb{Z}$ und gleichzeitig eine Teilmenge der gebrochenen Zahlen $\mathbb{Q}$.

Methoden

Lesen und Auswerten von Texten

Oftmals kommt es vor, dass du aus Texten Informationen entnehmen musst.

Du liest ein interessantes Buch oder arbeitest im Geschichtsunterricht Texte über wichtige Ereignisse aus längst vergangenen Zeiten durch. Auch im Mathematikunterricht wird das Lesen und Auswerten mathematischer Fachtexte verlangt.

Damit du den Inhalt der Texte besser verstehst und auch längere Zeit im Gedächtnis behältst, solltest du beim Lesen und Auswerten eines Textes schrittweise vorgehen.

Hinweis: Gehört das Lehrbuch nicht dir, arbeite mit einer Kopie.

1. **Erfassen der Leseaufgabe**
   Lies die Aufgabe genau durch. Hast du die Aufgabe richtig verstanden?
   Wenn du nicht sicher bist, frage noch einmal nach.

2. **Erfassen des Hauptinhalts des Lesetextes**
   a) Lies den Text zunächst im Ganzen.
   b) Kennzeichne alle Wörter, die du nicht kennst, mit einem Fragezeichen.

3. **Gründliches Durcharbeiten des Textes**
   a) Lies den Text jetzt gründlich durch.
   b) Wörter, die dir wichtig erscheinen, kennzeichne mit einem Marker.
   c) Kläre die unbekannten Wörter mithilfe des Buchregisters oder eines Lexikons.

4. **Erkennen einer inhaltlichen Gliederung**
   a) Versuche für jeden Abschnitt des Textes eine inhaltliche Überschrift zu formulieren.
   b) Schreibe diese Überschrift an den Rand des Abschnitts.
   c) Schau dir die Abbildung zum Text an. Gibt es Beziehungen zwischen Text und Abbildung?

5. **Zusammenfassen des Wesentlichen**
   a) Versuche, wichtige Textinhalte in einer Zusammenfassung zu formulieren.
   b) Vergleiche deine Zusammenfassung mit der Leseaufgabe. Hast du alles berücksichtigt?
   c) Präge dir die wichtigsten Inhalte ein.

Dieses schrittweise und planvolle Vorgehen beim Lesen und Auswerten von Texten erscheint anfangs schwierig und zeitaufwändig.

Die Schritte beim Lesen und Auswerten eines Textes werden auf der nächsten Seite an einem Beispiel vorgestellt.

Wenn du diese Schrittfolge bei weiteren Leseaufgaben anwendest, wirst du feststellen, dass du die wesentlichen Inhalte eines Lesetextes besser verstehst und länger im Gedächtnis behältst.

Der lange Weg der negativen Zahlen

Negative Zahlen in der Antike

Negative Zahlen waren den Mathematikern lange Zeit nicht recht geheuer.
Für PYTHAGORAS und seine Nachfolger waren Zahlen immer Anzahlen von Dingen, Längen von Strecken, Inhalte von Flächen, Volumina von Körpern.
DIOPHANT VON ALEXANDRIA (um 250 v. Chr.) beschäftigte sich mit Zahlen und Gleichungen. Er wusste, dass es auch negative Lösungen gab, ließ diese aber nicht gelten (x + 10 = 5 war für ihn keine richtige Gleichung).

Indien und China

Die negativen Zahlen waren in der indischen und chinesischen Mathematik des 6. Jahrhunderts n. Chr. fester Bestandteil. Ihre Einführung verdanken sie den Kaufleuten, die als ursprüngliche Bezeichnung „Schulden" verwendeten. Beim Skat kommt noch heute das Wort „Miese" vor. Für negative Zahlen gab man damals einen Punkt über der Zahl an.
Der indische Mathematiker ARYABHATA (um 500 n. Chr.) gehört zu den Ersten, der in seinen Schriften mit negativen Zahlen operierte.
Auch im alten China wurden bereits ab dem 12. Jh. v. Chr. rote bzw. schwarze Rechenstäbchen zur Darstellung positiver bzw. negativer Zahlen verwendet.
Die Araber, von denen unsere heutigen Ziffern abstammen, lehnten die negativen Zahlen ab.

Europa und die negativen Zahlen

Als die Produktion und der Handel im 15. und 16. Jahrhundert in Europa einen raschen Aufschwung nahmen, insbesondere nach der Entdeckung Amerikas, gehörten negative Zahlen zum normalen Handwerkszeug eines Buchhalters. Diese führten bereits Rechenoperationen mit negativen Zahlen (also mit „Schulden") aus. Sogenannte Rechenmeister führten in den Städten die entsprechenden Rechnungen im Dienste der Stadtverwaltungen durch und bildeten gleichzeitig viele Personen in der Rechenkunst aus.

Mathematiker und negative Zahlen

Der bedeutende Mathematiker MICHAEL STIFEL (1486 bis 1567) kannte sie zwar, hielt sie aber für „absurde und fiktive Gebilde".
Auch die großen Mathematiker RENÉ DESCARTES (1591 bis 1650) und BLAISE PASCAL (1623 bis 1662) gingen sehr vorsichtig mit negativen Zahlen um. Allmählich wurden dann aber Zahlen, die kleiner als Null sind (und weniger als Nichts repräsentieren), akzeptiert.

Erst Ende des 17. Jahrhunderts wurden die letzten Vorbehalte gegen die negativen Zahlen als vollwertige Zahlen fallen gelassen. Der Mathematiker LEONHARD EULER (1707 bis 1783) setzte sich besonders für die Verbreitung der negativen Zahlen ein.

Rechnen mit rationalen Zahlen

Zueinander entgegengesetzte Zahlen (Gegenzahlen)

Bereits bei den ganzen Zahlen haben wir Zahlenpaare betrachtet, die auf der Zahlengeraden symmetrisch zur Null liegen. Die Zahlen, wie 4 und −4, werden Gegenzahlen genannt.

> Zahlen, die auf der Zahlengeraden symmetrisch zur Null liegen, heißen **zueinander entgegengesetzte Zahlen**. Die Null ist zu sich selbst entgegengesetzt.
> Die Gegenzahl der rationalen Zahl a bezeichnet man mit −a.

Schreibweise für Gegenzahlen

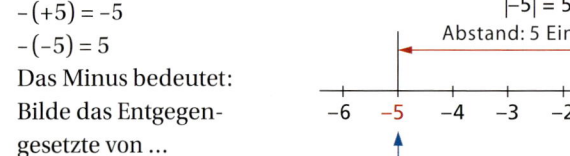

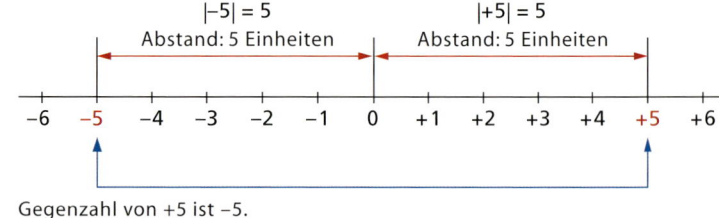

−(+5) = −5
−(−5) = 5
Das Minus bedeutet:
Bilde das Entgegengesetzte von …

$|-5| = 5$ Abstand: 5 Einheiten
$|+5| = 5$ Abstand: 5 Einheiten

Gegenzahl von +5 ist −5.

> Für alle rationalen Zahlen a gilt stets: −(−a) = a
> −(+a) = −a

Anhand der beiden Schreibweisen für Gegenzahlen kann man bereits Regeln erkennen, die beim Auflösen von Klammern eine große Rolle spielen.

Betrag

> Der Abstand einer Zahl von 0 heißt **Betrag** einer rationalen Zahl.
> Gegenzahlen haben unterschiedliche Vorzeichen, aber den gleichen Betrag.
> Schreibweise: $|-4| = 4$ $\qquad |+4| = 4$
> Sprechweise: Der Betrag von −4 ist 4. Der Betrag von +4 ist 4.

Der Betrag einer Zahl ist immer positiv oder Null, da es sich um einen Abstand handelt.

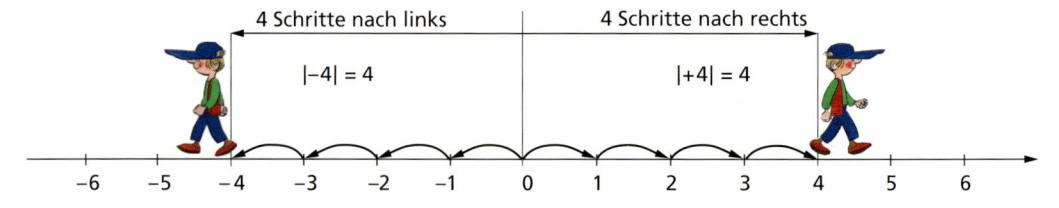

4 Schritte nach links — $|-4| = 4$
4 Schritte nach rechts — $|+4| = 4$

Ist der Betrag einer Zahl 5, so genügen die rationalen Zahlen 5 oder −5 der Forderung.
Ist der Betrag einer Zahl −5, so gibt es **keine** Zahl, die diese Bedingung erfüllt.

Rationale Zahlen ordnen und vergleichen

Vergleicht man zwei rationale Zahlen miteinander, so lassen sich folgende Fälle unterscheiden:
1. Beide Zahlen sind positiv:
   Vergleiche wie bisher stellenweise: 6,349 < 6,358; da 4 < 5.
2. Die eine Zahl ist positiv und die andere ist negativ:
   Die negative Zahl ist stets kleiner: −13 < 0,37; da −13 links von 0.
3. Beide Zahlen sind negativ:
   Die Zahl mit dem größeren Betrag ist kleiner.
   −2,7 < −2,6; da −2,7 links von −2,6 auf der Zahlengeraden liegt.
   Da |−2,7| = 2,7 bzw. |−2,6| = 2,6 und 2,7 > 2,6 sind, gilt −2,7 < −2,6.

Von zwei Zahlen ist diejenige kleiner, die auf der Zahlengeraden weiter links liegt:

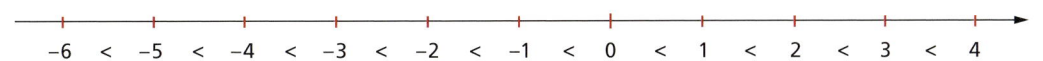

−6 < −5 < −4 < −3 < −2 < −1 < 0 < 1 < 2 < 3 < 4

Das Koordinatensystem wird erweitert

Um negative Zahlen darstellen zu können, wurde der Zahlenstrahl zu einer Zahlengeraden erweitert.

Um Punkte mit negativen Koordinaten (x|y) darzustellen, müssen wir auch unser Koordinatensystem entlang der x-Achse und der y-Achse erweitern.

Wenn man bei einem Diagramm die **x-Achse** (Abszissenachse) und die **y-Achse** (Ordinatenachse) über den **Koordinatenursprung** hinaus nach links bzw. nach unten verlängert, entsteht ein **Koordinatensystem,** mit dem Punkte einer Ebene beschrieben werden können. Die Ebene wird in vier Bereiche geteilt, die **Quadranten** heißen. Die Achsen werden in Längeneinheiten unterteilt.

So kannst du Punkte P(x|y) in das Koordinatensystem eintragen:
Bestimme zuerst die x-Koordinate. Das Vorzeichen gibt an, in welcher Richtung du auf der x-Achse gehen musst. Bei „−" gehe nach links und bei „+" nach rechts.
Bestimme dann die y-Koordinate. Das Vorzeichen gibt an, in welcher Richtung du auf der y-Achse gehen musst. Bei „−" gehe nach unten und bei „+" nach oben.

P(−3|2)   3 nach links und 2 nach oben   R(−3|−1,5)   3 nach links und 1,5 nach unten
Q(4|−2)   4 nach rechts und 2 nach unten   T(4,5|2)   4,5 nach rechts und 2 nach oben

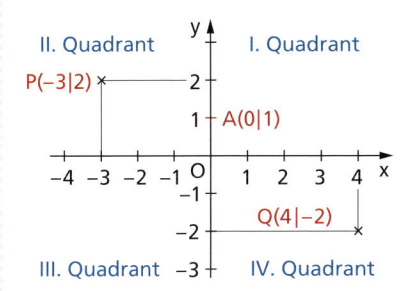

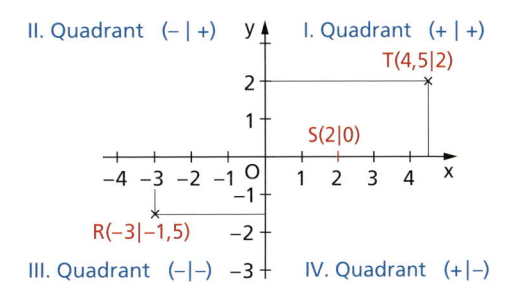

A(0|1) liegt auf der y-Achse oberhalb des Koordinatenursprungs.

S(2|0) liegt auf der x-Achse rechts vom Koordinatenursprung.

Aufgaben

Rationale Zahlen darstellen

1. a) Gib an, welche rationalen Zahlen durch die Pfeile gekennzeichnet sind.
b) Gib jeweils auch an, welche Zahlen natürliche, ganze bzw. rationale Zahlen sind.

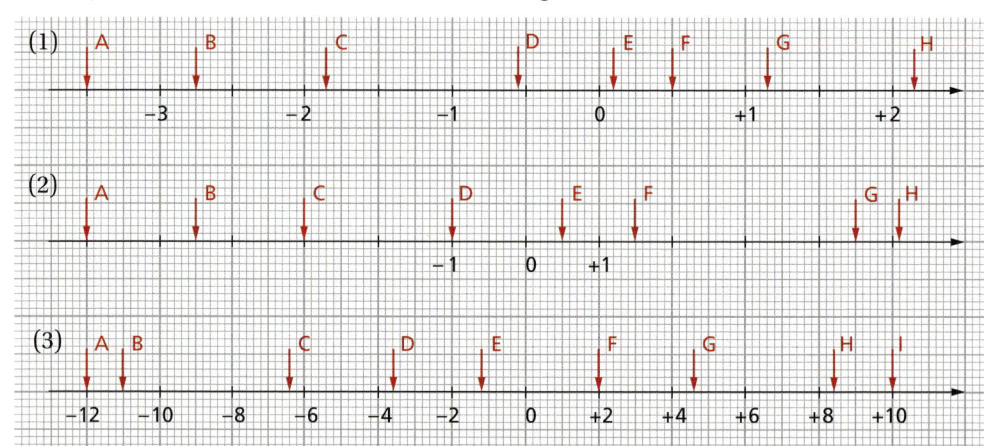

2. Zeichne für jede Aufgabe eine geeignete Zahlengerade und kennzeichne auf ihr die rationalen Zahlen. Gib jeweils die kleinste und die größte der gegebenen Zahlen an. Erläutere deine Nebenrechnungen. Was sollte man deiner Meinung nach beim Darstellen von Zahlen auf Zahlenstrahlen beachten? Zeige an einem selbst gewählten Beispiel eine ungünstige bzw. sinnlose Darstellung.
a) $-3; 6; -4; 0; -2; 1{,}5; -2{,}5; -5{,}5$
b) $-25; 17; 35; -48; 60; -35; -17; -58$
c) $-3{,}2; 5{,}6; -\frac{1}{2}; \frac{1}{2}; -\frac{8}{3}; -\frac{5}{2}; 3{,}3; -\frac{7}{4}$
d) $\frac{9}{4}; -\frac{15}{2}; -0{,}5; \frac{4}{5}; -\frac{35}{7}; -\frac{10}{3}; \frac{1}{10}; -3{,}8$

3. Kennzeichne die folgenden Zahlen auf einer Zahlengeraden. Vergleiche die Aufgaben miteinander. Was stellst du fest?
a) $1{,}2$ und $\frac{1}{2}$ b) $-\frac{1}{3}$ und $-1{,}3$ c) $-\frac{3}{4}$ und $-3{,}4$ d) $\frac{-11}{4}$ und $-11{,}4$ e) $\frac{2}{10}$ und $2{,}10$

4. Nenne jeweils drei Zahlen einer Zahlengeraden mit folgender Eigenschaft. Welche der sieben Aufgaben empfindest du als ungewöhnlich? Warum ist das so? Denke dir eine unlösbare Aufgabe aus.
a) Sie liegen links von 1,5.
b) Sie liegen rechts von 0.
c) Sie liegen links von −3,5.
d) Sie liegen rechts von −35.
e) Sie liegen zwischen −6 und −5.
f) Sie liegen von −1,5 gleich weit entfernt.
g) Sie haben einen Abstand von fünf Einheiten zu einer durch 2 teilbaren Zahl.

5. Ordne die Zahlen jeweils zwei Zahlenbereichen zu. Welcher der beiden Zahlenbereiche umfasst den anderen? Bei welchen Zahlen findest du nur einen Zahlenbereich? Erläutere deinen Mitschülerinnen und Mitschülern, wann eine Zahl zu den von dir gewählten Zahlenbereichen zugeordnet werden kann. Gib jeweils noch zwei weitere Zahlen für jeden Zahlenbereich an.

a) $-3 \in$ ▓   b) $5 \in$ ▓   c) $\frac{1}{3} \in$ ▓   d) $0{,}5 \in$ ▓   e) $0{,}\overline{3} \in$ ▓
f) $-\frac{4}{5} \in$ ▓   g) $-7 \in$ ▓   h) $3\frac{1}{2} \in$ ▓   i) $-7\frac{1}{5} \in$ ▓   j) $66 \in$ ▓

Betrag und Gegenzahl

6. Gib jeweils den absoluten Betrag der mit Pfeilen gekennzeichneten Zahlen an. Welche der dir bekannten Zahlen hat keinen absoluten Betrag? Nenne eine Zahl, deren absoluter Betrag 0 ist. Nenne eine Zahl, deren absoluter Betrag −5 ist.

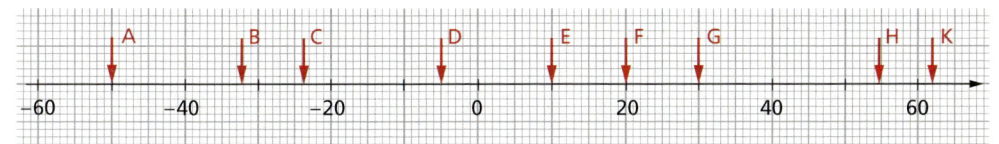

7. Gib jeweils den absoluten Betrag folgender Zahlen an. Welche der Zahlen hat den größten bzw. den kleinsten absoluten Betrag? Prüfe, ob die kleinste Zahl auch den kleinsten absoluten Betrag besitzt. Begründe deine Entscheidung.
 a) +7   b) −3   c) +6,1   d) −8,5   e) 0   f) −100   g) 2,7   h) −9,8

8. Bestimme die absoluten Beträge. Vergleiche die beiden Aufgaben mit dem kleinsten und dem größten Betrag. Welche der beiden Zahlen ist die größere Zahl? Ist das immer so? Begründe deine Entscheidung.
 a) $|-7|$ b) $|+13|$ c) $|-100|$ d) $|+2,5|$ e) $\left|-\frac{3}{2}\right|$ f) $|-0,5|$ g) $|-0,78|$ h) $\left|\frac{4}{5}\right|$

9. Katja sagt: „Zu jedem Betrag gibt es stets genau zwei Zahlen, die diesen Betrag haben."
Nimm zu Katjas Aussage Stellung. Begründe deine Entscheidung. Wie würdest du besser formulieren? Bilde die Umkehrung deiner Aussage und prüfe deren Wahrheitsgehalt.

10. Ermittle jeweils die entgegengesetzte Zahl. Bei welchen Aufgaben erkennst du Besonderheiten? Sprich über diese Besonderheiten. Erkläre, wie man zu einer beliebigen Zahl die zugehörige entgegengesetzte Zahl ermitteln kann. Was versteht man umgangssprachlich unter „entgegengesetzt"? Informiere dich im Internet oder in Nachschlagewerken.
 a) 100   b) −100   c) −2,5   d) $\frac{4}{5}$ e) −4   f) 0
 g) −270   h) −0,3   i) 0,007   j) $-\frac{5}{9}$ k) 7,2   l) −12

11. Was sagst du zu folgenden Aussagen? Die Zahl 0 soll bei allen Aussagen ausgeschlossen werden. Begründe deine Entscheidung mithilfe von Beispielen an der Zahlengeraden. Überprüfe alle Aussagen noch einmal für den Fall, dass die Zahl 0 nicht ausgeschlossen wird.
 a) Die Gegenzahl einer rationalen Zahl ist immer positiv.
 b) Die Gegenzahl einer natürlichen Zahl ist immer negativ.
 c) Zahl und Gegenzahl sind stets verschieden.
 d) Zahl und Gegenzahl haben immer denselben Betrag.
 e) Bildet man die Gegenzahl der Gegenzahl einer Zahl x, so erhält man wieder die Zahl x.

12. Gegeben sind die Zahlen
 −19; +45; −0,87; +117; +3,5; −711; −0,78.
 a) Welche Zahl ist die größte Zahl?
 b) Welche Zahl ist die kleinste Zahl?
 c) Welche Zahl hat den größten Betrag?
 d) Welche Zahl hat den kleinsten Betrag?
 Begründe in jedem Fall deine Entscheidung.

Rationale Zahlen ordnen und vergleichen

13. Vergleiche und setze das richtige Relationszeichen. Begründe in jedem Fall deine Entscheidung. Welche Aufgabe empfindest du als schwer? Warum ist das so?
  a) −5 und 3
  b) 0 und −16
  c) 8 und 8,5
  d) −3 und −3,2
  e) $\frac{1}{6}$ und $\frac{1}{5}$
  f) $-\frac{1}{6}$ und $-\frac{1}{5}$
  g) −19,7 und 19,17
  h) −5,4 und −5,39
  i) $-\frac{6}{12}$ und $-\frac{5}{10}$
  j) −13,3 und $-13\frac{1}{3}$
  k) −0,7 und −0,07
  l) $\frac{5}{9}$ und $\frac{6}{11}$

14. Ordne der Größe nach. Beginne in jedem Fall mit der größten gegebenen Zahl.
  a) 4001; −36,1; −289; 0; $\frac{1}{2}$; −9
  b) −2; 1,68; 1; −2,45; −2,54; −1
  c) $-\frac{1}{2}$; $-\frac{1}{3}$; $\frac{2}{3}$; $\frac{1}{3}$; $-\frac{2}{3}$; 0
  d) $1,\overline{3}$; $0,\overline{6}$; $-0,\overline{3}$; $0,\overline{3}$; $-1,3$

15. Ordne der Größe nach. Beginne in jedem Fall mit der kleinsten gegebenen Zahl.
  a) 400; −361; −289; 0; 102; −(12·10)
  b) $-\frac{4}{5}$; $\frac{2}{3}$; $-\frac{1}{2}$; 0,5; $\frac{1}{4}$; −1
  c) −4; 3; |−8|; $\frac{32}{8}$; |−1|; −3,9; −(4,2)
  d) $\frac{1}{2} \cdot (-2)$; $-0,5 \cdot \frac{1}{4}$; $4 \cdot \frac{1}{4}$; $0,4 \cdot \frac{1}{4}$

16. a) Ordne die Temperaturen −3 °C; 11,4 °C; −2,5 °C; −5,5 °C; −14,1 °C; −5,8 °C der Größe nach. Beginne mit der niedrigsten Temperatur.
  b) Gib dann in jedem Fall die Temperaturdifferenz zweier „benachbarter" Temperaturen an.
  c) Bei welchen beiden „benachbarten" Temperaturen ist der Temperaturunterschied am größten?
  d) Miss eine Woche lang immer zur gleichen Zeit die Temperatur an einem vorher bestimmten Ort. Trage die Ergebnisse in ein Diagramm ein. Zwischen welchen Tagen war die Temperaturdifferenz am kleinsten? Gib den Wert an.

17. Schreibe für die Stelle ◆ eine Ziffer so, dass jeweils eine wahre Aussage entsteht. Suche in jedem Fall alle möglichen Lösungen. In welchem Fall gibt es nur eine Lösung? Begründe deine Entscheidung. Denke dir eine ähnliche (analoge) Aufgabe aus, bei der es unendlich viele Lösungen gibt.
  a) 98 < 9◆
  b) −76,◆ < −76,5
  c) −22,◆ < −22,8
  d) −259 > −2◆9

18. Nach einem Gesellschaftsspiel ergab sich folgender Punktestand:
  Sven: 3 200 Punkte;   Dirk: − 4 800 Punkte;   Anne: − 860 Punkte;
  Max: 1 200 Punkte;   Susi: 3 300 Punkte;   Stefan: − 3 200 Punkte

  a) Welchen Platz hat jeder der Mitspieler belegt? Begründe deine Entscheidung.
  b) Dirk und Max, Sven und Susi bzw. Anne und Stefan bilden jeweils eine Mannschaft, d. h., ihre Punkte werden addiert.
   Welche Mannschaft hat den ersten bzw. den letzten Platz belegt?
  c) Was würde sich deiner Meinung nach an den Platzierungen ändern, wenn man vor deren Ermittlung auf ganze Tausender runden würde? Begründe deine Entscheidung.
  d) Für wen wäre ein derartiges Runden von Vorteil?

19. Gib zu jeder Zahl die nächstkleinere und die nächstgrößere ganze Zahl an. Ermittle dann den jeweiligen Abstand der Zahl zur nächstkleineren bzw. zur nächstgrößeren ganzen Zahl.
  a) −2,3
  b) 1,8
  c) −1,7
  d) −12,5
  e) 239
  f) −99,9

Rationale Zahlen untersuchen

Das Koordinatensystem

20. a) Gib die Koordinaten der Punkte an.

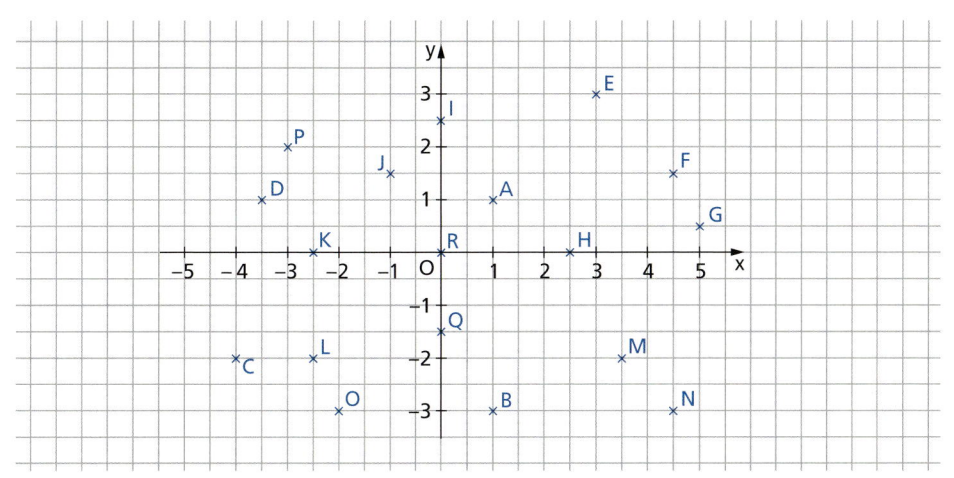

b) Welche Besonderheiten haben Punkte, die auf der x-Achse bzw. y-Achse liegen?
c) Welche besondere Lage hat der Punkt R?

21. a) Lies die Koordinaten der Punkte ab. Beachte die Einteilung der Achsen.

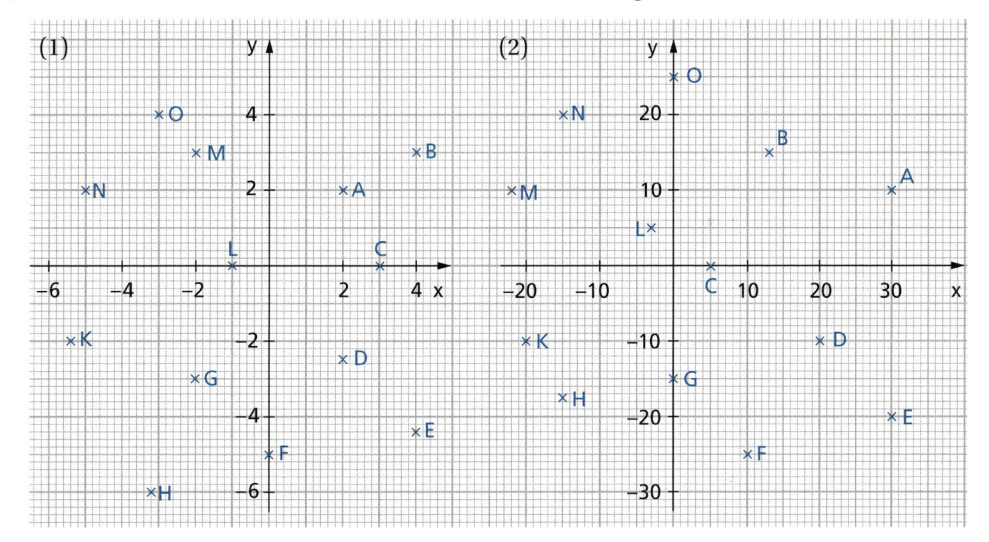

b) Suche in jedem der beiden Koordinatensysteme zwei deiner Meinung nach besondere Punkte heraus und gib deren Eigenschaften an.
Warum hast du dich gerade für diese Punkte entschieden?
c) Benenne in jedem Koordinatensystem mindestens zwei Trapeze mit den Koordinaten ihrer Eckpunkte. Lässt sich auch ein Parallelogramm finden?
Gib die Koordinaten der zugehörigen Eckpunkte an.
d) Vergleiche deine Ergebnisse mit denen deiner Mitschülerinnen und Mitschüler.
Was stellst du fest?

31

Rechnen mit rationalen Zahlen

22. a) In welchem Quadranten liegen die folgenden Punkte?
A(2|-4); B(-2|3); C(3|8); D(-12|-10); E(18|-4); F(-0,9|-2,7); G$(-\frac{1}{2}|\frac{3}{4})$
b) In welchem Quadranten liegen die meisten (wenigsten) Punkte?
c) Zeichne ein Koordinatensystem auf Millimeterpapier und trage die Punkte A bis G ein. Wähle die Einteilung der Achsen so, dass du die Punkte genau eintragen kannst.
d) Spiegele die Punkte A, B, C, D, E, F und G an der x-Achse und bezeichne die Bildpunkte mit A', B', C', D', E', F' und G'. Gib die Koordinaten der Bildpunkte an.
e) In welchem Quadranten liegen jetzt die meisten (wenigsten) Punkte? Beziehe alle Original- und alle Bildpunkte in deine Überlegungen mit ein.

23. Zeichne das Dreieck ABC mit A(-3,5|2), B(-1,5|-3,5) und C(3|3,5) in ein Koordinatensystem.
a) Welche Punkte im Inneren des Dreiecks haben Koordinaten aus nur ganzen Zahlen?
b) Wie viele solcher Punkte gibt es?
c) In welchem Quadranten liegen die meisten (wenigsten) dieser „inneren" Punkte?
d) Zeichne ein Dreieck DEF in das gleiche Koordinatensystem, bei dem es keine Punkte im Inneren mit ganzzahligen Koordinaten gibt.
e) Worauf hast du beim Zeichnen des Dreiecks in Teilaufgabe d geachtet?
f) Vergleiche dein Dreieck mit denen deiner Mitschülerinnen und Mitschüler. Was stellst du fest?

24. Zeichne ein Koordinatensystem und trage die Punkte ein, die zu der folgenden Wertetabelle gehören. Prüfe, ob es eine Gerade gibt, zu der alle fünf Punkte gehören.

a)
x-Wert	-2	-1	0	1	2
y-Wert	5	3,5	2	0,5	-1

b)
Abszisse x	-3	-1,5	0	2	5,5
Ordinate y	-4	-3	-2	0	2

25. Eine Gerade ist durch die Punkte A(0|0) und B(2|1) festgelegt.
a) Gib fünf weitere Punkte der Geraden AB an.
b) Beschreibe die Lage der Geraden AB mit eigenen Worten.
c) Welcher Zusammenhang besteht zwischen den x-Werten und den y-Werten der Punkte der Geraden AB?
d) Spiegele die Gerade AB an der x-Achse und gib fünf Punkte des Spiegelbilds an.
e) Spiegele die Gerade AB an der y-Achse und gib fünf Punkte des Spiegelbilds an.

26. Erfinde zu jedem vorgegebenen Schema eine passende Geschichte. Schreibe auch mathematisch kurz mithilfe von Gleichungen und gib die fehlenden Zahlen an.
a) 24,5 $\xrightarrow{\square}$ -10
b) $\square \xrightarrow{+3,5}$ -9,7
c) -20 $\xrightarrow{+15} \square$

27. In einem Tauchboot zeigt der Fahrtenschreiber den Start bei 200 m Wassertiefe. Das Tauchboot ändert seine Wassertiefe zuerst um 70 m und später um 50 m.
a) Gib Beispiele für mögliche Tauchfahrten an. Begründe deine Wahl.
b) Gib die Endtiefen aller möglichen Tauchfahrten an.
Schreibe deine Nebenrechnungen auf.

1.2 Rationale Zahlen addieren und subtrahieren

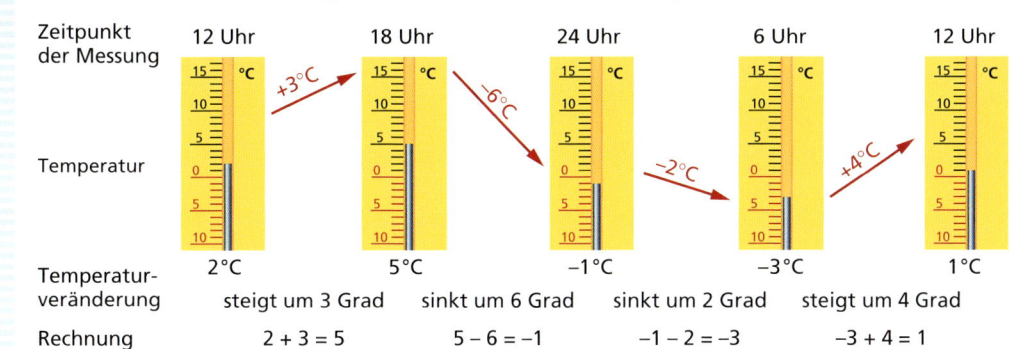

Beim Messen der Außentemperatur hat eine Wetterstation folgende Werte ermittelt:

Zeitpunkt der Messung	12 Uhr	18 Uhr	24 Uhr	6 Uhr	12 Uhr
Temperatur	2 °C	5 °C	−1 °C	−3 °C	1 °C
Temperaturveränderung		steigt um 3 Grad	sinkt um 6 Grad	sinkt um 2 Grad	steigt um 4 Grad
Rechnung		2 + 3 = 5	5 − 6 = −1	−1 − 2 = −3	−3 + 4 = 1

Analog zur Berechnung von Temperaturänderungen kannst du dir das Addieren und Subtrahieren einer positiven Zahl als Schreiten auf der Zahlengeraden nach rechts oder links vorstellen. Rationale Zahlen in Termen müssen in Klammern gesetzt werden, da man zwischen Rechenzeichen und Vorzeichen unterscheidet. Zur Vereinfachung der Schreibweise werden das positive Vorzeichen und die Klammern weggelassen.

Addition

Die **Addition zweier positiver Zahlen** erfolgt wie bisher.

5 € + 3 € = 8 €   (+5) + (+3) = 5 + 3 = +8 = 8
Erklärung: Guthaben **vermehrt** um Guthaben ergibt noch mehr Guthaben.

Addition einer positiven Zahl

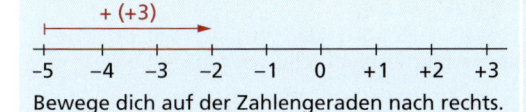

−5 € + 3 € = −2 €
Erklärung: Schulden vermehrt um Guthaben *ohne Überschreitung der Null* ergibt weniger Schulden.
−5 + (+3) = −5 + 3 = −2

−2 € + 5 € = 3 €
Erklärung: Schulden vermehrt um Guthaben *mit Überschreitung der Null* ergibt Guthaben.
−2 + (+5) = −2 + 5 = +3 = 3

Addition einer negativen Zahl

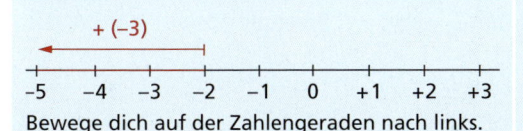

−2 € − 3 € = −5 €
Erklärung: Schulden vermehrt um Schulden ergibt noch mehr Schulden.
−2 + (−3) = −2 − 3 = −5

33

Rechnen mit rationalen Zahlen

Regel für die Addition zweier rationaler Zahlen

Gleiche Vorzeichen	Unterschiedliche Vorzeichen
- Addiere die Beträge.	- Subtrahiere den kleineren Betrag vom größeren Betrag.
- Setze das gemeinsame Vorzeichen.	- Setze das Vorzeichen von der Zahl mit dem größeren Betrag.

Addition zweier rationaler Zahlen

mit gleichem Vorzeichen:
$(+12) + (+5) = 12 + 5 = 17$
$(-5) + (-12) = -5 - 12 = -17$

mit unterschiedlichen Vorzeichen:
$(+12) + (-5) = 12 - 5 = 7$
$(-12) + (+5) = -(12 - 5) = -7$

Subtraktion

Die **Subtraktion zweier positiver Zahlen** erfolgt wie bisher, wenn die Null nicht unterschritten wird.

9 € – 7 € = 2 €
Erklärung: Guthaben **vermindert** um Guthaben ergibt weniger Guthaben.
$(+9) - (+7) = 2$ Addition der Gegenzahl: $(+9) + (-7) = 9 - 7 = 2$

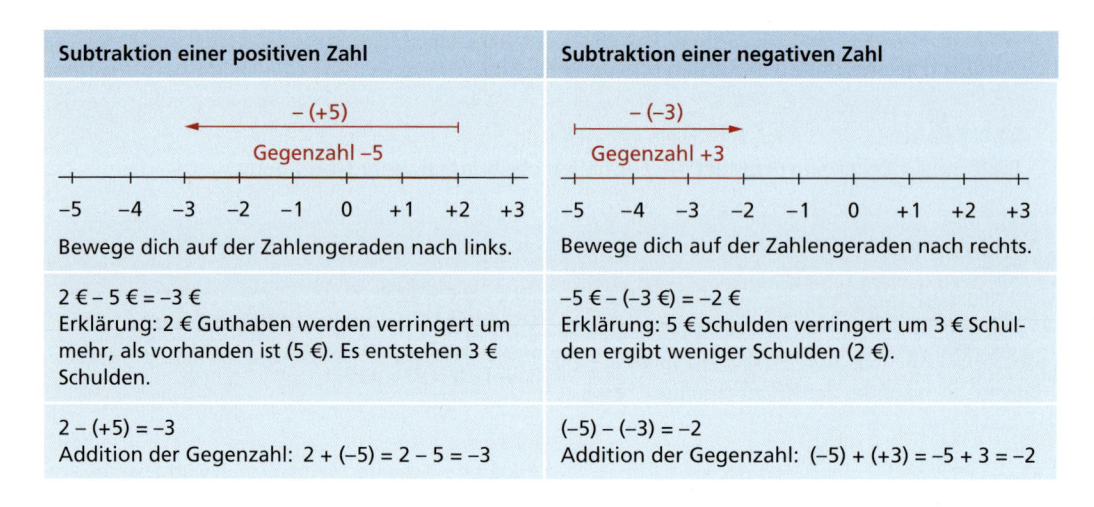

Subtraktion einer positiven Zahl	Subtraktion einer negativen Zahl
– (+5), Gegenzahl –5, Zahlengerade von –5 bis +3. Bewege dich auf der Zahlengeraden nach links.	– (–3), Gegenzahl +3, Zahlengerade von –5 bis +3. Bewege dich auf der Zahlengeraden nach rechts.
2 € – 5 € = –3 € Erklärung: 2 € Guthaben werden verringert um mehr, als vorhanden ist (5 €). Es entstehen 3 € Schulden.	–5 € – (–3 €) = –2 € Erklärung: 5 € Schulden verringert um 3 € Schulden ergibt weniger Schulden (2 €).
$2 - (+5) = -3$ Addition der Gegenzahl: $2 + (-5) = 2 - 5 = -3$	$(-5) - (-3) = -2$ Addition der Gegenzahl: $(-5) + (+3) = -5 + 3 = -2$

Man subtrahiert eine rationale Zahl, indem man ihre Gegenzahl addiert.

Subtraktionsaufgabe		Additionsaufgabe		Ergebnis
$(-4) - (+2)$	=	$(-4) + (-2) = -4 - 2$	=	-6
$(+4) - (-2)$	=	$(+4) + (+2) = 4 + 2$	=	6
$(-4) - (-2)$	=	$(-4) + (+2) = -4 + 2$	=	-2

Rechenregeln für die Addition und Subtraktion

Treten in Aufgaben Klammern um Zahlen auf, werden diese vor der Rechnung aufgelöst.

... + (+7) = ... +7;   ... + (–7) = ... –7;   ... – (+7) ... –7;   ... –(–7) = ... +7

Vorzeichen der Zahlen	Aufgaben-beispiel	Lage auf der Zahlengeraden/ Bestimmung des Vorzeichens	Rechnung mit den Beträgen	Ergebnis
(+; +)	3,4 + 7,5	0 3,4 7,5	3,4 + 7,5 = 10,9	+10,9
gleich		beide Zahlen rechts von der Null **Vorzeichen im Ergebnis: +**	Beträge **addieren**	
(–; –)	–4,1 – 2,3	–4,1 –2,3 0	4,1 + 2,3 = 6,4	–6,4
		beide Zahlen links von der Null **Vorzeichen im Ergebnis: –**	Beträge **addieren**	
(+; –)	5,3 – 8,4 5,3 – 2,1	–8,4 –2,1 0 5,3	8,4 – 5,3 = 3,1 5,3 – 2,1 = 3,2	–3,1 +3,2
ver-schieden		eine Zahl rechts, eine links von der Null **Vorzeichen im Ergebnis richtet sich nach der Zahl mit dem größeren Betrag.**	Beträge **subtrahieren**	
(–; +)	–3,5 + 7,9 –3,5 + 2,1	–3,5 0 2,1 7,9	7,9 – 3,5 = 4,4 3,5 – 2,1 = 1,4	+4,4 –1,4

> Bei **gleichen** Vorzeichen das Vorzeichen beibehalten, Beträge addieren.
> Bei **verschiedenen** Vorzeichen das Vorzeichen der Zahl mit dem größeren Betrag verwenden, Beträge subtrahieren.

Rechnen mit 0

Die Zahl 0 ist eine außergewöhnliche Zahl. Sie stellt eigentlich nichts dar und doch rechnen wir mit ihr. Sie hat kein Vorzeichen.

> Wird 0 addiert oder subtrahiert, bleibt die Zahl unberührt.
> $a + 0 = a$ $0 + a = a$ $a - 0 = a$ $0 - a = -a$
> Die Summe entgegengesetzter Zahlen ist stets 0.
> $a + (-a) = a - a = 0$

Rechnen mit rationalen Zahlen

Aufgaben

1. Vereinfache zuerst die Schreibweise. Ermittle dann das Ergebnis mithilfe einer Zahlengeraden. Erkläre deinen Mitschülerinnen und Mitschülern, wie du mithilfe der Zahlengeraden die Ergebnisse gefunden hast. Worauf muss man dabei achten? Welche Aufgaben sind für dich „Sonderfälle"? Begründe deine Entscheidung.

   a) (+4) + (+3)   (−2) + (+5)   (−9) + (+6)   (−13) + (+17)
   b) (+15) − (+14)   (+11) − (+13)   (+7) − (+7)   (+10) − (+16)
   c) (−8) − (+5)   (+9) − (+15)   (−2) − (+11)   (−7) + (+3)
   d) 9 − (−26)   −21 − (−19)   18 − (−17)   −31 − (−27)
   e) −7 − (−15)   −21 − (−28)   −11 − (−10)   11 − (−45)
   f) −18 − (−12)   −21 − (−21)   14 − (−14)   −18 − (−14)
   g) 16 − (−11)   −21 − (−13)   13 − (−29)   −26 − (−51)

2. Berechne. Welche Aufgaben lassen sich besonders einfach lösen? Begründe.
   a) −29 + 39   b) 29 + 39   c) −29 − 39   d) 16 − 29
   e) −8 − 45   f) −12 + 52   g) 13 − 13   h) −16 + 16
   i) −15 − 15   j) 13 − 88   k) −0,5 − 0,8   l) −16 + 0,4

3. Berechne. Ordne die Aufgaben in Gruppen. Suche vorher Gemeinsamkeiten. Begründe.
   a) −23 + 39   b) −16 + 11   c) 5 − 48   d) 41 − 50
   e) −63 − 14   f) −19 + 35   g) −62 + 51   h) 43 − 27
   i) −81 − 15   j) 84 − 91   k) −53 − 31   l) −25 + 25

4. Löse die Klammern auf. Nach welchen Regeln bist du vorgegangen? Rechne dann aus.
   a) 5 + (−6)   b) 9 + (−7)   c) −12 + (−8)   d) −9 + (−14)
       −1 + (−4)   −3 + (−8)   8 + (−8)   13 + (−17)
       1 + (−12)   6 + (−6)   11 + (−8)   −24 + (−19)

5. Rechne die Aufgaben. Vergleiche jeweils die Vorzeichen der Ergebnisse. Formuliere dann eine wahre Aussage darüber, wann ein Ergebnis ein negatives Vorzeichen hat.
   a) 2 − 36   b) −17 + 6   c) −13 − 17   d) −0,5 + 1,5   e) −3,2 + 7,4
       6 − 59   −15 + 2   −45 − 35   −2,5 + 1,5   0,7 − 4,2
       5 − 56   −30 + 7   −40 − 27   −4,1 + 4,8   −6,3 − 3,6
       8 − 43   −64 + 8   −62 − 47   −6,9 + 9,6   8,6 − 9,9

6. Analysiere die folgenden Aufgaben bezüglich ihres Aufbaus. Suche eine entsprechende Rechenregel und rechne damit. Bei welchen Aufgaben hast du die gleiche Rechenregel verwendet? Begründe.
   a) 6,1 + 2,3   b) −2 − 9   c) −13 − 2,1   d) −1 − 15
   e) 7 − 11   f) 18 − 9   g) 3 − 9,2   h) 7,4 − 5
   i) −2,4 + 3   j) −6,8 + 5   k) −13 + 9,6   l) −8 + 17,2
   m) −3,1 − 2,7   n) 7,9 + 8,4   o) 13,7 + 9,9   p) 2,4 − 16,8
   q) −6,8 + 6,8   r) 14,7 − 0   s) −15,2 + 5,2   t) 11,8 − 6,8

Rationale Zahlen addieren und subtrahieren

7. Prüfe die Rechnungen. Berichtige, falls es notwendig ist. Vergleiche deine Berichtigungen mit denen deiner Mitschülerinnen und Mitschüler.
a) $-\frac{1}{7} + \frac{1}{7} = -\frac{2}{7}$
b) $14 - 15 = 1$
c) $-7 + 3 = 4$
d) $-8 - 1 = -7$
e) $-21 + 5 = -26$
f) $-46 + 10 = 36$
g) $-24\frac{1}{2} - \frac{1}{2} = -24$
h) $-49 - 9 = -40$
i) $|-3| + 4 = 1$
j) $|-3| - 4 = -7$
k) $-1{,}5 - 1\frac{1}{2} = 0$
l) $-|-3| - |-3| = 0$

8. Löse die Aufgaben sowohl zeichnerisch (mithilfe eines Zahlenstrahls) als auch rechnerisch (ohne Taschenrechner). Beschreibe in jedem Fall dein Vorgehen.
a) Welche Zahl muss man von $\frac{1}{2}$ subtrahieren, um -1 zu erhalten?
b) Welche Zahl muss man zu $-2{,}4$ addieren, um $3{,}1$ zu erhalten?
c) Zu welcher Zahl muss man $-1{,}2$ addieren, um $-3{,}4$ zu erhalten?
d) Von welcher Zahl muss man $-1{,}2$ subtrahieren, um $-3{,}4$ zu erhalten?

9. Jette hilft ihrer Mutter in der Gärtnerei beim Eintüten von Blumenzwiebeln. Jeder Beutel soll 350 g wiegen. Beim Nachwiegen stellt sie folgende Abweichungen fest:

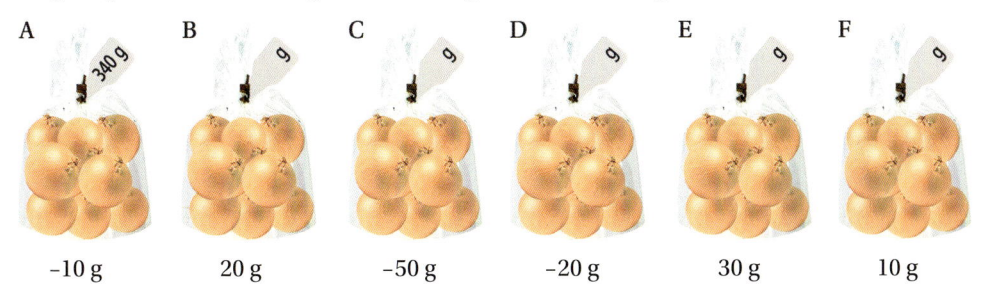

A	B	C	D	E	F
−10 g	20 g	−50 g	−20 g	30 g	10 g

a) Bestimme die Masse der Beutel A bis F, so wie sie gegenwärtig gefüllt sind.
b) Eine Abweichung bis zu ±20 g ist zum Verkauf zulässig. Welche Tüten kann sie schließen?
c) In welche Beutel muss sie noch Zwiebeln hineinlegen bzw. aus welchen Beuteln Zwiebeln herausnehmen?
d) Wie viel Gramm Zwiebeln sind insgesamt in den Beuteln A, C und D zu wenig?
Wie viel Gramm Zwiebeln sind insgesamt in den Beuteln B, E und F zu viel?
e) Muss sich Jette noch Zwiebeln holen oder kann sie die Füllungen innerhalb der geforderten Abweichung ausgleichen?

10. Auf einem Konto mit einem Guthaben von 1173,56 € werden an einem Tag mehrere Gut- bzw. Lastschriften verbucht:
−94,00 €; 71,23 €; −13,85 €; 51,17 €; 100,30 €;
−54,15 €; −35,46 €; 35,46 €; −1,20 €; −7,15 €; 7,15 €
a) Schreibe alle Kontobewegungen in einer Tabelle übersichtlich auf.
b) Gib nach jeder Kontobewegung den neuen Kontostand an.
c) Stelle deine Ergebnisse grafisch dar.
d) Löse die Aufgabe noch einmal mithilfe einer Tabellenkalkulation.
Verwende zum Berechnen der neuen Kontostände die Formeln der Tabellenkalkulation. Ändere dann das Guthaben auf 2222,22 € ab. Beobachte, wie sich die einzelnen Kontostände ändern. Gib den Kontostand nach der letzten Buchung an.
e) Erstelle auch ein Diagramm, das die Kontobewegungen anschaulich darstellt.

Projekt

Angaben und Berechnungen zur Erde

Mount McKinley
6 198 m

Zugspitze
2 962 m

Fich
1.

Tal des Todes
−86 m

Titicacasee
3 810 m

Aconcagua
6 960 m

Station Wostock
−89 °C

Vinsonmassiv
5 140 m

1. Ermittle aus den Beispielen den Höhenunterschied zwischen dem am höchsten und dem am tiefsten gelegenen See.

2. Verwende die Beispiele zur Ermittlung des Unterschieds zwischen der tiefsten Senke auf dem Festland und dem höchsten Berg.

3. Eine Expedition führt vom „Tal des Todes" auf den Mount McKinley. Wie viel Meter Höhenunterschied müssen überwunden werden?

4. Suche mithilfe einer Weltkarte in deinem Atlas die Tiefen des mittelamerikanischen Grabens, des Marianengrabens und des Aleutengrabens heraus.
Zeichne ein Diagramm mit den drei Angaben.

Kaspisches Meer
−28 m

Baikalsee
455 m

Mount Everest
8846 m

Fudschijama
3776 m

Mount Cook
3764 m

Totes Meer
−403 m

Kilimandscharo
5895 m

In Salah
59,4 °C

5. Zeichne ein Diagramm mit den geografischen Höhen.

6. Wie groß ist der Temperaturunterschied zwischen der Station Wostock und dem Ort In Salah?

7. Ermittle die wirklichen Tiefen der folgenden Gewässer.
Die Tiefen bezüglich NN sind:
Baikalsee (−1165 m), Titicacasee (3529 m), Totes Meer (−795 m), Kaspisches Meer (−967 m)

8. Beim Erklimmen hoher Berge kann man feststellen, dass sich die Temperatur bei jeweils 100 m um etwa 0,65 Grad verringert. Welche Außentemperatur ist in Höhe des „Zugspitzhotels" zu erwarten, wenn der Aufstieg in Fichtelberghöhe bei −10 °C beginnt?

1.3 Rationale Zahlen multiplizieren und dividieren

Multiplikation

Die Multiplikation kann man als wiederholte Addition gleicher Summanden ansehen. Nach dem Kommutativgesetz darf man Faktoren vertauschen.

1. Multiplikation zweier positiver Zahlen: $3 \cdot 5 = 5 \cdot 3 = 15$ oder $(+3) \cdot (+5) = (+5) \cdot (+3) = (+15)$
   Das Ergebnis ist positiv.

2. Multiplikation zweier Zahlen mit unterschiedlichen Vorzeichen:
   $3 \cdot (-5) = (-5) + (-5) + (-5) = -5 - 5 - 5 = -15$
   $5 \cdot (-3) = (-3) + (-3) + (-3) + (-3) + (-3) = -15$
   Das Ergebnis ist negativ.

3. Multiplikation zweier negativer Zahlen:

Der erste Faktor wird immer um 1 kleiner.

$2 \cdot (-5) = -10$
$1 \cdot (-5) = -5$
$0 \cdot (-5) = 0$
$(-1) \cdot (-5) = 5$
$(-2) \cdot (-5) = 10$
$(-3) \cdot (-5) = 15$

Das Ergebnis wird immer um 5 größer.

Das Ergebnis ist positiv.

Produkt	Beispiel	Ergebnis
positive Zahl · positive Zahl	$3 \cdot 5 = 15$	positiv
positive Zahl · negative Zahl	$3 \cdot (-5) = -15$	negativ
negative Zahl · positive Zahl	$(-3) \cdot 5 = -15$	negativ
negative Zahl · negative Zahl	$(-3) \cdot (-5) = 15$	positiv

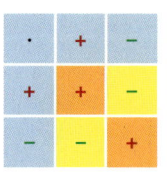

·	+	−
+	+	−
−	−	+

Wir können nun folgende Rechenregel für die Multiplikation zweier rationaler Zahlen ableiten:

Regeln für die Multiplikation zweier rationaler Zahlen

Gleiche Vorzeichen
- Beträge der Zahlen multiplizieren.
- Ergebnis ist positiv.

Unterschiedliche Vorzeichen
- Beträge der Zahlen multiplizieren.
- Ergebnis ist negativ.

$3 \cdot 7 = 21$ $(-4) \cdot (-6) = 24$ $2 \cdot (-11) = -22$ $(-8) \cdot 4 = -32$

Treten mehr als zwei Faktoren auf, gilt:

Ist die Anzahl der negativen Faktoren gerade, so ist das Ergebnis positiv.
Ist die Anzahl der negativen Faktoren ungerade, so ist das Ergebnis negativ.

$(-3) \cdot (-5) \cdot (-4) \cdot (-1) = 60$ $(-3) \cdot (-8) \cdot 2 \cdot (-2) = -96$

Division

Da die Division die Umkehroperation der Multiplikation ist, müssen auch die Vorzeichenregeln der Multiplikation für die Division gelten.

Multiplikation	Division	Quotient	Ergebnis
$3 \cdot 5 = 15$	$15 : 5 = 3$	positive Zahl : positive Zahl	positiv
$3 \cdot (-5) = -15$	$-15 : (-5) = 3$	negative Zahl : negative Zahl	positiv
$(-3) \cdot 5 = -15$	$-15 : 5 = -3$	negative Zahl : positive Zahl	negativ
$(-3) \cdot (-5) = 15$	$15 : (-5) = -3$	positive Zahl : negative Zahl	negativ

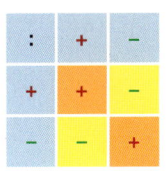

:	+	−
+	+	−
−	−	+

Es gelten dieselben Vorzeichenregeln wie für die Multiplikation. Beträge werden jetzt dividiert.

> **Regeln für die Division zweier rationaler Zahlen**
> Gleiche Vorzeichen
> - Beträge der Zahlen dividieren.
> - Ergebnis ist positiv.
>
> Unterschiedliche Vorzeichen
> - Beträge der Zahlen dividieren.
> - Ergebnis ist negativ.

Rechenregeln für die Multiplikation und Division

Wie bei den Brüchen und bei den natürlichen Zahlen helfen Rechenregeln beim Aufgabenlösen.

> (1) **Kommutativgesetz (Vertauschungsregel)**
>   Für zwei rationale Zahlen a und b gilt stets: $a \cdot b = b \cdot a$
> (2) **Assoziativgesetz (Verbindungsregel)**
>   Für drei rationale Zahlen a, b und c gilt stets: $a \cdot (b \cdot c) = (a \cdot b) \cdot c = a \cdot b \cdot c$
> (3) **Distributivgesetz (Verteilungsregel)**
>   Für drei rationale Zahlen a, b und c gilt stets: $a \cdot (b + c) = a \cdot b + a \cdot c$; $(a + b) : c = a : c + b : c$

Zu (1): $(-2{,}5) \cdot (-1{,}7) \cdot 8 = (-2{,}5) \cdot 8 \cdot (-1{,}7) = (-20) \cdot (-1{,}7) = 34$
Zu (2): $5 \cdot (-7) \cdot 13 \cdot (-2) = 5 \cdot (-2) \cdot (-7) \cdot 13 = (-10) \cdot (-7) \cdot 13 = 70 \cdot 13 = 910$
Zu (3): $13 \cdot 12 = (10 + 3) \cdot 12 = 120 + 36 = 156$ $(-35 + 49) : 7 = -35 : 7 + 49 : 7 = -5 + 7 = 2$

Rechnen mit Null

> Ist ein Faktor 0, so ist das Produkt 0.
> $a \cdot 0 = 0$ $0 \cdot a = 0$
> Die Division von 0 durch eine von 0 verschiedene rationale Zahl ist immer 0.
> $0 : a = 0$ mit $a \neq 0$
> Die Division durch 0 ist nicht definiert (n. def.).
> $a : 0 = $ n. def.

Aufgaben

1. Rechne im Kopf.
- a) $3 \cdot (-4)$
  $2 \cdot (-5)$
  $6 \cdot (-8)$
  $7 \cdot (-6)$
  $3 \cdot (-9)$
- b) $-5 \cdot 4$
  $-3 \cdot 8$
  $-7 \cdot 9$
  $-9 \cdot 9$
  $-3 \cdot 9$
- c) $12 \cdot (-2)$
  $20 \cdot (-4)$
  $15 \cdot (-3)$
  $11 \cdot (-9)$
  $30 \cdot (-4)$
- d) $-12 \cdot 3$
  $-25 \cdot 4$
  $-14 \cdot 3$
  $-13 \cdot 3$
  $-12 \cdot 5$

2. Berechne. Lege zuerst das Vorzeichen des Ergebnisses fest.
- a) $-2 \cdot (-4)$
  $-17 \cdot (-3)$
  $-6 \cdot (-8)$
  $-25 \cdot (-5)$
  $-31 \cdot (-3)$
- b) $-1,2 \cdot (-5)$
  $-4 \cdot (-4,1)$
  $-11 \cdot 1,1$
  $-3,2 \cdot (-3)$
  $-0,01 \cdot (-100)$
- c) $4 \cdot 7$
  $12 \cdot (-3)$
  $40 \cdot (-8)$
  $-23 \cdot (-2)$
  $-1 \cdot (-0,7)$
- d) $-5 \cdot (-0,6)$
  $0,6 \cdot 0,7$
  $-6,5 \cdot 3$
  $-15 \cdot (-10)$
  $-65 \cdot 0,01$

3. Berechne. Kürze möglichst frühzeitig. Erläutere dein Vorgehen.
- a) $\frac{1}{3} \cdot \left(-\frac{3}{4}\right)$
- b) $-\frac{7}{4} \cdot \left(-\frac{6}{21}\right)$
- c) $-\frac{15}{16} \cdot \frac{32}{45}$
- d) $\frac{13}{27} \cdot \left(-\frac{45}{52}\right)$
- e) $-\frac{1}{6} \cdot \left(-\frac{4}{7}\right)$
- f) $-\frac{24}{25} \cdot \left(-\frac{5}{8}\right)$
- g) $\frac{17}{18} \cdot \left(-\frac{6}{51}\right)$
- h) $-\frac{7}{12} \cdot \frac{6}{28}$

4. Bestimme das Vorzeichen und rechne dann schriftlich. Führe vorher eine Überschlagsrechnung durch. Bei welcher Aufgabe ist der Unterschied zwischen Überschlag und genauem Ergebnis am geringsten? Begründe deine Entscheidung.
- a) $8,5 \cdot (-4,2)$
- b) $-2\,028 \cdot (-88)$
- c) $47,4 \cdot (-0,82)$
- d) $-2\,546 \cdot 8$
- e) $171,2 \cdot (-18)$

5. Prüfe die Rechnungen. Berichtige, falls es notwendig ist.
- a) $3 \cdot (-15) = 45$
- b) $-26 \cdot (-2) = -52$
- c) $-30 \cdot 25 = -750$

6. Löse die Aufgaben. Bestimme zunächst das Vorzeichen des Produkts. Nutze Rechenvorteile.
- a) $3 \cdot 5 \cdot (-4)$
  $-6 \cdot (-4) \cdot 10$
  $12 \cdot 0,5 \cdot (-2)$
  $-7 \cdot (-5) \cdot (-2)$
  $-2 \cdot (-3) \cdot (-4) \cdot (-5)$
- b) $-4 \cdot (-3) \cdot 6$
  $-10 \cdot (-5) \cdot 0,1$
  $5 \cdot 2 \cdot 8 \cdot (-3) \cdot (-1)$
  $6 \cdot 10 \cdot (-4) \cdot (-3)$
  $2 \cdot (-10) \cdot (-5) \cdot (-4)$
- c) $-5 \cdot (-4) \cdot (-3) \cdot (-10)$
  $5 \cdot (-10) \cdot 4 \cdot 5 \cdot (-3)$
  $30 \cdot (-0,5) \cdot 6$
  $-12 \cdot (-5) \cdot (-4)$
  $4 \cdot 8 \cdot 3 \cdot (-2)$

7. Übertrage nebenstehende Tabelle ins Heft und fülle sie aus. Die Tabelle lässt sich auf zwei verschiedene Weisen ausfüllen. Warum ist das so? Gib beide Lösungen an. Welche Rechenregel hast du verwendet?

$\cdot$	-7	$-0,4$	11
10			
-2			
3			
-5			
24			

8. Löse die Aufgaben. Schreibe vorher in Kurzform.
- a) Multipliziere die Zahlen -12 und -15 miteinander.
- b) Bilde das Produkt aus -53 und 11.
- c) Mit welcher ganzen Zahl muss 9 multipliziert werden, um als Ergebnis -72 zu erhalten?
- d) Wird 12 mit einer rationalen Zahl multipliziert, so erhält man -228. Wie heißt diese Zahl?

Rationale Zahlen multiplizieren und dividieren

9. Berechne. Ermittle zuerst das Vorzeichen. Welche Regel gilt für die Aufgaben?

a) $-6:3$
$-12:6$
$-2:0,2$
$-60:12$
$-0,75:3$

b) $18:(-6)$
$9:(-9)$
$100:(-25)$
$51:(-3)$
$30:(-0,5)$

c) $120:(-3)$
$-1000:(-50)$
$-3,8:(-2)$
$-15:(-1,5)$
$-99:(-100)$

d) $\frac{3}{5}:\left(-\frac{4}{5}\right)$
$-\frac{24}{39}:\left(-\frac{12}{13}\right)$
$-\frac{1}{2}:\frac{4}{3}$
$\frac{6}{7}:\left(-\frac{4}{5}\right)$
$-\frac{12}{10}:\frac{8}{15}$

10. Bestimme zuerst das Vorzeichen und rechne dann schriftlich. Führe vorher eine Überschlagsrechnung durch.

a) $1\,230:(-120)$
b) $-2\,028:(-78)$
c) $77,4:(-0,32)$
d) $-526,5:22$
e) $871,2:(-88)$
f) $-40,8:(-0,8)$

11. Setze in die Gleichungen für a jeweils eine Zahl ein, sodass immer eine wahre Aussage entsteht. Erläutere, wie du deine Ergebnisse erhalten hast. Führe jeweils eine Probe durch.

a) $-96:a = -12$
b) $-35:a = 5$
c) $a:(-90) = 3$
d) $a:(-12) = 8$
e) $a:(-4) = -15$
f) $0,9:(-a) = 0,3$

12. Übertrage die Tabellen ins Heft und fülle sie aus. Rechne, wenn nötig, schriftlich. Die Tabellen lassen sich auf zwei verschiedene Weisen ausfüllen. Warum ist das so?
Gib beide Lösungen an.

a)

:	-6	12	-4	3
84				
-0,36				
144				

b)

:	-6	1,2	-9	18
72				
-0,18				
216				

13. Löse die Aufgaben. Berücksichtige dabei, dass „Punktrechnung vor Strichrechnung geht" und Klammern besonders zu beachten sind. Analysiere die Aufgaben genau.

a) $24 + 2 \cdot (-26)$
b) $24 \cdot (2-26)$
c) $24 \cdot 2 - 36$
d) $-144:(-12) - 57 \cdot (-3)$
e) $121:(-11) - (-39):13$
f) $-43 \cdot (8 - 6 - 5 + 6)$
g) $-9 \cdot (-116 + 137) - (34 - 58)$
h) $18 \cdot 11$
i) $(-36 + 48):6$
j) $\frac{-9 \cdot 25 \cdot (-7)}{15 \cdot (-3) \cdot (-21)}$
k) $(-16) \cdot 8 + 24 \cdot (-6)$
l) $\frac{2}{3} \cdot \left(\frac{1}{4} - \frac{2}{3}\right)$

14. Schreibe zuerst auf, was du rechnen willst. Rechne dann. Gib dein Ergebnis an.

a) Addiere zum Produkt aus -4 und 16 den Quotienten aus 54 und -3.
b) Subtrahiere vom Quotienten aus -72 und 9 die Differenz aus 12 und -4.
c) Multipliziere die Summe aus -21 und -9 mit -5.
d) Dividiere die Summe aus -24 und -6 durch das Produkt aus 3 und -10.
e) Vergrößere das Quadrat von 8 um das Quadrat von -6.
f) Multipliziere die Summe aus -18 und -5 mit der Summe aus 23 und -18.

43

Rechnen mit rationalen Zahlen

15. In der nebenstehenden Abbildung sollst du bei –1,24 starten und beim Fragezeichen ankommen. Du kannst entlang allen eingezeichneten Pfeilen „wandern", musst aber stets die vorgegebene Rechenoperation ausführen.
  a) Ermittle den Weg, der zu der größten rationalen Zahl führt.
  b) Ermittle den Weg, der zu der kleinsten rationalen Zahl führt.

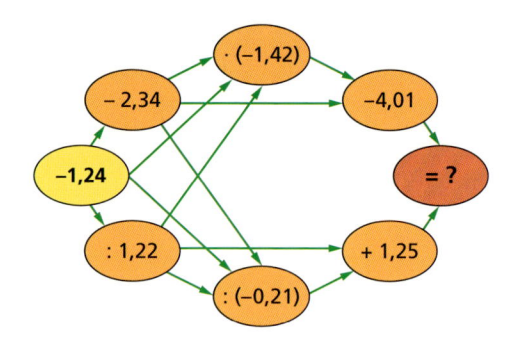

16. Vorsicht, Fehler! Aufpassen!
Erkläre, welche Regel falsch angewendet wurde, und führe die Rechnung richtig aus.
  a) $-26 \cdot 46 + 54 = -2\,600$
  b) $-12 \cdot 1,8 + 1,8 \cdot 22 = -1,8 \cdot (12 + 22) = -61,2$
  c) $4 \cdot \left(-\frac{1}{4} - 2\right) = 4 - \frac{1}{4} - \frac{1}{2} \cdot 2 = 3\frac{3}{4} - 1 = 2\frac{3}{4}$
  d) $-1,5 \cdot 1,9 + 1,5 \cdot 2,4 + 1,5 = 1,5 \cdot (-1,9 + 2,4) = 3,25$

17. Franz erhält jeden Monat 18 € Taschengeld auf sein Konto überwiesen. Er hebt jeden Monat 9 € ab und spart den Rest.
  a) Wie ändert sich sein Kontostand innerhalb eines Jahres?
  b) Der Jahresbeitrag für den Sportverein beträgt 72 €. Davon soll Franz ein Drittel übernehmen und gleichmäßig über die Monate verteilt an seine Mutter geben.
  Wie viel Euro muss er zurückzahlen? Wie hoch wird jetzt seine monatliche Belastung?

18. Die Tabelle zeigt die Abrechnung der Klassenfahrten. Natürlich wollen alle wissen, ob sie Geld zurückbekommen oder ob sie noch Geld bezahlen müssen.
  a) Berechne die fehlenden Geldbeträge je Schüler.
  b) Wie viel Euro müssten jeweils in der Klassenkasse sein, wenn alle genau 1,50 € zurückbekommen sollen?

Klasse	7a	7b	7c	7d	7e
Anzahl der Schüler	26	28	29	32	27
Kassenstand in Euro	–32,24	–30,80	–28,42	–4,48	63,45
Geldbetrag pro Schüler in Euro	–1,24				

19. Katharina hat Besuch aus Neuengland bekommen.
Leider kommt der Besuch mit der Celsiusskala nicht zurecht.
  a) Übertrage die Tabelle in dein Heft und ergänze sie um zusätzlich drei Zeilen.
  b) Erkläre dem Besuch von Katharina, wie du vorgegangen bist.
  Kannst du sogar eine Formel angeben?

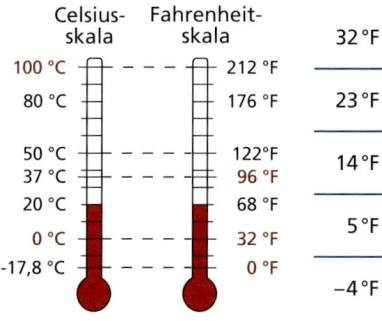

32 °F	0 °C
23 °F	–5 °C
14 °F	–10 °C
5 °F	–15 °C
–4 °F	–20 °C

Die Fixpunkte sind rot hervorgehoben.

1.4 Potenzen und Wurzeln untersuchen

Potenzen

Wenn beim Multiplizieren alle Faktoren gleich sind, kann man die Potenzschreibweise verwenden. Daher gilt die Vorzeichenregel für das Multiplizieren auch für Potenzen, deren Exponent eine natürliche Zahl (größer gleich 2) ist.

■ $7 \cdot 7 \cdot 7 \cdot 7 = 7^4 = 2401$ $\qquad (-9) \cdot (-9) \cdot (-9) = (-9)^3 = -729$

Ihr kennt diese Schreibweise von der Fläche eines Quadrates ($A = a \cdot a = a^2$), vom Volumen eines Würfels ($V = a \cdot a \cdot a = a^3$) oder von der Zahldarstellung mit abgetrennten Zehnerpotenzen ($10^2 = 10 \cdot 10$). Das Potenzieren ist die Kurzform des Multiplizierens einer Zahl mit sich selbst. In 7^4 heißt 7 die **Basis**, 4 der **Exponent** der Potenz 7^4, 2 401 ist der Wert der Potenz.

■ $5^2 = 25 \qquad (-5)^2 = 25 \qquad (-5)^3 = -125 \qquad (-5)^4 = 625$

Quadratzahlen / Quadrieren

Das Quadrat einer rationalen Zahl ist niemals negativ. Null ist die kleinste **Quadratzahl.**
Das **Quadrieren** wird z. B. beim Berechnen von Flächeninhalten gebraucht.

■ $0{,}9^2 = 0{,}81 \quad (-11)^2 = 121 \quad 80^2 = 6400 \quad (-0{,}05)^2 = 0{,}0025 \quad 0^2 = 0 \quad \left(-\frac{2}{3}\right)^2 = \frac{4}{9}$

Die Quadrate natürlicher Zahlen werden **Quadratzahlen** genannt.

a	1	2	3	4	5	6	7	8	9	10	11	12	13	14	15	16	17	18	19	20	25
a^2	1	4	9	16	25	36	49	64	81	100	121	144	169	196	225	256	289	324	361	400	625

Quadratwurzeln / Wurzelziehen

Der Flächeninhalt eines Quadrates beträgt 2,89 km², die Länge der Quadratseite ist zu bestimmen. Jetzt muss das Quadrieren umgekehrt werden, es ist die **Quadratwurzel** zu ziehen. Die Quadratwurzel ist nur aus einer positiven Zahl oder der 0 zu ermitteln, da es keine Zahl gibt, die mit sich selbst multipliziert einen negativen Wert ergibt. Die Wurzel aus einer positiven Zahl (aus Null) ist stets wieder positiv (Null). Die Wurzel aus negativen Zahlen gibt es nicht.
Man schreibt für die Quadratwurzel: $\sqrt{2{,}89} = 1{,}7$

> Die Wurzel aus einer nichtnegativen Zahl a ist diejenige nichtnegative Zahl b, die mit sich selbst multipliziert die Zahl a ergibt.
> Es gilt: $\sqrt{a} = b$, da $b^2 = a$ mit $a, b \geq 0$

■ $\sqrt{25} = 5$; da $5^2 = 25 \qquad \sqrt{2{,}25} = 1{,}5$; da $1{,}5^2 = 2{,}25 \qquad \sqrt{1} = 1$; da $1^2 = 1 \qquad \sqrt{0} = 0$; da $0^2 = 0$

> Aus einer negativen Zahl kann keine Quadratwurzel gezogen werden.

Rechnen mit rationalen Zahlen

Das **Potenzieren** einer Zahl und das Wurzelziehen sind ebenfalls Rechenoperationen. Während sich aber die Potenz einer Zahl mit natürlichem Exponenten auf die Multiplikation zurückführen und in endlich vielen Schritten ausführen lässt, ist dies für das Quadratwurzelziehen nur dann möglich, wenn sich die Zahl in ein Produkt aus zwei gleichen, rationalen Zahlen zerlegen lässt. Dies ist aber z. B. für die natürlichen Zahlen 2; 3; 5 und alle weiteren, die keine Quadratzahlen sind, nicht möglich.

So gibt es keine natürliche Zahl und keinen Bruch, deren Quadrat die Zahl 2 ergibt. Die Zahl $\sqrt{2}$ lässt sich nur näherungsweise, dafür aber mit beliebiger Genauigkeit bestimmen.

Dazu kann schrittweise für jede Dezimalstelle der Wert ermittelt werden, dessen Quadrat am dichtesten unter 2 liegt.

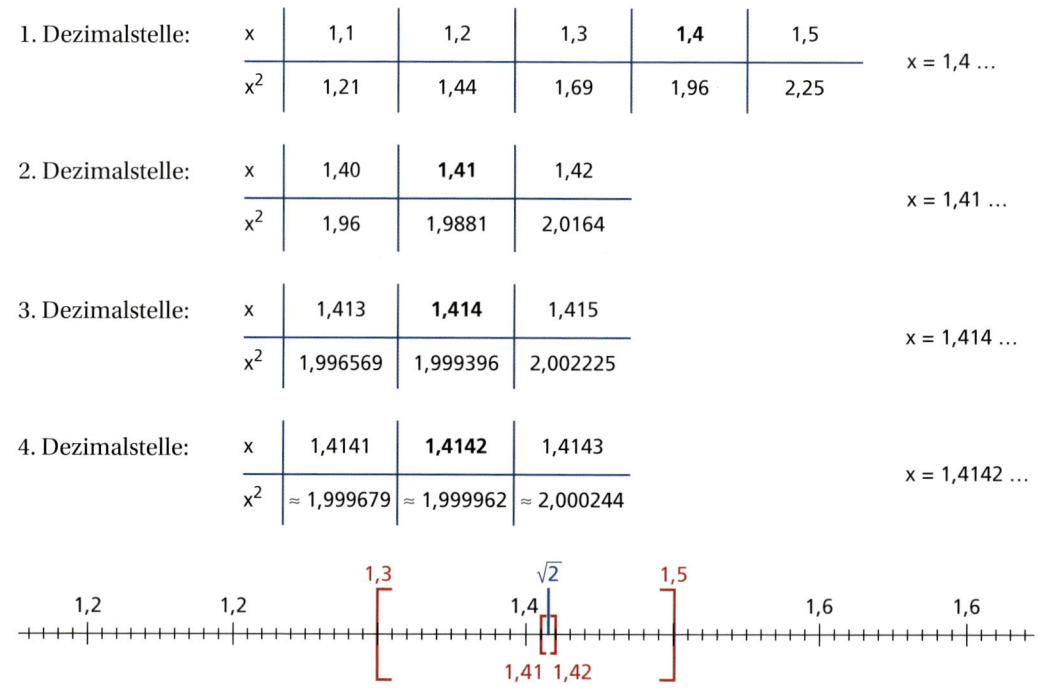

1. Dezimalstelle:

x	1,1	1,2	1,3	**1,4**	1,5
x^2	1,21	1,44	1,69	1,96	2,25

$x = 1,4 \ldots$

2. Dezimalstelle:

x	1,40	**1,41**	1,42
x^2	1,96	1,9881	2,0164

$x = 1,41 \ldots$

3. Dezimalstelle:

x	1,413	**1,414**	1,415
x^2	1,996569	1,999396	2,002225

$x = 1,414 \ldots$

4. Dezimalstelle:

x	1,4141	**1,4142**	1,4143
x^2	≈ 1,999679	≈ 1,999962	≈ 2,000244

$x = 1,4142 \ldots$

$\sqrt{2} = 1,4142135623731\ldots$

Dieses Verfahren wird auch **Intervallschachtelung** genannt, denn das Intervall, in dem sich die gesuchte Zahl befindet, wird immer stärker eingeschachtelt. Zugleich nähert man sich immer mehr dem exakten Wert an.

$\sqrt{2}$ ist ein **unendlicher nichtperiodischer Dezimalbruch**. Das Annäherungsverfahren bricht nie ab und es tritt nie eine periodische Wiederholung auf.

Unendliche nichtperiodische Dezimalbrüche heißen **irrationale Zahlen**.

Nur für die Quadratzahlen 1; 4; 16 ... sind die Quadratwurzeln natürliche Zahlen. Für alle anderen natürlichen Zahlen sind die Quadratwurzeln irrationale Zahlen.

> Neben den rationalen Zahlen existieren weitere Zahlen, die unendliche, nichtperiodische Dezimalbrüche sind. Diese Zahlen werden irrational genannt. Die rationalen und die irrationalen Zahlen bilden zusammen den Zahlenbereich der **reellen Zahlen**.

Potenzen und Wurzeln untersuchen

Aufgaben

1. Welche ganze Zahl liegt immer zwischen den folgenden Werten? Setze um drei weitere Schritte fort. Solch ein Vorgehen nennt man „Einschachteln". Wähle dir eine andere ganze Zahl und schachtele diese (so wie im Beispiel) ein. Verwende dabei den Taschenrechner oder eine Tabellenkalkulation.

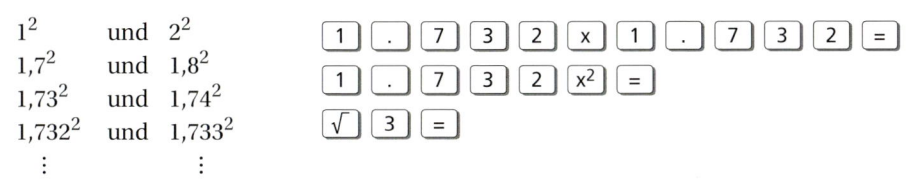

   1^2 und 2^2
   $1{,}7^2$ und $1{,}8^2$
   $1{,}73^2$ und $1{,}74^2$
   $1{,}732^2$ und $1{,}733^2$
   ⋮

2. Ermittle die Quadrate zu den gegebenen Zahlen im Kopf. Vergleiche die Aufgaben bzw. die Ergebnisse der Teilaufgaben a und c, b und d, b und g, f und h miteinander.
   Was stellst du fest?

   a) 12　　b) 30　　c) 1,2　　d) −0,3　　e) $\frac{3}{2}$

   f) 16　　g) 300　　h) −1,6　　i) 0,8　　j) $\frac{3}{8}$

3. Gib alle natürlichen Zahlen an, die eine Quadratwurzel in ℕ haben und zwischen folgenden Zahlen liegen. In welchem der drei Bereiche gibt es die wenigsten Zahlen mit einer Quadratwurzel in ℕ?
   a) Zwischen 100 und 200　　b) Zwischen 200 und 300　　c) Zwischen 500 und 600

4. Ordne die Zahlen. Vereinfache dazu. Beginne mit der kleinsten Zahl. Welches ist die größte der gegebenen Zahlen?
   a) $\sqrt{49}$; $\sqrt{121}$; 8; 32; 0,82; $\sqrt{6{,}25}$
   b) $\sqrt{\frac{36}{81}}$; $\sqrt{\frac{1}{4}}$; $\sqrt{\frac{4}{9}}$; $\sqrt{\frac{121}{144}}$; $\sqrt{0{,}01}$; $\sqrt{0{,}09}$

5. Berechne ohne Rechenhilfsmittel die Quadratwurzeln. Welche der Aufgaben kannst du nicht lösen? Warum ist das so?
   a) $\sqrt{9}$　　b) $\sqrt{25}$　　c) $\sqrt{36}$　　d) $\sqrt{100}$　　e) $\sqrt{-169}$
   f) $\sqrt{0{,}36}$　　g) $\sqrt{0}$　　h) $\sqrt{\frac{16}{25}}$　　i) $\sqrt{\frac{36}{169}}$　　j) $\sqrt{0{,}25}$
   k) $\sqrt{81}$　　l) $\sqrt{\frac{49}{64}}$　　m) $\sqrt{-\frac{1}{4}}$　　n) $\sqrt{0{,}04}$　　o) $\sqrt{8100}$

6. Berechne und vergleiche. Was kann man über die Vorzeichen von Potenzen aussagen?
   a) -2^2 und $(-2)^2$　　b) -4^2 und $(-4)^2$　　c) -1^2 und $(-1)^2$
   d) -3^2 und $(-3)^2$　　e) 1^3 und $(-1)^3$　　f) -1^3 und $(-1)^3$

7. Berechne und vergleiche. Begründe, warum die Vorzeichen der Ergebnisse aller Aufgaben gleich sind.
   a) $\left(-\frac{1}{2}\right)^2$ und $\left(-\frac{1}{2}\right)\cdot\left(-\frac{1}{2}\right)$　　b) 5^2 und $(-5)^2$　　c) $\left(-\frac{1}{2}\right)^2$ und $(-2)^2$

8. Wie ändert sich der Flächeninhalt eines Quadrats, wenn seine Seitenlänge verdreifacht wird? Begründe. Überprüfe deine Aussage zusätzlich mit selbst gewählten Seitenlängen. Verwende dazu (möglichst) eine Tabellenkalkulation.

47

Rechnen mit rationalen Zahlen

9. Ein quadratischer Garten ist 200 m² groß. Ermittle die Länge der Seiten durch Probieren auf Dezimeter genau. Erkläre, wie du vorgegangen bist.

10. a) Zwischen welchen Quadratzahlen liegen folgende Zahlen? Begründe.
    $1{,}2^2$ $\qquad\qquad$ $3{,}18^2$ $\qquad\qquad$ $16{,}7^2$
    b) Zwischen welchen benachbarten ganzen Zahlen liegen folgende Zahlen? Begründe.
    $\sqrt{7}$ $\qquad\qquad$ $\sqrt{34}$ $\qquad\qquad$ $\sqrt{145}$

11. Marcos Vater will eine quadratische Spiegelfläche, deren Flächeninhalt 20,25 dm² beträgt, mit einem Holzrahmen versehen. Marco soll dafür im Baumarkt Holzleisten mit einer Breite von 6 cm kaufen. Er fertigt sich vorher eine Skizze an.
    a) Skizziere den Sachverhalt ebenfalls. Kennzeichne wichtige Größen farbig.
    b) Welche Länge muss eine einzelne Leiste mindestens haben?
    c) Es gibt im Baumarkt Leisten, die 1,60 m bzw. 2,40 m lang sind. Für welche Leisten soll sich Marco entscheiden, damit der Abfall minimal wird?
    d) Wie viel Prozent Abfall entstehen?

12. Der Flächeninhalt eines Quadrats soll sich auf das 25-Fache erhöhen. Wie muss man dann die Seitenlänge des Quadrats verändern? Begründe. Überprüfe deine Aussage zusätzlich mit selbst gewählten Seitenlängen. Verwende dazu (möglichst) eine Tabellenkalkulation.

13. Herr Müller möchte den Fußboden seiner Küche fliesen. Sie ist 4,50 m lang und 3,53 m breit. Im Baumarkt gibt es preisgünstig quadratische Fliesen, die eine Seitenlänge von 31,5 cm haben. Es werden aber nur ganze Packungen zu je 15 Stück abgegeben.
    a) Kann Herr Müller seinen Küchenfußboden fliesen, ohne eine Fliese zerschneiden zu müssen? Begründe deine Entscheidung.
    Welche Fugenbreite muss er dazu einhalten? Wie viele Fliesen würde Herr Müller brauchen?
    Gib die Anzahl der Fliesen an, die auf der längeren bzw. kürzeren Seite liegen.
    b) Wie viele Packungen Fliesen muss Herr Müller kaufen? Berechne den prozentualen Anteil der Fliesen, die er für spätere Reparaturarbeiten übrig hat.
    c) Hätte Herr Müller mit derselben Packungszahl aus Teilaufgabe b seinen quadratischen Keller fliesen können, der eine Grundfläche von 17,64 m² hat? Begründe.

1.5 In Sachzusammenhängen sicher rechnen

Rechnen mit Näherungswerten und sinnvoller Genauigkeit

Die Genauigkeit des Ergebnisses einer Multiplikation oder einer Division mit Näherungswerten hängt nicht von der Anzahl der Dezimalstellen ab, sondern von der Gesamtanzahl der Ziffern der Ausgangswerte. Es gilt folgende Faustregel:

> Es ist sinnvoll, das Ergebnis einer Multiplikations- oder Divisionsaufgabe mit Näherungswerten auf die Gesamtanzahl von Ziffern zu runden, die der Näherungswert mit der **geringsten** Gesamtanzahl von Ziffern hat.
> Dabei werden die Nullen, die links von der ersten von Null verschiedenen Ziffer stehen, nicht mitgezählt.

Näherungswert	3 275 s	0,73 kg	0,05 m³	1,0 mm	1,00 m	10,01 g
Anzahl der Ziffern, die zu berücksichtigen sind	4	2	1	2	3	4

2,74 m · 8,6 m = 23,564 m² ≈ 24 m²   zwei Ziffern berücksichtigen

3,15 m : 0,0052 = 605,76... m ≈ 610 m   zwei Ziffern berücksichtigen

42,5 m · 0,782 m = 33,235 m² ≈ 33,2 m²   drei Ziffern berücksichtigen

Bei vielen praktischen Sachverhalten richtet sich die sinnvolle Genauigkeit bei Ergebnisangaben auch nach Forderungen oder Überlegungen, die sich aus der konkreten Situation ergeben.

Ein Fuhrunternehmer soll ein Angebot zum Abtransport von 26,5 t Kies abgeben.
Er berechnet, dass er zum Abtransport der 26,5 t Kies mit einem Lkw, der eine Tragfähigkeit von 3 t hat, 8,8$\overline{3}$ Fahrten benötigt:

26,5 t : 3 t ≈ 8,8

Dann rundet er sein Ergebnis auf 9 Fahrten und gibt dafür die folgenden Begründungen:

- Es sind nur ganzzahlige Ergebnisse sinnvoll, da der Lkw keine halben Fahrten absolvieren kann.
- Da der gesamte Kies abtransportiert werden muss, reichen 8 Fahrten dafür nicht aus.

Vielfach lassen die Vorgaben aus Texten und grafischen Darstellungen wie Diagrammen nur Angaben in Form von Näherungswerten zu, zum Beispiel:

- Ablesen von Anteilen aus einem Diagramm
- Arbeiten mit Messwerten und der zugehörigen Messgenauigkeit

Rechnen mit rationalen Zahlen

Rechnen mit Größen

Beim Rechnen mit Größen (Streckenlängen, Flächenmaßen oder Raummaßen) kann man die Maßeinheit von der Maßzahl durch Ausklammern trennen und man rechnet nur mit den Maßzahlen.

- 7,1 km − 2,3 km + 5,4 km − 6,8 km = (7,1 + 5,4 − 2,3 − 6,8) km = (12,5 − 9,1) km = 3,4 km
- 8,4 m² + 2,7 m² − 5,2 m² − 3,8 m² = (8,4 + 2,7 − 5,2 − 3,8) m² = (11,1 − 9,0) m² = 2,1 m²
- 4,7 m³ − 7,9 m³ + 9,6 m³ − 2,5 m³ = (4,7 + 9,6 − 7,9 − 2,5) m³ = (14,3 − 10,4) m³ = 3,9 m³

Man erkennt an den Beispielen, dass die Maßzahlen wie rationale Zahlen addiert werden, die Maßeinheit wird in der Lösung mitgeführt, aber nicht verändert. In diesem Sinne können die Maßzahlen auch im Ergebnis negativ werden.

Aufgaben

1. Berechne mit sinnvoller Genauigkeit. (Alle Angaben sind Messwerte.)
   a) 3,76 m · 5,7 m
   b) 12,73 km · 4 km
   c) 7,53 m · 6,374 m · 5,248 m
   d) 12,73 m · 6 m
   e) 127,30 m · 6 m
   f) 75,30 m · 63,74 m · 52,48 m

2. Gib in einer dem Sachverhalt entsprechenden Genauigkeit an.
   a) Auf der Ladefläche des Kleintransporters ist noch 1,20 m mal 1,80 m Platz. Wie viele 36 cm breite und 58 cm lange Kartons können liegend nebeneinander höchstens auf der Ladefläche verstaut werden?
   b) Ein rechteckförmiges Hafenbecken ist 101,5 m lang und 72,5 m breit. Welchen Flächeninhalt hat das Hafenbecken?

3. Ein Intercity benötigt für eine 183 km lange Strecke eine Stunde und 12 Minuten. Berechne die durchschnittliche Geschwindigkeit des Zuges.

4. Löse die folgenden Aufgaben, gib Zwischenschritte an, rechne im Kopf.
   a) 6 a − 9 a + 16 a + 27 a − 13 a − 19 a
   b) −5 ha + 13 ha + 24 ha − 16 ha − 9 ha + 31 ha
   c) −2 km² + 101 km² − 4 km² + 1 km² − 25 km²
   d) 5 cm² − 7 cm² + 1 cm² + 21 cm² − 11 cm² + 8 cm²
   e) −2,3 mm² + 7,6 mm² + 0,8 mm² − 1 mm² − 1,7 mm² + 1 mm²
   f) −4,6 dm² + 9,2 dm² − 23,5 dm² + 37,8 dm² + 45,7 dm² − 17,4 dm²

5. Bei einem Verkehrsprojekt wurden 186 Fahrräder kontrolliert. 41 Fahrräder waren ohne Mängel, bei 84 von ihnen war die Beleuchtung und bei 54 waren die Bremsen nicht in Ordnung. Gib die entsprechenen Anteile mit sinnvoller Genauigkeit an.

1.6 Gemischte Aufgaben

1. Testet euch.

	a	b	c	d	e	f	g	h	
1	−4	4	−3	6	−2	8	−1	10	1
2	1	−3	5	−7	9	−11	13	−15	2
3	7	5	3	1	−1	−3	−5	−7	3
4	10	−20	20	−30	30	−40	40	−50	4
5	−0,7	0,6	−0,5	0,4	−0,3	0,2	−0,1	0	5
6	−0,9	−0,6	−0,3	0	0,3	0,6	0,9	1,2	6
7	$\frac{1}{2}$	$-\frac{1}{2}$	$\frac{1}{4}$	$-\frac{1}{4}$	$\frac{1}{8}$	$-\frac{1}{8}$	$\frac{1}{16}$	$-\frac{1}{16}$	7
8	$\frac{1}{8}$	$\frac{3}{4}$	$\frac{2}{3}$	$-\frac{4}{5}$	$-\frac{3}{5}$	$\frac{2}{5}$	$-\frac{1}{4}$	$\frac{1}{100}$	8
	a	b	c	d	e	f	g	h	

a) Die folgenden Fragen und Aufträge beziehen sich auf die obige Tabelle.
  Übe allein oder mit einem Partner bzw. mit einer Partnerin.
  1. Bilde die Beträge der Zahlen aus Spalte g.
  2. Nenne Vorgänger und Nachfolger der ganzen Zahlen von Spalte f.
  3. Bilde die entgegengesetzten Zahlen zu Zeile 2.
  4. Bilde von den Zahlen in Zeile 7 das Reziproke (den Kehrwert).
  5. Stelle die Zahlen der Zeile 6 auf der Zahlengeraden dar.
  6. Ordne die Zahlen der achten Zeile. Beginne mit der kleinsten Zahl.
  7. Ordne die Zahlen der Spalte d den Zahlenbereichen zu.
  8. Bilde die Quadrate der Zahlen in Spalte a.
  9. Addiere die Zahlen der Zeilen 1 und 6.
  10. Bilde die Quotienten der Zahlen aus Spalte b und e, z. B. 4 : (−2) = −2.
  11. Bilde das Produkt der Zahlen aus Spalte a und h.
  12. Gib die um 3 vergrößerte Zahl der Zahlen aus Zeile 1 an.
  13. Wie wurde die Zahlenfolge Zeile 4 gebildet?
  14. Vermindere die Zeile 3 um −8.
  15. Bilde von Zeile 8 das Zehnfache.

b) Denke dir weitere Fragen oder Aufträge aus.
  Löse diese mit einem Partner oder einer Partnerin bzw. in einer Gruppe.

2. a) Bilde mit den Zahlen −24 und −6 die folgenden Terme:
     (1) die Summe   (2) das Produkt   (3) den Quotienten   (4) die Differenz
   b) Bilde auch den Term, der sich durch Vertauschen der Zahlen ergibt.
   c) Rechne jeweils aus und vergleiche die Ergebnisse. Was stellst du fest?
   d) In welchen Fällen sind die Ergebnisse gleich, in welchen verschieden? Begründe dies.

Rechnen mit rationalen Zahlen

3. a) Ordne die Hauptstädte nach den Tagestemperaturen. Beginne mit der höchsten Temperatur.
    b) Ordne die Hauptstädte nach den Nachttemperaturen. Beginne mit der niedrigsten Temperatur.
    c) In welcher Stadt ist die Temperaturschwankung zwischen Tag und Nacht am größten, in welcher am kleinsten?
    d) Bestimme für die sechs Städte die Mittelwerte der Tages- und Nachttemperaturen. Wie weit weichen die Temperaturen der einzelnen Städte von diesem Mittelwert ab?
    e) Nach welchem Kriterium wurden die Städte in der Tabelle geordnet?

Ort	Temperatur in °C	
	Tag	Nacht
Berlin	15	4
Helsinki	10	−4
Lissabon	16	14
Madrid	18	13
Moskau	−1	−7
Prag	8	−2

4. Zeichne ein Koordinatensystem, trage die Punkte A(3|4), B(−6|4), C(−2|−2) und D(0|−2) darin ein und verbinde die Punkte in der Reihenfolge A, B, C, D und A.
    a) Welche Figur erhältst du?
    b) Miss die Seitenlängen der Figur und berechne damit den Umfang.
    c) Berechne den Flächeninhalt der Figur. Erläutere deine Rechenwege.
    d) Mache einen Vorschlag, wie du deine Ergebnisse kontrollieren kannst. Führe eine Kontrolle durch.

5. Die älteste Hauptstadt der Welt ist Damaskus (Hauptstadt des heutigen Syriens), die seit ca. 2500 v. Chr. ständig bewohnt ist. Die älteste noch existierende Stadt Europas ist Cadiz (Spanien), eine phönizische Gründung aus der Zeit um 1100 v. Chr. Die älteste Stadt Deutschlands ist Trier, die um 16 v. Chr. von Kaiser Augustus gegründet wurde.
    a) Wie alt ist jede der Städte heute?
    b) In welchem Jahr konnten die Städte jeweils ihr 2000-jähriges Jubiläum feiern?

6. Analysiere die Aufgaben genau. Rechne dann ohne Hilfsmittel. Kürze (falls erforderlich) so weit wie möglich.
    a) $3 \cdot (-4) - 7 \cdot 8$
    b) $12 \cdot (-5) - 13 \cdot 4$
    c) $\frac{5}{6} \cdot \frac{18}{25} - \left(-\frac{2}{5}\right) \cdot (-8)$
    d) $-25 : (-5) + 3 \cdot 9$
    e) $13 - (-4) \cdot (-5) + 45$
    f) $-\frac{3}{7} \cdot \frac{14}{15} + \left(-\frac{2}{5}\right) \cdot \frac{35}{42}$
    g) $4,2 \cdot (-5) - (-6) \cdot (-10)$
    h) $99 : (-11) + 19 - (1,2)$
    i) $-\frac{3}{7} : \frac{9}{21} + \left(-\frac{2}{5}\right) \cdot \frac{35}{42}$

7. Schreibe zuerst ohne überflüssige Klammern. Begründe in jedem Fall, warum man die Klammer weglassen kann. Löse dann die Aufgaben. Schreibe Zwischenrechnungen auf.
    a) $(-4) + (15 - 3) \cdot (3 \cdot 5)$
    b) $26 + (-3) \cdot 7 - [(12 + 3) \cdot 6]$
    c) $8 - [(-3) \cdot 7] + 6$
    d) $[(-4) \cdot (-5) \cdot 3 + (-4)] - 2$

8. a) Analysiere die Zahlenfolgen und suche jeweils eine Gesetzmäßigkeit für deren Aufbau.
    b) Formuliere jeweils die Gesetzmäßigkeit mit Worten. Gib sie auch mathematisch kurz an.
    c) Setze die Zahlenfolgen um fünf weitere Zahlen fort.
       (1) 2; −4; 8; −16 …
       (2) 19; 13; 7; 1 …
       (3) 625; −125; 25; −725 …
       (4) 2; −3; 4; −2; 8 …

Gemischte Aufgaben

9. Schreibe je zwei positive und zwei negative ganze Zahlen auf, für die folgende Bedingungen wahr sind:
   a) Ihr Betrag ist größer als 5.
   b) Ihr Betrag liegt zwischen 0 und 5.
   c) Ihr Betrag ist positiv.
   d) 4 ist kleiner als ihr Betrag.
   e) 3,5 ist größer als ihr Betrag.
   f) Ihr Betrag liegt zwischen 3,5 und 6,5.

   Denke dir noch zwei weitere (ähnliche) Bedingungen aus. Gib dafür wieder jeweils zwei Zahlenbeispiele an.
   Versuche, auch Formulierungen zu finden, für die es keine Lösungen gibt.

10. Schreibe zuerst auf, was du rechnen willst. Rechne dann. Gib das Ergebnis an.
    a) Der Minuend ist –16. Der Subtrahend ist die Gegenzahl von 5. Bestimme die Differenz.
    b) Die Summe beträgt –18. Ein Summand ist –2. Wie groß ist der andere Summand?
    c) Der Minuend ist 12,8, die Differenz beträgt 8,2. Wie groß ist der Subtrahend?
    d) Der Subtrahend ist –4 und die Differenz ist 12. Wie heißt der Minuend?

11. Prüfe, ob sich wirklich eine geschlossene Kette ergibt.

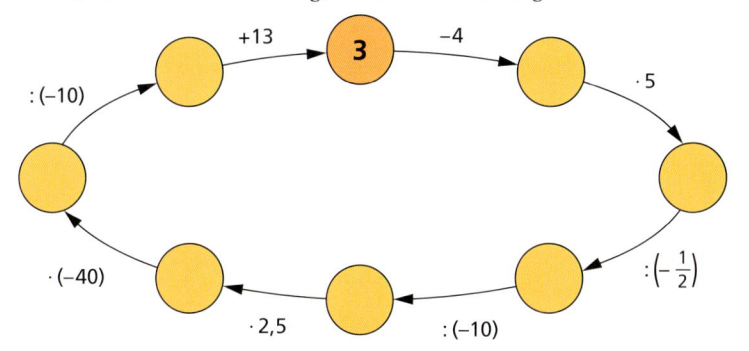

12. a) Auf ein Konto werden bei einem Kontostand von –280,00 € noch 345,00 € eingezahlt. Gib den neuen Kontostand an. Wie hast du gerechnet?
    b) Auf einem anderen Konto betrug der alte Kontostand –650,00 €. Der neue Kontostand beträgt 120,00 €. Welche Kontobewegung fand statt? Wie hast du gerechnet?
    c) Auf einem dritten Konto wurden bei einem Kontostand von –240,00 € insgesamt 80,50 € abgehoben. Wie hoch ist der Kontostand jetzt?
    d) Auf einem vierten Konto mit einem Kontostand von 123,60 € werden zwei Buchungen hintereinander ausgeführt: 672,40 € Gutschrift, 482,00 € Lastschrift.
       Berechne den neuen Kontostand.
    e) Übertrage die folgende Tabelle in dein Heft und fülle die Tabelle aus:

Alter Kontostand	Kontobewegung		Neuer Kontostand
720,00 €	800,00 €	S	
	420,00 €	H	
	700,00 €	H	
	350,00 €	S	

Rechnen mit rationalen Zahlen

13. Untersuche folgende Probleme. Triff eine Entscheidung und begründe diese. Gib für jeden Fall zwei Beispiele zur Verdeutlichung oder ein Gegenbeispiel an.
  a) Ist eine negative ganze Zahl als Summe zweier negativer Zahlen darstellbar?
  b) Ist eine negative ganze Zahl als Differenz zweier negativer Zahlen darstellbar?
  c) Ist eine negative ganze Zahl als Produkt zweier negativer Zahlen darstellbar?
  d) Ist eine negative ganze Zahl als Quotient zweier negativer Zahlen darstellbar?

14. Magische Quadrate begeisterten die Menschen seit jeher. In (1) siehst du das Lo-Shu-Quadrat, das in China seit ca. 3 000 Jahren bekannt ist und als Glücksbringer gilt.

(1)
4	9	2
3	5	7
8	1	6

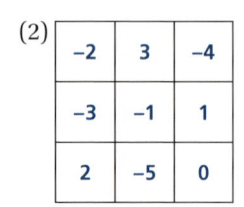

(2)
−2	3	−4
−3	−1	1
2	−5	0

(3)
2	12	−2
0	4	8
10	−4	6

  a) Finde möglichst viele Besonderheiten des magischen Quadrats (1).
  b) Überprüfe, ob es sich bei (2) auch um ein magisches Quadrat handelt.
     Durch welche Veränderung von (1) kommt man zu (2)?
     Sind alle Besonderheiten aus (1) enthalten?
  c) Durch welche Veränderung der Quadrate (1) und (2) kommt man zu (3)? Überprüfe.
  d) Stelle selbst weitere solche magischen Quadrate her.

15. Rechentürme – suche die richtigen Zahlen.

  a) Dividiere immer die links stehende Zahl durch die rechts stehende Zahl und schreibe das Ergebnis darunter.

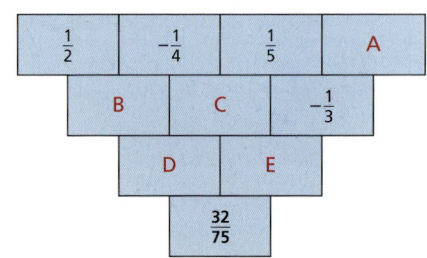

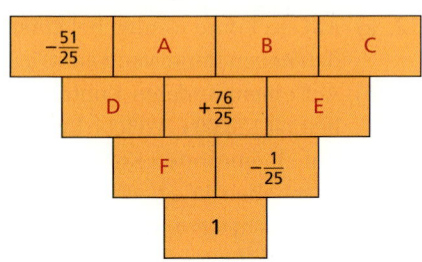

  Reihe 1: $\frac{1}{2}$ | $-\frac{1}{4}$ | $\frac{1}{5}$ | A
  Reihe 2: B | C | $-\frac{1}{3}$
  Reihe 3: D | E
  Reihe 4: $\frac{32}{75}$

  b) Addiere immer die links stehende Zahl und die rechts stehende Zahl und schreibe das Ergebnis darunter.

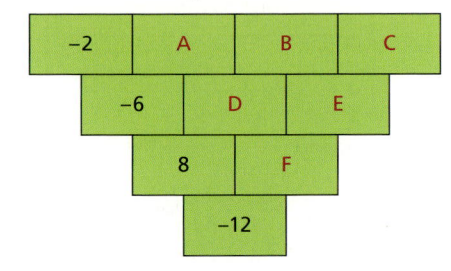

  Reihe 1: $-\frac{51}{25}$ | A | B | C
  Reihe 2: D | $+\frac{76}{25}$ | E
  Reihe 3: F | $-\frac{1}{25}$
  Reihe 4: 1

  c) Multipliziere immer die links stehende Zahl mit der rechts stehenden Zahl und schreibe das Ergebnis darunter.

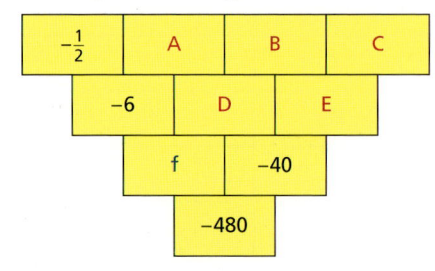

  Reihe 1: $-\frac{1}{2}$ | A | B | C
  Reihe 2: −6 | D | E
  Reihe 3: f | −40
  Reihe 4: −480

  d) Addiere immer die links stehende Zahl und die rechts stehende Zahl und schreibe das Ergebnis darunter.

  Reihe 1: −2 | A | B | C
  Reihe 2: −6 | D | E
  Reihe 3: 8 | F
  Reihe 4: −12

Gemischte Aufgaben

16. Sophie behauptet, sie könne im Rechenausdruck 30 − 50 − 70 − 90 ein Klammerpaar so setzen, dass sie als Ergebnis −40 erhält. Darauf antwortet Viktor, es müssen mindestens zwei Klammerpaare sein.
Was sagst du selbst? Probiere mehrere Möglichkeiten. Begründe deine Entscheidung.
Vergleiche deine Ergebnisse mit denen deiner Mitschülerinnen und Mitschüler.

17. Sechs Blöcke mit rationalen Zahlen sind abgebildet. Addiere die Zahlen in jedem Block.

A	B	C	D	E	F
3,2; $-4\frac{1}{2}$; 9,3; −2,4; $-2\frac{1}{4}$	−7,5; 8,5; $-13\frac{1}{2}$; $1\frac{1}{2}$; −25,5	−11,6; 43; −2,4; −6,8; −6,5	13,85; −21,6; $-4\frac{1}{4}$; $3\frac{3}{4}$; 17	8; 1,8; −9,6; −11,8; 9,1	−3,2; −4,3; $-\frac{2}{3}$; 6,5; $-3\frac{1}{3}$

a) Gib das kleinste und das größte Ergebnis an.
b) Ordne die Ergebnisse. Beginne mit dem kleinsten.
c) Welcher Block hat als Ergebnis eine ganze Zahl?

18. Berechne den Flipperendwert für x = 3; −5; 2; −1; 0; −4; 6, wenn in Pfeilrichtung
a) addiert,
b) subtrahiert,
c) multipliziert wird.
d) Suche dir selbst einen Weg durch den Flipper, wobei jede Glocke nur einmal berührt wird.
e) Bei welchem Weg erhältst du den größten Endwert?

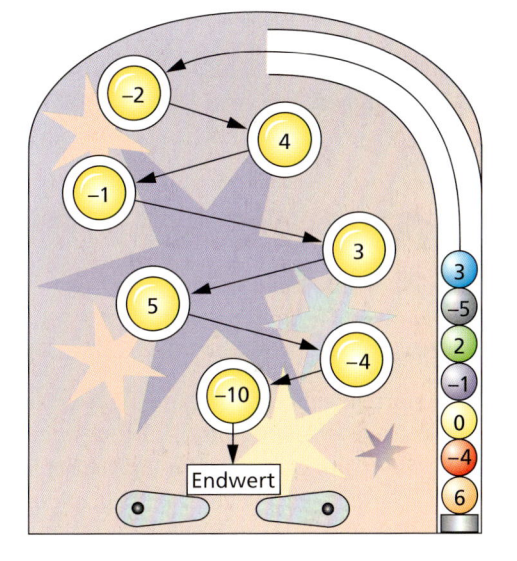

19. Die Klasse 7c (30 Schüler) plant für ihre nächste Fahrt folgende Kosten bzw. Zuschüsse:
a) Berechne die Kosten pro Schüler für die Veranstaltungen.
b) Wie viel Euro muss jeder Schüler für Fahrtkosten, Unterkunft und Verpflegung aufbringen?
c) Wie viel Euro muss jeder Schüler für die geplante Fahrt bezahlen?
d) Stelle für eure nächste Klassenfahrt so eine Berechnung auf.

Kosten/Zuschuss	Betrag in €
Fahrkosten	−800,00 €
Unterbringung	−480,00 €
Verpflegung	−1 320,00 €
Museum	−90,00 €
geführte Wanderung	−35,00 €
Sportveranstaltung	−60,00 €
Förderverein	+100,00 €
Zuschuss	
Elternabend (Exponatverkauf)	+120,00 €

Rechnen mit rationalen Zahlen

20. In keinem Unternehmen liegen Gewinn und Verlust so eng beieinander wie beim Handel an der Börse. Setzt 15 000 € als Kapital eine Woche lang verteilt auf mindestens drei Unternehmen eurer Wahl ein.
Bei der Berechnung helfen euch folgende Tabelle und ein Tabellenkalkulationsprogramm:

Stückzahl	Aktie	Aktueller Kurs	Kosten
z. B. 10	Lufthansa	44,00 €	44,00 € · 10 = 440,00 €
Summe:			€

Bildet Gruppen und ermittelt eure Startdotierung. Hinweis: maximal 15 000 €.
Die Daten könnt ihr aus der Tageszeitung, dem Fernsehen oder aus dem Internet beziehen.
Verfolgt die Woche über die Kursdaten. Berechnet täglich eure Kapitalentwicklung.
Stellt eure Kapitalentwicklung grafisch dar (Tabelle, Säulen- oder Liniendiagramm).
Wie viel Euro sind euch von den 15 000 € geblieben? Welche Schlussfolgerungen zieht ihr?
Besprecht in der Klasse Risiken und ihre Ursachen bei der Spekulation an der Börse.

21. Wenn es in Deutschland 18 Uhr abends (MEZ) ist, zeigen die Uhren in außereuropäischen Städten andere Zeiten an. Berechne für jede Stadt, um wie viele Stunden die Uhren dort gegenüber der MEZ vorgehen (+) oder nachgehen (−). Korrigiere die angegebenen Zeiten.

New York   San Francisco   Tokio   Rio de Janeiro   Dakar   Peking

a) Informiere dich im Internet oder in Nachschlagewerken über Zeitzonen. Erkläre den Begriff und erläutere, wozu Zeitzonen dienen. Was bedeutet die Abkürzung MEZ?
b) Prüfe, wie viele Zeitzonen für Deutschland bzw. für die USA gelten.
c) Gib jeweils drei weitere Städte in anderen Ländern an, die in der gleichen Zeitzone liegen wie New York, San Francisco, Tokio, Rio de Janeiro, Dakar und Peking.
d) Nenne die Hauptstädte zweier Länder, für die der Zeitunterschied eine Stunde beträgt.
e) Erläutere, was man beim Lösen der Teilaufgabe d beachten sollte.

22. Der Mount Everest ist mit 8 846 m der höchste Berg der Erde. Der im sibirischen Teil Russlands liegende Baikalsee ist der tiefste Binnensee der Welt. Seine tiefste Stelle liegt 1 620 m unter seiner Wasseroberfläche. Die größte Meerestiefe des Indischen Ozeans beträgt 7 455 m.
a) Bestimme den Höhenunterschied zwischen dem Mount Everest und der tiefsten Stelle des Indischen Ozeans.
b) Welcher Höhenunterschied besteht zwischen dem Gipfel des Mount Everest und der tiefsten Stelle des Baikalsees, wenn dessen Wasserspiegel 455 m über dem Meeresspiegel liegt?
c) Welcher Höhenunterschied besteht zwischen der tiefsten Stelle des Baikalsees und der tiefsten Stelle des Indischen Ozeans?

Teste dich selbst

1. Stelle auf der Zahlengeraden dar: $-2;\ 0{,}5;\ \frac{3}{4};\ 4;\ -1;\ 2;\ -\frac{3}{4};\ -\frac{1}{2};\ 1;\ 3$
   a) Gib die Zahlenpaare an, deren Betrag gleich ist.
   b) Gib die Zahlen an, deren Gegenzahl auch gezeichnet wurde.
   c) Ordne die Zahlen, beginne mit der kleinsten Zahl.
   d) Gib an, zu welchem Zahlenbereich die Zahlen gehören.

2. Addiere die rationalen Zahlen und gib Zwischenschritte an.
   a) $-28 + 12{,}7 - 0{,}92$
   b) $0{,}5 - 17 + 6{,}4$
   c) $-\frac{2}{3} + \frac{3}{5} - \frac{3}{7} + \frac{5}{4}$

3. Berechne. Erläutere und begründe deinen Rechenweg.
   a) $3 \cdot (-5) + 2$
   b) $12 : (-4) \cdot 6$
   c) $-5 + 3 \cdot (-2)$
   d) $-25 : (-5) + 24 : (-3)$
   e) $-16 : 4 + 7$
   f) $-12 - 21 : 3$
   g) $(-16 - 8) : (-6)$
   h) $12 - (-8) - 20$
   i) $16 - 3^2$

4. Berechne für $a = 6$, $b = -3$ und $c = 0{,}5$.
   a) $a + |b| + c$
   b) $a - b - c$
   c) $|a \cdot b| - c$
   d) $\frac{-a}{b} - c$

5. Marie hat sich die Kontostände aufgezeichnet. Im Januar hatte sie 100,00 €.
   a) Wie hoch ist ihr Konto monatlich?
   b) Wann hat Marie wie viel Euro abgehoben bzw. eingezahlt?
   c) Wie hoch wäre der Kontostand im Mai, wenn sie im April das Dreifache eingezahlt hätte?

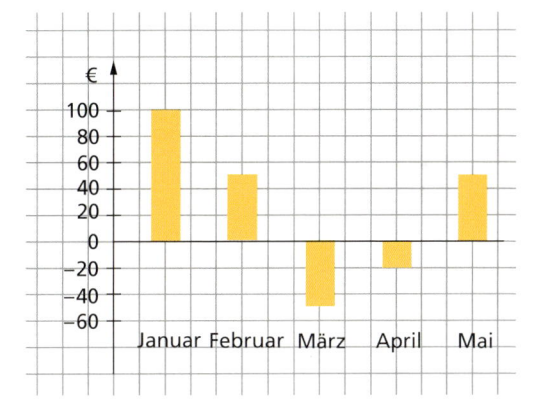

6. Rechne ohne großen Aufwand die Aufgaben im Kopf. Welche Regeln musst du anwenden, um dir die Arbeit zu erleichtern?
   a) $\left(-\frac{4}{17}\right) \cdot \frac{3}{4} \cdot \left(-\frac{17}{6}\right)$
   b) $\left(+\frac{4}{5}\right) \cdot \left(-\frac{51}{13}\right) \cdot \left(-\frac{52}{51}\right)$

7. Eine Schülergruppe schätzt die Höhe ihres Schulgebäudes.
   Anja 14,00 m; Tina 25,00 m; Maik 23,00 m; Sven 12,00 m; Tom 20,00 m
   Die exakte Höhe des Gebäudes wurde mit 17,35 m ermittelt.
   a) Gib die Abweichungen vom exakten Wert in geeigneter Form an. Ordne die Schätzergebnisse nach ihrer Genauigkeit.
   b) Bestimme den Schätzmittelwert. Wie weit ist er vom exakten Wert entfernt?
   c) Stelle die Schätzwerte grafisch dar. Zeichne den exakten und den Schätzmittelwert mit ein.

Das Wichtigste im Überblick

Rechnen mit rationalen Zahlen

Addition und Subtraktion
Rationale Zahlen mit gleichem Vorzeichen werden addiert, indem man
- die Beträge addiert und
- dem Ergebnis das gemeinsame Vorzeichen gibt.

$(+3) + (+5) = +8$
$(-4) + (-5) = -9$

Zwei rationale Zahlen mit unterschiedlichen Vorzeichen werden addiert, indem man
- den kleineren Betrag vom größeren Betrag subtrahiert und
- dem Ergebnis das Vorzeichen des Summanden mit dem größeren Betrag gibt.

$(-12) + (+15) = +3$

$(+13) + (-20) = -7$

Man subtrahiert eine rationale Zahl, indem man ihre Gegenzahl addiert.

$3 - (+5) = 3 + (-5) = -2$
$3 - (-5) = 3 + (+5) = +8$

Wird 0 addiert oder subtrahiert, ändert sich im Ergebnis die Zahl nicht.

$3 + 0 = 0 + 3 = 3$
$3 - 0 = 3$

Multiplikation und Division
Zwei rationale Zahlen werden multipliziert bzw. dividiert, indem man
- die beiden Beträge multipliziert bzw. dividiert und
- das Vorzeichen des Ergebnisses bestimmt.

Das Ergebnis ist positiv, wenn beide Faktoren bzw. Dividend und Divisor das gleiche Vorzeichen haben.

$3 \cdot 7 = 21$
$(-48) : (-6) = 8$

Das Ergebnis ist negativ, wenn beide Faktoren bzw. Dividend und Divisor unterschiedliche Vorzeichen besitzen.

$2 \cdot (-11) = -22$
$(-32) : 4 = -8$

Ist ein Faktor 0, so ist das Produkt 0.
Die Division durch 0 ist nicht definiert.
Die Division von 0 durch eine von 0 verschiedene Zahl ergibt immer 0.

$0 \cdot 5 = 5 \cdot 0 = 0$
$5 : 0 = $ n. def.
$0 : 5 = 0$

Rechengesetze

Kommutativgesetz
Für zwei rationale Zahlen gilt stets:
Summanden und Faktoren kann man vertauschen.

$(8) + (-7) = (-7) + (8)$

Assoziativgesetz
Für drei rationale Zahlen gilt stets:
Summanden bzw. Faktoren können zu beliebigen Teilsummen bzw. Teilprodukten zusammengefasst werden.

$(-3) \cdot [(-12) \cdot 5]$
$= [(-3) \cdot (-12)] \cdot 5$

Distributivgesetz
Für drei rationale Zahlen gilt:
Eine Summe wird mit einem Faktor multipliziert, indem man jedes Glied mit dem Faktor multipliziert und die Produkte addiert.

$(2 + 5) \cdot (-4)$
$= 2 \cdot (-4) + 5 \cdot (-4)$

Ordnung rationaler Zahlen

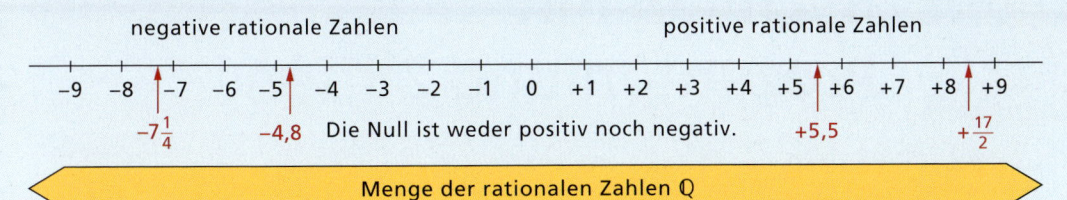

negative rationale Zahlen | positive rationale Zahlen

−9 −8 −7 −6 −5 −4 −3 −2 −1 0 +1 +2 +3 +4 +5 +6 +7 +8 +9

$-7\frac{1}{4}$ −4,8   Die Null ist weder positiv noch negativ.   +5,5 $+\frac{17}{2}$

Menge der rationalen Zahlen Q

Eine positive Zahl ist immer größer als eine negative Zahl.
Eine negative Zahl ist stets kleiner als 0. Eine positive Zahl ist stets größer als 0.
Von zwei negativen Zahlen ist immer die Zahl größer, die näher an 0 liegt.

Gegenzahlen
Zahlen, die auf der Zahlengeraden den gleichen Abstand von 0 haben, heißen zueinander entgegengesetzte Zahlen oder Gegenzahlen.

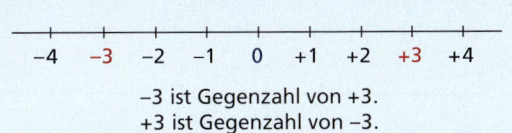

−4 −3 −2 −1 0 +1 +2 +3 +4

−3 ist Gegenzahl von +3.
+3 ist Gegenzahl von −3.

Betrag einer rationalen Zahl
Der Abstand einer Zahl von 0 heißt Betrag einer rationalen Zahl. Gegenzahlen haben unterschiedliche Vorzeichen, aber den gleichen Betrag. Der Betrag einer Zahl ist immer positiv, da es sich um einen Abstand handelt.

Schreibweise: |+6| = 6 |−6| = 6   Sprechweise: Der Betrag von +6 ist 6. Der Betrag von −6 ist 6.

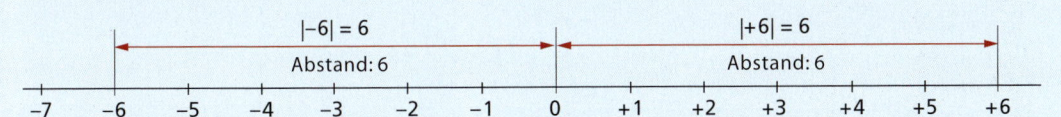

|−6| = 6 Abstand: 6 |+6| = 6 Abstand: 6

−7 −6 −5 −4 −3 −2 −1 0 +1 +2 +3 +4 +5 +6

Zahlenbereiche

Jede natürliche Zahl ist auch eine gebrochene Zahl.
Jede gebrochene Zahl ist auch eine rationale Zahl.
Jede ganze Zahl ist auch eine rationale Zahl.
Wurzeln sind nicht immer rationale Zahlen.

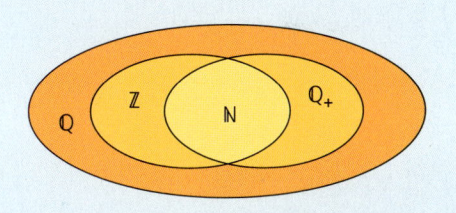

Zahlenbereich	Zeichen	Beispiel	Rechenoperation uneingeschränkt ausführbar			
			Addition a + b	Subtraktion a − b	Multiplikation a · b	Division a : b (b ≠ 0)
natürliche Zahlen	ℕ	1; 19	ja	nein	ja	nein
gebrochene Zahlen	ℚ₊	$\frac{2}{5}$; 3,5; $1\frac{1}{2}$	ja	nein	ja	ja
ganze Zahlen	ℤ	−13; 25	ja	ja	ja	nein
rationale Zahlen	ℝ	−4; 6; $\frac{2}{5}$; $-\frac{3}{8}$	ja	ja	ja	ja

2 Rechnen mit Prozenten und Zinsen

Anteile bestimmen
Um den wachsenden Energiebedarf zu decken, reichen die fossilen Brennstoffe nicht mehr aus. Im Gegenteil, die Vorkommen an Kohle, Erdgas und Erdöl gehen zur Neige. Auch deshalb muss der Anteil an erneuerbaren Energien an der Stromerzeugung in Deutschland bis 2010 auf 12 % erhöht werden.
Formuliere dieses Ziel mit anderen Worten.
Informiere dich, wie hoch der Anteil gegenwärtig ist. Welche erneuerbaren Energien lassen sich nutzen?

Vergleichen
In der Klasse 7 a gibt es 11 Jungen und 13 Mädchen. In die Klasse 7 b gehen 13 Jungen und 15 Mädchen.
Vergleiche die Schüleranzahlen in beiden Klassen miteinander.
In welcher Klasse ist der Mädchenanteil größer? Begründe deine Entscheidung.

Zinsen berechnen
Banken bieten verschiedene Möglichkeiten, Geld anzulegen. Die Angebote unterscheiden sich aber in Abhängigkeit von der Art der Anlage, der Sparsumme, der Laufzeit und den Kosten für den Service sehr stark. Man sollte sich vorher erkundigen, wie hoch der angesparte Betrag voraussichtlich sein wird.
Informiere dich über verschiedene Anlagemöglichkeiten.
Stelle deinen Mitschülern eine dir günstige Anlageform vor.
Begründe deine Entscheidung.

Rückblick

Arten von Brüchen

Zehnerbrüche	Echte Brüche	Unechte Brüche	Gemischte Zahlen	Dezimalbrüche
Der Nenner ist eine Zehnerpotenz.	Zähler < Nenner	Zähler > Nenner		Dezimalbrüche haben ein Komma.
Beispiel: $\frac{2}{10}$; $\frac{137}{100}$; $\frac{125}{1000}$	Beispiel: $\frac{1}{2}$; $\frac{3}{10}$; $\frac{45}{81}$	Beispiel: $\frac{4}{3}$; $\frac{87}{15}$; $\frac{3}{2}$	Beispiel: $2\frac{3}{5}$; $5\frac{7}{8}$; $1\frac{3}{4}$	Beispiel: 0,4; 1,78; $0,\overline{3}$

Zehnerbrüche – Dezimalbrüche

Zehnerbrüche sind Brüche mit dem Nenner 10, 100, 1000 … Zehnerbrüche können auch als **Dezimalbrüche** geschrieben werden.

$\frac{1}{10} = 0,1$ $\qquad$ $\frac{3}{100} = 0,03$ $\qquad$ $\frac{20}{10} = 2,0$

Jeder Dezimalbruch mit endlich vielen Dezimalstellen lässt sich als Zehnerbruch schreiben.

$1,1 = \frac{11}{10}$ $\qquad$ $15,56 = \frac{1556}{100}$ $\qquad$ $0,034 = \frac{34}{1000}$

Brüche mit beliebigem Nenner können als Dezimalbrüche dargestellt werden. Dazu wird der Zähler durch den Nenner dividiert. Die Stellen nach dem Komma heißen **Dezimalstellen.**

$\frac{5}{8} = 5:8 = 0,625$ $\qquad$ $\frac{3}{4} = 3:4 = 0,75$ $\qquad$ $\frac{7}{20} = 7:20 = 0,35$

Bestimmte Brüche lassen sich auf Zehnerbrüche erweitern oder kürzen.

$\frac{3}{4} \stackrel{\cdot 25}{=} \frac{75}{100} = 0,75$ $\qquad$ $\frac{210}{300} \stackrel{:3}{=} \frac{70}{100} = 0,70$ $\qquad$ $1\frac{2}{5} = \frac{7}{5} \stackrel{\cdot 2}{=} \frac{14}{10} = 1,4$

Bruchteile einer Größe ermitteln

(1) 2-Schritt-Methode $\qquad\qquad\qquad\qquad\qquad\qquad\qquad\qquad\qquad\qquad$ $\frac{3}{4}$ von 48 km

  – Dividieren des Wertes durch den Nenner des Bruches $\qquad\qquad$ 48 km : 4 = 12 km

  – Multiplizieren des Zwischenergebnisses mit dem Zähler des Bruches $\qquad$ 12 km · 3 = 36 km

(2) Dreisatz bei direkter Proportionalität

$\qquad$:200 (200 g ≙ 8,00 €) :200
$\qquad\qquad\qquad$ 1 g ≙ 0,04 €
$\qquad$ ·375 (375 g ≙ 15,00 €) ·375

  – Schließen auf die Einheit einer Größe

  – Schließen auf das Vielfache

Aufgaben

1. Schreibe jeweils als Dezimalbruch.
   Erweitere oder kürze vorher, wenn möglich oder notwendig, auf einen Zehnerbruch.
   a) $\frac{3}{10}$ b) $\frac{15}{100}$ c) $\frac{6}{1000}$ d) $\frac{93}{10}$ e) $\frac{49}{70}$ f) $\frac{1}{5}$
   g) $\frac{3}{8}$ h) $\frac{10}{4}$ i) $\frac{7}{2}$ j) $\frac{48}{20}$ k) $\frac{520}{300}$ l) $\frac{33}{12}$

2. Schreibe jeweils als Dezimalbruch. Dividiere dazu jeweils Zähler durch Nenner des Bruchs.
   Vergleiche die Ergebnisse deiner Rechnung, was stellst du fest?
   Bilde zwei Gruppen von Brüchen und erkläre deren Unterschied.
   a) $\frac{1}{4}$ b) $\frac{5}{8}$ c) $\frac{1}{3}$ d) $\frac{8}{5}$ e) $\frac{3}{3}$ f) $\frac{5}{6}$
   g) $\frac{50}{100}$ h) $\frac{0}{7}$ i) $\frac{4}{9}$ j) $\frac{1}{6}$ k) $\frac{7}{6}$ l) $5\frac{3}{4}$

3. Schreibe als „gemeinen" Bruch, der sich nicht mehr kürzen lässt. Schreibe dazu jeden Bruch zuerst als Zehnerbruch. Kürze diesen Zehnerbruch so weit es geht. Wie kann man aus einem Dezimalbruch einen Zehnerbruch machen? Beschreibe mit eigenen Worten.
   a) 0,4   b) 1,2   c) 0,01   d) 0,006   e) 0,035   f) 2,55
   g) 0,5   h) 0,52   i) 0,025   j) 0,125   k) 2,31   l) 0,77

4. Berechne zuerst $\frac{1}{4}$ und dann $\frac{3}{4}$ von folgenden Größen. Beschreibe dein Vorgehen.
   a) 12 km   b) 80 m   c) 1200 mm   d) 4,4 t   e) 0,8 s   f) 2 g
   g) 18 kg   h) 76 min   i) 48 h   j) 52 mg   k) 0,16 cm   l) 60 ha

5. Berechne folgende Anteile zuerst von 12 m und dann von 180 m.
   a) $\frac{1}{6}$ b) $\frac{2}{3}$ c) $\frac{3}{2}$ d) $\frac{1}{4}$ e) $\frac{3}{4}$ f) $\frac{1}{12}$
   g) $\frac{1}{10}$ h) $\frac{6}{8}$ i) $\frac{12}{16}$ j) $\frac{5}{6}$ k) $\frac{8}{3}$ l) $\frac{7}{4}$

6. Gib die folgenden Anteile durch möglichst einfache Brüche an.
   Eine Reisegruppe besteht aus 40 Personen.
   a) Darunter sind 8 Kinder.   b) 25 der Personen sind männlich.
   c) Alle kommen aus Deutschland.   d) 10 Personen sind älter als 60 Jahre.

7. Berechne das Ganze. Beschreibe dein Vorgehen.
   a) Die Hälfte sind 8 m.   b) Ein Viertel sind 12 m.   c) Das Doppelte sind 13 m.

8. Gib von folgenden Zahlen zuerst den zehnten Teil und dann den hundertsten Teil an.
   a) 300   b) 40   c) 150   d) 9   e) 1997   f) 145
   g) 88,5   h) 4,3   i) $0,\overline{6}$ j) 2008   k) 1,6   l) 28,2

9. Bestimme in den folgenden Verhältnisgleichungen jeweils die Variable x durch inhaltliche Überlegungen.
   a) $\frac{2}{4} = \frac{x}{10}$ b) $\frac{5}{15} = \frac{x}{60}$ c) $\frac{x}{36} = \frac{2}{6}$ d) $\frac{x}{4,5} = \frac{10}{5}$ e) $\frac{x}{144} = \frac{1}{12}$ f) $\frac{7}{8} = \frac{x}{72}$

10. Herr Schneller schafft mit seinem Auto bei relativ „gleichem Tempo" in 2 Stunden etwa 120 km.
    a) Welche Strecken würde er unter gleichen Bedingungen in 3 h, in 5 h bzw. in $1\frac{1}{2}$ h schaffen?
    b) Wie lange braucht er unter gleichen Bedingungen für 80 km, 200 km, 335 km?

Rechnen mit Prozenten und Zinsen

2.1 Rechnen mit Prozenten

Brüche als Prozente angeben

Zum Vergleichen und Veranschaulichen von Größen oder Zahlenangaben werden oft Prozentangaben verwendet. Dabei werden die Angaben auf die Vergleichszahl 100 bezogen.

> **Prozent** bedeutet Hundertstel: $1\% = \frac{1}{100}$

So bedeutet die Information in unserem Beispiel auf der Seite 61, dass 12 % des 2010 erzeugten Stroms aus erneuerbaren Energien gewonnen werden:

$12\% = \frac{12}{100} = 0{,}12$

Prozentangaben sind nur in Verbindung mit einer Bezugsgröße sinnvoll. Sie stellen immer ein Verhältnis (Anteil) von zwei Größen dar.

Geht man davon aus, dass 2010 etwa 500 Mrd. kWh Strom verbraucht werden, so beträgt der Anteil der durch erneuerbare Energien erzeugt wird:

$\frac{12}{100} = \frac{3}{25}$ $\frac{3}{25}$ von 500 Mrd. kWh = 60 Mrd. kWh

Brüche lassen sich auch als Prozentangaben verstehen. Prozentangaben sind eine Schreibweise für Brüche mit dem Nenner 100. Diese Brüche lassen sich oftmals durch Kürzen vereinfachen.

$25\% = \frac{25}{100} = \frac{1}{4}$ $40\% = \frac{40}{100} = \frac{2}{5}$ $75\% = \frac{75}{100} = \frac{3}{4}$

Anteile lassen sich unterschiedlich darstellen. Häufig werden Prozentangaben als Flächenanteile veranschaulicht. Werden Prozentangaben durch ein Kreisdiagramm dargestellt, nutzt man die Gradeinteilung: $1\% \cong 3{,}6°$; $10\% \cong 36°$; $25\% \cong 90°$ ...

In Worten	1 mm² von 100 mm²	1 Streifen von 5 Streifen	1 Dreieck von 4 Dreiecken	180° von 360°
zeichnerische Darstellung				
Bruchdarstellung	$\frac{1}{100}$	$\frac{1}{5} = \frac{20}{100}$	$\frac{1}{4} = \frac{25}{100}$	$\frac{180°}{360°} = \frac{1}{2} = \frac{50}{100}$
Dezimalbruchdarstellung	0,01	0,2	0,25	0,5
Angabe in Prozent	1 % von 100 mm²	20 % von 5 Streifen	25 % von 4 Dreiecken	50 % von 360°

Rechnen mit Prozenten

Eine Prozentangabe wie z. B. 15 % nennt man Prozentsatz.

> 1 % heißt 1 von 100: $\quad 1\% = \frac{1}{100}$
>
> p % heißt p von 100: $\quad p\% = \frac{p}{100}$
>
> p % nennt man **Prozentsatz**, p ist die **Prozentzahl**.

Bequeme Prozentsätze verwenden

Entspricht ein Prozentsatz einem einfachen Bruch, liegt ein **bequemer Prozentsatz** vor. In der folgenden Tabelle sind die Teile eines Ganzen als Brüche und als bequeme Prozentsätze dargestellt:

Zeichnerische Darstellung	◔	◔	◔	◔	◑	◕	●
Bruchdarstellung	$\frac{1}{10}$	$\frac{1}{5}$	$\frac{1}{4}$	$\frac{1}{3}$	$\frac{1}{2}$	$\frac{3}{4}$	1
Prozentsatz	10 %	20 %	25 %	$33\frac{1}{3}\%$	50 %	75 %	100 %

Weitere bequeme Prozentsätze sind:

$1\% = \frac{1}{100}$; $\qquad 2{,}5\% = \frac{1}{40}$;

$4\% = \frac{1}{25}$; $\qquad 5\% = \frac{1}{20}$;

$12{,}5\% = \frac{1}{8}$; $\qquad 66\frac{2}{3}\% = \frac{2}{3}$;

$80\% = \frac{4}{5}$; $\qquad 150\% = 1{,}5$;

$200\% = 2 \qquad\quad 500\% = 5$

Das Rechnen mit Prozentangaben kann auf das Rechnen mit Brüchen zurückgeführt werden.

> Das Wort „Prozent" stammt von italienischen Kaufleuten. Sie sagen kurz: „von Hundert", in ihrer Sprache „pro cento", abgekürzt „cto", und daraus wurde %.
>
> *Cento   cto   cto*
> *%   %   %   %*
>
> ■ **HINWEIS** ■

Aufgaben

1. Erweitere folgende Brüche auf Brüche mit dem Nenner 100 und schreibe sie dann in Prozent:
   a) $\frac{4}{10}$ b) $\frac{6}{25}$ c) $\frac{66}{300}$ d) $\frac{7}{20}$ e) $\frac{7}{4}$

2. Verwandle folgende Prozentsätze in einen Bruch. Kürze so weit wie möglich.
   a) 15 %   b) 175 %   c) 32 %   d) 8 %   e) 78 %
   f) 50 %   g) 100 %   h) 6 %   i) 112 %   j) 25 %

3. Wandle folgende Dezimalbrüche in Prozentsätze um:
   a) 0,9   b) 1,8   c) 0,25   d) 2,75   e) 0,455
   f) 0,125   g) 0,05   h) 0,75   i) 0,12   j) 2,8

Rechnen mit Prozenten und Zinsen

4. Schreibe folgende Prozentsätze als Dezimalbruch:
a) 25 % b) 242 % c) 100 % d) 0,5 % e) 55 %
f) 2,2 % g) 5,08 % h) 72 % i) 175 % j) 1,4 %

5. Vergleiche die folgenden Angaben miteinander. Setze jeweils das richtige Zeichen (<; >; =).
Wie hast du umgeformt? Erkläre dein Vorgehen.
a) $\frac{1}{2}$ und 55 %   b) $\frac{2}{3}$ und 33 %   c) $\frac{1}{4}$ und 4 %   d) $\frac{1}{8}$ und 12,5 %   e) $\frac{3}{2}$ und 100 %

6. Übernimm die Tabelle in dein Heft und fülle die Leerstellen aus.

Prozentsatz	20 %		63 %		75 %			12,5 %
Dezimalbruch		0,12		0,98		1,2		
Bruch			$\frac{7}{10}$				$\frac{64}{400}$	$\frac{1}{3}$

7. Entscheide, ob folgende Aussagen wahr oder falsch sind. Begründe deine Entscheidung. Ändere bei den falschen Aussagen eine Seite der Gleichung so ab, dass du eine wahre Aussage erhältst. Denke daran, dass es dafür zwei Möglichkeiten gibt.
a) 20 % = 0,2   b) $\frac{13}{4}$ = 75 %   c) 0,6 = 45 %   d) 64 % = $\frac{16}{25}$ e) 2,42 = 1,5 %
f) 6 % = 0,06   g) $\frac{7}{2}$ = 350 %   h) $\frac{8}{20}$ = 32 %   i) 6,5 % = 0,65   j) $\frac{38}{20}$ = 238 %

8. Welcher Anteil jeder Figur ist hell bzw. dunkel? Gib das Ergebnis als Bruch und in Prozent an.
a)   b)   c)   d)

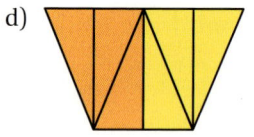

9. Für Überschläge ist es oft zweckmäßig, die Prozentangabe durch einen „in der Nähe liegenden" Bruch zu ersetzen.
Welchen Bruch würdest du bei folgenden Prozentangaben als „Näherungsbruch" verwenden? Warum sind deine gewählten Brüche zweckmäßig?
a) 23,5 %   b) 52,1 %   c) 8,9 %   d) 73,7 %   e) 34 %

10. Gib die Brüche (gekürzt) an, mit denen du anstelle der Prozentangabe rechnen kannst.
a) 10 %   b) 20 %   c) 25 %   d) $33\frac{1}{3}$ %   e) 50 %   f) 75 %
g) 5 %   h) 12,5 %   i) 60 %   j) $66\frac{2}{3}$ %   k) 80 %   l) 150 %

11. Im Winterschlussverkauf wird der Preis einer Jacke von 72 € auf 48 € gesenkt.
Um wie viel Prozent wurde der Preis gesenkt? Wie viel Euro werden beim Kauf gespart?

12. Ein Geschäft für Sportartikel wirbt mit dem Angebot: „Alle Trikots um $\frac{1}{3}$ im Preis gesenkt!"
Was kostet dann ein Trikot vom FC Energie Cottbus, das vor der Preissenkung 48 € gekostet hat?

13. In der Klasse 7c sind von 30 Schülern zwei Schüler in der AG Schach, fünf Schülerinnen in der AG Kochen, drei Schülerinnen in der AG Theater und zehn Schüler und Schülerinnen in der AG Tanzen. Formuliere mathematische Fragestellungen und bearbeite diese.

Mosaik

Jeder n-te …

Nicht immer sind bei Veröffentlichungen von Umfragen Angaben zu finden, die Prozente oder Bruchzahlen beinhalten. Vielfach werden die Ergebnisse in der Form „jeder Dritte, jeder Fünfte …" genannt. Recht schnell kann man diese Angaben in Bruchzahlen und damit auch in Prozentzahlen umwandeln:

Jeder Vierte

Jeder Vierte bedeutet:
von **vier** Personen **eine**,
also $\frac{1}{4} = \frac{25}{100} = 0{,}25 = 25\,\%$

Jeder Siebente

Jeder Siebente bedeutet:
einer von **sieben**,
somit $\frac{1}{7} = 0{,}143 = 14{,}3\,\%$

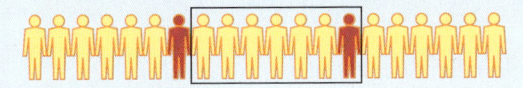

Aufgaben

1. Berechne die Prozentzahlen für die Angaben im nebenstehenden Zeitungsartikel.

2. Welche Anteile sind in den unten stehenden Zeichnungen dargestellt und welche Prozente gehören dazu?

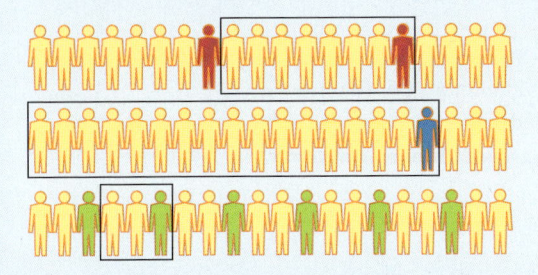

3. Suche aus Zeitungen Artikel mit ähnlichen Angaben und bestimme die Prozentzahlen.

Marktforschung

Umfragen zur Konsumforschung haben ergeben:

Jeder dritte Internetbenutzer hat PC-Probleme mit Viren, Würmern und Spam, jeder fünfte Bundesbürger kennt sich nicht mit dem Computer aus, jeder vierte Raucher hat eine massive Lungenerkrankung, jeder fünfte Deutsche ist Single, jeder zweite Deutsche tritt seine Urlaubsreise im Flugzeug an und jeder siebente Jugendliche geht mindestens dreimal pro Woche in eine Imbissstube.

Außerdem wissen die Marktforscher, dass jeder dreizehnte Klick auf einer Internet-Bestellseite zu einem Kauf führt.

In den Sechzigerjahren hatte nur jeder Fünfundzwanzigste ein Auto, während es zehn Jahre später bereits jeder Vierte war.

Jeder dreizehnte Niederländer kauft sich nach spätestens zehn Jahren ein neues Fahrrad, während es in Dänemark jeder Fünfzehnte und in Deutschland jeder Sechzehnte ist.

Zwei von drei Auszubildenden besitzen nur mangelhafte Computerkenntnisse. Nur jeder Vierte hat ausreichende Kenntnisse im Bereich Tabellenkalkulation.

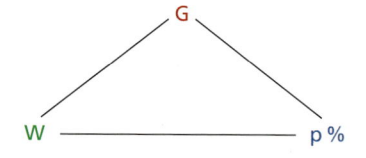

2.2 Grundaufgaben der Prozentrechnung

Begriffe der Prozentrechnung

In der Prozentrechnung werden für die verschiedenen voneinander abhängigen Größen folgende Begriffe benutzt:

Volkskrankheit Nr. 1

70 % der Deutschen leiden unter Rückenschmerzen.
Geht man von 82,3 Mio. Einwohnern aus, so sind dies über 57,6 Mio. Betroffene.

Die Bezugsgröße heißt Grundwert (Gesamtwert) und wird mit G bezeichnet. Sie entspricht immer einem Prozentsatz von 100 %. Der Prozentsatz gibt den Anteil in Prozent an und wird mit p % bezeichnet. Der Wert, der dem Prozentsatz entspricht, heißt Prozentwert. Er wird mit W bezeichnet.

- Grundwert G = 82,3 Mio. Einwohner
- Prozentsatz p % = 70 %
- Prozentwert W = 57,6 Mio. Einwohner

Die voneinander abhängigen Größen in der Prozentrechnung sind **zueinander proportional**. Dem Doppelten (dem Dreifachen, der Hälfte, dem Drittel …) des prozentualen Anteils entspricht das Doppelte (das Dreifache, die Hälfte, das Drittel …) der zugehörigen Werte.

- Etwa $33,\overline{3}\,\%$ $\left(\frac{1}{3}\right)$ der Gesamtbevölkerung gehören keiner Religionsgemeinschaft an.

$:3 \Big(\begin{array}{l} 100\,\% \mathrel{\hat=} 82{,}3 \text{ Mio. Einwohner} \\ 33{,}\overline{3}\,\% \mathrel{\hat=} 27{,}4 \text{ Mio. Einwohner} \end{array}\Big) :3$

Der Zusammenhang zwischen den drei Größen Grundwert, Prozentwert und Prozentsatz (Prozentzahl) lässt sich mithilfe der folgenden **Verhältnisgleichung** beschreiben:

Grundgleichung der Prozentrechnung: $\dfrac{W}{G} = \dfrac{p}{100}$ bzw. $\dfrac{G}{W} = \dfrac{100}{p}$ bzw. $\dfrac{p}{100} = \dfrac{W}{G}$

Prozentwert, Grundwert und Prozentsatz hängen voneinander ab.
Bei Prozentsätzen unter 100 % ist der Prozentwert kleiner als der Grundwert.
Beim Prozentsatz 100 % ist der Prozentwert gleich dem Grundwert.
Bei Prozentsätzen über 100 % ist der Prozentwert größer als der Grundwert.

- p % = 50 % ⇒ $W = \tfrac{1}{2}G$
- p % = 100 % ⇒ $W = G$
- p % = 200 % ⇒ $W = 2G$

Grundaufgaben der Prozentrechnung

Berechnen von Prozentwerten

Die drei Größen aus der Grundgleichung lassen sich sowohl über die entsprechende Verhältnisgleichung als auch mittels Dreisatz (siehe S. 62) berechnen. Beide Lösungsmöglichkeiten werden parallel vorgeführt.

- Wie viel Euro sind 5 % von 700 €?

  (1) Verhältnisgleichung

  Gegeben: p % = 5 %; G = 700 €

  Gesucht: W

  Lösung: $\frac{W}{700} = \frac{5}{100}$ | · 700

  $W = \frac{5 \cdot 700}{100}$

  W = 35 €

  (2) Dreisatz (Tabelle)

Prozent	Euro
100	700
1	7
5	35

  (:100, ·5 links; :100, ·5 rechts)

  Antwort: 5 % von 700 € sind 35 €.

Berechnen von Prozentsätzen

Auch Prozentsätze kann man mit einer Verhältnisgleichung oder mit dem Dreisatz berechnen.

- Wie viel Prozent sind 15 € von 200 €?

  (1) Verhältnisgleichung

  Gegeben: W = 15 €; G = 200 €

  Gesucht: p %

  Lösung: $\frac{p}{100} = \frac{15}{200}$ | · 100

  $p = \frac{15 \cdot 100}{200}$

  p % = 7,5 %

  (2) Dreisatz (Tabelle)

Euro	Prozent
200	100
1	0,5
15	7,5

  (:200, ·15 links; :200, ·15 rechts)

  Antwort: 15 € von 200 € sind 7,5 %.

Berechnen von Grundwerten

Grundwerte kann man ebenfalls mit einer Verhältnisgleichung oder mit dem Dreisatz berechnen.

- 4 % sind 30 €. Wie viel Euro sind dann 100 %?

  (1) Verhältnisgleichung

  Gegeben: p % = 4 %; W = 30 €

  Gesucht: G

  Lösung: $\frac{G}{30} = \frac{100}{4}$ | · 30

  $G = \frac{100 \cdot 30}{4}$

  G = 750 €

  (2) Dreisatz (Tabelle)

Prozent	Euro
4	30
1	7,5
100	750

  (:4, ·100 links; :4, ·100 rechts)

  Antwort: Der Grundwert beträgt 750 €.

Rechnen mit Prozenten und Zinsen

Darstellen von Prozentsätzen

Prozentuale Anteile (Prozentsätze) können zeichnerisch dargestellt werden. Welche Art der Darstellung günstig ist, hängt vom Sachverhalt ab. Zur Veranschaulichung werden Streifen-, Säulen- und Kreisdiagramme genutzt. Die Bezeichnungen für die verschiedenen Diagrammarten sind nicht immer gleich.

Schulweg	Bus	Straßenbahn	S-Bahn	Fahrrad	zu Fuß
Anteil	20 %	35 %	10 %	25 %	10 %

Streifendiagramm:
(Prozentstreifen)
 10 % ≙ 4,6 mm
 20 % ≙ 9,2 mm
 25 % ≙ 11,5 mm
 35 % ≙ 16,1 mm
100 % ≙ 46,0 mm

Säulendiagramm:
(Stabdiagramm)
Bus ≙ 20 %
Straßenbahn ≙ 35 %
S-Bahn ≙ 10 %
Fahrrad ≙ 25 %
zu Fuß ≙ 10 %

Kreisdiagramm:
(Prozentkreis)
 10 % ≙ 36°
 20 % ≙ 72°
 25 % ≙ 90°
 35 % ≙ 126°
100 % ≙ 360°

Aufgaben

Berechnen von Prozentwerten

1. Gib von den angegebenen Schülerzahlen 2 % an. Erkläre deinen Rechenweg.
   a) 700   b) 300   c) 50   d) 450   e) 1 000   f) 1 100
   g) 30   h) 70   i) 350   j) 620   k) 7 850   l) 26 300

2. Berechne von 600 km die gegebenen Anteile. Erkläre.
   a) 2 %   b) 12 %   c) 112 %   d) 1,2 %   e) 120 %   f) 140 %
   g) 4 %   h) 40 %   i) 400 %   j) 0,4 %   k) $\frac{1}{4}$ %   l) $\frac{1}{40}$ %
   m) 1 %   n) 200 %   o) 0,1 %   p) 30 %   q) 0,01 %   r) 100 %

3. Berechne. Versuche einen möglichst einfachen Rechenweg zu finden.
   Vergleiche deinen Rechenweg mit dem deiner Banknachbarin.
   a) 45 % von 720
   b) 75 % von 324
   c) 24,3 % von 780
   d) 250 % von 189,54
   e) 47,3 % von 85
   f) 40 % von 1800
   g) 48 % von 55
   h) 5,5 % von 480
   i) 24 % von 110
   j) 2,2 % von 1200
   k) 5 % von 528
   l) 6 % von 440

Grundaufgaben der Prozentrechnung

4. Vergleiche die Anteile miteinander. Setze das richtige Zeichen (<; =; >).
   Begründe deine Entscheidung. Welche Besonderheit kannst du bei Teilaufgabe d erkennen?
   a) 27 % von 520 und 25 % von 560
   b) 220 % von 36 und 36 % von 220
   c) 16,6 % von 72 und 12,5 % von 96
   d) 2 % von 80 und 80 % von 2

5. Berechne die Anteile. Vergleiche die Aufgaben und deren Lösungen miteinander.
   a) 6 % von 42,5   94 % von 42,5   106 % von 42,5
   b) 14,5 % von 490   85,5 % von 490   114,5 % von 490

6. Berechne die Anteile. Führe zuerst jeweils einen Überschlag durch. Verwende dazu bequeme Prozentsätze. Ermittle dann die genauen Werte und gib die Abweichung zum Überschlag an.
   a) 24,1 % von 370   b) 48,5 % von 64,2   c) 77,5 % von 428
   d) 21,8 % von 35   e) 9,6 % von 176   f) 52 % von 32 600

7. a) Ein Autor erhält laut Vertrag jeweils 8 % vom Verlagspreis jedes verkauften Buchs.
      Der Verlagspreis beträgt 11,75 €. Im Laufe eines Jahres werden 13 500 Bücher verkauft.
      Wie viel Euro bekommt der Autor am Ende des Jahres ausgezahlt?
   b) Im darauffolgenden Jahr wird der Verlagspreis des Buchs um 5 % angehoben.
      Es werden aber nur noch 12 500 Bücher verkauft.
      Bekommt der Autor mehr Honorar als im Vorjahr? Erkläre.

8. a) In Deutschland gibt es bei Wahlen die 5 %-Klausel. Danach erhalten nur die Parteien oder Vereinigungen Abgeordnetenmandate, die mindestens 5 % der abgegebenen Stimmen für sich verbuchen können.
      Wie viele Stimmen muss eine Partei oder Vereinigung bei Abgabe folgender Wähleranzahl mindestens erhalten, um die 5 %-Hürde zu überspringen?
      – 35 Millionen Wähler
      – 1,6 Millionen Wähler
      – 120 000 Wähler
   b) Informiere dich im Internet oder im Statistischen Jahrbuch über den Ausgang der letzten Bundestagswahl.
      Wie viele Stimmen waren zum Überspringen der 5 %-Hürde notwendig? Welche Parteien bzw. Vereinigungen haben die 5 %-Hürde nicht überspringen können?
      Wie viele Stimmen (absolut und in Prozent) haben sie bekommen?

9. Autohändler Müller gibt beim Kauf eines Neuwagens bis zu 22 % Rabatt.
   Das neue Auto sollte ursprünglich 18 000 € kosten.

10. Momentan haben wir eine Weltbevölkerung von ca. 6,1 Milliarden Menschen.
    Wie viele von ihnen könnte man mit dem Handy erreichen (wenn sie alle eins hätten)? Kannst du angeben, wie viel Millionen Menschen 2010 voraussichtlich ein Handy haben werden?

    Bald 90 Prozent der Weltbevölkerung per Handy erreichbar
    Die GSM Association veröffentlichte eine Prognose, wonach 90 Prozent der Weltbevölkerung bis zum Jahr 2010 per Handy erreichbar sein werden. Derzeit liegt die Mobilfunknetzabdeckung auf dem Globus bei 80 Prozent.

Prozentsätze berechnen und darstellen

11. Das nebenstehende Kreisdiagramm zeigt die Aufteilung der Nutzungsfläche eines Gartens.
   a) Wie viel Prozent der gesamten Nutzungsfläche entfallen jeweils auf Obst, Gemüse, Rasen und Blumen?
   b) Berechne die Größen der Teilflächen bei gleicher Aufteilung, wenn die gesamte Nutzungsfläche nur 540 m² betragen würde.
   c) Wie würde das Kreisdiagramm für Teilaufgabe b aussehen?
   Begründe deine Antwort.

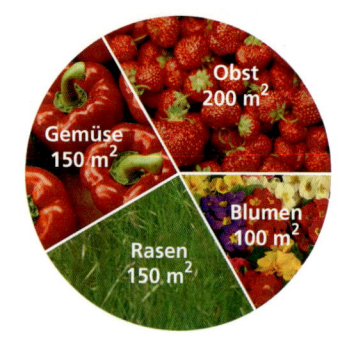

12. Wie viel Prozent von 400 km entsprechen den Längenangaben? Beschreibe dein Vorgehen beim Lösen der Aufgaben mit eigenen Worten. Vergleiche deinen Lösungsweg mit dem der anderen Mitschüler. Wer hat den kürzesten Lösungsweg gefunden?
   a) 80 km   b) 120 km   c) 600 km   d) 48 km   e) 170 km   f) 1 km

13. Wie viel Prozent sind 15 m von den Längenangaben? Beschreibe dein Vorgehen beim Lösen der Aufgaben mit eigenen Worten.
   a) 150 m   b) 30 m   c) 7,5 m   d) 45 m   e) 3 000 m   f) 1 m

14. Gib den jeweiligen Anteil in Prozent an.
   a) 16 von 32   b) 7 von 140   c) 23 von 11,5   d) 2,8 von 84
   e) 112 von 70   f) 26 von 650   g) 27 von 72   h) $\frac{1}{4}$ von 0,5

15. Berechne jeweils den Prozentsatz. Wie bist du beim Lösen vorgegangen?
   a) 619,2 m von 1720 m   b) 17,29 g von 45,5 g   c) 72,4 t von 181 t
   d) 3 150 m von 7 500 m   e) 61,92 m von 172 m   f) 12,5 km von 250 km

16. Gib in Prozent an. Wie bist du beim Lösen vorgegangen?
Welchen Tipp würdest du einem Schüler geben, der die Aufgaben nicht lösen kann?
   a) 1 g von 1 kg   b) 1 ha von 1 km²   c) 1 mm von 1 cm
   d) 1 min von 1 h   e) 1 h von 1 Tag   f) 1 Tag von 1 Jahr

17. Berechne die Prozentsätze. Runde das Ergebnis auf eine Dezimalstelle.
   a) 4,7 von 13,5   b) 812 von 852   c) 62,5 von 170,3
   d) 0,62 von 31   e) 572 von 275   f) 83,6 von 120
   g) 71 von 102   h) 5,8 von 2,7   i) 13 von 1 999
   j) $\frac{1}{5}$ von $\frac{1}{8}$ k) 0,25 von $\frac{1}{4}$ l) $6\frac{1}{4}$ von 16,5

18. a) Wie viel Prozent der Monate eines Jahres haben 31 Tage, wie viel Prozent haben 30 Tage?
   b) Prüfe, ob sich das Ergebnis in Schaltjahren ändert, oder ob es gleich bleibt. Informiere dich vorher im Internet oder in Nachschlagewerken (z. B. in einem Lexikon) über die Besonderheiten von Schaltjahren.
   c) Wann ist das nächste Schaltjahr?

August					
		1	2	3	4	5
6	7	8	9	10	11	12
13	14	15	16	17	18	19
20	21	22	23	24	25	26
27	28	29	30	31		

Grundaufgaben der Prozentrechnung

19. a) A von B sind 250 %. Gib für A und B jeweils eine Zahl an, sodass eine wahre Aussage entsteht.
b) Wie viel Prozent sind dann B von A?
c) Wie lässt sich Teilaufgabe b) für beliebige Zahlen A und B lösen?
Erläutere einen Lösungsweg.
d) Prüfe, ob dein Lösungsweg auch für folgende Aufgabe möglich ist. Setze richtig fort.
A von B sind 75 %. Dann sind B von A ... %.

20. a) Gib x und y an.
(1) 62 von 310 sind x %   –   310 von 62 sind y %
(2) 31,5 von 42 sind x %   –   42 von 31,5 sind y %
(3) 160 von 95 sind x %   –   95 von 160 sind y %
b) Formuliere zwei weitere Aufgaben 4 und 5, die zu den Aufgaben (1), (2) und (3) passen. Wähle dabei möglichst einfache Zahlen.
c) Ermittle jeweils das Produkt von x und y. Was stellst du fest?

21. Eine Seemeile entspricht 1852 m. Wie groß ist die Abweichung (in Prozent), wenn auf folgende Werte gerundet wird? In welchen Fällen wurde auf- und in welchen wurde abgerundet? In welcher Aufgabe ist die Abweichung am größten? Begründe deine Entscheidung. Wie lässt sich eine Abweichung gleicher Größe nach oben bzw. nach unten mathematisch ausdrücken?
a) auf 1 850 m   b) auf 1 900 m   c) auf 1 800 m   d) auf 2 000 m

22. Wahr oder falsch? Denke dir für jede Aussage ein konkretes Beispiel aus und prüfe, ob dein Beispiel wahr oder falsch ist.
a) Wenn bei gleichbleibendem Grundwert der Prozentwert größer wird, steigt auch der Prozentsatz.
b) Wenn der Prozentwert gleich bleibt und der Grundwert kleiner wird, erhöht sich der Prozentsatz.
c) Bei gleichbleibendem Grundwert sind der Prozentsatz und der Prozentwert zueinander proportional.

23. Bronze ist eine Legierung aus Kupfer und Zinn. In 2,2 kg einer bestimmten Sorte dieser Legierung sind 1,9 kg Kupfer enthalten.
a) Wie viel Prozent beträgt der Kupferanteil?
b) Prüfe selbstständig, ob du richtig gerechnet hast.

24. Entnimm die notwendigen Angaben der zweiten Beispielaufgabe auf der Seite 61.
a) Stelle den Sachverhalt in Streifendiagrammen dar.
b) Stelle den Sachverhalt in Kreisdiagrammen dar.
c) Vergleiche beide Diagramme miteinander.
Kannst du nun die Fragen auf Seite 61 beantworten?
d) Erläutere die Vor- und Nachteile der beiden Diagramme.

25. a) Zeichne einen Kreis und färbe 50 % davon blau, 25 % rot und 25 % grün.
b) Zeichne einen zweiten Kreis und färbe 60 % davon blau, 30 % rot und 10 % grün.
c) Erläutere dein Vorgehen beim Färben der beiden Kreise.
d) Färbe zwei Quadrate mit den gleichen Farbanteilen wie bei den beiden Kreisen.
e) Welche Seitenlängen sollte man bei den Quadraten wählen, damit das Zeichnen in beiden Fällen möglichst einfach ist?

Rechnen mit Prozenten und Zinsen

26. Bei einem Kreisdiagramm entsprechen 100 % einem Winkel von 360°.
Welche Winkelgrößen entsprechen den folgenden Prozentsätzen?
Erläutere deinen Rechenweg.
a) 10 %   b) 1 %   c) 25 %
d) 85 %   e) 14,3 %   f) 48,7 %

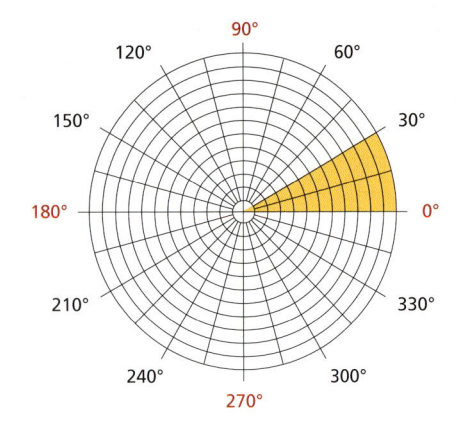

27. Welche Prozentsätze werden durch die folgenden Winkelgrößen dargestellt?
Erläutere deinen Rechenweg.
a) 180°   b) 90°   c) 72°
d) 162°   e) 2°   f) 230°

28. Luft enthält etwa 77 % Stickstoff, etwa 21 % Sauerstoff und 2 % andere Gase.
a) Zeichne zu diesem Sachverhalt ein Kreisdiagramm.
b) Formuliere die obige Aufgabe ohne Prozentangaben. Runde die Angaben auf bequeme Prozentsätze und gib diese in Bruchdarstellung an.
c) Zeichne zu Teilaufgabe b ebenfalls ein Kreisdiagramm. Vergleiche beide Kreisdiagramme miteinander. Was stellst du fest?

29. Eine Familie hat im Monat 1 200 € zur Verfügung. Folgende Ausgaben fallen an: 25 % Miete, 30 % Lebensmittel, 10 % Fahrkosten, 8 % Körperpflege, 6 % Energie und 3,5 % für Theater/Kino. Der Rest wird gespart.
a) Wie viel Euro werden für die einzelnen Positionen ausgegeben?
b) Stelle die Aufteilung der Ausgaben in einem Diagramm dar.

30. Schätze, wie viel Prozent der Figuren im Bild farbig ausgemalt sind.

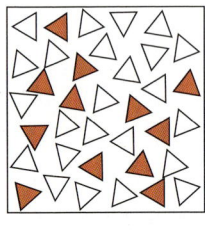

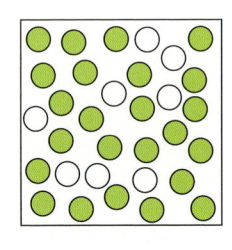

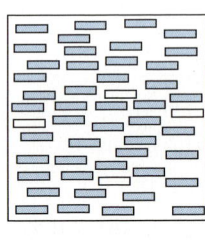

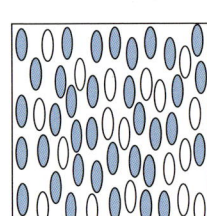

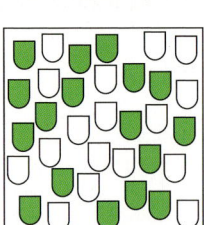

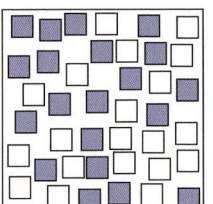

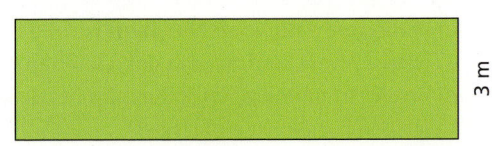

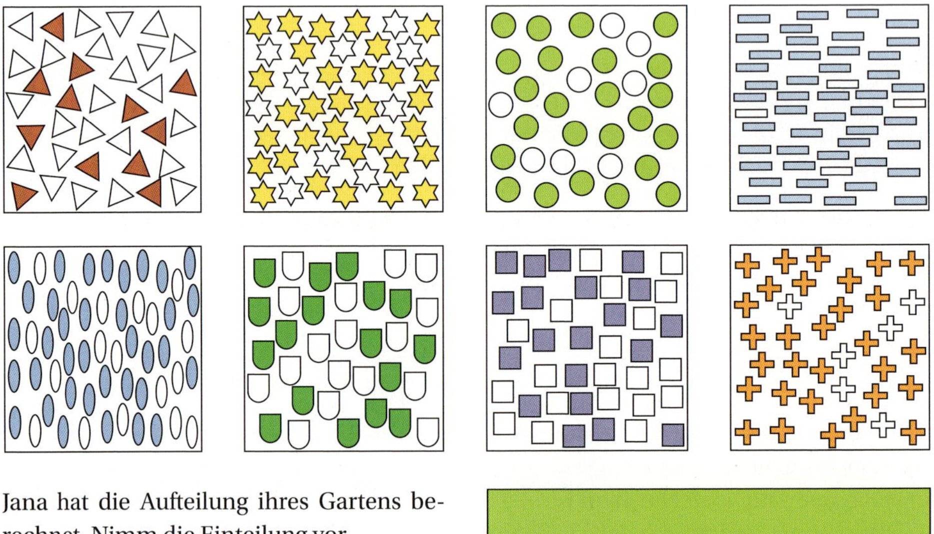

31. Jana hat die Aufteilung ihres Gartens berechnet. Nimm die Einteilung vor.
Rasen: 25%   Gemüse: 50%
Blumen: 20%   Wege: 5%

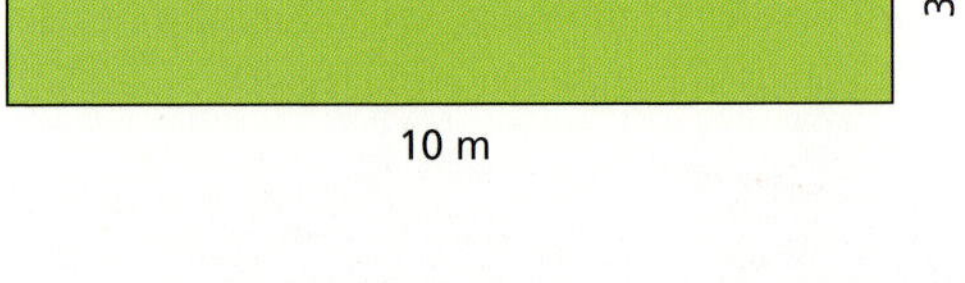

Grundaufgaben der Prozentrechnung

Grundwerte berechnen

32. Gib jeweils an, wie viel 100 % sind.
    Wie bist du zur Lösung gekommen? Erkläre deinen Rechenweg.
    a) 10 % sind 18 kg.
    b) 50 % sind 18 kg.
    c) 200 % sind 18 kg.
    d) 60 % sind 18 kg.
    e) 0,5 % sind 18 kg.
    f) 33 % sind 18 kg.
    g) 15 % sind 60 kg.
    h) 30 % sind 60 kg.
    i) 1,5 % sind 60 kg.

33. Gib jeweils den Grundwert an. Wie bist du zur Lösung gekommen?
    Erkläre deinen Rechenweg.
    a) 18 t sind 80 %.
    b) 162 t sind 80 %.
    c) 1 t sind 80 %.
    d) 36 t sind 72 %.
    e) 5,6 t sind 72 %.
    f) 56 t sind 72 %.

34. Die folgenden Figuren sind jeweils Teil einer Gesamtfigur:

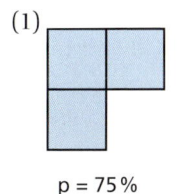

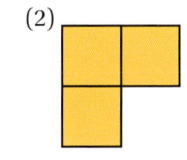

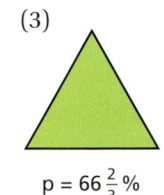

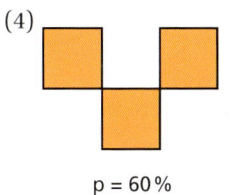

    (1) p = 75 %
    (2) p = 25 %
    (3) p = $66\frac{2}{3}$ %
    (4) p = 60 %

    a) Gib an, wie viel Prozent bis zur Gesamtfigur noch fehlen.
    b) Wie könnte die Gesamtfigur aussehen? Zeichne mindestens zwei Möglichkeiten.
    c) Erläutere deine Überlegungen beim Zeichnen.

35. Berechne jeweils 100 %. Runde die Ergebnisse auf Ganze.
    a) 75,9 % sind 4 500 cm.
    b) 3,7 % sind 225 cm.
    c) 18,6 % sind 1 212 cm.
    d) 105 % sind 7 400 cm.
    e) 0,3 % sind 21,50 cm.
    f) 16 % sind 1 280 cm.

36. Gesucht ist der Grundwert, wenn Folgendes bekannt ist:
    (1) 26 % ≙ 137
    (2) 1,4 % ≙ 211
    (3) 210 % ≙ 4 500
    (4) 19,5 % ≙ 292,5

    a) Führe jeweils einen Überschlag durch und entscheide, welche Ergebnisse zwischen 1 000 und 2 000 liegen.
       Erkläre, wie du den Überschlag durchgeführt hast.
       Welche Angaben hast du gerundet und welche nicht? Begründe deine Entscheidung.
    b) Ermittle für alle Aufgaben, bei denen das Ergebnis des Überschlags zwischen 1 000 und 2 000 liegt, den genauen Wert.
    c) Um wie viel Prozent weichen die gerundeten Werte von den genauen Werten ab?

37. Nach dem Umzug in die neue Wohnung hat Michael endlich ein größeres Zimmer. Er hat jetzt 3 m² mehr Platz.
    Vater meint: „Im Vergleich zu deinem alten Zimmer hast du jetzt 37,5 Prozent mehr Fläche."
    Michael antwortet: „Und trotzdem sind das nur 10 Prozent der gesamten Wohnung."

38. Ein Elefantenbaby wiegt bei seiner Geburt ca. 120 kg und hat damit etwa erst 1,7 % des Gewichts eines erwachsenen Elefanten.

39. Die Zahl der Touristen, die das Land Brandenburg besuchten, war im Februar 2008 um 10,3 % höher als im Vergleichsmonat 2007, in dem 406 000 Gäste unser Bundesland besuchten.

Rechnen mit Prozenten und Zinsen

40. Der höchste Wolkenkratzer, das „Taipei 101" in Taiwan, ist mit seinen 508 m um 12,4 % höher als das zweithöchste Gebäude, die Petronas Twin Towers in Kuala Lumpur, und 14,7 % höher als das dritthöchste Gebäude, der Sears Tower in Chicago.
Stelle die Höhe der drei Gebäude auch grafisch dar.

41. Nach einer Taschengelderhöhung um 15 % bekommt Manuel jetzt 69 € pro Monat.
Formuliere zwei Aufgaben zum obigen Sachverhalt. Löse diese Aufgaben und erläutere deine Lösungsschritte. Lasse die Aufgaben auch von deinen Mitschülern lösen. Kontrolliert eure Ergebnisse gegenseitig.

42. Der Jachtklub Pöppinghausen hat im letzten Jahr 45 neue Mitglieder aufnehmen können. „Das ist eine Steigerung der Mitgliederzahl um 15 Prozent", freut sich der Vorsitzende. Wie viele Mitglieder hat der Club jetzt, wie viele waren es vorher? Wie hast du gerechnet?

43. Für eine Autobahnverbindung werden im ersten Bauabschnitt 25 % der Gesamtstrecke, das sind 48 km, fertiggestellt. Der zweite Bauabschnitt umfasst ein Drittel der Gesamtstrecke, der dritte Bauabschnitt den Rest.
   a) Fertige für die Aufgabe eine Skizze an und trage die gegebenen bzw. die gesuchten Größen darin ein.
   b) Löse die Aufgabe ohne Rechnung mit einer maßstabsgerechten Zeichnung. Gib die Länge des gesamten Autobahnabschnitts und die Längen der einzelnen Bauabschnitte an.
   c) Löse die Aufgabe rechnerisch. Gib ebenfalls die Länge des gesamten Autobahnabschnitts und die Längen der einzelnen Bauabschnitte an.
   d) Vergleiche die zeichnerische mit der rechnerischen Lösung.
   Um wie viel Meter weichen die jeweiligen Streckenlängen voneinander ab?

44. Berechne jeweils den Grundwert. Prüfe, ob jede Angabe sinnvoll ist.
Begründe deine Entscheidungen.
   a) 70 kg entsprechen 40 %.
   b) 28 % entsprechen 1932 €.
   c) 0,6 % entsprechen 9 km.
   d) 40 % entsprechen 12 Schülern.
   e) 28 Teilnehmer entsprechen 48 %.
   f) 90 € entsprechen 120 %.

45. Ina hat festgestellt, dass nur fünf Schüler (das sind 20 %) ihrer Klasse mit dem Fahrrad zur Schule kommen. Laura stellt in ihrer Klasse fest, dass 60 % der Schüler zu Fuß kommen, das sind immerhin 18 Personen.
   a) Berechne, wie viele Schüler in jeder Klasse sind.
   b) Erläutere dein Vorgehen.
   c) Ermittle, wie viele Schüler in deiner Klasse mit dem Fahrrad bzw. zu Fuß zur Schule kommen, und berechne den prozentualen Anteil. Vergleiche diesen mit Inas und Lauras Klasse.

Mosaik

Prozentsatz und Tabellenkalkulation

Wenn man die Anteile von einer Gesamtheit bestimmt, sind die reinen Zahlenangaben meist sehr unübersichtlich. Man verliert schnell die Vorstellung von den Größenverhältnissen.

Beispiel:
Von den 145 Schülern der Jahrgangsstufe 7 haben 78 einen eigenen Computer, 36 teilen sich den Computer mit ihren Geschwistern, 21 nutzen den Computer ihrer Eltern. Bei den restlichen Schülern gibt es zu Hause keinen Computer.

Etwas übersichtlicher ist es, diese Zahlen als Prozentzahlen anzugeben:

$\frac{78}{145} = 53{,}8\,\%$

$\frac{36}{145} = 24{,}8\,\%$

$\frac{21}{145} = 14{,}5\,\%$

$\frac{10}{145} = 6{,}9\,\%$

Bei dieser Berechnung kann ein Tabellenkalkulationsprogramm enorm hilfreich sein.
Da der PC für dich rechnet, musst du in die Felder B6 und C2 bis C6 Formeln eintragen (siehe Abbildung oben rechts).

Als Ergebnis erhältst du dann die Tabelle wie in der zweiten Abbildung.
Die Prozentzahlen bekommst du, indem du die Zellen C2 bis C5 mit der Maus markierst (hier bereits geschehen) und dann unter **Format –> Zahlenformat** das Format **Prozent** wählst.

Noch wesentlich übersichtlicher wird es, wenn du die Prozentsätze grafisch darstellst. Auch hier hilft dir das Tabellenkalkulationsprogramm.

1. Suche dazu in der Symbolleiste das Grafiksymbol. Es zeigt an, dass du damit eine grafische Darstellung erzeugen kannst.
2. Markiere zuerst die Felder B2 bis B5 und klicke dann auf das Grafik-Symbol.

Es erscheint ein Fenster, in dem man zwischen unterschiedlichen Grafiken auswählen kann (siehe Abbildung 3 und 4).
Um Prozente darzustellen, eignen sich am besten die Diagrammtypen **Balken**, **Kreis** und **Ring**.

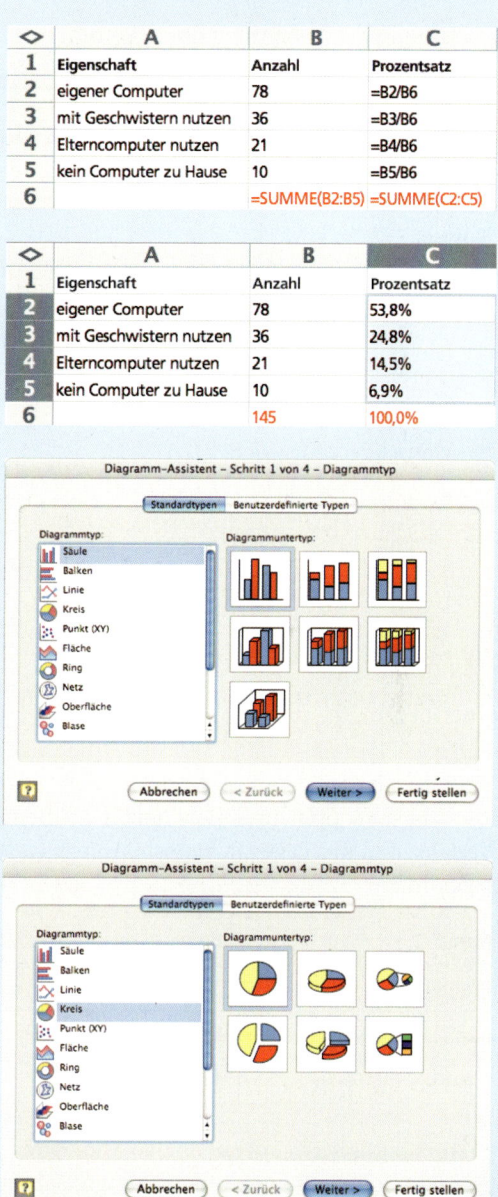

Mosaik

Promillerechnung

Bei der Promillerechnung werden die Angaben auf die Vergleichszahl 1 000 bezogen.
Promille bedeutet Tausendstel. Ein Promille ist ein Tausendstel vom Grundwert: $1‰ = \frac{G}{1\,000}$

Damit gilt auch: $1‰ = 0,1\%$, da $\frac{1}{1\,000} = \frac{0,1}{100}$

Auch Promilleangaben sind nur in Verbindung mit einer Bezugsgröße sinnvoll.
Zwischen dem Grundwert G, dem Promillesatz p_M und dem Promillewert W_M gilt folgende Beziehung:

$\frac{p_M}{1\,000} = \frac{W_M}{G}$

Beispiel:
Familie Buschmann möchte ihr neues Haus versichern. Das Haus hat einen Wert von 160 000 €. Der jährliche Versicherungsbetrag r beträgt 0,9‰ der Versicherungssumme.

(1) Gleichung

Gegeben: G = 160 000 €; p‰ = 0,9‰

Gesucht: r (entspricht W_M)

Lösung: $\frac{r}{G} = \frac{p}{1\,000}$ $\quad |\cdot G$

$r = \frac{G \cdot p}{1\,000}$

$r = \frac{160\,000\,€ \cdot 0,9}{1\,000}$

$r = 144\,€$

(2) Dreisatz (Tabelle)

Promille	Beitrag in Euro
1000	160 000
1	160
0,9	144

:1000 und ·0,9 (links); :1000 und ·0,9 (rechts)

Antwort: Die Versicherung kostet jährlich 144 €.

Für noch kleinere Anteile verwendet man die Angabe ppm (engl.: parts per million – Teile pro Million) oder ppb (engl.: parts per billion – Teile pro Milliarde).
Die Angaben ppm und ppb haben an Bedeutung gewonnen, da man heute durch bessere Verfahren in der Lage ist, kleinste Anteile (z. B. Vitamine oder Schadstoffe in Lebensmitteln) zu bestimmen.

Name	Bezugszahl	Definition	Bezeichnung
Promille	1 000	$p‰ = \frac{p}{1\,000} = \frac{W}{G}$	Promillesatz
parts per million	1 000 000	$p_{ppm} = \frac{p}{10^6} = \frac{W}{G}$	ppm-Satz
parts per billion	1 000 000 000	$p_{ppm} = \frac{p}{10^9} = \frac{W}{G}$	ppb-Satz

In Mineralwässern sind neben den Mineralien auch noch andere Stoffe enthalten, die in geringen Konzentrationen für den Menschen ungefährlich sind. Folgende Werte können auftreten:
Chrom 3,4 ppb; Eisen 589 ppb; Nickel 3,93 ppb; Cadmium 0,27 ppb; Arsen 162,2 ppb

Aufgaben

1. Welche der folgenden Angaben bedeuten das Gleiche?
   Rechne ausführlich und begründe jeden Schritt deiner Rechnung. Finde zu jeder Angabe noch eine weitere Formulierung, die das Gleiche ausdrückt.
   a) 3 % von 30
   b) 3 ‰ von 3
   c) 0,3 ‰ von 300
   d) 3 ‰ von 30
   e) 30 % von 30
   f) 3 ‰ von 300

2. Berechne von den folgenden Werten sowohl 1 ‰ als auch 1,5 ‰. Vergleiche beide Ergebnisse miteinander und gib jeweils deren Unterschied an.
   a) 1 700 m
   b) 36 000 g
   c) 7 Mio. cm
   d) 6,0 Liter
   e) 45 325 ha

3. Berechne. Formuliere dann eine Kurzanleitung zum Lösen derartiger Aufgaben.
   a) 1,7 ‰ von 24 000
   b) 0,8 ‰ von 75 600
   c) 2,3 ‰ von 1 900

4. Die Angabe 333er Gold besagt, dass der reine Goldgehalt eines Schmuckstücks 333 ‰ beträgt.
   a) Wie viel Gramm reinen Goldes enthält ein 585er Goldring, der 6,00 g schwer ist?
   b) Informiere dich im Internet oder in Nachschlagewerken (z. B. in einem Lexikon) darüber, welche Klassifizierungen es bei der Qualitätsangabe von Silberschmuck gibt.
   c) Formuliere eine Aufgabe unter Verwendung der gefundenen Angaben und löse diese.
   d) Lasse deine Aufgabe auch von deinen Mitschülern lösen und vergleiche deren Ergebnisse mit deiner Lösung.

5. Die GIRO-Bank hat dem Kaufmann Schubert einen Kredit von 14 300,00 € eingeräumt und verlangt dafür eine einmalige Provision von 1,5 ‰ auf den Kreditbetrag.
   a) Ermittle, wie viel Euro Provision die GIRO-Bank haben möchte.
   b) Wie viel Euro erhält Herr Schubert auf sein Konto überwiesen?
   c) Wie viel Promille würde die Provision betragen, wenn Herrn Schubert 14 257,10 € auf sein Konto überwiesen werden?

6. Weil Züge sehr viel schwerer als Autos sind, dürfen die Steigungen bei Eisenbahnstrecken nicht so stark sein wie die bei Straßen. Die Steigungen bei Eisenbahnstrecken werden in Promille angegeben.
   a) Wie viel Meter Höhe gewinnt ein Zug bei 3,5 ‰ Steigung, wenn die horizontale Entfernung 2,8 km beträgt?
   b) Wie lang muss die horizontale Entfernung sein, damit der Höhengewinn 1 m beträgt?
   c) Skizziere eine Steigung von 3,5 ‰ auf einem Zeichenblatt. Welche Höhe hätte ein Punkt bei einer horizontalen Entfernung von 28 cm?

7. Der in Deutschland bisher höchste gemessene Promillewert bei einem Autofahrer wurde in Dresden bei einem 43-Jährigen festgestellt. Das Ergebnis des Atemalkoholtests lag bei 6,18 Promille. Die Beamten hatten wegen des schier unglaublich hohen Alkoholpegels noch eine zweite Messung durchgeführt, die die zuerst abgelesenen Promille bestätigte. Daraufhin wurde der Mann zur Blutentnahme gebracht.
   Berechne, wie groß in etwa die Menge reinen Alkohols im Blut des Mannes gewesen ist.

Rechnen mit Prozenten und Zinsen

2.3 Prozentuale Veränderung

Veränderungen von Größen werden oft in Prozent angegeben. Dabei werden Formulierungen wie „vermehrt um", „vermehrt auf", „vermindert um", „vermindert auf" oder ähnliche benutzt. Entsprechende Aufgaben lassen sich auf die Grundgleichung der Prozentrechnung zurückführen.

> Vergrößert bzw. verringert sich der Grundwert um einen bestimmten Prozentsatz, so spricht man von **vermehrtem** bzw. **vermindertem Grundwert** oder von **prozentualem Zuschlag** bzw. **prozentualem Abschlag**.

Vermehrter Grundwert

Beim vermehrten Grundwert können die Prozentsätze oder die Prozentwerte addiert werden.

■ Im vergangenen Jahr nahmen 20 Schüler der siebten Klassen an Sportwettkämpfen teil. In diesem Schuljahr erhöhte sich die Teilnehmerzahl um 10%.

10% von 20 sind 2.   In diesem Jahr nehmen zwei Schüler mehr an den Wettkämpfen teil.
20 + 2 = 22   In diesem Jahr nehmen 22 Schüler an den Wettkämpfen teil.

Verändert sich ein Grundwert z. B. um 10%, so kann man beim prozentualen Zuschlag den Grundwert mit dem Faktor 1,1 multiplizieren.

■ Ein Auto kostet 12 300 €. Sein Preis erhöht sich um 4%.

(1)
alter Preis	12 300 €	100 %
Erhöhung	4 % von 12 300 € = 492 €	4 %
neuer Preis	12 300 € + 492 € = 12 792 €	100 % + 4 % = 104 %

(2) Gleichung
104 % von 12 300

$W = \frac{12300 \cdot 104}{100}$

$W = 12300 \cdot 1{,}04$

$W = 12792$

(3) Dreisatz (Tabelle)

Prozent	Preis in Euro
100	12 300
1	123
104	12 792

:100 / ·104   :100 / ·104

Antwort: Das Auto kostet nach der Erhöhung 12 792 €.

Prozentuale Veränderungen können auch grafisch dargestellt werden.

■ Der Preis einer Ware wurde um 2,50 € erhöht. Das entsprach einer Steigerung von 20%. Wie viel Euro kostete die Ware vor der Erhöhung?

$20\% = \frac{1}{5}$, dann sind 2,50 € · 5 = 100 %.

100 %	20 %
x	2,50 €

Antwort: Die Ware kostete vor der Erhöhung 12,50 €.

Prozentuale Veränderung

Verminderter Grundwert

Bei dem verminderten Grundwert können die Prozentsätze oder die Prozentwerte subtrahiert werden.
Verändert sich ein Grundwert z. B. um 10 %, so kann man beim prozentualen Abschlag den Grundwert mit dem Faktor 0,9 multiplizieren.

- Durch den Bau einer Brücke verkürzt sich die Zeit für den Schulweg von 40 Minuten auf 24 Minuten.

(1)

Zeit vor dem Brückenbau	40 min	100 %
Verkürzung	40 min – 24 min = 16 min	16 von 40 = $\frac{16}{40}$ = $\frac{2}{5}$ = 40 %
Zeit nach dem Brückenbau	24 min	100 % – 40 % = 60 %

(2) Gleichung

24 von 40

$p = \frac{24}{40}$

$p = \frac{3}{5}$

$p\% = 60\%$

(3) Dreisatz (Tabelle)

Weg in min	Prozent
40	100
1	2,5
24	60

:40 ↓ ·24 ↓ :40 ↓ ·24 ↓

Antwort: Nach dem Brückenbau verkürzt sich die Zeit für den Schulweg um 40 % auf 60 % der ursprünglichen Zeit.

Preisnachlässe berücksichtigen

Erfolgt die Begleichung einer Rechnung innerhalb einer festgelegten Frist, so vermindert sich der Rechnungsbetrag um den ausgewiesenen prozentualen Anteil. Diesen Preisnachlass nennt man **Skonto**, z. B. 3 % Skonto.
Bei Barzahlungen oder Bestellungen, die über einem festgelegten Betrag bzw. einer festgelegten Menge liegen, wird ein Preisnachlass in Form eines prozentualen Abschlags gewährt. Diesen Preisnachlass nennt man **Rabatt**, z. B. 5 % Rabatt. Handelsketten bieten vielfach sogenannte Pay-back-Karten an. Hier erhält der Kunde ebenfalls einen Rabatt auf seinen Einkauf, der ihm in Form von Punkten auf ein Konto gutgeschrieben wird.

- Bei der Annahme einer größeren Warenmenge bekommt ein Einzelhändler 2 % Mengenrabatt und bei sofortiger Bezahlung 1,5 % Skonto auf die Summe von 8 755 €.

Mengenrabatt: 8 755 € · 0,02 = 175,10 €
Skonto: 8 755 € · 0,015 = 131,325 €

8 755 € – 8 755 € · 0,02 – 8 755 € · 0,015 = 8 755 € – 8 755 € · 0,035 = 8 755 € – 306,43 € = 8 448,57 €

Der Händler bezahlt dann für die Ware 8 448,57 €. Er spart immerhin über 306 €.

Rechnen mit Prozenten und Zinsen

Aufgaben

1. Vermehre die folgenden Größenangaben jeweils um 12 % bzw. auf 112 %.
   Wie bist du zur Lösung gekommen? Erkläre deinen Rechenweg.
   a) 200 m   b) 120 dt   c) 48 g   d) 9,6 cm^2 e) 15,30 km

2. Vermindere die folgenden Größenangaben jeweils um 12 % bzw. auf 88 %.
   Wie bist du zur Lösung gekommen? Erkläre deinen Rechenweg.
   a) 400 m   b) 240 dt   c) 96 g   d) 19,2 m^2 e) 30,60 km

3. Vermehre die folgenden Zahlen um bzw. auf den angegebenen Prozentsatz.
   Rechne möglichst einfach. Vergleiche dein Vorgehen mit den Lösungswegen deiner Mitschülerinnen und Mitschüler.
   a) 150 um 10 %   b) 8 800 auf 112 %   c) 84 um 45 %
   d) 148 um 2 %   e) 46,8 auf 150 %   f) 120 um 40 %
   g) 3 440 auf 149 % h) 52 um 4,5 %   i) 29,7 um 3,6 %

4. Welche der folgenden Aufgaben haben das gleiche Ergebnis? Begründe.
   a) Berechne 120 % von 42.   b) Multipliziere 42 mit 1,2.
   c) Berechne $\frac{6}{5}$ von 42. d) Vergrößere die Zahl 42 um 20 %.
   e) Vergrößere 42 um ein Fünftel. f) Addiere 42 und 8,4.

5. Vergrößere die folgenden Zahlen um bzw. auf den angegebenen Prozentsatz. Rechne möglichst einfach. Vergleiche dein Vorgehen mit dem deiner Mitschülerinnen und Mitschüler.
   a) 43,2 um 31,7 %   b) 31,7 auf 143,2 %   c) 17,5 um 17,5 %

6. Auf viele Waren wird eine Mehrwertsteuer von 19 % oder eine ermäßigte Mehrwertsteuer von 7 % des Grundbetrages erhoben.
   a) Berechne beide Mehrwertsteuern (19 % und 7 %) in Euro und den zu zahlenden Preis (Grundbetrag + Mehrwertsteuer) für folgende Grundbeträge:
      30,00 €   275 €   1900,00 €
      0,54 €   128,50 €   250 000 €
   b) Löse die Aufgabe mithilfe einer Tabellenkalkulation. Gib dazu alle Grundbeträge in einer Tabellenspalte ein, ermittle die jeweiligen Mehrwertsteuern von 19 % und den zu zahlenden Preis in den nächsten beiden Spalten und dann die Mehrwertsteuer von 7 % und den zu zahlenden Preis in den weiteren beiden Spalten. Kopiere die notwendigen Formeln von der ersten Zeile in die anderen Zeilen.
      Erweitere die Tabelle noch einmal um sechs weitere selbst gewählte Grundbeträge und berechne die fehlenden Angaben.
   c) Informiere dich im Internet über Waren, für die eine ermäßigte Mehrwertsteuer von 7 % gilt. Was sind das für Waren?
   d) Informiere dich über den Mehrwertsteuersatz in anderen EU-Ländern. Wo liegen wir?

7. Die folgenden Preise werden um 15 % gesenkt. Was kosten die Waren nach der Preissenkung? Rechne möglichst einfach. Vergleiche dein Vorgehen mit den Lösungswegen deiner Mitschülerinnen und Mitschüler. Wer hat den einfachsten Lösungsweg gefunden?
   a) 30,00 €   b) 16,00 €   c) 51,00 €   d) 17,50 €   e) 199,90 €   f) 999,00 €

8. Ein Rechteck ist 8 cm lang und 3 cm breit. Um wie viel Prozent vergrößert oder verkleinert sich sein Umfang bzw. sein Flächeninhalt bei folgenden Veränderungen?
Zeichne zuerst das Rechteck mit den entsprechenden Veränderungen und rechne dann.
a) Jede Seite wird um 1 cm verlängert.
b) Jede Seite wird um 1 cm verkürzt.
c) Die Länge wird um 1 cm vergrößert, die Breite jedoch um 1 cm verkleinert.
d) Die Länge wird um 1 cm verringert, die Breite jedoch um 1 cm verlängert.
e) Sowohl die Länge als auch die Breite werden gleichzeitig verdoppelt.
f) Die Länge wird verdoppelt, die Breite jedoch halbiert.

9. a) Am Mittwoch stieg der Kurs einer Aktie um 5 % gegenüber dem Vortag, am Donnerstag fiel der Kurs dieser Aktie um 5 % gegenüber dem Vortag. Vergleiche den Kurs am Donnerstag mit dem am Dienstag. Was stellst du fest?
b) Am Mittwoch fiel der Kurs einer Aktie um 5 % gegenüber dem Vortag, am Donnerstag stieg der Kurs dieser Aktie um 5 % gegenüber dem Vortag. Vergleiche den Kurs am Donnerstag mit dem am Dienstag. Was stellst du fest?

10. In einer Gaststätte wird ein Bedienungszuschlag von 10 % auf alle Speisen und Getränke erhoben. Am Ende eines Tages hat ein Kellner 540,00 € abgerechnet (ohne Trinkgelder).
a) Wie viel Euro Bedienungsgeld gehören ihm?
b) Wie viel Euro hat der Kellner abgerechnet, wenn er am Ende des Tages 66,66 € Bedienungsgeld bekommt?
c) Als Prämie soll der Kellner 11 % Bedienungszuschlag bekommen. Wie viel Euro Bedienungsgeld würde er jetzt bei Abrechnung von 540,00 € bekommen?

11. a) Der Preis einer Ware stieg von 46,00 € auf 48,76 €.
(1) Auf wie viel Prozent stieg der Preis?
(2) Um wie viel Prozent stieg der Preis?
(3) Auf das Wievielfache stieg der Preis?
b) Der Preis einer Ware fiel von 50,00 € auf 48,25 €.
(1) Auf wie viel Prozent fiel der Preis?
(2) Um wie viel Prozent fiel der Preis?
(3) Auf das Wievielfache fiel der Preis?

12. Die Mieten wurden um 6 % erhöht. Berechne, wie viel Euro Familie Springer und Familie Hüpfer vorher bezahlt haben, wenn ihre Miete jetzt 694,30 € bzw. 763,20 € beträgt.

13. Ein Möbelhaus wird in zwei Wochen eine Sonderaktion „günstige Couchgarnituren" starten, bei der ein Preisnachlass von 30 % gewährt werden soll. Um bei dieser Aktion doch noch genug Geld zu verdienen, werden die aktuellen Preise eine Woche vorher um 20 % angehoben. Erkläre dieses Vorgehen für folgendes Beispiel: Eine Couchgarnitur kostet heute aktuell 899 €. Was kostet sie in einer Woche, was kostet sie in zwei Wochen?
Wie viel Prozent hat der Kunde wirklich gespart? Wie viel Euro sind das?

2.4 Rechnen mit Zinsen

Die **Zinsrechnung** ist eine Anwendung der Prozentrechnung. Der Grundwert wird **Kapital** K (Guthaben) und der Prozentsatz wird **Zinssatz** p % genannt. Die **Zinsen** Z sind die dem Zinssatz entsprechenden Prozentwerte.

Prozentrechnung:	Zinsrechnung:
$\frac{W}{G} = \frac{p}{100}$	$\frac{Z}{K} = \frac{p}{100}$

Bei der Zinsrechnung spielt die Zeit eine Rolle. Der Zinssatz bezieht sich im Allgemeinen immer auf ein Jahr, abgekürzt p.a. (lat.: per annum). Im (deutschen) Bankwesen wird das Jahr mit 360 Tagen und der Monat mit 30 Tagen angesetzt. Verzinst werden nur ganze Eurobeträge.

Jahreszinsen berechnen

Zinsen für Guthaben werden von Geldinstituten (Banken, Sparkassen …) jährlich ausgezahlt. Sie sind von der Höhe des im Laufe eines Jahres auf dem Konto befindlichen Geldbetrags und vom festgelegten Prozentsatz abhängig. Umgekehrt müssen vom Kunden beim Aufnehmen eines Kredits Zinsen an das Geldinstitut gezahlt werden.

Ist ein Konto „überzogen", d.h., vom Konto wurde ein größerer Geldbetrag abgebucht, als auf dem Konto war, dann muss der Kontoinhaber an die Bank Zinsen zahlen.

Gewährt die Bank dem Kontoinhaber einen „Dispo-Kredit", duldet sie bis zu einer festgelegten Höhe die Überziehung des Kontos. Die Zinsen für einen „Dispo-Kredit" sind meistens geringer als für eine nicht vereinbarte Überziehung.

(1) **Berechnen der Zinsen**
Ein Kapital von 20 000 € wird ein Jahr lang mit einem Zinssatz von 4,3 % p.a. angelegt.

Gegeben: K = 20 000 €; p % = 4,3 %
Gesucht: Z
Lösung:
Gleichung $\quad \frac{Z}{K} = \frac{p}{100} \quad\quad |\cdot K$

$Z = \frac{p}{100} \cdot K$

$Z = \frac{4{,}3 \cdot 20\,000\,€}{100}$

$Z = 860\,€$

Dreisatz (Tabelle)

Prozent	Euro
100	20 000
1	200
4,3	860

(:100 und ·4,3)

Antwort: Das Kapital bringt 860 € Zinsen.

Rechnen mit Zinsen

(2) Berechnen des Kapitals

Am Ende eines Jahres erhält Steven für sein Guthaben, das mit 3,3 % p. a. verzinst wird, 43,56 € Zinsen.

Gegeben: p % = 3,3 %; Z = 43,56 €
Gesucht: K

Lösung: $\frac{K}{Z} = \frac{100}{p}$ | · Z

$K = \frac{100 \cdot Z}{p}$

$K = \frac{100 \cdot 43{,}56\,\text{€}}{3{,}3}$

$K = 1\,320\,\text{€}$

Antwort: Steven hat die Zinsen für ein Guthaben in Höhe von 1 320 € erhalten.

(3) Berechnen des Zinssatzes

Ein Guthaben von 17 560 € bringt 509,24 € Zinsen.

Gegeben: K = 17 560 €; Z = 509,24 €
Gesucht: p

Lösung: $\frac{p}{100} = \frac{Z}{K}$ | · 100

$p = \frac{Z}{K} \cdot 100$

$p = \frac{509{,}24\,\text{€} \cdot 100}{17\,560\,\text{€}}$

$p = 2{,}9$

Antwort: Das Guthaben wurde mit 2,9 % verzinst.

Monats- und Tageszinsen ermitteln

Wird das Kapital weniger als ein Jahr auf einem Konto gelassen, dann werden die Zinsen nur „anteilig" zu den Jahreszinsen ausgezahlt.

So werden für ein halbes Jahr die Hälfte der Jahreszinsen, für ein Drittel des Jahres ein Drittel der Jahreszinsen ausgezahlt. Bleibt das Geld nur für einen Monat auf dem Konto, werden Zinsen für ein Zwölftel des Jahres gezahlt, weil ein Monat ein Zwölftel des Jahres ist. Für z. B. fünf Monate werden $\frac{5}{12}$ der Jahreszinsen gezahlt.

Die Zinsen für eine bestimmte Anzahl von Monaten (m) werden nach der folgenden Gleichung berechnet:

> **Monatszinsen für m Monate:**
>
> Zinsen = Zinssatz · Kapital · $\frac{\text{Anzahl der Monate}}{12}$ $Z_m = \frac{p}{100} \cdot K \cdot \frac{m}{12} = \frac{K \cdot p \cdot m}{100 \cdot 12}$

Ein Kapital von 1 680 € wird für fünf Monate mit 2,5 % p. a. verzinst.

Gegeben: K = 1 680 €; p % = 2,5 %; m = 5
Gesucht: Z
Lösung:

(1) Gleichung

$Z_m = \frac{p \cdot K \cdot m}{100 \cdot 12}$

$Z_m = \frac{2{,}5 \cdot 1\,680\,\text{€} \cdot 5}{100 \cdot 12}$

$Z_m = 17{,}50\,\text{€}$

(2) Dreisatz (Tabellen)

Prozent	Euro
100	1 680
1	16,8
2,5	42

:100 ·2,5   :100 ·2,5

Monate	Euro
12	42
1	3,5
5	17,5

:12 ·5   :12 ·5

Antwort: Die Zinsen betragen 17,50 €.

Rechnen mit Prozenten und Zinsen

Zinsen werden auch für einzelne Tage gezahlt. Manchmal muss die Anzahl der Zinstage aus den Datumsangaben berechnet werden.
Die Formel zur Berechnung der Zinsen für einzelne Tage (t) lautet:

> **Tageszinsen** für t Tage:
>
> Zinsen = Zinssatz · Kapital · $\frac{\text{Anzahl der Tage}}{360}$ $\qquad Z_t = \frac{p}{100} \cdot K \cdot \frac{t}{360} = \frac{p \cdot K \cdot t}{100 \cdot 360}$

Ein Kapital von 21 600 € wird für 80 Tage mit 2,5 % p. a. verzinst.
Gegeben: K = 21 600 €; p % = 2,5 %; t = 80
Gesucht: Z
Lösung:
(1) Gleichung
$$Z_t = \frac{p \cdot K \cdot t}{100 \cdot 360}$$
$$Z_t = \frac{2{,}5 \cdot 21\,600\,€ \cdot 80}{100 \cdot 360}$$
$$Z_t = 120\,€$$

(2) Dreisatz (Tabellen)

Prozent	Euro
100	21 600
1	216
2,5	540

:40 (100 → 1) ·24 → 2,5   21 600 :1000 → 216 · 0,9 → 540

Tage	Euro
360	540
1	1,5
80	120

:1000 (360 → 1) · 0,9 → 80   540 :1000 → 1,5 · 0,9 → 120

Antwort: Die Zinsen betragen 120 €.

Weil auf Konten innerhalb eines Jahres häufig Ein- und Auszahlungen vorgenommen werden, tragen ganz unterschiedliche Beträge mit verschieden langen Zeitabständen zu den Zinsen am Jahresende bei.

Sonderfall: Zinseszins

Die Bank zahlt stets die Zinsen am Ende eines Jahres. Diese werden dann auf das Kapital addiert, sodass man danach ein neues, höheres Kapital besitzt. Die Zinsen für das nächste Jahr werden dann für das neue Kapital gezahlt. Am Jahresende kommen wieder die Zinsen hinzu usw.
Die sich damit selbst wieder verzinsenden Zinsen nennt man **Zinseszins.**

Mattis legt einen Betrag von 400 € für drei Jahre bei einem Zinssatz von 5 % p. a. fest an.
Über welchen Betrag kann er nach dieser Zeit verfügen?

1. Jahr 400 € · 1,05 = 420 €
2. Jahr 420 € · 1,05 = 441 €
3. Jahr 441 € · 1,05 = 463 €

Nach drei Jahren erhält er einen Betrag von 463,05 €.

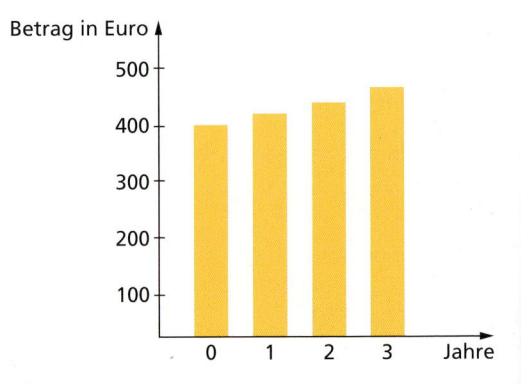

Dieses mühselige Verfahren, den Betrag plus Zinseszins jährlich zu berechnen, lässt sich mit mathematischen Mitteln, die du in den nächsten Jahren kennenlernen wirst, wesentlich vereinfachen.

Rechnen mit Zinsen

Aufgaben

1. Auf ein Guthaben zahlt eine Bank 3,5 % Zinsen p. a.
   Wie viel Euro Zinsen erhält man im Jahr für folgende Spareinlagen?
   a) 100 €
   b) 500 €
   c) 1 000 €
   d) 20 €
   e) 6 000 €
   f) 9 500 €
   g) 450 €
   h) 7 802 €
   i) 10 000 €
   j) 240 €
   k) 800 €
   l) 1 200 €

2. Berechne die jeweiligen Jahreszinsen.

Guthaben (in Euro)	1250	4820	7500	169	169	174 380
Zinssatz (in Prozent)	2	2,7	1,8	2,2	2,3	3,0

3. Frau Grünberg erhält für eine Spareinlage von 3 600 € nach einem Jahr 108 € Zinsen ausgezahlt. Herr Berndt bekommt ebenfalls 108 € Zinsen ausgezahlt. Er hatte zum Jahresanfang jedoch nur 2 700 € auf seinem Konto.
   Wie kann das sein? Lege deine Gedanken dar und begründe sie.

4. Familie Naumann kauft in einem Warenhaus eine Waschmaschine, die mit 750 € ausgepreist ist. Bei Anzahlung von 100 € wird geliefert, der Rest muss binnen Jahresfrist mit 9 % Zinsen bezahlt werden.
   Familie Paul kauft die gleiche Maschine in einem Versandhaus, bezahlt bar und erhält deshalb einen Abschlag (Skonto) von 3 % des Preises.
   a) Welche Familie hat aus deiner Sicht preiswerter gekauft? 
   b) Wie viel Euro spart diese Familie gegenüber der anderen Familie?
   c) Suche dir eine bestimmte Waschmaschine, erkundige dich in verschiedenen Geschäften und in Versandhäusern nach den Bedingungen für den Kauf dieser Waschmaschine auf Raten, stelle Preisvergleiche an und suche das günstigste Angebot heraus.
   d) Bereite die ermittelten Daten so auf, dass du den Preisvergleich und die Wahl des günstigsten Angebots deinen Mitschülerinnen und Mitschülern überzeugend darlegen kannst. Nutze dazu auch Computerprogramme wie z. B. Tabellenkalkulationsprogramme, Textverarbeitungsprogramme oder Präsentationsprogramme.

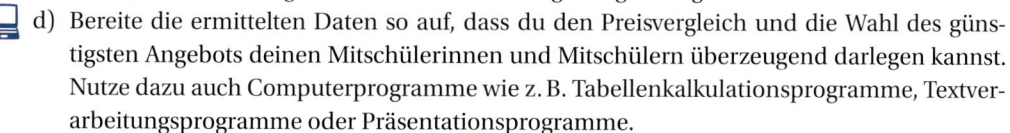

5. Eine Bank zahlt für Einlagen 3,5 % Zinsen p. a. und verlangt für Kredite 12 % Zinsen.
   a) Welchen Gewinn macht die Bank, wenn ein Kunde 25 000 € ein Jahr lang spart, ein anderer Kunde einen Kredit in gleicher Höhe für ein Jahr aufnimmt?
   b) Erläutere deinen Rechenweg.

Rechnen mit Prozenten und Zinsen

6. Herr Blumberg leiht sich für ein Jahr den Betrag von 40 000 € von seiner Bank und hat dafür 12 % Zinsen zu zahlen.
   a) Welchen Betrag muss er nach einem Jahr an die Bank zurückzahlen?
   b) Wie hoch ist die tägliche Belastung durch die Zinsen?
   c) Wie viel Euro würde er bei einem Zinssatz von 10 % nach einem Jahr zurückzahlen?

7. Familie Christensen will für ein Jahr ein Darlehen von 15 000 € aufnehmen. Herr Christensen hat eine Bank gefunden, die ihm diesen Betrag für 12,5 % Zinsen leiht. Frau Christensen schaut sich ebenfalls um und findet ein Angebot, in dem nur 12 % Zinsen gefordert werden.
Wie viel Euro könnte Familie Christensen pro Jahr einsparen?

8. Banken gewähren häufig einen sogenannten „Dispositionskredit". Für die geduldete Überziehung des Kontos werden Zinsen erhoben.
Berechne für die Angaben in der Tabelle die anfallenden Zinsbeträge, wenn der Zinssatz 11,5 % p. a. beträgt.

	Höhe	Dauer
a)	632,00 €	45 Tage
b)	3 400,16 €	2 Monate
c)	1 785,50 €	25 Tage
d)	137,20 €	3 Monate, 10 Tage
e)	3 400,16 €	60 Tage

9. Ein Sparkonto von 35 000 € wird fünf Jahre lang mit 5,5 % p. a. verzinst. Die Zinsen werden am Jahresende jeweils abgehoben.
   a) Wie viel Euro Zinsen sind das insgesamt in den fünf Jahren?
   b) Löse die Aufgabe auch in einem Tabellenkalkulationsprogramm.
   c) Welche Vorteile hat das Arbeiten in Tabellenkalkulationsprogrammen?

10. a) Franziska bringt ihr gespartes Taschengeld von 180 € für ein Jahr zur Sparkasse. Wie viel Euro Zinsen erhält sie bei einem Zinssatz von 2,75 % p. a.?
   b) Wie viel Euro müsste Fransiska für ein Jahr beim gleichen Zinssatz auf ihr Konto einzahlen, wenn sie 100 € Zinsen ausgezahlt bekommen möchte?

11. Frau Tarner kauft bei einem Versandhaus Kleidung für 472 €. Sie entschließt sich aufgrund des hohen Rechnungsbetrags, die Rechnung erst in neun Monaten zu begleichen.
   a) Wie viel Euro Zinsen muss sie bezahlen, wenn ein Zinssatz von 11 % p. a. festgelegt ist?
   b) Wie hoch ist der gesamte Rechnungsbetrag (einschließlich Zinsen), wenn ein Zinssatz von 12,5 % p. a. festgelegt wurde?

12. Frau Weinrich zahlt für einen Kredit über 4 500 € für ein Jahr 157,50 € Zinsen.
   a) Berechne den Zinssatz. Stelle deinen Lösungsweg ausführlich dar.
   b) Wie verhält sich der Zinssatz, wenn sich bei gleicher Kredithöhe die Zinsen halbieren?
   c) Wie verhalten sich die Zinsen, wenn sich bei gleichem Zinssatz die Kredithöhe halbiert?
   d) Begründe deine Entscheidungen.

Rechnen mit Zinsen

13. Herr Kleine will in den Urlaub fahren. Dazu benötigt er mindestens 1 800 €, die er nur von den Zinsen seines Ersparten nehmen möchte.
Wie viel Euro muss Herr Kleine bei einem Zinssatz von 4 % für ein Jahr anlegen?

14. Herr Hoff hat 20 500 € geerbt. Dieses Geld spart er für ein Jahr mit einem Zinssatz von 7,75 %. Entscheide und begründe, ob Herr Hoff danach vom Gesparten (einschließlich der Zinsen) eine Weltreise im Wert von 22 490 € machen kann.

15. Frau Schmidt legt 2 400 € für ein Jahr bei einer Sparkasse an und erhält 3,4 % Zinsen p. a. Herr Schulze erhält bei einer anderen Bank für 3 000 € nur 3,2 % Zinsen p. a.
Wer von beiden hat den größeren Zinsbetrag nach einem Jahr auf seinem Konto? Erkläre.

16. Bei Barzahlungen sind Preisnachlässe (Skonto) üblich. Frau Forsch möchte ein Auto zu einem Preis von 9 995 € kaufen.
 a) Berechne die Geldbeträge für die unten aufgeführten Fälle und vergleiche.
 b) Zu welcher Zahlung würdest du Frau Forsch raten? Begründe.
 c) Überlege, ob es eine noch günstigere Möglichkeit zum Aufbringen des Geldbetrags gibt. Mache Vorschläge und diskutiere diese in deiner Klasse.
 (1) Sie zahlt bar und erhält 4 % Skonto.
 (2) Sie zahlt 14 Tage später per Scheck den geforderten Preis.
 (3) Sie zahlt ohne Preisnachlass und nimmt für ein halbes Jahr ein Darlehen von 5 000 € zu 8 % Zinsen p. a. auf.

17. Wie hoch ist der Zinssatz für die nebenstehende Ratenzahlung? Vergleiche mit ähnlichen Angeboten. Suche entsprechende Anzeigen in Werbeprospekten und werte diese aus. Schätze den Zinssatz für die nebenstehende Ratenzahlung ein. Ist er deiner Meinung nach relativ hoch, relativ niedrig oder angemessen?

18. Norbert hat 23 000 € geerbt und zahlt den Betrag auf ein Sparkonto ein. Dort bekommt er pro Jahr 3,5 % Zinsen.
Wie viel Euro hat er nach einem Jahr auf seinem Sparkonto? Wie sieht es nach zwei, drei und vier Jahren aus?

19. Welchen Betrag muss Pia bei einem Zinssatz von 3,75 % p. a. anlegen, wenn sie nach einem Jahr insgesamt 1500 € ausgezahlt bekommen will?

Methoden

Lösen von Sachaufgaben

Schrittfolge und Hilfsfragen

1. **Lies die Aufgabe mehrmals durch und stelle dir den Sachverhalt vor.**

   Worum geht es in der Aufgabe?
   Verstehe ich alles in diesem Text?
   Was ist gefragt?
   Kann ich Gegenstände oder meine Finger zu Hilfe nehmen, um mir den Sachverhalt zu veranschaulichen?
   Wie könnte vermutlich die Antwort sein?

2. **Suche die wesentlichen Angaben heraus.**

   Was ist gesucht? Was ist gegeben?
   Welche Beziehungen gibt es zwischen den Einheiten der gegebenen und gesuchten Größen?
   Wie kann ich das Gesuchte und Gegebene günstig bezeichnen?

3. **Suche einen Lösungsweg.**

   Welche Angaben brauche ich, um die Frage beantworten zu können?
   Sind mir diese Angaben bekannt?
   Wie kann ich die fehlenden Angaben ermitteln?
   Kann ich aus einer Skizze oder einer Tabelle Beziehungen erkennen?
   Kann ich eine Lösung durch Probieren finden?
   Kann ich eine Gleichung oder Ungleichung mit der gesuchten Größe aufstellen?
   Kenne ich eine Formel für die gesuchte Größe?

4. **Führe den Lösungsweg aus und kontrolliere ihn sofort.**

   Wie rechne ich am günstigsten?
   Kann ich vor der Rechnung einen Überschlag im Kopf machen?
   Muss ich die Einheiten der gegebenen Größen anpassen?
   Wie kann ich die Rechnung kontrollieren?

5. **Überprüfe das Ergebnis und beantworte die Frage.**

   Habe ich alle wesentlichen Angaben verwendet?
   Kann ich das Ergebnis am Sachverhalt überprüfen?
   Habe ich das Ergebnis mit einer sinnvollen Genauigkeit angegeben?
   Wie lautet die Antwort?

Beispielaufgabe

1. Afrika hat eine Fläche von 30,3 Mio. km². Es gibt dort zwei Wüsten:
   Sahara mit 8,7 Mio. km² und Kalahari mit 0,9 Mio. km².
   Wie groß ist der Anteil der Wüsten an der Landfläche Afrikas?
   Vermutung:
   Etwa ein Drittel der Fläche Afrikas sind Wüsten.

2. Gesucht ist der prozentuale Anteil (der Prozentsatz) der Wüsten an der Landfläche.
   Gegeben sind die Fläche von Afrika und die Flächen der beiden Wüsten.
   Die gegebenen Größen sind in Quadratkilometer angegeben.

   Fläche von Afrika = G
   Gesamtfläche der Wüsten = W

3. Um z. B. mit der nach dem Prozentsatz umgestellten Grundgleichung der Prozentrechnung rechnen zu können, braucht man:

   Grundwert G = Fläche von Afrika

   Prozentwert W = Gesamtfläche der Wüsten
   Prozentwert W = Fläche der Sahara + Fläche der Kalahari

   Gesucht ist der zugehörige Prozentsatz p %.

   $p\% = \dfrac{W}{G}$ oder $\dfrac{p}{100} = \dfrac{W}{G}$

4. Prozentwert W = Fläche der Sahara + Fläche der Kalahari

   W = 8,7 Mio. km² + 0,9 Mio. km²

   W = 9,6 Mio. km²

   $p\% = \dfrac{W}{G}$

   $p\% = \dfrac{9{,}6 \text{ Mio. km}^2}{30{,}3 \text{ Mio. km}^2}$

   p % = 32 %

5. Das Ergebnis entspricht der Vermutung, dass die Fläche der beiden Wüsten etwa ein Drittel der Landfläche Afrikas ausmacht.

   Antwort:
   Die beiden Wüsten Sahara und Kalahari bedecken 32 % der Fläche des afrikanischen Kontinents.

Rechnen mit Prozenten und Zinsen

2.5 Gemischte Aufgaben

1. In einem Haushalt werden täglich im Durchschnitt 150 *l* Wasser verbraucht.
   Davon entfallen etwa 30 % auf die Körperpflege, 32 % auf die Toilettenspülung und nur 3 % auf Essen und Trinken. Wasser wird u. a. noch zum Kochen, Blumengießen, zum Geschirrspülen oder Wäschewaschen benötigt.
   a) Berechne, wie viel Liter Wasser für die genannten Zwecke verwendet werden.
   b) Stelle den Sachverhalt in einem Diagramm dar. Begründe die Wahl des Diagrammtyps.

2. Wie viel Prozent der Gesamtfläche der folgenden beiden Figuren sind jeweils blau, rot, gelb, grün, schwarz bzw. grau gefärbt?
   Wie hast du die Ergebnisse ermittelt? Erkläre dein Vorgehen.

3. Aufgrund der steigenden Heizölkosten lässt sich Familie Friedrich einen neuen Ölbrenner einbauen. Der Verbrauch soll dadurch von 3 800 *l* im Jahr auf 3 450 *l* gesenkt werden.
   a) Wie viel Prozent Ersparnis sind das?
   b) Wie viel Euro spart die Familie, wenn ein Liter Heizöl 0,49 € kostet?
   c) Informiere dich über den aktuellen Heizölpreis und löse die Aufgabe entsprechend.

4. In einem Bekleidungsgeschäft ist das nebenstehende Angebot im Sonderverkauf Wintermode zu sehen.
   Prüfe, ob die Angaben stimmen.

5. Bei einer Geschäftsaufgabe kommt es zu einem Ausverkauf. Alle Artikel werden mit einem Preisnachlass von 20 % verkauft.
   Beim Kauf von drei Artikeln und mehr erhält man zusätzlich noch einmal 10 % auf die Gesamtsumme. Ein Artikel kostete ursprünglich 9,00 €.
   Wie viele dieser Artikel kannst du dir für 27,00 € maximal kaufen?

6. Eine Schokoladenfabrik hat eine Tagesproduktion von insgesamt 80 Tonnen Schokolade, wobei 23 % weiße Schokolade, 61 % Milchschokolade und der Rest Bitterschokolade produziert werden.
   Wie groß sind die Anteile der verschiedenen Schokoladensorten an einer Tagesproduktion?

Gemischte Aufgaben

7. a) Formuliere folgende Aussagen mithilfe der Prozentdarstellung:
   - 15 von 100 Autofahrern können schlecht sehen.
   - Bei 250 kontrollierten Fahrrädern war bei 50 Fahrrädern die Beleuchtung defekt.
   - Von 50 gestarteten Biathleten blieben lediglich 10 Starter ohne Schießfehler.
   - Von 20 Kindern haben 3 Kinder rote Haare.
   - Von 25 Schülern der Klasse 7 haben 10 Schüler ein Haustier.
   - Von 400 Personen an einer Schule sind 25 Lehrerinnen und Lehrer.

   b) Erkläre deine Vorgehensweise beim Lösen jeder Aufgabe. Welche Aufgabe ist etwas komplizierter zu lösen? Welche Aufgaben sind relativ einfach lösbar?

8. Allgemein ist bekannt, dass der Körper von Säugetieren aus ca. 70 % Wasser besteht.
   a) Wie viel Liter Wasser sind im Körper eines Säugetiers mit 75 kg bzw. 850 kg enthalten?
   b) Beim Menschen treten bei einem Wasserverlust von 4 % schon körperliche Schäden auf. Wie viel Liter Wasser darf ein Mensch mit einem Körpergewicht von 75 kg ohne Gefahr verlieren?
   c) Ein Kamel (ca. 850 kg) ist ein Überlebenskünstler in der Wüste. Es kann durch Wasseraufnahme sein Gewicht um bis zu 25 % erhöhen.
   Wie viel Liter Wasser hat es dann getrunken?

9. Emil liest in der Zeitung: „70 % der Verkehrsunfälle passieren am Tag. (…) 80 % aller Verkehrsunfälle werden von Fahrern verursacht, die keinen Alkohol getrunken haben." „Aha", sagt Emil, „dann fahre ich lieber in der Nacht in den Urlaub und trinke vorher noch zwei Bier."
   Äußere deine Meinung zum dargestellten Sachverhalt. Formuliere eine unsinnige Aussage, die auf falsches Verknüpfen von Prozentangaben beruht. Forsche nach solchen Aussagen in den nächsten vier Wochen auch in den Tageszeitungen.

10. Nachdem ein Gruppenmitglied während einer Feuerwehrübung verletzt wurde, bittet der Gruppenführer um Verstärkung. Die Gruppe bestand aus sieben Personen. Er bekam aber keine Verstärkung. Nach mehreren vergeblichen Versuchen wählt er eine andere Methode zur Angabe der Daten. Er meldet: „Ich bitte um Verstärkung, 14 % meines Personals sind nicht mehr einsatzfähig." Danach bekam er mehr Verstärkung, als er brauchen konnte.
    a) Gib eine Erklärung dafür, dass der Gruppenführer zuerst keine Verstärkung bekam.
    b) Warum hat es deiner Meinung nach beim zweiten Mal besser geklappt?

11. 460 Schüler einer Schule benutzen verschiedene Verkehrsmittel für ihren Schulweg.

U-Bahn	161 Schüler	Bus	46 Schüler
Straßenbahn	115 Schüler	zu Fuß	Rest

    a) Wie viel Prozent der Schüler fahren jeweils mit den verschiedenen Verkehrsmitteln?
    b) Wie viele Schüler kommen zu Fuß zur Schule? Wie viel Prozent der Schüler sind das?
    c) Fertige mit den errechneten Werten ein geeignetes Diagramm an.

Rechnen mit Prozenten und Zinsen

12. Die Mutter von Sevda bereitet zum Frühstück eine Müslimischung.
    Zutaten: 75 g Haferflocken
    35 g Rosinen
    5 g Leinsamen
    40 g Sonnenblumenkerne
    15 g Kürbiskerne
    50 g Weizenflocken
    Berechne die Prozentsätze, die dem Anteil der einzelnen Zutaten entsprechen.

13. Nebenstehendes Bild zeigt den Aufdruck einer Käsepackung mit sechs Scheiben Inhalt. Insgesamt sind es 150 Gramm.
    a) Wie viel Gramm Fett nimmt man mit einer Scheibe Käse zu sich?
    b) Wie viel Gramm Fett hätte eine Käsescheibe normalerweise?
    c) Vergleiche deine Ergebnisse mit einer anderen Packung Käse aus dem Supermarkt.

14. a) Bestimme aus folgenden Angaben einen Grundwert, einen Prozentwert und den dazugehörigen Prozentsatz zu einem Sachverhalt. Schreibe die Angaben übersichtlich in dein Heft. Verwende dazu eine Tabelle oder ordne entsprechende Angaben einander zu.
    „Nach aktuellen Angaben erblicken in den ersten drei Quartalen des letzten Jahres 9 271 Babys das Licht der Welt. Im Vergleichszeitraum des Vorjahrs wurden 8 894 Neugeborene gezählt. Das ist ein Anstieg von 4,2 %. 1990 wurden allerdings noch 23 500 Babys geboren."
    b) Formuliere mit den Angaben eine Aufgabe zur Berechnung des Prozentsatzes.
    c) Löse die Aufgabe und lasse sie von einem Mitschüler lösen. Vergleiche die Lösungen.

15. Aus einem Märchen:
    Als König Balduin IV. seinen Tod nahen fühlte, bestellte er seine vier Söhne aus ihren Wohnorten zu sich.
    Er sagte dem Ersten: „Du findest unter dem Boden des Stalls einen Beutel mit Goldstücken. Nimm dir davon 25 % und leg ihn zurück." Dem Zweiten gab er den gleichen Hinweis, doch nannte er diesmal 33 % als Anteil. Beim dritten Sohn sprach er gar von 50 %. Dennoch verteilte er sein Erbe gerecht.
    Wie kann das sein?
    Was wird er wohl zum vierten Sohn gesagt haben?

16. Von den Eintrittskarten für ein Konzert wurden am ersten Tag 36 %, am zweiten Tag 25 % und am dritten Tag 15 % von der ursprünglichen Gesamtanzahl verkauft. Danach waren noch 60 Karten übrig.
    a) Wie viele Karten standen anfangs zur Verfügung?
    b) Erläutere dein Vorgehen beim Lösen der Aufgabe.
    c) Vergleiche deine Lösung mit der Lösung eines Mitschülers deiner Klasse.

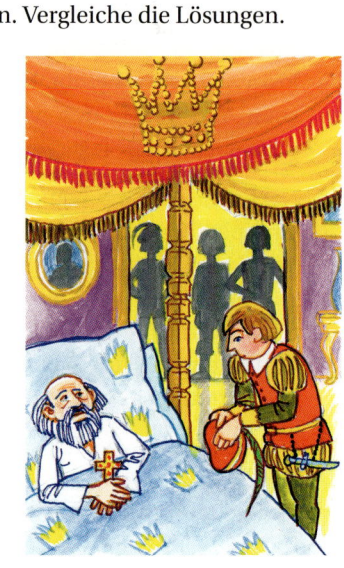

17. a) Die Festlandfläche der Erde beträgt etwa 150 Mio. km². Berechne mithilfe der Prozentangaben im nebenstehenden Diagramm die ungefähre Größe der Kontinente. Vergleiche deine Berechnungen mit den genauen Angaben.

b) Informiere dich im Internet oder in Nachschlagewerken über die Fläche der Bundesrepublik Deutschland und über die Fläche deines Bundeslandes. Ermittle den prozentualen Anteil deines Bundeslandes an der Fläche der Bundesrepublik Deutschland.

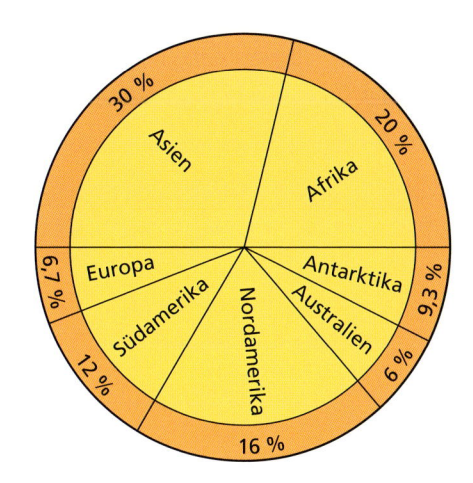

Asien 30 %, Afrika 20 %, Antarktika 9,3 %, Australien 6 %, Nordamerika 16 %, Südamerika 12 %, Europa 6,7 %

18. Über den kleinen Schweizer Ort Hofen kann man unter der Internetadresse www.hofen.ch eine Menge erfahren. Beispielsweise erkennt man aus der Alterspyramide, dass es dort 14 Frauen und 16 Männer im Alter zwischen 30 und 40 Jahren gibt. Konstruiere mithilfe des Textes und der Grafik mindestens sieben Aufgaben, die eine Angabe in Prozent beinhalten.

Flächenmäßig ist Hofen mit 1,05 km² die kleinste Gemeinde des Kantons (zum Vergleich: ganzer Kanton Schaffhausen 298 km², ganze Schweiz: 41 293 km²) und liegt 474 m über dem Meer. In Hofen leben derzeit 136 Einwohner, 72 männlich und 64 weiblich, darunter sind 5 Ausländer.
Insgesamt besitzt Hofen 48 Haushaltungen und 76 Gebäude.
(Stand April 2007)

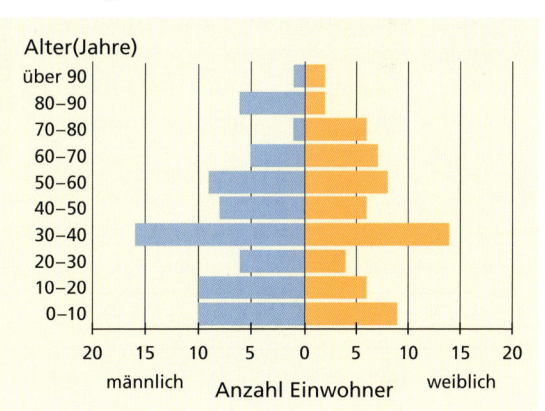

19. Die folgende Übersicht zeigt den Nährstoffgehalt ausgewählter Nahrungsmittel.

Nahrungsmittel	Nährstoffe in %			Wasser/Sonstiges in %
	Eiweiß	Fett	Kohlenhydrate	
Camembert	25	27	2	46
Magerquark	17	1	2	80
Schokolade	10	32	56	2
Schlagsahne	1	15	1	83

a) Berechne für 200 g jedes Nahrungsmittels die Menge der Bestandteile.
b) Stelle die Bestandteile für jedes Nahrungsmittel in einem Streifendiagramm (Prozentstreifen) dar und vergleiche die Zusammensetzung.

Teste dich selbst

1. Von 200 000 Bürgern eines Landkreises sind 25 000 Bürger älter als 65 Jahre.
   Wie viel Prozent der Bürger sind älter als 65 Jahre?

2. Eine Familie gibt von 3 200 € des Einkommens 16 % für Miete aus. Wie viel Euro sind das?

3. Nimm zu folgender Aussage Stellung:
   Wenn in der Klasse 7a genau 20 % Mädchen und in der Klasse 7b sogar 30 % Mädchen sind, beträgt der Mädchenanteil in beiden Klassen zusammen 25 %.

4. Der 12-jährige Timo ist innerhalb des letzten Jahres um 12 % gewachsen. Jetzt ist er immerhin schon 1,52 m groß. Wie groß war er vor einem Jahr?

5. Pilze verlieren beim Trocknen 80 % ihrer Masse.
   a) Wie viel Gramm getrocknete Pilze erhält man aus 2 kg frischen Pilzen?
   b) Wie viel Kilogramm frische Pilze sind nötig, um 2 kg getrocknete Pilze zu erhalten?

6. Für eine Autobahnverbindung werden im ersten Bauabschnitt 25 % der Gesamtstrecke, das sind 42 km, fertiggestellt. Der zweite Bauabschnitt umfasst ein Drittel der Gesamtstrecke, der dritte Bauabschnitt den Rest.
   Gib die Länge des gesamten Autobahnabschnittes und die Längen der einzelnen Bauabschnitte an.

7. Übernimm die Tabelle in dein Heft und fülle diese aus.

Kapital in Euro	400	120		2 450	630	
Zinssatz p. a. in Prozent	12		9	6,5		7,25
Zinsen pro Jahr in Euro		4,92	22,50		18,90	36,25

8. Susanne entschließt sich, ihre gesparten 126 € für ein Jahr auf ihr Sparbuch zu bringen.
   Wie viel Euro Zinsen erhält sie nach einem Jahr, wenn der Zinssatz 4,5 % p. a. ist?

9. Für den Bau einer Garage leiht sich Herr Pfeifer 2 400 € für fünf Monate.
   Wie viel Euro Zinsen muss er bei einem Zinssatz von 8,5 % p. a. bezahlen?

10. Wie viel Euro Zinsen sind bei einem Überziehungskredit von 11 % p. a. fällig, wenn ein Kontoinhaber sein Konto vom 3. Juli bis 15. September desselben Jahres um 305,00 € überzieht?

11. Frau Dampe leiht sich von ihrer Bank für einen Zinssatz von 9 % p. a. Geld.
    Sie zahlt für fünf Monate 37,50 € an Zinsen. Wie viel Euro hat sie sich geliehen?

12. Der Preis von 525 € für Computer wurde um 8 % erhöht. Da der Verkauf rückläufig ist, wird der derzeitige Preis um 8 % gesenkt. Vergleiche.

13. Ein 50 cm langer, 30 cm breiter und 20 cm hoher Quader wird um 10 % länger, 30 % breiter und 15 % niedriger gemacht. Um wie viel Prozent ändert sich sein Volumen?

Das Wichtigste im Überblick

Mit Prozenten und Zinsen rechnen

Allgemein gilt:

Berechnung des **Prozentsatzes p%**:

$p\% = \frac{W}{G}$

Berechnung des **Prozentwertes W**:

$W = G \cdot p\% = G \cdot \frac{p}{100}$

Berechnung des **Grundwertes G**:

$G = \frac{W}{p\%} = \frac{W}{p} \cdot 100$

Bei Bankgeschäften gilt:

Berechnung des **Zinssatzes p%**:

$p\% = \frac{Z}{K}$

Berechnung der **Zinsen Z**:

$Z = K \cdot p\% = K \cdot \frac{p}{100}$

Berechnung des **Kapitals K**:

$K = \frac{Z}{p\%} = \frac{Z}{p} \cdot 100$

Ist der **vermehrte** oder der **verminderte Grundwert** vorgegeben, ist es günstig, zunächst den Dreisatz zu benutzen.

Sollen **Prozentsätze** mithilfe eines **Kreisdiagramms** dargestellt werden, nutzt man die 360°-Einteilung des Kreises.

Dabei gilt 1% = 3,6°, 10% = 36° usw.

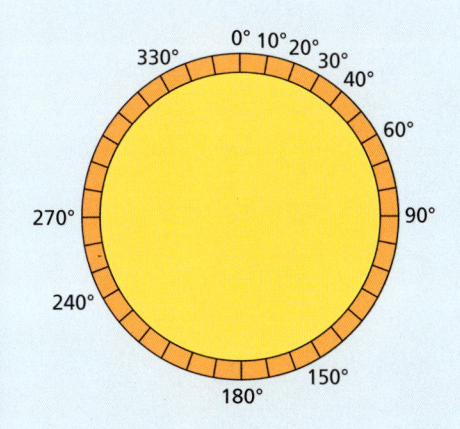

Prozent	Benzinverbrauch
120	648
1	5,4
100	540
20	108

:120 ·100 ·20   :83 ·100 ·17

Rechenvorteile nutzen:
50% ist die Hälfte des Grundwertes, deshalb den Grundwert durch 2 dividieren:
50% von 461 € = 230,50 €

Bei „10%" beim Grundwert das Komma um eine Stelle nach links verschieben:
10% von 461 € = 46,10 €

5% ist die Hälfte von 10%:
5% von 461 € = 23,05 €

15% berechnen als 10% + 5%:
15% von 461 € = 46,10 € + 23,05 €
15% von 461 € = 69,15 €

Oft benutzte **bequeme Prozentsätze:**

$5\% = 0{,}05 = \frac{1}{20}$ $25\% = 0{,}25 = \frac{1}{4}$

$10\% = 0{,}1 = \frac{1}{10}$ $50\% = 0{,}5 = \frac{1}{2}$

$20\% = 0{,}2 = \frac{1}{5}$ $75\% = 0{,}75 = \frac{3}{4}$

Promillerechnung

Promille heißt „von Tausend": 1‰ von G sind $\frac{1}{1000}$ von G; 5‰ = 0,005 = $\frac{5}{1000} = \frac{1}{200}$

3 Lösen von Gleichungen und Ungleichungen

Gleichgewicht halten
Beim Yoga führen Übungen, bei denen man das Gleichgewicht halten muss, zu besonderer Form der Entspannung. Physikalisch spricht man von Gleichgewicht, wenn sich mehrere Kräfte, die an einem Körper angreifen, gerade gegenseitig ausgleichen. Um sich die Schreibarbeit zu erleichtern, werden Formeln verwendet, um diesen Zustand zu beschreiben. So steht die Formel $F_{rechts} = F_{links}$ für „Kraft auf der linken Seite ist gleich der Kraft auf der rechten".
Erfinde weitere Formeln dieser Art.

Gleichungen aufstellen
Du übst eine Ausdauersportart aus? Dann kannst du in Fitnessbüchern eine interessante Faustregel nachlesen: Je älter du bist, desto geringer ist die optimale Pulsfrequenz: Steht die Variable P für „Pulsschläge pro Minute" und A für „Alter in Jahren", dann gilt für den optimalen Puls:
$4 \cdot P + 3 \cdot A = 660$
Was bedeutet diese Gleichung? Wieso kommt für 14-Jährige ein Puls von 154,5 heraus?

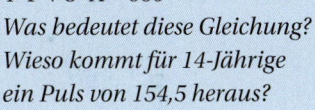

Schulweg
Für den Schulweg benutzen die 260 Schülerinnen und Schüler verschiedene Verkehrsmittel:
Von den 260 Schülern benutzen 83 den Bus, 114 die Straßenbahn und 15 werden mit dem Auto gebracht Der Rest kommt zu Fuß.
*Wie viele Schüler kommen zu Fuß in die Schule?
Gib das Ergebnis auch in Prozent an.*

Rückblick

Lösungsstrategien

Ihr kennt inzwischen eine Anzahl unterschiedlicher Strategien, um zu der Lösung eines Problems zu gelangen. Einige dieser Strategien werden im Folgenden noch einmal dargestellt.

Strategie: Probieren

Welche Zahl muss man für x einsetzen, damit der Term auf der linken Seite vom Gleichheitszeichen denselben Wert hat wie der Term auf der rechten Seite?

$3 \cdot x - 7 = 5$

Wir probieren es aus:

x	Linke Seite	
1	3 – 7 = –4	x ist zu klein.
2	6 – 7 = –1	x ist immer noch zu klein.
6	18 – 7 = 11	Jetzt ist x zu groß.
4	12 – 7 = 5	Jetzt passt es.

Auf diese Weise bekommt man tatsächlich etwas Richtiges heraus.
Aber können wir sicher sein, dass es nicht vielleicht noch andere Lösungen gibt?
Außerdem kann das Probierverfahren bei komplizierten Aufgaben ziemlich langwierig werden.

Strategie: Vereinfachen

Wenn uns die Aufgabe zu schwierig scheint, suchen wir nach Wegen, sie zu vereinfachen.
Bei der Beispielaufgabe kannst du erkennen:

Eine Zahl minus 7 soll 5 ergeben?
Das kann nur die 12 sein. Also muss gelten $3 \cdot x = 12$.
Hier siehst du die Lösung sofort: x = 4.

Strategie: Gleichgewicht erhalten

Das Gleichheitszeichen bedeutet wie bei der Waage: gleich viel auf beiden Seiten. Solange wir auf beiden Seiten dasselbe tun, bleibt die Waage im Gleichgewicht.

Auf diese Weise kann man die Aufgabe $3 \cdot x - 7 = 5$ in $3 \cdot x = 12$ verwandeln.

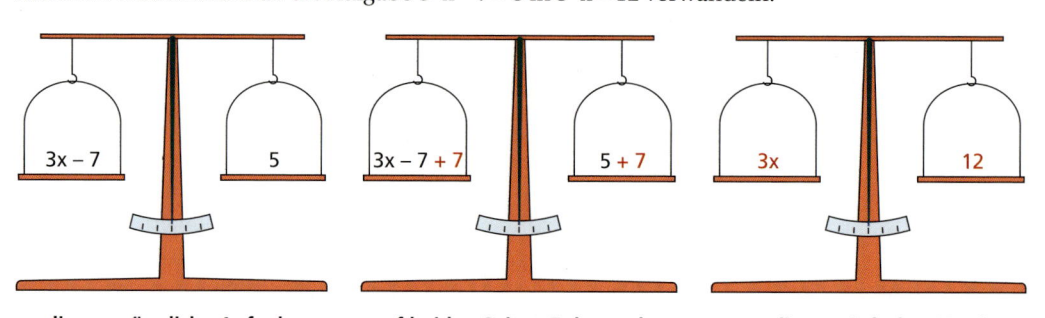

3x – 7 | 5	3x – 7 + 7 | 5 + 7	3x | 12
die ursprüngliche Aufgabe	auf beiden Seiten 7 dazugelegt	die vereinfachte Version

Verhältnisgleichungen

Eine besondere Form von Gleichungen wurde bereits bei den Zuordnungen verwendet. Diese Gleichung heißt Verhältnisgleichung, wenn jede Seite aus einem Verhältnis von Zahlen, Variablen oder Größen besteht. Verhältnisse können in der Divisions- oder in der Bruchschreibweise angegeben werden.

■ $x : 3 = 7 : 4$ oder $\frac{x}{3} = \frac{7}{4}$ Gesprochen: x verhält sich zu 3 wie 7 zu 4.

Verhältnisgleichungen kann man lösen, indem man beide Seiten mit dem Produkt der Nenner multipliziert. Man kann auch einfacher zum Ergebnis kommen.
Dazu werden beide Seiten nur „über Kreuz multipliziert". Damit erhält man sofort die Zeile 3.

■
$$\frac{8}{5} = \frac{x}{2} \qquad | \cdot (5 \cdot 2)$$
$$\frac{8}{5} \cdot (5 \cdot 2) = \frac{x}{2} \cdot (5 \cdot 2) \qquad | \text{ Kürzen}$$
$$8 \cdot 2 = 5 \cdot x$$
$$16 = 5x \qquad | :5$$
$$x = \frac{16}{5} = 3\frac{1}{5}$$

$$\frac{8}{5} \rightleftarrows \frac{x}{2}$$
$$2 \cdot 8 = 5 \cdot x$$
$$16 = 5x$$
$$x = \frac{16}{5} = 3\frac{1}{5}$$

Aufgaben

1. Löse folgende Gleichungen durch Probieren. Erkläre, wie du vorgegangen bist.
  a) $a - 72 = 105$
  b) $b : 100 = 0{,}02$
  c) $30 + c = -32$
  d) $\frac{d}{4} - 4 = 4$
  e) $e - 4{,}38 = 5{,}62$
  f) $\frac{7}{8} - f = 1$

2. Löse folgende Gleichungen durch Vereinfachen.
  a) $4 \cdot x + 3 = 5$
  b) $7 \cdot y - 7 = 42$
  c) $-10 \cdot a + 50 = 0$
  d) $95 - 5 \cdot b = 80$
  e) $x + \frac{1}{2} = \frac{1}{4}$
  f) $500 = 0{,}5 \cdot x$

3. Löse folgende Gleichungen durch Probieren.
  a) $3 \cdot x + 1 = x + 3$
  b) $2 \cdot x - \frac{1}{2} = x + \frac{1}{2}$
  c) $x : \frac{1}{2} = 2 \cdot x$
  d) $-8 \cdot x = 38 - x$
  e) $x^2 + 12 = 8 \cdot x$
  f) $x^3 + x^2 + x = 13 \cdot x$

4. Löse durch inhaltliche Überlegungen.
  Was muss man beachten, wenn die gesuchte Zahl im Nenner steht?
  a) $\frac{4}{x} = \frac{12}{3}$
  b) $\frac{15}{5} = \frac{60}{x}$
  c) $\frac{x}{0{,}2} = \frac{2{,}1}{0{,}7}$
  d) $\frac{2{,}7}{5{,}4} = \frac{x}{1{,}2}$
  e) $g : \frac{1}{3} = \frac{1}{2} : \frac{1}{4}$
  f) $\frac{5}{x} = \frac{1}{150}$
  g) $\frac{9}{x} = \frac{3}{4}$
  h) $\frac{12}{x-1} = \frac{3}{5}$
  i) $\frac{17}{5} = \frac{85}{x}$
  j) $\frac{0{,}1}{7{,}5} = \frac{x}{3}$
  k) $\frac{0{,}4}{z} = 1{,}6$
  l) $x : \frac{1}{4} = \frac{1}{5} : \frac{1}{6}$

5. Bilde unter Benutzung der Zahlen 3; 4,8; 7,2 und x eine Verhältnisgleichung und löse sie.
  Hinweis: Schreibe zweckmäßig x in den Zähler des ersten Bruches.

Lösen von Gleichungen und Ungleichungen

3.1 Grundbegriffe

Terme, Variablen, Gleichungen

Während Michaela am Computer Mathematikaufgaben löst, stellt sie Konrad folgende Aufgabe:
„Denke dir eine beliebige Zahl, addiere dazu 15 und nenne mir dann das Ergebnis!"
Konrad antwortet: „Mein Ergebnis lautet 38."
„Dann ist die 23 deine gedachte Zahl", erwidert Michaela.
Konrad wundert sich: „Kannst du hellsehen?"
Das kann Michaela sicherlich nicht. Wir wissen aber, wie Michaela die Aufgabe gelöst hat.

Mathematisch stellte Michaela folgende Rechenaufgabe:
■ + 15 = 38

Wir wissen schon, dass das Kästchen für gedachte oder unbekannte Zahlen oder Größen als Platzhalter stehen kann.

In der Mathematik schreibt man für dieses Kästchen Buchstaben, die als **Variablen** (Veränderliche) bezeichnet werden, weil man für sie verschiedene Zahlen oder Größen einsetzen kann und sie so ihren Wert ändern können. Beziehungen oder allgemeine Zusammenhänge lassen sich durch Variablen übersichtlich in Kurzform darstellen.

Die Zahlen in einem Term sind demgegenüber unveränderlich und werden **Konstanten** genannt. Die von Michaela gelöste Rechenaufgabe kann man also auch so schreiben:
$x + 15 = 38$ oder $y + 15 = 38$ oder $a + 15 = 38$

Setzt man Ziffern, Variablen, Rechenzeichen, Vorzeichen, Bruchstriche, Klammern und Kommas sinnvoll zusammen, dann spricht man von **Termen.**

- Terme sind $5; x; b + 4{,}9; 7 \cdot a; (5 - x) \cdot 8; a \cdot b \cdot c; 2{,}5 \text{ kg}; x^2$.
- Dagegen sind $8 -; -2 +; (x : 4; 3{,}2{,}; 7{,}2 - +3; = 3 \text{ t}; + m -$ keine Terme.

> Werden zwei Terme durch ein Gleichheitszeichen verbunden, so entsteht eine **Gleichung.**
> Werden zwei Terme durch eines der Zeichen <, >, ≤, ≥ oder ≠ verbunden, so spricht man von einer **Ungleichung.**

- Gleichung: $3 + 4 = 7$ $\frac{25}{5} = x$ $A = 2{,}3 \text{ cm} \cdot 4 \text{ cm}$ $u = 2 \cdot (a + b)$

  Ungleichung: $3 > 1{,}4$ $3 + x < 17$ $a \cdot b > 25$ $89 - x \neq 1$

Gleichungen und Ungleichungen, in denen keine Variablen auftreten, heißen **Aussagen.**
Aussagen sind entweder wahr oder falsch. So sind die Aussagen $3 + 4 = 7$ und $3 > 1{,}4$ wahr.

Grundbegriffe

Die Struktur von Termen beschreiben

Ein Term kann sein:
- eine **Summe** $a + b$ (Sprechweise: vermehrt um, größer als/um, addieren)
- eine **Differenz** $a - b$ (Sprechweise: vermindert um, kleiner als, kürzer, subtrahieren)
- ein **Produkt** $a \cdot b$ (Sprechweise: n-fache, multiplizieren)
- ein **Quotient** $a : b$ (Sprechweise: n-ter Teil, dividieren)

Das Erkennen des Termaufbaus hilft bei der allgemeinen Beschreibung von Sachverhalten, da Terme oft zur Kurzbeschreibung sprachlicher Formulierungen benutzt werden.

Allgemeine Beschreibung des Sachverhalts	Kurzform
das Doppelte einer Zahl	$2x$
der Nachfolger einer Zahl	$x + 1$
der dritte Teil einer Zahl vermindert um 7	$y : 3 - 7$ bzw. $\frac{y}{3} - 7$
das Dreifache der Differenz aus einer Zahl und 8	$3(z - 8)$
das Produkt zweier Zahlen	$a \cdot b$

Die Schreibweise von Termen vereinfachen

1. Bei Produkten aus Zahlen und Variablen werden zuerst die Zahlen und dann die Variablen geschrieben.
   Produkte aus Variablen werden meist alphabetisch geordnet.
2. Das Multiplikationszeichen zwischen einer Zahl und einer Variablen sowie zwischen Variablen kann weggelassen werden.
3. Die Zahl 1 als Faktor kann entfallen.

$x \cdot 2 \longrightarrow 2 \cdot x$
$y \cdot x \quad x \cdot y$
$(-5) \cdot x \longrightarrow -5x$
$a \cdot b \longrightarrow ab$
$(-1) \cdot x \longrightarrow -x$

Hinweis:
Das Multiplikationszeichen zwischen Zahlen darf nicht weggelassen werden.
$2 \cdot 5 \neq 25; \quad 5 \cdot \frac{1}{2} \neq 5\frac{1}{2}$

Werte von Termen bestimmen

Werden für die Variablen in einem Term Zahlen oder Größen eingesetzt, so kann man den **Termwert** bestimmen.

Term	Belegung der Variablen	Wert des Terms
$3x - 7$	$x = 4$	$3 \cdot 4 - 7 = 12 - 7 = 5$
$-2a + 6b$	$a = 3; b = 1$	$-2 \cdot 3 + 6 \cdot 1 = -6 + 6 = 0$
$13 - 4(z + 3)$	$z = -5$	$13 - 4(-5 + 3) = 13 - 4(-2) = 13 + 8 = 21$

Lösen von Gleichungen und Ungleichungen

Terme umformen

Für das Umformen von Termen gelten folgende Regeln:

1. Gleichartige Terme kann man addieren oder subtrahieren.
2. Variablenprodukte kann man als Vielfaches schreiben.
3. Werden gleiche Zahlen oder Variablen miteinander multipliziert, so können diese als Potenz geschrieben werden.

$4a - a = 3a$ \qquad\qquad $x + x + x + x + x = 5x$
$ab + ab + ab = 3ab$ \qquad $xy + xy + xy + xy = 4xy$
$x \cdot x = x^2$ \qquad\qquad $a \cdot a \cdot a \cdot a = a^4$

Vielfache der gleichen Variablen kann man **zusammenfassen**, indem die Koeffizienten addiert bzw. subtrahiert werden. Ein Koeffizient (Beizahl) ist in einem Term eine Zahl, die als Faktor bei Variablen steht. Der Koeffizient 1 wird nicht geschrieben.

$3a + 4a = a + a + a + a + a + a + a = 7a$ \qquad $2ab + 3ab = (2 + 3)ab = 5ab$
$4s + 3t - 7s = (4 - 7)s + 3t = -3s + 3t$ \qquad $8x - 3x = (8 - 3)x = 5x$

Terme mit verschiedenen Variablenvielfachen kann man **ordnen** und zusammenfassen.

$3a + 2b + 4a - 5b = 3a + 4a + 2b - 5b = 7a - 3b$
$2ab + 4a + 5ab = 2ab + 5ab + 4a = 7ab + 4a$
$8x^2 + 3x - 5x^2 - x = 8x^2 - 5x^2 + 3x - x = 3x^2 + 2x$

Enthält der Term **Klammern,** müssen diese nach dem Distributivgesetz aufgelöst werden. Anschließend kann man ordnen und zusammenfassen.

$6 \cdot (x - 2) = 6x - 12$ \qquad\qquad $-3 \cdot (2a - 4) = -6a + 12$
$3x + 5 \cdot (4 - 2x) = 3x + 20 - 10x = 3x - 10x + 20 = -7x + 20$

Steht ein Pluszeichen vor der Klammer, kann man die Klammer und das Pluszeichen weglassen.

$3a + (+4a - 5b) = 3a + 4a - 5b = 7a - 5b$ \qquad $2a + (-4a + 6b) = 2a - 4a + 6b = -2a + 6b$

Steht ein Minuszeichen vor der Klammer, lässt man die Klammer weg und bildet das Entgegengesetzte der Koeffizienten in der Klammer.

$3a - (+4a - 5b) = 3a - 4a + 5b = -a + 5b$

$2a - (-4a + 6b) = 2a + 4a - 6b = 6a - 6b$

$3a - (-4a - 6b) = 3a + 4a + 6b = 7a + 6b$

$2a - (+4a + 5b) = 2a - 4a - 5b = -2a - 5b$

104

Grundbegriffe

Aufgaben

1. Berechne im Kopf. Gibt es verschiedene Lösungsmöglichkeiten?
   Wenn ja, vergleiche die Ergebnisse. Was stellst du fest? Welche Rechengesetze kannst du nutzen?
   a) $(15 + 3) \cdot 7$
   b) $5 + 21 : 3$
   c) $4 + 1 \cdot 13$
   d) $15 : 5 + 4 \cdot 6$
   e) $2,5 \cdot 4 - 7,5$
   f) $1 - 0,5 \cdot 0,6$
   g) $(0,5 - 0,1) \cdot 3$
   h) $1,5 + 0,5 \cdot 3$
   i) $14 - 3 + 2,5$

2. Berechne. Schreibe die Zwischenergebnisse mit auf. Wie viele Lösungsmöglichkeiten gibt es? Erkläre dein Vorgehen.
   a) $7 \cdot (31 - 34) + 27,4$
   b) $5 \cdot (7,2 - 1,2) : 0,6 - 18$
   c) $0,5 \cdot (17,5 + 82,5) + 0,12$
   d) $(4,5 - 1,5) - 6 : 0,5$

3. Welche der folgenden Ausdrücke sind keine Terme? Begründe.
   a) $0,5 \cdot x$
   b) $3 \cdot 4 = 12$
   c) $1,8 \, m$
   d) $0,5 + -1$
   e) $4 - 8$
   f) $a - b : c$
   g) $x \cdot (; v; 3 \in \mathbb{N})$
   h) $5 = x$
   i) $x = 1$
   j) $s \cdot s$
   k) $A(2; 4)$
   l) $3(5 \cdot x;$
   m) $2 \,|\, 18$
   n) $3 + 4$
   o) $2 \, kg$
   p) $\frac{1}{2}$

4. Entscheide, ob ein Term oder eine Gleichung vorliegt. Begründe.
   Bei welchen Gleichungen handelt es sich um wahre Aussagen?
   a) $5 + 4$
   b) $2,3x$
   c) $12,5 = 5a$
   d) $5 + 9 = 10$
   e) $5 \cdot 3 + x$
   f) $2(a + b)$
   g) $3 \cdot 4 = 12$
   h) $15 = 3 : x$
   i) $d = 5$
   j) $\frac{b+7}{2} = \frac{3}{5}$
   k) $\frac{6}{7} = \frac{8}{5}$
   l) $4 - (3 + x)$

5. Übertrage die Tabelle in dein Heft und berechne die Werte der verschiedenen Terme.
   Setze dabei für die Variablen die angegebenen Zahlen ein.

	−4	−2	−1,6	−1	0	1	2	5
a) $3x + 1$								
b) $-2y - 4$								
c) $1,5(a + 2)$								
d) $d \cdot d - 1$								
e) $2,4 - 4 \cdot s$								
f) $-w + 2w$								
g) $\frac{g}{4} + 2$								
h) $|a + 2|$								

6. Setze jeweils in den Term für $a = -2$ ein. Welchen Wert haben die Terme?
   a) $a + 15$
   b) a
   c) $3a - 5$
   d) $a - 2a$
   e) $a : 10$
   f) $12 - a$
   g) $28 : a$
   h) $100 - 5a$

Lösen von Gleichungen und Ungleichungen

7. Prüfe, ob durch Einsetzen der angegebenen Zahl eine wahre Aussage entsteht.

a) $x + 3{,}2 = 3{,}3$
   $x = 0{,}1$

b) $4 \cdot x - 20 = 0$
   $x = 5$

c) $\frac{1}{2} \cdot x + \frac{3}{4} = 1$
   $x = \frac{1}{2}$

d) $\frac{x}{4} - 4 = -3$
   $x = -2$

e) $x^2 + x = 6 \cdot x$
   $x = 5$

f) $-7 \cdot x + 2 = -5$
   $x = 15$

g) $\frac{x}{5} + 0{,}6 = 1$
   $x = 2$

h) $\frac{3}{18} = \frac{x}{12}$
   $x = 2$

8. Ersetze die Symbole durch Zahlen, sodass wahre Aussagen entstehen. Erläutere dein Vorgehen.

a) ■ + 700 = 1350

b) $4\frac{1}{2} - ▲ = \frac{1}{4}$

c) $5 \cdot ● + 50 = 550$

d) $-3 - ◆ = -10$

e) $\frac{■}{10} - \frac{1}{100} = \frac{9}{100}$

f) $-\frac{1}{2} \cdot ▲ + 4 = 0$

g) $10^□ = 10\,000$

h) $(4 - ◆) \cdot 3 = 12$

i) $4 - ◆ \cdot 4 = 12$

9. a) Schreibe zu jedem Rechenbaum einen zugehörigen Term und berechne ihn.

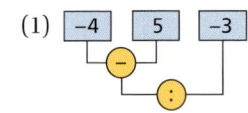

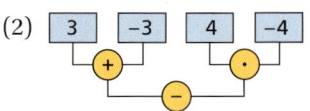

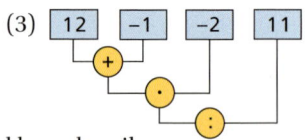

(1) -4   5   -3

(2) 3   -3   4   -4

(3) 12   -1   -2   11

b) Zeichne zu folgenden Termen jeweils einen Rechenbaum und berechne ihn.

(1) $-5 \cdot 8 + 4 \cdot (-2)$

(2) $(14 - 16) \cdot (-5 + 9)$

(3) $20 : (-4) + 5 \cdot (-4) - 13$

10. Schreibe in Kurzform.

a) $x \cdot 7$
b) $2 \cdot y \cdot 16$
c) $z \cdot 4 \cdot 9$
d) $a \cdot 10 \cdot b$
e) $c \cdot 10$
f) $-2 \cdot y$
g) $a \cdot 2 \cdot 7$
h) $x \cdot z \cdot y$
i) $2{,}5 \cdot u$
j) $12 \cdot h$
k) $2 \cdot (x + 4)$
l) $2 \cdot (5 - 7)$
m) $x \cdot a + x$
n) $-2 \cdot b \cdot 8$
o) $2 \cdot 2 \cdot b \cdot 2$
p) $2 \cdot (a + b)$
q) $2 \cdot (-2) \cdot 2$
r) $(-2) \cdot (-2)$
s) $2 \cdot (-2) + 2$
t) $2 \cdot (-2) - 2$

11. Schreibe übersichtlich und kürzer. Erkläre dein Vorgehen.

a) $x \cdot 10 \cdot y$
b) $a \cdot 23$
c) $(-2) \cdot (x - 7)$
d) $1(a - b)$
e) $(-1) \cdot u \cdot w \cdot v$
f) $(-1) \cdot (d + h)$
g) $(2 + w)(-3)$
h) $(-1)x \cdot (-1)y$
i) $(-1)x \cdot x$
j) $(x + 7)(-x)$

12. Vereinfache die folgenden Terme:

a) $3 \cdot x \cdot (-5)$
b) $(-2) \cdot y \cdot 7 \cdot x$
c) $2 \cdot a \cdot b \cdot \frac{c}{2}$
d) $x \cdot 2 \cdot (-1) \cdot 3$
e) $5 \cdot a \cdot 2 \cdot b \cdot 3 \cdot c$

13. Entscheide, ob der Term eine Summe, ein Produkt, eine Differenz oder ein Quotient ist.

a) $5 \cdot x + 7$
b) $5 \cdot (x + 7)$
c) $a + 2 \cdot y - a$
d) $(b + 1)(b - 1)$
e) $x + 2 : 6$
f) $2 : (4 - v) + 9 \cdot v$
g) $h + 8(h - 2)$
h) $d : (2 - (d + 1))$

14. Stelle für den Umfang jeweils einen Term auf und vereinfache diesen.

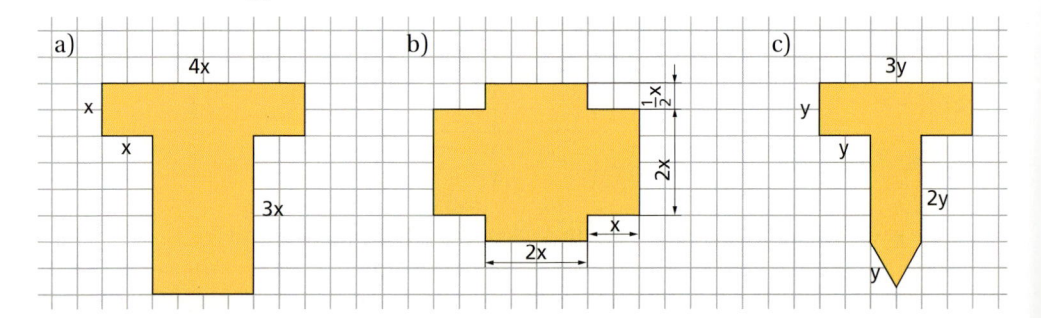

Grundbegriffe

15. Formuliere in mathematischer Kurzschreibweise mithilfe von Termen:
   a) die Summe aus der Zahl 25 und der Zahl 7
   b) das Vierfache einer beliebigen Zahl a
   c) das Neunfache einer beliebigen Zahl b
   d) das Doppelte der Zahl z vermindert um 7
   e) das Fünffache der Summe aus x und 3
   f) den dritten Teil der Zahl y vermehrt um 12
   g) das um 4 verminderte Produkt aus der Zahl k und der Zahl 8
   h) den Quotienten aus –1 und dem um 3 vermehrten Doppelten einer Zahl
   i) den durch 7 dividierten Vorgänger einer Zahl
   j) die Summe dreier aufeinanderfolgender natürlicher Zahlen

16. Schreibe als Term, Gleichung oder Ungleichung.
   a) das Quadrat von y
   b) das durch 7 dividierte Quadrat einer Zahl
   c) Das Fünffache einer Zahl ist größer als 20.
   d) Das Produkt zweier Zahlen ergibt 32.
   e) Der Quotient aus 16 und einer Zahl ist kleiner als 2.
   f) Die Differenz zweier Zahlen ist gleich ihrem Quotienten.

17. Setze in die folgenden Gleichungen oder Ungleichungen für die Variable x die Zahlen 2; 0,5; 0; 0,4; 1; $\frac{7}{3}$; $\frac{5}{2}$; $\frac{3}{4}$ ein. Stelle fest, ob dadurch eine wahre oder eine falsche Aussage entsteht.
   a) $0,5x = 2$
   b) $6x = 12$
   c) $0,24 + x = 1$
   d) $1 < x$
   e) $\frac{2}{3}x < 1$
   f) $\frac{3}{2}x = 0,6$
   g) $2 \cdot x > 1,5$
   h) $\frac{3}{4}x = \frac{3}{10}$

18. Gib jeweils fünf rationale Zahlen an, die folgende Ungleichungen erfüllen.
   a) $x + 1 < 2$
   b) $6 < b - 3$
   c) $4 > y \cdot y$
   d) $z + 4 < 1$

19. André behauptet: Es gibt keine rationalen Zahlen, die folgende Ungleichungen erfüllen. Was meinst du dazu? Begründe.
   a) $x < x$
   b) $x > x + 1$
   c) $x \geq x$
   d) $x > x^2$

Terme umformen

20. Vereinfache zuerst die Schreibweise. Fasse möglichst weit zusammen.
   a) $2x + 3x$
   b) $a + a + a + a$
   c) $s + s + s + 3 + 3 + 3$
   d) $a + a + a + b + b + b + b$
   e) $20k - 4r + 5r - 21k$
   f) $4 + 4x + 4y$
   g) $2ab + 4ab - 12ab$
   h) $5k + 12k - 2k + 15k$
   i) $(-4) + (-4x) + (-4y)$

21. Fasse zusammen.
   a) $3x + 4x$
   b) $11s + 3s + 52s$
   c) $12e - 11e$
   d) $0,5a - 3,2a$
   e) $-96d + 9d$
   f) $3,5f + 5,7f$
   g) $24k - 49k$
   h) $-5,1x - 2,8x + 3x$
   i) $2c - 3c + 9c$
   j) $-7,4y + 0,5y$
   k) $-17j - 25j$
   l) $y - y$

22. Fasse zusammen.
   a) $25a - 7b + 14a + 73b$
   b) $27g + d - 12d - 45g + d$
   c) $33x + 13y - 67x + x$
   d) $-12s + 13 + 25s - 36s$
   e) $6,5v - 8,9y - 0,4u - 8,4u$
   f) $-5u + 8t + 3u - 2u + 9t$
   g) $41e + 45 - 29e - 26 + 12e$
   h) $3,2x + 9,2 - 3x - 17 + 4y$
   i) $23r - 2t - 8r + t + t$

Lösen von Gleichungen und Ungleichungen

23. Fasse so weit wie möglich zusammen. Löse zuerst die Klammern auf.
   a) 6a + 3(3a – 12)
   b) 16 + 7(–2 + 3y)
   c) –2(–3 + 11x) + 20x
   d) 8y – 4(2y + 3x)
   e) 5x – (3x + 2) + 23
   f) 35x – 30 + 5(–7x – 4)
   g) –22 + 3a + (19 – 8a)
   h) –4,5(2x + 6y) – 7x + 17y
   i) 1,5a – 3(3,2b + 8) – 2,3a – 6b

24. Welche der folgenden Terme a – 100; 1,2a; 2a + 13b; –1,8b sind gleichwertig zu den in den Teilaufgaben a bis f aufgeführten Termen? Begründe.
   a) 7a + 8b – 5a + 5b
   b) –4a + 18 + 5a – 130 + 12
   c) –0,5b – 1,6b + 1,2a + 2,1b
   d) –0,5a – 5b + 1,5a – a + 3,2b
   e) 11a – 2(5a + 50)
   f) 8,2b + 2(2,4b – 5,6a) + 13,2a

25. Berechne den Wert des Terms für x = 2 und y = 2,5. Wie bist du vorgegangen?
   a) y – x + 2x + y
   b) –2x + y + 3x
   c) –2x + (–2y)
   d) 0,5x · y – 5x · 0,5y
   e) –y – 2x + y
   f) –2y – (–2x)

26. Berechne den Wert des Terms für a = –4 und b = –2. Erkläre deinen Lösungsweg.
   a) a + 2b
   b) 4a – 3b
   c) –a + b
   d) 3(a – b)
   e) –a + 2b – 2a
   f) –a – (–2b)

27. Welche beiden Terme muss man jeweils addieren, um 7xy zu erhalten? Begründe.
   $T_1 = 0,5xy$; $T_2 = -2xy$; $T_3 = 6,5xy$; $T_4 = 4xy$; $T_5 = 9xy$; $T_6 = 0,5x$; $T_7 = 6,5y$

28. a) Welche Schilder (Terme) stimmen überein?
   b) Entscheide, ob der Term eine Summe, ein Produkt, eine Differenz oder ein Quotient ist.

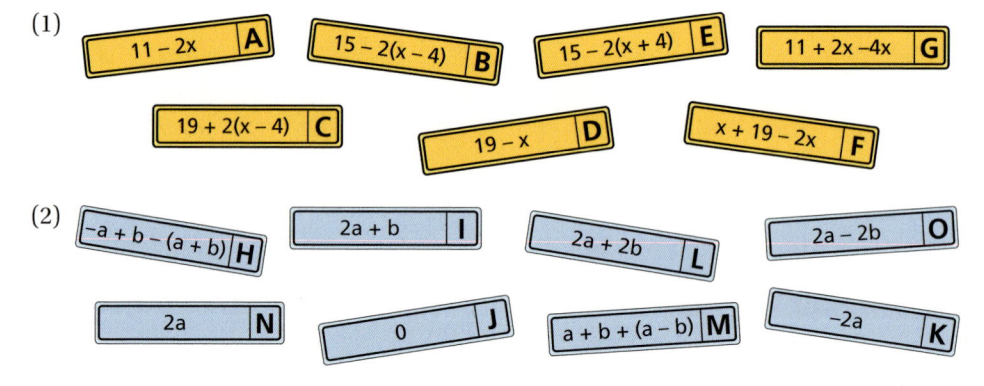

(1)
11 – 2x	A
15 – 2(x – 4)	B
15 – 2(x + 4)	E
11 + 2x – 4x	G
19 + 2(x – 4)	C
19 – x	D
x + 19 – 2x	F

(2)
–a + b – (a + b)	H
2a + b	I
2a + 2b	L
2a – 2b	O
2a	N
0	J
a + b + (a – b)	M
–2a	K

29. Robert und Steffen spielen Zahlenraten. Robert: Denke dir eine Zahl, addiere 4. Verdopple die Summe und addiere zu ihr die gedachte Zahl. Von dem Ergebnis subtrahiere 8. Als Steffen das Ergebnis 39 nennt, weiß Robert, dass er sich die 13 gedacht hat. Erkläre, wieso er das weiß.

30. Holger meint, er kann zaubern. Er fordert Anja auf:
Denke dir eine Zahl. Addiere zum Doppelten der gedachten Zahl 36. Bilde von der Summe die Hälfte und subtrahiere die gedachte Zahl von diesem Quotienten. Holger nennt Anja sofort das Ergebnis, ohne die gedachte Zahl zu kennen.
Kann Holger tatsächlich zaubern? Was meinst du?

3a + 6 = 0, dann ist a = –2

Grundbegriffe

31. Annett verblüfft Klaus, weil sie ihm an einem Beispiel zeigt, dass sie Gedanken lesen kann. Sie sagt:
„Denke dir eine Zahl. Addiere zu dieser Zahl die Zahl 8. Verdopple die erhaltene Summe und addiere zum Ergebnis noch einmal die gedachte Zahl. Von diesem Ergebnis subtrahiere danach die Zahl 16. Sage mir dein Endergebnis und ich sage dir sofort, welche Zahl du dir gedacht hast."
 a) Probiere die Rechnung mit der gedachten Zahl 13 aus.
  Prüfe, wie du mithilfe des Endergebnisses die gedachte Zahl ermitteln kannst.
 b) Probiere die Rechnung noch einmal mit einer selbst gewählten Zahl aus.
 c) Stelle einen Term zu Annetts Trick auf. Begründe mithilfe dieses Terms, warum Annett „Gedanken lesen" kann.

32. a) Erfindet selbst ähnliche Knobelaufgaben wie die von Annett und Klaus.
 b) Arbeitet zu zweit und prüft eure Ergebnisse gegenseitig.
 c) Probiert insbesondere, ob eure Knobelaufgaben auch immer (für alle Zahlen) lösbar sind. Verwendet zum Probieren auch solche „besondere" Zahlen wie 0 und 1.

33. Die Lokomotive eines ICE hat eine Länge von 17 m, die Länge eines Wagens beträgt 26 m.
 a) Wie lang ist ein Zug mit zwölf Wagen?
 b) Wie lang ist ein Zug mit sieben Wagen?
 c) Gib einen Term für die Länge eines Zuges mit x Wagen an.
 d) Kann ein ICE insgesamt 173 m lang sein? Begründe.

34. Im Parkhaus am Tierpark beträgt die Parkgebühr bis zu zwei Stunden 2,00 €, jede weitere Stunde kostet 1,00 €.
 a) Wie hoch ist die Gebühr für fünf Stunden?
 b) Gib einen Term zum Berechnen der Parkgebühren für x Stunden an.
 c) Eine Tageskarte kostet 10 €. Ab wie viel Stunden lohnt sich diese Karte?

35. Die Grundgebühr für einen Telefonanschluss beträgt 12,30 €, jede Einheit kostet 0,06 €.
 a) Wie hoch ist der Rechnungsbetrag für Familie Gläser im Monat Juni, wenn 400 Einheiten gezählt wurden?
 b) Gib einen Term zur Ermittlung des Rechnungsbetrages für x Einheiten an.

36. In nebenstehender Abbildung siehst du ein Quadrat mit der Seitenlänge a.
 a) Gib einen Term für den Umfang des Quadrats an.
 b) Wie ändert sich der Umfang des Quadrats, wenn die Seitenlänge immer um 1 cm größer wird?
 c) Gib einen Term für den Flächeninhalt des Quadrats an.
 d) Wie ändert sich der Flächeninhalt des Quadrats, wenn die Seitenlänge immer um 1 cm größer wird?

37. Gegeben sei ein Rechteck mit den Seitenlängen x und y.
 a) Gib einen Term für den Umfang des Rechtecks an.
 b) Gib einen Term für den Flächeninhalt des Rechtecks an.
 c) Wie ändern sich Umfang und Flächeninhalt des Rechtecks, wenn beide Seitenlängen jeweils um 1 cm größer werden?

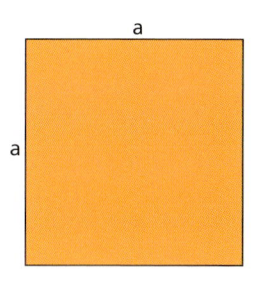

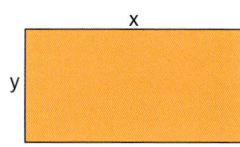

3.2 Lösen von Gleichungen

Alle Lösungsstrategien, die wir bisher verwendet haben (siehe S. 100), hatten das Ziel, für die Variablen Zahlen oder Größen zu finden, die beim Einsetzen zu wahren Aussagen führen.
Alle Zahlen, die anstelle der Variablen in eine Gleichung eingesetzt werden können, bilden den **Grundbereich G** (Variablengrundbereich). Wird kein Grundbereich angegeben, wird immer der größte Zahlenbereich angenommen.

■   x = 24   24 + 15 = 38   falsche Aussage   x = 23   23 + 15 = 38   wahre Aussage

Setzen wir in Gleichungen für die Variablen Zahlen oder Größen ein und es entstehen wahre Aussagen, so spricht man vom **Lösen** der Gleichung.
Die Zahlen oder Größen, die beim Einsetzen zu einer wahren Aussage führen, heißen **Lösung** der Gleichung. Sie bilden die **Lösungsmenge** der Gleichung.
Die Lösungsmenge wird mit L bezeichnet. Sie ist leer, wenn nach dem Einsetzen keine Zahl oder Größe die Gleichung zu einer wahren Aussage macht.

Schreibweise: L = ∅   oder   L = { }
Die Zeichen ∅ und { } sind Symbole für die leere Menge.

Lösen durch Rückwärtsarbeiten

Beim Lösen einfacher Gleichungen bietet sich noch ein weiteres Verfahren an. Hierbei versucht man, die Rechenoperationen in umgekehrter Reihenfolge auszuführen. Man nennt dieses Verfahren im Gegensatz zum Vorwärtsarbeiten deshalb Rückwärtsarbeiten.

■   Gesucht ist eine Zahl, deren Doppeltes vermehrt um 8 die Zahl 26 ergibt.

Aufstellen der Gleichung
Gedachte Zahl: x
Das Doppelte der Zahl: 2x
Vermehrt um 8:   2x + 8
Die Gleichung lautet: 2x + 8 = 26

Darstellung durch Pfeilbilder
Aufstellen der Gleichung: x $\xrightarrow{\cdot 2}$ 2x $\xrightarrow{+8}$ 2x + 8
Lösen der Gleichung: 9 $\xleftarrow{:2}$ 18 $\xleftarrow{-8}$ 26

Probe am Text: Das Doppelte von 9 ist 18, vermehrt um 8 ergibt 26.
Antwort: Die gedachte Zahl lautet 9.

Lösen durch Rückwärtsarbeiten
Gleichung: 2x + 8 = 26   2x + 8 = 26 | − 8
                 26 $\xrightarrow{-8}$ −18 $\xrightarrow{:2}$ 9   2x = 18 | :2
Lösung: x = 9   x = 9

Nicht alle Gleichungen lassen sich nach den bereits bekannten Verfahren (inhaltliches Lösen, Lösen durch Rückwärtsrechnen, Lösen durch systematisches Probieren) lösen.

$9x - 7 = \frac{4}{3}x - 2$

Wenn man 7 vom Neunfachen einer Zahl subtrahiert, erhält man dasselbe Ergebnis, als wenn man vier Drittel dieser Zahl um 2 vermindert. Da die Grundmenge nicht extra ausgewiesen ist, gilt: $G = \mathbb{Q}$

Durch Probieren erhält man

	linke Seite	rechte Seite
$x_1 = 1$	$9 \cdot 1 - 7 = 2$	$\frac{4}{3} \cdot 1 - 2 = -\frac{2}{3}$
$x_2 = 2$	$9 \cdot 2 - 7 = 11$	$\frac{4}{3} \cdot 2 - 2 = \frac{2}{3}$
$x_3 = 0$	$9 \cdot 0 - 7 = -7$	$\frac{4}{3} \cdot 0 - 2 = -2$

Da alle rationalen Zahlen zur Verfügung stehen, kann die Suche sehr lange dauern. Benötigt werden Verfahren, die schneller zur Lösung führen und immer erfolgreich genutzt werden können.

Lösen durch Umformen

Äquivalenz von Gleichungen

Die folgenden Gleichungen können wir bis auf Gleichung (4) durch Probieren oder Rückwärtsrechnen lösen:

(1) $x = 2$
     $L = \{2\}$

(2) $11 - x = 4$
     $L = \{7\}$

(3) $4x - 9 = 11$
     $L = \{5\}$

(4) $5x + 2 = 8 + 2x$
     $L = \{2\}$

Die Gleichungen (1) und (4) fallen dadurch auf, dass sie sich in der Form unterscheiden, aber trotzdem dieselbe Lösungsmenge besitzen. Sie sind wegen der Lösungsmenge gleichwertig.

> Gleichungen, die bei übereinstimmendem Grundbereich dieselbe Lösungsmenge besitzen, heißen **zueinander äquivalent.**

Die **Äquivalenz** zweier Gleichungen ist vom jeweiligen Grundbereich abhängig.

Gleichung 1: $13 - x = 9$ $x \in \mathbb{Q}$ Gleichung 2: $28 = 7 \cdot x$ $x \in \mathbb{Q}$
Gleichung 3: $3x = 9$ $x \in \mathbb{Q}$ Gleichung 4: $x^2 = 9$ $x \in \mathbb{Q}$

Die Gleichungen 1 und 2 besitzen bezüglich der Grundmenge dieselbe Lösungsmenge $L = \{4\}$. Sie sind somit zueinander äquivalent.
Die Gleichungen 3 und 4 haben zwar die gleiche Grundmenge, unterscheiden sich aber in ihren Lösungen.
Die Gleichung 3 hat die Lösungsmenge $L = \{3\}$, die Gleichung 4 dagegen $L = \{-3; 3\}$, Gleichung 3 und Gleichung 4 sind nicht zueinander äquivalent.

Umformungsregeln

Für das Lösen von Gleichungen ist es notwendig, Gleichungen so umzuformen, dass dabei die Lösungsmenge unverändert bleibt. Die entstehenden Gleichungen müssen also zueinander äquivalent sein. Diese Umformungen heißen **Äquivalenzumformungen.**

Wir untersuchen immer zuerst den Aufbau der Terme, um dann geeignete Rechenoperationen zu bestimmen, mit denen die „störenden Terme" beseitigt werden können. Wir nutzen dabei die Eigenschaften zueinander entgegengesetzter Rechenoperationen.

Wir betrachten die Zielgleichung x = „Zahl" als eine Waage im Gleichgewicht. Dieses Gleichgewicht muss beim Umformen erhalten bleiben. Das gelingt uns nur, wenn wir auf beiden Seiten der Gleichung (Waage) immer genau dieselbe Rechenoperation vornehmen (siehe Seite 100).
Die auszuführende Rechenoperation wird rechts neben einem senkrechten Strich notiert.

Addition und Subtraktion heben sich gegenseitig auf.

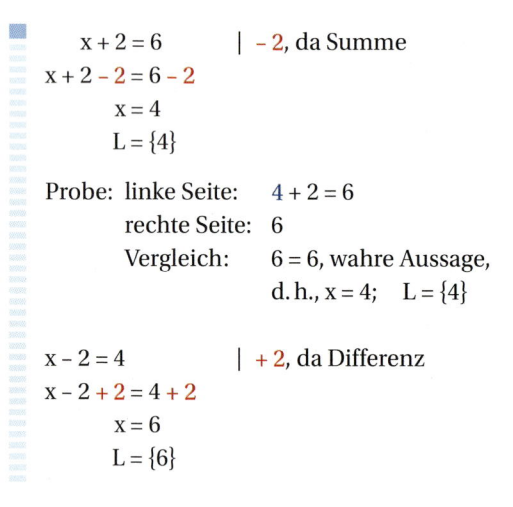

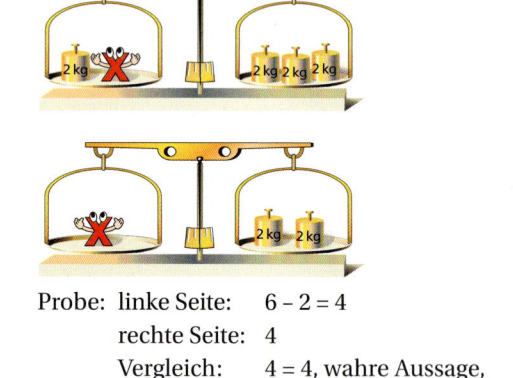

$\quad$ x + 2 = 6 $\qquad$ | – 2, da Summe
x + 2 – 2 = 6 – 2
$\qquad$ x = 4
$\qquad$ L = {4}

Probe: linke Seite: $\quad$ 4 + 2 = 6
$\qquad$ rechte Seite: $\quad$ 6
$\qquad$ Vergleich: $\qquad$ 6 = 6, wahre Aussage,
$\qquad\qquad\qquad\qquad$ d. h., x = 4; $\quad$ L = {4}

x – 2 = 4 $\qquad$ | + 2, da Differenz $\qquad$ Probe: linke Seite: $\quad$ 6 – 2 = 4
x – 2 + 2 = 4 + 2 $\qquad\qquad\qquad\qquad\qquad$ rechte Seite: $\quad$ 4
$\quad$ x = 6 $\qquad\qquad\qquad\qquad\qquad\qquad$ Vergleich: $\qquad$ 4 = 4, wahre Aussage,
$\quad$ L = {6} $\qquad\qquad\qquad\qquad\qquad\qquad\qquad\qquad\qquad$ d. h., x = 6; $\quad$ L = {6}

Multiplikation und Division heben sich gegenseitig auf.

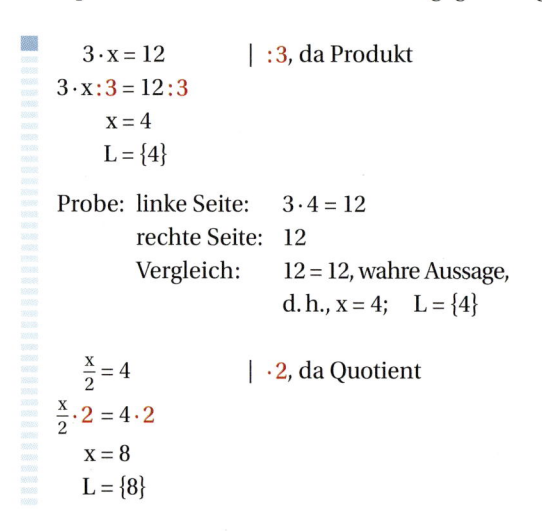

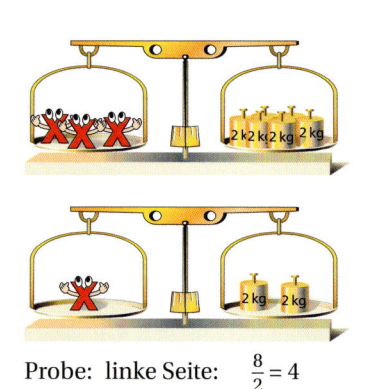

$\quad$ 3 · x = 12 $\qquad$ | : 3, da Produkt
3 · x : 3 = 12 : 3
$\qquad$ x = 4
$\qquad$ L = {4}

Probe: linke Seite: $\quad$ 3 · 4 = 12
$\qquad$ rechte Seite: $\quad$ 12
$\qquad$ Vergleich: $\qquad$ 12 = 12, wahre Aussage,
$\qquad\qquad\qquad\qquad$ d. h., x = 4; $\quad$ L = {4}

$\frac{x}{2} = 4$ $\qquad$ | · 2, da Quotient $\qquad$ Probe: linke Seite: $\quad \frac{8}{2} = 4$
$\frac{x}{2} \cdot 2 = 4 \cdot 2$ $\qquad\qquad\qquad\qquad\qquad$ rechte Seite: $\quad$ 4
$\quad$ x = 8 $\qquad\qquad\qquad\qquad\qquad\qquad$ Vergleich: $\qquad$ 4 = 4, wahre Aussage,
$\quad$ L = {8} $\qquad\qquad\qquad\qquad\qquad\qquad\qquad\qquad\qquad$ d. h., x = 8; $\quad$ L = {8}

Lösen von Gleichungen

Führe zur Kontrolle die **Probe** durch. Setze dazu die Lösung für die Variable in die Gleichung ein. Berechne anschließend die Werte der Terme auf beiden Seiten der Gleichung und vergleiche. Erhält man beim Vergleich eine wahre Aussage, dann hat man die Lösung der Gleichung richtig bestimmt.

> Eine **Äquivalenzumformung** liegt vor, wenn
> - die Seiten einer Gleichung vertauscht werden,
> - beide Seiten einer Gleichung vereinfacht werden,
> - auf beiden Seiten einer Gleichung derselbe Term addiert oder subtrahiert wird,
> - beide Seiten einer Gleichung mit demselben Term multipliziert werden,
> - beide Seiten einer Gleichung durch denselben Term dividiert werden.
>
> Beim Multiplizieren bzw. Dividieren darf der Wert des Terms nicht null sein.

Wenn auf beiden Seiten einer Gleichung eine Variable steht, muss man so lange gezielt umformen, bis die Variable allein auf einer Seite steht. Man sagt, die Variable wird **isoliert**.

■ Löse die Gleichung und gib die Lösungsmenge an: $5x + 2 = 3x + 6$

Beseitigung eines störenden Zahlensummanden:

$5x + \mathbf{2} = 3x + 6 \qquad | -2$
$5x + \mathbf{2} - 2 = 3x + 6 - 2$
$\qquad 5x = 3x + 4$

Beseitigung eines störenden Summanden:

$\qquad 5x = \mathbf{3x} + 4 \qquad | -3x$
$5x - 3x = \mathbf{3x} + 4 - 3x$
$\qquad 2x = 4$

Beseitigung eines störenden Zahlenfaktors:

$\mathbf{2}x = 4 \qquad | :2$
$\mathbf{2}x : 2 = 4 : 2$
$\qquad x = 2; \quad L = \{2\}$

■ Löse die Gleichung $4x - 5 = 6x + 7$ für $G = \mathbb{N}$ und gib die Lösungsmenge an.

$\qquad 4x - 5 = 6x + 7 \qquad | +5,\ \text{da Differenz}$
$4x - 5 + 5 = 6x + 7 + 5 \qquad | \text{Zusammenfassen}$
$\qquad 4x = 6x + 12 \qquad | -6x,\ \text{da Summe (Ziel: Variable auf linke Seite)}$
$4x - 6x = 6x + 12 - 6x \qquad | \text{Zusammenfassen}$
$\qquad -2x = 12 \qquad | :(-2),\ \text{da Produkt}$
$-2x : (-2) = 12 : (-2) \qquad | \text{Dividieren}$
$\qquad x = -6$
$L = \{\},\ \text{da } G = \mathbb{N}$

Probe: linke Seite: $4 \cdot (-6) - 5 = -24 - 5 = -29$
rechte Seite: $6 \cdot (-6) + 7 = -36 + 7 = -29$
Vergleich: $-29 = -29$, wahre Aussage,
d. h., $x = -6$ wegen $G = \mathbb{N}$ ist $L = \{\}$

Lösen von Gleichungen und Ungleichungen

■ Löse die Gleichung –3x + 6 + 8x –2x = 12x + 23 - 9x - 17 und gib die Lösungsmenge an.

$$-3x + 6 + 8x - 2x = 12x + 23 - 9x - 17 \quad | \text{ Zusammenfassen}$$
$$3x + 6 = 3x + 6 \quad | -6, \text{ da Summe}$$
$$3x = 3x \quad | -3x, \text{ (Ziel: Variable auf die linke Seite)}$$
$$3x - 3x = 3x - 3x$$
$$0 = 0$$
$$L = \mathbb{Q}, \text{ da die Variable „weggefallen" ist}$$

Hinweis:
Wähle kurze und übersichtliche Wege aus.

Schrittfolge zum Bestimmen der Lösungsmenge	Kurzform
1. Fasse die Terme auf beiden Seiten zusammen. Löse gegebenenfalls erst die Klammern auf.	Zusammenfassen
2. Forme so um, dass auf der einen Seite nur Vielfache der Variablen und auf der anderen Seite nur Zahlen stehen.	Ordnen
3. Forme so um, dass die Variable „alleine" steht, d.h. den Faktor (die Vorzahl) +1 besitzt.	Isolieren
4. Setze das Ergebnis in die Ausgangsgleichung ein und berechne den Wert der Terme auf beiden Seiten. Vergleiche dann beide Seiten miteinander.	Probe
5. Gib die Lösungsmenge an.	Lösungsmenge

Treten Gleichungen mit Klammern auf, so ist es in der Regel günstig, zuerst die Klammern aufzulösen. Steht vor der Klammer „+", lässt man die Klammer weg. Steht vor der Klammer „–", lässt man die Klammer und das Zeichen vor der Klammer weg und kehrt bei allen Gliedern in der Klammer die Zeichen „+" und „–" um.

■ Löse die Gleichung 2x - (6x + 4) = 6 (2x + 2).

Auflösen der Klammern: 2x - 6x - 4 = 12x + 12

Zusammenfassen: –4x - 4 = 12x + 12

Ordnen:
$$-4x - 4 = 12x + 12 \quad | -12x$$
$$-16x - 4 = 12 \quad | +4$$
$$-16x = 16$$

Isolieren:
$$-16x = 16 \quad | :(-16)$$
$$x = -1$$

Probe: linke Seite: 2x - (6x + 4) = 2·(-1) - [6·(-1) + 4] = 0
rechte Seite: 6(2x + 2) = 6[2·(-1) + 2] = 0
Vergleich: 0 = 0, wahre Aussage

Angabe der Lösungsmenge: L = {-1}

Lösen von Gleichungen

Aufgaben

1. Begründe, warum die Gleichungen zueinander äquivalent sind.
   a) $x = 3$ und $2x = 6$ und $2x + 4 = 10$
   b) $x = 5$ und $4x = 20$ und $2x - 6 = 4$
   c) $x = -2$ und $-x = 2$ und $3x + 6 = 0$
   d) $y = 0{,}5$ und $-5y = -2{,}5$ und $10 - 5y = 7{,}5$
   e) $a = 2$ und $\frac{a}{2} = 1$ und $-2a + 1 = -3$

2. Sind die Gleichungen für $G = \mathbb{Q}$ zueinander äquivalent? Begründe.
   a) $x = 6$ und $13 - x = 7$
   b) $4x = 20$ und $x + 7 = 12$
   c) $15 - x = 6$ und $16 = x + 8$
   d) $2x - 6 = 10$ und $3x = 0$
   e) $20 = -x + 25$ und $3x = -18$
   f) $\frac{x}{2} = 3$ und $2x = 6$

3. Ersetze ☺ so, dass zueinander äquivalente Gleichungen entstehen. Erläutere dein Vorgehen.
   a) $x = 2$ und $2x = ☺$ und $x + 1 = ☺$
   b) $x = 12$ und $3x = ☺$ und $x + 5 = ☺$
   c) $x = -3$ und $x : ☺ = -1$ und $-x = ☺$
   d) $x = 0$ und $☺ = -5$ und $-2x + ☺ = ☺$

4. Gib zu der gegebenen Lösungsmenge jeweils zwei Gleichungen mit einer Variablen an.
   a) $L = \{1\}$ b) $L = \{4\}$ c) $L = \{-2\}$ d) $L = \{0\}$ e) $L = \{\}$ f) $L = \{-0{,}5\}$

5. Löse folgende Gleichungen. Was stellst du fest?
   a) $2x - 5 = 3$
      $-4 = 4x - 20$
   b) $23 - 8x = 7$
      $5x + 13 = 23$
   c) $3x + 5 = 8$
      $-3x - 5 = -8$
   d) $7 = -13 + 4x$
      $-7x + 6 = -29$

6. Überprüfe, ob die Lösungsmengen bezüglich der Grundbereiche richtig angegeben wurden. Setze dazu, wenn notwendig, die Lösungen in die Gleichungen ein.
   a) $3x = 21$; $G = \mathbb{N}$; $L = \{7\}$
   b) $3x = -12$; $G = \mathbb{Q}$; $L = \{-4\}$
   c) $7y = 5y + 4$; $G = \mathbb{Q}$; $L = \{2\}$
   d) $-10 - x = -18$; $G = \mathbb{Z}$; $L = \{-21\}$
   e) $22c - 11 = 33$; $G = \mathbb{Q}$; $L = \{2\}$
   f) $9y = 27$; $G = \mathbb{N}$; $L = \{-3\}$
   g) $2a + 4 = 0$; $G = \mathbb{Z}$; $L = \{0\}$
   h) $4r + 2(r + 1) = 4r$; $G = \mathbb{Q}$; $L = \{1\}$
   i) $4d - 6 = 2(2d - 3)$; $G = \mathbb{Q}$; $L = \mathbb{Q}$
   j) $3x + 2 = 2x + 2$; $G = \mathbb{N}$; $L = \{\}$
   k) $(x + 1) \cdot x \cdot (5 - x) = 0$; $G = \mathbb{N}$; $L = \{-1; 5\}$
   l) $y(y + 1) = y + 16$; $G = \mathbb{Q}$; $L = \{4; -4\}$

7. Forme die Gleichungen mithilfe von Äquivalenzumformungen so um, dass die rechte Seite den in Klammern stehenden Term annimmt.
   Notiere dazu auch die durchgeführten Rechenoperationen.
   a) $2x = 18$ (9)
   b) $x + 11 = 5$ (6)
   c) $8 - y = 3$ (5)
   d) $3x + 2 = x - 1$ (-2x)
   e) $6a - 5 = 2a$ (0)
   f) $8x = -40$ (-5)
   g) $12 - a = a + 4$ (4)
   h) $2b + 7 = b + 10$ (3)
   i) $-3y - 6 = 12 - 5y$ (18)

8. Führe auf beiden Seiten der Gleichung die angegebenen Umformungen durch. Begründe, welcher der Umformungsschritte zum Lösen der Gleichung sinnvoller ist.
   a) $2x = 16$ $\mid :2$ $2x = 16$ $\mid -2$
   b) $-3x = 15$ $\mid +3$ $-3x = 15$ $\mid :(-3)$
   c) $y + 3 = 7$ $\mid -3$ $y + 3 = 7$ $\mid -7$
   d) $8 - a = -3$ $\mid -8$ $8 - a = -3$ $\mid +a$

115

Lösen von Gleichungen und Ungleichungen

9. Notiere die Gleichungen, die nach der angegebenen Umformung entstehen.
a) 4x = 8 | :4
b) 4x = 8 | − 4
c) 8y = 24 | :8
d) 24y = 8 | − 8
e) −2x = 6 | + 2
f) −2x = 6 | :(−2)
g) x + 3 = 7 | − 3
h) $\frac{y}{5} = -4$ | ·5

10. Löse folgende Gleichungen durch Anwenden der Umformungsregeln.
Gib die Lösungsmenge an.
a) x + 6 = 11
b) x − 7 = 15
c) 19 + x = −6
d) 12 = 6 + x
e) −5 + x = −23
f) a − 3,1 = 5,4
g) −4 + b = −16
h) 15,8 = z − 3,6
i) −24,8 = 12,1 + y
j) −44 − x = 14
k) a + 5,2 = −8,1
l) $\frac{1}{2} + x = \frac{3}{4}$

11. Löse folgende Gleichungen durch Anwenden der Umformungsregeln.
Schreibe deine einzelnen Lösungsschritte auf. Die Summe aller Lösungen beträgt 194.
a) 3 + x = −2
b) y − 1,6 = −4
c) z + 3 = −0,4
d) 5 = a − 18
e) −2 = b + 9
f) 0,2 = c − 1,3
g) 4x = 48
h) y : 5 = 16
i) −4z = −2
j) 25 = a : 4
k) −7 = 7 · b
l) 0,8 = c : 6
m) −x = −12
n) −y = 15
o) −z + 3 = 5

12. Löse folgende Gleichungen durch Anwenden der Umformungsregeln.
Gib die Lösungsmenge an. Führe eine Probe durch.
a) 10x − 6 = 14
b) 2x + 8 = 28
c) 11x + 22 = 33
d) 15 + 3x = 45
e) −15 + 4x = 1
f) 3a − 1 = 53
g) 12 + $\frac{y}{3}$ = 10
h) 18 = 7y − 31
i) 11 = 2x + 11
j) −4x − 2 = −14
k) 13 + 2a − 15 = 0
l) 1,5x − 6 = −9

13. Bestimme die Lösungsmenge. Kontrolliere deine Lösungen mithilfe einer Probe.
Beachte die Grundbereiche.
a) 12x − 5 + 3x − 4x + 8 − 3x + 5 − 7x = 23 − 2x   G = $\mathbb{Q}$
b) −9 + 3y − 7y + 17 − 6 + 2y = 14 − 7y + 8 − 2y − 6   G = $\mathbb{N}$
c) −5a + 6 − 13a + 4 + 8a − 10 = 5a − 20 − 3a + 6a − 10   G = $\mathbb{Q}$
d) 8d + 4,5 = 17d + 7,3 − 8d − 5d + 3,2 + 3d   G = $\mathbb{Z}$
e) −5 + 7x − 8 − 6x − 2x + 12 + 8x + 7 − 6 − 7x = 0   G = $\mathbb{Q}$

14. Ermittle diejenige rationale Zahl, die die Gleichung erfüllt.
Fasse dazu, wenn möglich, entsprechende Terme zuerst zusammen. Führe eine Probe durch.
a) 5x + 4 − 2x = 2x + 5
b) 12x − 6x − 10 = 4x − 6 − 2x
c) x + 7 + x + 8 = 12 − 3x − 7
d) 16 − a = 7a − 6a + 10
e) 10y − 3 − 5y + 8 = 15
f) 22 = −5b + 6 + 3b + 8
g) 26z + 9 + 11 − 17z = −16 + 9
h) −x + 15 − 3x + 6 = −7x − 4x
i) 26 + 3x − 21 + 3 + 5x = 0
j) −5y − 7 − 8y − 12 = −13 − y
k) 0,4 + 3x − 2x = 3,3 − 5x + 1,3
l) 2a − 8 − 3a = 12a − 19 − 22

15. Gib jeweils zwei Gleichungen der Form ax + b = cx + d an, die folgende Lösungsmengen besitzen:
a) L = {3}
b) L = {−2}
c) L = {12}
d) L = {0,5}
e) L = $\mathbb{Q}$
f) L = {0,3}
g) L = { }
h) L = ∅

Lösen von Gleichungen

16. Löse folgende Gleichungen. Führe jeweils die Probe durch.
   a) $x - (3x + 12) = 8(x - 7)$
   b) $x - (4x + 12) = 7(x - 6)$
   c) $6x - 36 = 3(4x + 16) - 60$

17. Welche der folgenden Gleichungen haben als Lösung die Zahl 6? Begründe.
   a) $11 \cdot x = 66$
   b) $9 \cdot x - 15 = 39$
   c) $x \cdot x = 36$
   d) $\frac{22}{x} - 1 = 4$
   e) $\frac{5 \cdot x}{x - 6} = 30$
   f) $\frac{x - 6}{14} = 0$
   g) $28 + 2x = 40$
   h) $0 \cdot x = 0$

18. Löse folgende Gleichungen. Führe jeweils die Probe durch.
   a) $x + \frac{1}{4} = 2x - \frac{3}{4}$
   b) $5x - \frac{x}{3} = -28$
   c) $\frac{x}{3} - 2 = 10 - \frac{x}{4}$
   d) $5\left(x + \frac{1}{4}\right) = 7x - \frac{5}{2}$
   e) $\frac{1}{3}(3x + 2) = \frac{5}{6}(6x - 1)$
   f) $3\left(x - \frac{1}{4}\right) = 5\left(\frac{x}{2} - \frac{1}{4}\right)$

19. Bestimme die Lösungsmenge. Erkläre, wie du deine Lösung erhalten hast.
   a) $1 + \frac{x}{2} - \frac{x}{3} + \frac{x}{4} - \frac{x}{6} = x$
   b) $\frac{1}{2}x - \frac{2}{3}x + \frac{3}{4}x - \frac{3}{5}x - \frac{5}{3} = 0$

20. Prüfe jeweils Lösungsweg und Probe auf Richtigkeit.
   Suche Fehler und berichtige diese in deinem Heft.

   a) $5(x - 3) = 2(x + 1) - 2$ Probe:
   $5x - 3 = 2x + 1 - 2$ linke Seite: $5\left(\frac{2}{3} - 3\right) = 5\left(-\frac{7}{3}\right) = -\frac{35}{3}$
   $5x - 3 = 2x - 1$ rechte Seite: $2\left(\frac{2}{3} + 1\right) - 2 = 2\frac{5}{3} - 2 = \frac{10}{3} - \frac{6}{3} = \frac{4}{3}$
   $3x = 2$ Vergleich: $-\frac{35}{3} = \frac{4}{3}$; falsche Aussage
   $x = \frac{2}{3}$ Also kann $\frac{2}{3}$ nicht Lösung sein.

   b) $3(x + 8) + 6 = 9(x + 2)$ Probe:
   $(x + 8) + 6 = 3(x + 2)$ linke Seite: $3(4 + 8) + 6 = 3 \cdot 12 + 6 = 42$
   $x + 14 = 3x + 6$ rechte Seite: $9(4 + 2) = 9 \cdot 6 = 54$
   $8 = 2x$ Vergleich: $42 = 54$; falsche Aussage
   $x = 4$ Also kann 4 nicht Lösung sein.

21. Gib die Lösungen folgender Gleichungen an:
   a) $x^2 = 16$
   b) $x^2 = -4$
   c) $6 \cdot x^2 = 24$
   d) $(x + 2)^2 = 49$

22. Löse folgende Gleichungen:
   a) $x \cdot (x - 1) = 0$
   b) $(x + 2) \cdot (x + 2) = 0$
   c) $(x - 5)^2 = 0$

23. Forme die Summe in ein Produkt um. Löse dann die Gleichung.
   a) $x^2 + 3x = 0$
   b) $-6x + 2x^2 = 0$
   c) $\frac{4}{5}x - \frac{1}{2}x^2 = 0$

24. Überprüfe durch Einsetzen, ob die Zahlenpaare Lösungen der Gleichung sind.
   Erkläre die Besonderheit dieser Gleichungen.
   a) $2x = 3y + 6$ $(-1\,|-3); (4,8\,|\,1,2); (3\,|\,0)$
   b) $3x - 2y = 140$ $(5\,|\,4); (4\,|\,2,5); (2\,|\,1)$
   c) $7a - 5b = 9$ $(1\,|\,2); (2\,|\,1); (-3\,|\,6)$
   d) $0,6y - 0,8 = 0,2x$ $(1\,|\,5); (-0,5\,|\,2,5); (4,6\,|\,4,2)$
   e) $a + 2b = 40$ $(23\,|\,8,5); (34,8\,|\,2,6); (12\,|\,15,3)$
   f) $2x - y = 10$ $(8\,|\,6); (-2\,|-14); (6,2\,|\,2,2)$

3.3 Lösen von Gleichungen mit Brüchen

Treten in einer Gleichung Brüche auf, lassen sich diese durch Multiplikation mit dem Hauptnenner und anschließendem Kürzen vereinfachen. Hauptnenner können unterschiedlich ermittelt werden.

	Vervielfachen des größten Nenners	Produkt aller Nenner bestimmen	Teilbarkeitsuntersuchungen
Gleichung	$\frac{x-1}{10} = \frac{2x-5}{15}$ $\mid \cdot 30$	$\frac{x}{3} + \frac{x}{5} = 1$ $\mid \cdot (3 \cdot 5)$	$\frac{1}{8}x - \frac{3}{4} = \frac{x}{2}$ $\mid \cdot 8$
1. Schritt	$(x-1) \cdot 3 = (2x-5) \cdot 2$	$x \cdot 5 + x \cdot 3 = 15$	$x - 3 \cdot 2 = x \cdot 4$

Eine Gleichung, in der die Variable mindestens einmal im Nenner auftritt, heißt **Bruchgleichung**. Vor dem Lösen einer Bruchgleichung müssen alle Zahlen aus dem Grundbereich der Gleichung ausgeschlossen werden, für die die vorkommenden Nenner der Brüche den Wert 0 annehmen, da die Division durch 0 nicht erklärt ist.

$\frac{3}{x}$ $x \neq 0$; $\frac{2}{3a}$ $a \neq 0$, denn $3 \cdot 0 = 0$; $\frac{3}{x-2}$ $x \neq 2$, denn $2 - 2 = 0$

Beim Lösen einer Bruchgleichung ist es meist sinnvoll, zuerst die Nenner zu „beseitigen" (eliminieren). Multipliziere dazu die Gleichung mit dem Produkt aller Nenner.

$\frac{12}{x} = 3$ $\mid \cdot x$ $(x \neq 0)$ $\frac{x}{5} + \frac{x}{6} = 11$ $\mid \cdot (5 \cdot 6)$
$12 = 3 \cdot x$ $\mid :3$ $6x + 5x = 330$ $\mid :3$
$4 = x$ $11x = 330$ $\mid :11$
$x = 30$

Hauptschritte beim Lösen einer Bruchgleichung

Hauptschritte	Gleichung: $\frac{7}{x-8} = \frac{3}{x}$	Probe
1. Einschränken des Grundbereichs	$x \neq 0$; $x \neq 8$	linke Seite: $\frac{7}{-14} = -\frac{1}{2}$
2. Beseitigen der Nenner	$\frac{7}{x-8} = \frac{3}{x}$ $\mid \cdot x(x-8)$ $7x = 3 \cdot (x-8)$	
3. Auflösen der Klammern	$7x = 3x - 24$	rechte Seite: $\frac{3}{-6} = -\frac{1}{2}$
4. Ordnen	$7x = 3x - 24$ $\mid -3x$ $4x = -24$	Vergleich: $-\frac{1}{2} = -\frac{1}{2}$,
5. Isolieren und Zusammenfassen	$4x = -24$ $\mid :4$ $x = -6$	wahre Aussage, $L = \{-6\}$

Lösen von Gleichungen mit Brüchen

Aufgaben

1. Löse durch inhaltliche Überlegungen. Führe jeweils die Probe durch.
   a) $\frac{4}{x} = \frac{12}{3}$
   b) $\frac{15}{5} = \frac{60}{x}$
   c) $\frac{x}{0,2} = \frac{2,1}{0,7}$
   d) $\frac{2,7}{5,4} = \frac{x}{1,2}$
   e) $g : \frac{1}{3} = \frac{1}{2} : \frac{1}{4}$
   f) $\frac{5}{x} = \frac{1}{150}$
   g) $\frac{9}{x} = \frac{3}{4}$
   h) $\frac{12}{x-1} = \frac{3}{5}$

2. Löse mithilfe von Umformungsregeln. Vergleiche mit den Ergebnissen deiner Mitschüler.
   a) $\frac{17}{5} = \frac{85}{x}$
   b) $\frac{0,4}{z} = 1,6$
   c) $\frac{0,1}{7,5} = \frac{x}{3}$
   d) $x : \frac{1}{4} = \frac{1}{5} : \frac{1}{6}$

3. Berechne x mithilfe der Umformungsregeln. Welche Umformungsregeln hast du verwendet?
   a) $\frac{x}{5} - \frac{x}{6} = 3$
   b) $\frac{1}{8}x - \frac{1}{5}x = 15$
   c) $\frac{x}{4} - 10 = \frac{x}{20} + 10$
   d) $\frac{1}{5}x + \frac{1}{6}x = 1\frac{1}{10}$
   e) $\frac{x}{3} - \frac{x}{4} + \frac{x}{5} - \frac{x}{6} = 3\frac{1}{2}$
   f) $\frac{1}{2}x + \frac{1}{3}x + \frac{1}{4}x = 26$

4. Bestimme die Lösungsmenge folgender Gleichungen:
   a) $\frac{1,3}{x} = 6,5$
   b) $\frac{0,3}{2x} = \frac{3}{5}$
   c) $\frac{-13}{15} = \frac{7}{x}$
   d) $\frac{1}{-5x} = 1,2$
   e) $\frac{-2}{x} = \frac{7}{x+1}$
   f) $\frac{17}{x} + 5 = 13,5$
   g) $\frac{5}{x} = \frac{1}{150}$
   h) $\frac{x}{4} = \frac{5}{6}$
   i) $\frac{x+2}{x-3} = \frac{5}{2}$
   j) $\frac{5}{x+3} = \frac{9}{2x-4}$
   k) $\frac{2}{x-4} = \frac{3}{x+2}$
   l) $\frac{16}{x-4} = \frac{8}{2x}$

5. Bestimme die gesuchten Zahlen. Stelle dazu zuerst eine Gleichung auf.
   a) Der Kehrwert einer Zahl vermehrt um $\frac{2}{3}$ ist $\frac{1}{2}$.
   b) Subtrahiert man von $\frac{2}{5}$ den vierfachen Kehrwert einer Zahl, so erhält man 1.
   c) Bei einem Bruch ist der Zähler um 4 größer als der Nenner. Subtrahiert man vom Nenner 2 und addiert man zum Zähler 2, so erhält man $\frac{19}{7}$.
   d) Vermindert man den Kehrwert einer Zahl um $\frac{4}{3}$, so erhält man den siebenfachen Kehrwert dieser Zahl.

6. An einem Wandertag will die Klasse 7b eine 14 km lange Wanderung durchführen. Berechne, welchen Weg sie vor bzw. nach dem Mittag zurücklegen will, wenn sich der Weg im Verhältnis 5 : 3 aufteilt.

7. Die Klasse 7c benötigt für ihre geplante Klassenfeier noch 135 €. Sie nimmt sich vor, diesen Betrag durch Verkauf von selbst gebackenen Kuchen und selbst gefertigten Glückwunschkarten im Verhältnis von 4 : 1 aufzubringen.
Berechne, welcher Betrag durch den Kuchenverkauf und den Verkauf der Glückwunschkarten erzielt werden soll.

8. Familie Fant und Familie Neuling bilden eine Spielergemeinschaft und kaufen sich einen Tippschein für die Lotterie. Der Einsatz beträgt 60 € und wird im Verhältnis 7 : 5 von beiden Familien aufgebracht.
Berechne den Anteil am Einsatz, den jede Familie für den Tippschein zahlt.

Mosaik

Lösungen suchen – mit dem Taschenrechner

Die Suche nach Lösungen ist in aller Regel ein mühsames Geschäft – nicht nur in der Mathematik. Anders als bei vielen Alltagsproblemen kann in der Mathematik allerdings ein einfaches Werkzeug bereits sehr hilfreich bei der Lösungssuche sein: ein Taschenrechner mit Computer-Algebra-System (CAS). In einem solchen Gerät ist die Lösungssuche mithilfe von Äquivalenzumformungen fest programmiert.

Wir wollen hier einmal an einfachen Beispielen ausprobieren, wie das geht.

1. Auf dem Bildschirm rechts findest du die Taschenrechnerlösung von drei einfachen Gleichungen.
   a) Bestimme die Gleichung, die gelöst werden soll.
   b) Löse sie „zu Fuß" und überprüfe die Taschenrechnerlösungen.
   c) Die dritte Gleichung stellt einen Sonderfall dar. Welchen?

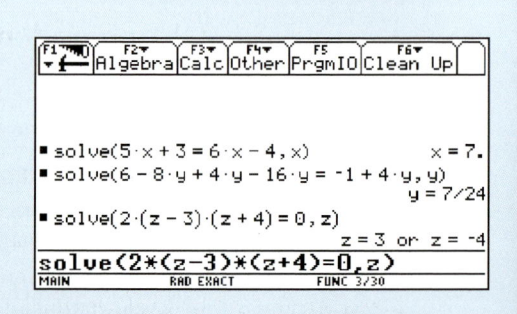

   Am unteren Bildschirmrand wird alles aufgeschrieben:
   (1) „Solve" ist englisch und steht für „Löse".
   (2) In Klammern steht vor dem Komma die zu lösende Gleichung. (Dezimalen werden auf dem Taschenrechner mit einem Punkt statt mit einem Komma geschrieben!)
   (3) Hinter dem Komma steht die Variable.

2. Welche Lösungssonderfälle sind auf dem nebenstehenden Screenshot zu erkennen? Was haben die Rechnerergebnisse „true" und „false" zu bedeuten?

3. Bestimme mit einem CAS die Lösung folgender Gleichungen.
   a) $\frac{x}{5} + \frac{x}{6} = 3$
   b) $\frac{1}{8}x + \frac{1}{5}x = 15$
   c) $\frac{x}{4} + 10 = \frac{x}{20} - 10$
   d) $\frac{1}{5}x - \frac{1}{6}x = 1\frac{1}{10}$
   e) $\frac{1}{2}x - \frac{1}{3}x - \frac{1}{4}x = 26$
   f) $\frac{x}{3} + \frac{x}{4} + \frac{x}{5} + \frac{x}{6} = 3\frac{1}{2}$
   g) $\frac{1}{5}x + 3 = \frac{1}{2}x$
   h) $\frac{1}{3}x + 3 = \frac{1}{6}x + 3$
   i) $\frac{2}{3}x - 1 = \frac{1}{9}x - 2$
   j) $\frac{1}{8}x + 4 = \frac{3}{4}x + 5$
   k) $\frac{11}{5}x - 2 = \frac{1}{10}x + 8{,}5$
   l) $2x + 1 = 2x - 1$

Wie lange hättest du für die Lösung ohne Taschenrechner gebraucht?

3.4 Lösen von Ungleichungen

Bei Ungleichungen wird das Gleichheitszeichen durch eine der vier Möglichkeiten ≥, >, ≤ oder < ersetzt.
Auch in diesen Fällen kann geprüft werden, ob eine richtige Aussage vorliegt. Treten in den Termen einer Ungleichung Variablen auf, lassen sich Lösungen suchen. Lösungen einer Ungleichung sind wieder Zahlen oder Größen, für die die Ungleichung erfüllt ist.

5 > 4	wahre Aussage	5 ≥ 5 wahre Aussage
7 < 7	falsche Aussage	7 ≤ 7 wahre Aussage
5 + x > 7	Lösung:	alle Zahlen größer 2
5 + x ≥ 7	Lösung:	alle Zahlen größer oder gleich 2
5 + x = 7	Lösung:	nur die Zahl 2
x < 3	Lösung:	alle Zahlen kleiner als 3

Darstellen auf der Zahlengeraden

Darstellungsmöglichkeiten für die Ungleichung x < 3:

a) $G = \mathbb{Z}$
   Diese Menge ist wie folgt darstellbar:

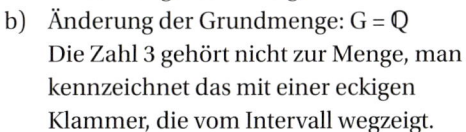

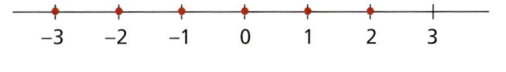

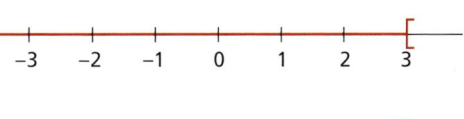

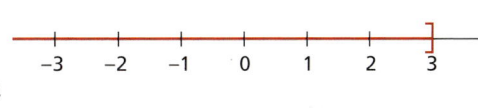

b) Änderung der Grundmenge: $G = \mathbb{Q}$
   Die Zahl 3 gehört nicht zur Menge, man kennzeichnet das mit einer eckigen Klammer, die vom Intervall wegzeigt.

c) Änderung der Ungleichung: x ≤ 3
   Nun gehört die Zahl 3 auch zur Menge, man verwendet dazu eine eckige Klammer.

Lösen von Ungleichungen (Umformungsregeln)

Das Ziel beim Lösen von Gleichungen war es, eine Gleichung der Form „x = Zahl" zu erhalten. Man versucht nun, eine ähnliche Struktur („x > Zahl" oder „x < Zahl") für Ungleichungen unter Verwendung der Aquivalenzumformungen für Gleichungen zu finden.

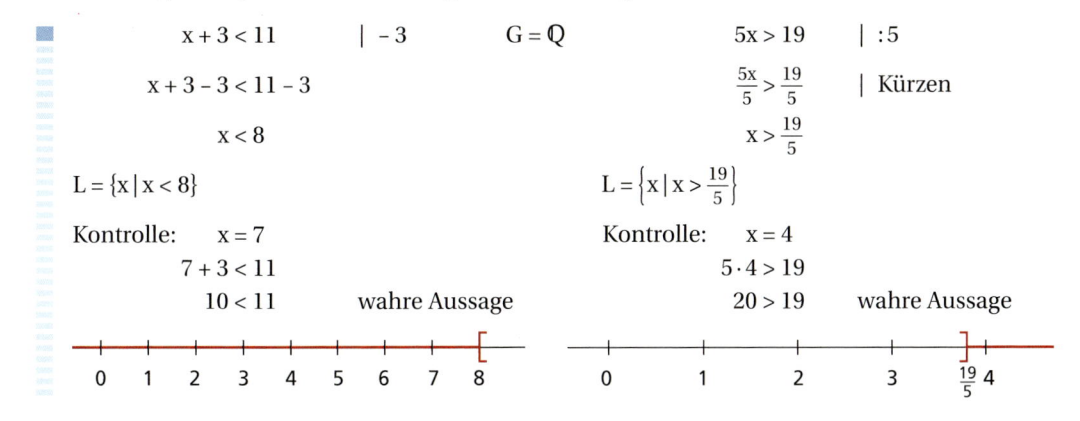

$x + 3 < 11$ | -3 $G = \mathbb{Q}$ $5x > 19$ | :5

$x + 3 - 3 < 11 - 3$ $\frac{5x}{5} > \frac{19}{5}$ | Kürzen

$x < 8$ $x > \frac{19}{5}$

$L = \{x \mid x < 8\}$ $L = \{x \mid x > \frac{19}{5}\}$

Kontrolle: $x = 7$ Kontrolle: $x = 4$
$7 + 3 < 11$ $5 \cdot 4 > 19$
$10 < 11$ wahre Aussage $20 > 19$ wahre Aussage

Lösen von Gleichungen und Ungleichungen

Wir untersuchen ein weiteres Beispiel.

$-2x < 5 \qquad | :(-2)$

$\frac{-2x}{-2} < \frac{5}{-2} \qquad | \text{Kürzen}$

$x < \frac{5}{-2}$

$L = \{x \mid x < -2{,}5\}$

Kontrolle: $\quad x = -3 \qquad\qquad\qquad x = -7$
$\quad -2 \cdot (-3) < 5 \qquad\qquad\qquad -2 \cdot (-7) < 5$
$\quad\qquad 6 < 5 \qquad$ falsche Aussage $\qquad 14 < 5 \qquad$ falsche Aussage

Durch Probieren findet man Lösungen wie $x = 0$, $x = -2$ oder $x = 1$. Die Lösungsmenge muss an $x = -2{,}5$ gespiegelt werden.

Die richtige Lösung lautet daher: $L = \{x \mid x > -2{,}5\}$

Wo steckte der Fehler in der Rechnung?

> Die Multiplikation und die Division mit der gleichen negativen Zahl führen zur Umkehrung des Relationszeichens. Dies gilt auch für Terme mit negativem Termwert.
> Für beliebige rationale Zahlen a, b und c mit c < 0 gilt:
>
> Wenn a < b, so ist $a \cdot c > b \cdot c$.
> Wenn a < b, so ist $\frac{a}{c} > \frac{b}{c}$.

Beim Vertauschen der Seiten wird das Relationszeichen ebenfalls umgekehrt.

$8 - 6x < 12 \qquad\qquad G = \mathbb{Q} \qquad\qquad 8 - 6x < 12 \qquad | -8$

$\qquad\qquad\qquad\qquad\qquad\qquad\qquad\qquad\quad -6x < 4 \qquad | :(-6)$

$\qquad\qquad\qquad\qquad\qquad\qquad\qquad\qquad\quad x > -\frac{4}{6}$

$\qquad\qquad\qquad\qquad\qquad\qquad\qquad\qquad\quad L = \left\{x \mid x > -\frac{2}{3}\right\}$

Wie überprüft man bei einer Ungleichung, ob die Lösung richtig ist?

1. Schritt: Wir betrachten die gelöste Ungleichung als Gleichung. Wir erhalten den „Anfangspunkt" der Lösungsmenge.

    $x > -\frac{4}{6} \Rightarrow x = -\frac{4}{6}$

2. Schritt: Wir wählen eine Lösung aus der Lösungsmenge aus und setzen diese in die Ausgangsgleichung ein. Wir können somit die „Richtung" der Lösung auf der Zahlengeraden angeben.

    $8 - 6 \cdot 1 < 12$
    $2 < 12$
    wahre Aussage

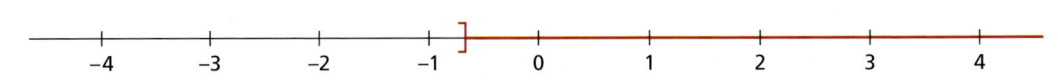

Aufgaben

1. Was kannst du über die Masse des Goldklumpens in der nebenstehenden Zeichnung sagen?
Betrachte die Waage genau.
Verändere in Gedanken die Wägestücke auf beiden Waagschalen.

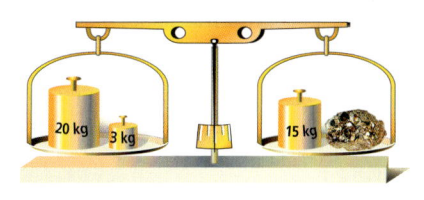

2. Welche der Zahlen 10; 0; 6; 2,5; $\frac{1}{3}$; –2 erfüllen die Ungleichung?
   a) $2x + 3 < 6$
   b) $-1,5x > 2$
   c) $8 \leq 2(x - 2)$

3. Finde durch systematisches Probieren alle ganzen Zahlen zwischen –5 und 10, die folgende Ungleichungen erfüllen.
   a) $8x - 10 > 30$
   b) $19 + 3x < 0$
   c) $x + x < x \cdot x$
   d) $x \cdot x > x - x$
   e) $0,5x + 6 > 10$
   f) $(x - 3)^2 \geq 0$
   g) $\frac{3}{6}x + 2 < 2$
   h) $2(x - 1) > x - 1$

4. Gib jeweils fünf rationale Zahlen an, die folgende Ungleichungen erfüllen.
   a) $x + 1 \leq 1$
   b) $x - 4 > 5$
   c) $3(x + 2) > 12$
   d) $\frac{1}{5}x + \frac{3}{10} < \frac{1}{2}$

5. Ordne der Lösungsmenge auf der Zahlengeraden die entsprechende Ungleichung zu.
   a) $x > -2$; $x \in \mathbb{Q}$
   b) $2 + x < 8$; $x \in \mathbb{Q}$
   c) $2x + 5 > 5$; $x \in \mathbb{N}$
   d) $x^2 < 2$; $x \in \mathbb{Z}$

6. Stelle folgende Lösungsmengen auf der Zahlengeraden dar.
   a) $x \leq 5$; $x \in \mathbb{N}$
   b) $x \geq 2$; $x \in \mathbb{N}$
   c) $x < 2$; $x \in \mathbb{Q}_+$
   d) $x \leq 0$; $x \in \mathbb{Q}_+$
   e) $x < -5$; $x \in \mathbb{Z}$
   f) $x \geq -5$; $x \in \mathbb{Q}$

7. Sind die Ungleichungen zueinander äquivalent?
Gib die entsprechenden Umformungsregeln an.
   a) $x > -3$
   b) $-8,1 > x$
   c) $-s < 0$
   d) $-s < 0$
   e) $\frac{2}{3} < -x$
   $-3 < x$
   $-x < 8,1$
   $0 < s$
   $s < 0$
   $-\frac{2}{3} > x$

8. Löse folgende Ungleichungen durch äquivalente Umformungen.
   a) $4x < 48$
   b) $35 < 5x$
   c) $-2x < 24$
   d) $-40 < -5x$
   e) $\frac{1}{2}x < 6$
   f) $\frac{2}{3}x < -10$
   g) $\frac{-5}{6}x > 10$
   h) $-18 > -\frac{2}{5}x$

9. Löse folgende Ungleichungen durch äquivalente Umformungen.
   a) $x + 8 < 13$
   b) $15 > 2x$
   c) $x - 3 \leq -1,5$
   d) $\frac{1}{2}x > 9$
   e) $-\frac{1}{4}x < -2$
   f) $6 \geq -\frac{3}{4}x$
   g) $1,5x + 0,3 < 1,5$
   h) $-4x - 2 > 16$

Lösen von Gleichungen und Ungleichungen

10. Löse folgende Ungleichungen. Kontrolliere die Lösung.
   a) $-1,2 + x < 9$
   b) $4,87 - x < 1,03$
   c) $\frac{1}{6}x > \frac{1}{18}$
   d) $\frac{5}{8}x > \frac{15}{16}$
   e) $-\frac{1}{3}x < \frac{2}{3}$
   f) $-\frac{4}{9}x > \frac{2}{3}x$
   g) $6 < 0,25x$
   h) $3,5 > 0,5x$

11. Wo steckt der Fehler? Korrigiere.
   Erkläre deinem Banknachbarn, welche Fehler gemacht wurden.
   a) $3x + 4 < 6 \quad | -4$
   $3x < 3 \quad | :3$
   $x < 1$
   b) $-\frac{1}{2}x < 5 \quad | \cdot (-2)$
   $x < -10$
   c) $-2 - x > 12 \quad | +2$
   $-x > 10 \quad | :(-1)$
   $x < -10$
   d) $\frac{3}{4} < \frac{1}{8}x - \frac{1}{2} \quad | +\frac{1}{2}$
   $\frac{5}{4} < \frac{1}{8}x \quad | \cdot 8$
   $x > \frac{5}{32}$

12. Welche Ungleichungen haben keine Lösung im Bereich der gebrochenen Zahlen? Begründe.
   a) $4x + 1 < 9$
   b) $x > x + 1$
   c) $0,5x > -\frac{1}{4}$
   d) $5x + 10 < 10$
   e) $2x - 2 > 6$
   f) $\frac{x}{2} + 3 < 0$
   g) $0 < -\frac{3}{2}x$
   h) $2x - 4 < 5$

13. Gegeben ist die Ungleichung $4x + 1 < 9$.
   Ermittle die Lösungsmengen in folgenden Grundbereichen.
   Veranschauliche die Lösungsmengen jeweils auf einer Zahlengeraden.
   a) $x \in \mathbb{N}$ (natürliche Zahlen)
   b) $x \in \mathbb{Q}_+$ (gebrochene Zahlen)
   c) $x \in \{\text{Primzahlen}\}$
   d) $x \in \mathbb{Q}$ (rationale Zahlen)
   e) $x \in \{\text{Quadratzahlen}\}$
   f) $x \in \mathbb{Z}$ (ganze Zahlen)

14. Gibt es Zahlen, die folgende Ungleichungen erfüllen? Begründe.
   a) $x < x$
   b) $x > x + 1$
   c) $x > x - 1$
   d) $2x < 5x$
   e) $3x > x + 2$

15. Gib jeweils zwei rationale Zahlen (zwei natürliche Zahlen) x an, für die gilt:
   a) $x^2 > x$
   b) $x^2 = x$
   c) $x^2 < x$
   d) $x \cdot x > 5$
   e) $6x > x + 2$

16. Gibt es natürliche Zahlen, die jeweils beide Ungleichungen erfüllen? Gib diese an.
   a) I $2n + 3 < 8$; II $n < 5$
   b) I $4 > \frac{-5}{6}n - 1$; II $2n \leq -6$

17. Löse folgende Ungleichungen. Kontrolliere die Lösungen.
   Stelle die Lösungsmenge jeweils auf einer Zahlengeraden dar.
   a) $4x + 18 < -2$
   b) $2x + 1 \leq 0$
   c) $5x - 1 < 14$
   d) $1 - 4x + 7 > 0$
   e) $\frac{2}{3} - \frac{5}{9}x < \frac{1}{2}$
   f) $0 \leq 1,6x + 4,8$

18. Ermittle die Lösungen folgender Ungleichungen durch äquivalente Umformungen.
   Was musst du beim Multiplizieren oder Dividieren eines negativen Terms beachten?
   a) $3x - 5 < 1$
   b) $1 > 5x - 24$
   c) $9 < 2x + 11$
   d) $5x + 21 > 6$
   e) $x - 3 + 5 > 0$
   f) $0 < 2x + 3$

19. Gib alle natürlichen Zahlen an, die folgende „Doppelungleichung" erfüllen.
   a) $2x < 10 < 3x$
   b) $x \leq 3 \leq 2x$
   c) $\frac{1}{2}x < 16 < \frac{2}{3}x$
   d) $4x < 40 < 5x$

124

3.5 Gleichungen mit Beträgen

Es soll die Gleichung |x| = 3 gelöst werden. Gesucht werden alle Zahlen deren absoluter Betrag 3 ist bzw. deren Abstand von Null auf der Zahlengeraden 3 beträgt. Durch Überlegung findet man leicht, dass 3 und –3 die gesuchten Zahlen sind: L = {-3; 3}

> Der Abstand, den eine Zahl g auf der Zahlengeraden vom Nullpunkt hat, ist ihr **absoluter Betrag** |g|. Oftmals sagt man statt „absoluter Betrag von g" auch einfach nur „Betrag von g".

Der absolute Betrag einer Zahl kann also niemals negativ sein.

> Zueinander entgegengesetzte Zahlen haben den gleichen absoluten Betrag (|a|= |–a|).
> Der Betrag von 0 ist 0 (|0|= 0). Die Gleichung |x| = a hat für
>
> a > 0
> die Lösungen a und –a
> (|a| = |–a| = a).
>
> a = 0
> die Lösung 0
> (|0|= 0).
>
> a < 0
> keine Lösung
> (Betrag immer positiv oder 0!).

5 |x + 2| = 20 |: 5
|x + 2| = 4

Die Definition des absoluten Betrags führt zu folgenden zwei Fällen:

1. Fall: x + 2 ≥ 0
            x ≥ –2   (*)
           |x + 2| = 4
            x + 2 = 4 | – 2
               x = 2   (*)

2. Fall: x + 2 < 0
            x < –2   (**)
           |x + 2| = 4
        –(x + 2) = 4 | Klammern auflösen
          –x – 2 = 4 | + 2
              –x = 6 | ·(–1)
               x = –6   (**)

Probe: 1. Fall: linke Seite   rechte Seite   2. Fall: linke Seite   rechte Seite
                       5 · |2 + 2| 20   5 · |–6 + 2| 20
                       5 · |4| 20   5 · |–4| 20
                       5 · 4   =   20   wahre Aussage   5 · 4   =   20   wahre Aussage
       L = {–6; 2}

Die mit Sternen gekennzeichneten Zeilen dürfen keinen Widerspruch ergeben. Beim Lösen solcher Aufgaben werden zwei Fälle unterschieden. Es gelten die Umformungsregeln für Gleichungen.

Aufgaben

1. Bestimme die Lösungsmenge der folgenden Gleichungen (G = $\mathbb{Q}$) und führe eine Probe durch.
   a) |1,7| = x   b) |x| = 4,5   c) |x| = –2,7   d) –|x| = –9,1

2. Bestimme die Lösungsmenge der folgenden Gleichungen (G = $\mathbb{Q}$) und führe eine Probe durch.
   a) |3 – x| = 7   b) 5|x| = 30   c) |5 · x| = 30   d) 3|x + 2| = 15

Lösen von Gleichungen und Ungleichungen

3.6 Umstellen von Formeln

Formeln sind spezielle Gleichungen. Man nutzt sie z. B. bei der Berechnung von Flächeninhalten in der Geometrie oder auch zur Bestimmung physikalischer Größen. Zusammenhänge werden in einer Formel zusammengefasst, z. B. Weg-Zeit-Gesetz ($s = v \cdot t$) oder Flächeninhalt eines Trapezes ($A = \left(\frac{a+c}{2}\right) \cdot h$).

In den Formeln kommen Variable vor. Jede Variable ist Platzhalter für eine Zahl oder eine Größe. In der Formel für die Berechnung der Volumenmaßzahl eines Quaders sind die Variablen a, b und c die Kantenlängen des Quaders. Sind alle Kantenlängen gegeben, so lässt sich das Volumen ermitteln. Sind aber nur zwei Kantenlängen und das Volumen bekannt, so kann auch die dritte Kantenlänge bestimmt werden. Da es sich um eine Gleichung handelt, kann man die entsprechenden Umformungsregeln nutzen.

Das bedeutet: Die gegebene Formel wird so umgeformt, dass die zu berechnende Größe allein auf einer Seite der Gleichung (Formel) steht. Man geht genauso vor wie beim Lösen einer Gleichung. Man stellt nach der gesuchten Größe um.

Stelle die Formel $V = a \cdot b \cdot c$ nach **c** um.

$$V = (a \cdot b) \cdot c \qquad | \text{ Assoziativgesetz}$$
$$V = (a \cdot b) \cdot c \qquad | :(a \cdot b)$$
$$\frac{V}{(a \cdot b)} = c \qquad | \text{ Seiten vertauschen}$$
$$c = \frac{V}{a \cdot b}$$

Stelle die Formel $A = \left(\frac{a+c}{2}\right) \cdot h$ nach **c** um.

$$A = \left(\frac{a+c}{2}\right) \cdot h \qquad | :h \quad \text{(Auflösung des Produkts)}$$
$$\frac{A}{h} = \frac{a+c}{2} \qquad | \cdot 2 \quad \text{(Auflösung des Quotienten)}$$
$$\frac{2A}{h} = a + c \qquad | -a \quad \text{(Auflösung der Summe)}$$
$$\frac{2A}{h} - a = c \qquad | \text{ Seiten vertauschen}$$
$$c = \frac{2A}{h} - a$$

Aufgaben

1. Stelle die folgenden Formeln nach der in Klammern angegebenen Variablen um.

   a) $V = a \cdot b \cdot c$ (a)   b) $u = 2 \cdot (a + b)$ (b)   c) $A = \frac{1}{2} \cdot g \cdot h_g$ (g)

   d) $v = \frac{s}{t}$ (t)   e) $\alpha + \beta + \gamma = 180°$ (β)   f) $\frac{F_1}{F_2} = \frac{l_2}{l_1}$ (F_1; l_1)

2. Stelle nach x um.

   a) $\frac{x}{a} = b$ ($a \neq 0$)   b) $\frac{x}{b} + c = d$ ($b \neq 0$)   c) $a(x + b) = c$ ($a \neq 0$)

3. Der Umfang eines Quadrats beträgt 34 cm. Berechne Seitenlänge und Flächeninhalt.

3.7 Lösungsstrategien bei Sachaufgaben

Bewegungsaufgaben

Wie geht man mit Sachproblemen um, ohne den Überblick zu verlieren?

Das Aufstellen und das Lösen von Gleichungen stellen wirkungsvolle Hilfsmittel dar. In diesem Abschnitt sollen einige hilfreiche Vorgehensweisen vorgestellt werden.

Familie Scholz wandert im Urlaub in 6 h zu einem 24 km entfernten Wanderziel. Anfangs ging es mit der Geschwindigkeit von etwa 5 $\frac{km}{h}$ durch ebenes Gelände. Später, in bergigem Gelände, schafften sie nur noch etwa 3 $\frac{km}{h}$. Wie lange haben sie das flotte Tempo durchgehalten?

Als Erstes versuchen wir eine Analyse des Sachverhalts. Dazu werden die gegebenen und gesuchten Größen in die Tabelle eingetragen.
Suche zum Ausfüllen der übrigen Felder nach Beziehungen zwischen den Größen.

	Geschwindigkeit in $\frac{km}{h}$	Zeit in h	Weg in km
ebenes Gelände	5	x	5·x
bergiges Gelände	3	6 − x	3·(6 − x)
zusammen	−	6	24

Lösungsidee: Mithilfe der Tabelle lässt sich für den Gesamtweg die folgende Gleichung finden:
5x + 3(6 − x) = 24, aus der sich x = 3 ergibt.
Lösung: Sie sind 3 Stunden im flotten Tempo und 3 Stunden etwas langsamer gegangen.

Aufgaben

1. Franz fährt mit seinem Fahrrad eine 12 km lange Strecke bergauf und erreicht dabei nur eine durchschnittliche Geschwindigkeit von 10 $\frac{km}{h}$. Bergab fährt er dieselbe Strecke mit durchschnittlich 30 $\frac{km}{h}$. Wie groß ist seine Durchschnittsgeschwindigkeit für die gesamte Fahrt?

2. Detlef fährt mit dem Fahrrad und legt stündlich 15 km zurück. Christian fährt 20 min später los und mit 20 $\frac{km}{h}$ hinter Detlef her. Nach wie viel Minuten hat Christian Detlef eingeholt?

3. Ein Reisebus fährt die 900 km lange Strecke in zwei Tagen. Am zweiten Tag kommt er 120 km weiter als am ersten.
   a) Wie weit kommt er jeweils an den beiden Tagen?
   b) Katharina meint: Das ist ja am zweiten Tag mehr als das 1,3-Fache. Hat sie recht?

Lösen von Gleichungen und Ungleichungen

Mischungsaufgaben

- Zum Einkochen von Gewürzgurken benötigt Katharina eine 1%ige Essiglösung. Sie verwendet Essigessenz (25%) und Wasser.
Wie viel Essigessenz muss sie in 2 l Wasser geben, damit eine 1%ige Essiglösung entsteht?

Hier ist es hilfreich, wenn man sich mit Skizzen eine anschauliche Vorstellung verschafft.

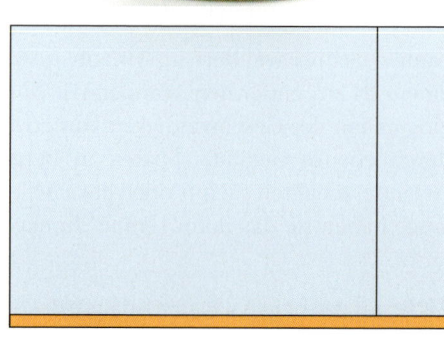

2 Liter Wasser + x Liter Essig 25 % = 2 + x Liter Essig 1 %

Lösung der Aufgabe:

Idee: Du siehst, dass die Menge Essig gleich geblieben ist.

Gleichung: $x \cdot 0{,}25 = 0{,}01 \cdot (2 + x)$
$x \cdot 0{,}25 = 0{,}02 + 0{,}01x$
$0{,}24x = 0{,}02$
$x = \frac{0{,}2}{0{,}24} = \frac{2}{24} = \frac{1}{12}$

Lösung: Katharina benötigt $\frac{1}{12}$ l Essigessenz.

Aufgaben

1. Drei Kilogramm 70%ige Säure sind mit 12%iger Säure so zu mischen, dass eine Flüssigkeit entsteht, die 30 % der Säure enthält.
Wie viel Kilogramm der 12%igen Säure muss man zusetzen?

2. Wie viel 42%iger Salzlösung brauchst du, um 2 Liter 10%ige Lösung auf 30%ige zu verstärken?

3. Frau Draheim will einen Rote-Bete-Salat zubereiten. Sie hat noch 30 ml Kräuteressig (5 %) und 10 ml Essigessenz (25 %).
   a) Wie viel Milliliter Wasser muss sie zu beiden Essigarten dazugeben, damit sie eine 1,5%ige Essiglösung erhält?
   b) Für 3 Scheiben Rote Rüben braucht sie 170 ml Essiglösung.
   Wie viele Scheiben Rote Rüben kann sie mit ihrer Essiglösung einlegen?

Methoden

Lösen von Sachaufgaben

Beim Lösen von Sachaufgaben ist es sinnvoll, in folgenden Schritten vorzugehen:
1. Erfassen und Vorstellen des Sachverhalts
2. Analysieren des Sachverhalts
3. Finden von Lösungsideen und Planen eines Lösungswegs
4. Durchführen des Plans
5. Kontrollieren der Lösung und des Lösungswegs

Aufgabe: Tim kauft sechs Mathematikhefte und fünf Deutschhefte. Er bezahlt dafür insgesamt 4,10 €. Ein Mathematikheft ist 5 ct billiger als ein Deutschheft. Wie teuer ist ein Mathematikheft bzw. ein Deutschheft?

1. Erfassen und Vorstellen des Sachverhalts

Worum geht es in der Aufgabe? — Es geht um die Preise von Schulheften.
Wie könnte vermutlich die Antwort sein? — Ein Heft kostet etwa 0,50 €, das Mathematikheft etwa 0,45 € und das Deutschheft 0,50 €.

2. Analysieren des Sachverhalts

Ist eine Skizze oder Tabelle günstig?
Was ist gesucht? Was ist gegeben?
Welche Bezeichnungen sind günstig?

	Preis für ein Heft in Cent	Preis für gekaufte Hefte in Cent
Matheheft	x	$6x$
Deutschheft	$x + 5$	$5 \cdot (x + 5)$
zusammen		410

3. Finden von Lösungsideen und Planen eines Lösungswegs

Kann ich Beziehungen erkennen? — $6x + 5 \cdot (x + 5) = 410$
Kann ich eine Gleichung mit der gesuchten Größe aufstellen? — Das ist eine Gleichung mit einer Variablen, die ich lösen kann.

4. Durchführen des Plans

Wie rechne ich am günstigsten?

$6x + 5x + 25 = 410 \quad | -25$
$11x = 385 \quad | :11$
$x = 35 \quad \text{(Matheheft)}$
$x + 5 = 40 \quad \text{(Deutschheft)}$

5. Kontrolle und Auswertung der Lösung und des Lösungswegs

Kann das wahr sein? — Die Preise sind möglich.
Kann ich das Ergebnis am Sachverhalt prüfen? — $6 \cdot 35 + 5 \cdot 40 = 410$
Wie lautet die Antwort? — Ein Mathematikheft kostet 35 ct und ein Deutschheft kostet 40 ct.

3.8 Gemischte Aufgaben

1. Stelle jeweils eine Gleichung oder eine Ungleichung auf.
   a) Multipliziert man eine natürliche Zahl mit 4, so ist das Ergebnis kleiner als 21.
   b) Das Sechsfache einer negativen ganzen Zahl ist größer als –8.
   c) Dividiert man eine gebrochene Zahl durch $\frac{3}{8}$, so erhält man 1.
   d) Multipliziert man eine gebrochene Zahl mit $\frac{2}{5}$, so erhält man 1.
   e) Dividiert man $\frac{3}{4}$ durch eine rationale Zahl, so erhält man –5.

2. Stelle eine Gleichung zur Lösung der Aufgaben auf. Gib an, was du jeweils mit einer Variablen bezeichnest und welcher Grundbereich für sie gilt. Löse die Gleichung.
   a) In einer Klasse mit 27 Schülern gibt es 3 Mädchen mehr als Jungen.
   b) Ein Rechteck hat den Umfang von 25 cm. Eine Seite ist um 2 cm länger als die andere.
   c) Zwei Zahlen, deren Summe 56 ist, unterscheiden sich um 2.

3. Welche Zahlen könnten hier gemeint sein?
   Schreibe eine Ungleichung zu jedem Zahlenrätsel auf.
   a) Um 11 verkleinert, die Differenz versiebenfacht soll kleiner als 42 sein.
   b) Das Doppelte von ihr von 17 abgezogen und das Ergebnis verdreifacht soll höchstens 15 ergeben.
   c) Mehr als 4 soll es ergeben: 12 dazu die Summe durch 5 dividieren.

4. Löse folgende Gleichungen. Führe jeweils eine Probe durch.
   a) $3x + 5 = 8$
   b) $2x + 3 = 16$
   c) $x : 5 + 7 = 22$
   d) $(x - 2) : 8 = 1$
   e) $3(x - 5) = 36$
   f) $9y + 15 = 33$
   g) $(x - 14) - 3 = 22$
   h) $y - 32 = 5$
   i) $52 - y = -5$

5. Wie würdest du die folgende Gleichung lösen? Begründe dein Vorgehen.
   a) $10 - 7x + 72 : 9 = -10x + 20 + 4x - x$
   b) $2 : (x - 4) + 7 = x - 4 + 3$

6. Gib an, welche Umformung du beim formalen Lösen folgender Gleichungen als ersten Schritt vornehmen würdest. Begründe deine Wahl.
   a) $4x - 4 = 28$
   b) $10 - x = 5x - 2$
   c) $\frac{2}{x} = \frac{5}{7}$
   d) $4(x - 3) = 12(x + 1)$
   e) $-2x + 5 - 4x = 7x - 10 - 4x$
   f) $3(2a + 8) = -36$
   g) $\frac{1}{x+1} - \frac{2}{x-1} = \frac{3}{x^2 - 1}$
   h) $\frac{x}{3} + \frac{1}{2} = \frac{x}{2} - \frac{1}{3}$
   i) $\frac{x}{2} - 4 = 6$

7. Welche Zahlen x erfüllen die folgenden Gleichungen?
   a) $x + x = 0$
   b) $x - x = 0$
   c) $0 \cdot x = 0$
   d) $|x| = 1$
   e) $x + x = 2 \cdot x$
   f) $x : x = 1$

8. Richtig oder falsch gelöst? Wo steckt der Fehler? Begründe.
   Führe die korrekte Rechnung aus und überprüfe dein Ergebnis mittels Probe.
   a) $2x = 2 \quad | \cdot x$
      $x = 2x$
      $x_1 = 0; x_2 = 2$
   b) $3x - 3 = -3 \quad | + 3$
      $3x = 0$
      n. l.
   c) $3 + 13x = 16x$
      $16x = 16x$
      $x = 1$

Gemischte Aufgaben

9. Gib an, um welche Zahl es sich handelt. Stelle jeweils eine Gleichung auf.
   a) Addiert man 8 zum Fünffachen einer Zahl, so erhält man 78.
   b) Multipliziert man eine um 8 vergrößerte Zahl mit 6, so erhält man 78.
   c) Addiert man das Fünffache einer Zahl zum Achtfachen der Zahl, so erhält man 78.
   d) Subtrahiert man vom Dreifachen einer Zahl 6, so erhält man 39.

10. Welche Zahlen sind es? Stelle vorher zu jeder Aufgabe eine Gleichung auf.
    a) Zwei Zahlen, von denen die eine um 4 größer ist als das Dreifache der anderen, ergeben zusammen 88.
    b) Zwei Zahlen, von denen eine um 6 kleiner ist als die Hälfte der anderen, ergeben zusammen 51.
    c) Ich denke mir zwei Zahlen. Wenn ich die eine verdopple und 20 addiere, erhalte ich die andere. Die Summe der beiden Zahlen ist 17. Wie heißen die Zahlen?

11. Denke dir selbst ein Zahlenrätsel aus und lasse es von deinem Nachbarn lösen.

12. Bearbeite die Sportaufgabe von der Einführungsseite 99. Du übst eine Ausdauersportart aus? Dann kannst du in Fitnessbüchern eine interessante Faustregel nachlesen: Je älter du bist, umso geringer ist die optimale Pulsfrequenz: Steht die Variable P für „Pulsschläge pro Minute" und A für „Alter in Jahren", dann gilt für den optimalen Puls: 4P + 3A = 660.
    a) Dein Lehrer (37 Jahre alt) hat beim Joggen einen Puls von 145. Ist das im Einklang mit der Formel?
    b) Stelle die Formel so um, dass eine Gleichung entsteht, aus der man das Alter direkt aus der Pulsfrequenz berechnen kann.

13. Gib die Bedeutung der Variablen in den folgenden Formeln an.
    Stelle nach der in Klammern stehenden Größe um.
    a) $A = \frac{a+c}{2} \cdot h$ (c)   b) $v = \frac{s}{t}$ (t)   c) $\varrho = \frac{m}{V}$ (V)
    d) $R = \frac{\varrho \cdot l}{A}$ (A)   e) $\frac{F_H}{F_G} = \frac{h}{l}$ (F_G)   f) $\frac{1}{R} = \frac{1}{R_1} + \frac{1}{R_2}$ (R_1)

14. Falsche Umformungen kannst du herausfinden, wenn du dein Ergebnis in die Ausgangsformel einsetzt. Der Flächeninhalt der Figur rechts im Bild berechnet sich mit der Formel $A = x \cdot y - 3 \cdot 4$.
    a) Begründe diese Formel.
    b) Gesucht ist die Kantenlänge y bei vorgegebenem Flächeninhalt und bekannter Seitenlänge x. Welche Umformung stimmt?

    (1) $y = \frac{A + 12}{x}$ (2) $y = \frac{A}{x} + 12$ (3) $y = \frac{A - 12}{x}$

    Gib mindestens zwei verschiedene Verfahren an, die falsche Umstellung zu finden.

15. Zu einer Schüleraufführung kamen viele Zuschauer. Am zweiten Tag waren es 10 % mehr als am ersten Tag und an beiden Tagen zusammen 168 Zuschauer.
    Wie viele Zuschauer waren es am ersten Tag, wie viele Zuschauer am zweiten Tag?

Lösen von Gleichungen und Ungleichungen

16. Löse die Aufgabe des Metrodorus (4. Jahrhundert).
„Hier dies Grabmal deckt Diophantos. Schaut das Wunder. Durch des Entschlafenen Kunst lehrt sein Alter der Stein. Knabe zu sein gewährte ihm Gott ein Sechstel des Lebens; noch ein Zwölftel dazu, sprosst auf der Wange der Bart; dazu ein Siebentel noch, da schloss er das Bündnis der Ehe, nach fünf Jahren entsprang aus der Verbindung ein Sohn. Wehe, das Kind, das vielgeliebte, die Hälfte der Jahre hatt' es des Vaters erreicht, als es dem Schicksal erlag. Drauf vier Jahre hindurch durch der Größen Betrachtung den Kummer von sich scheuchend auch er kam an das irdische Ziel."
Diese Angabe ist die einzige Quelle zur Biografie des berühmten griechischen Mathematikers Diophant (um 250 n. Chr.). Sein Buch „Arithmetica" stellt das Hauptwerk der antiken Algebra dar und enthält eine Fülle neuer Ideen und Fragestellungen, von denen einige bis heute ungelöst sind.

17. Beate sagt zu ihrem Freund: „Ich trainiere jeden Tag Langstreckenlauf auf dem Schulsportplatz. Am Montag habe ich damit begonnen. Jeden Tag laufe ich 400 m mehr als am Vortag. Bis Freitag bin ich insgesamt 10 000 m gelaufen."
Wie viel Meter hat Beate am Montag und wie viel Meter am Freitag zurückgelegt?

18. Alexander behauptet, dass er Gedanken lesen kann. Dazu lässt er Daniela folgende Rechnung ausführen:
„Denke dir eine natürliche Zahl, multipliziere ihren Nachfolger mit 5, vermindere dieses Ergebnis um 1 und subtrahiere deine gedachte Zahl. Dividiere nun durch 4 und nenne mir das Ergebnis deiner Rechnung."
Als Daniela ihm die Zahl 10 nennt, sagt er ihr die gedachte Zahl. Wie heißt diese?
Überlege dir selbst eine Rechnung, mit der du als „Gedankenleser" auftreten kannst.

19. Gib den Term an, mit dem bei der jeweiligen Zerlegung der Flächeninhalt der Figur ermittelt werden kann.

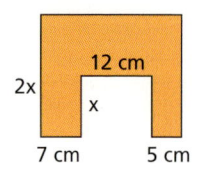

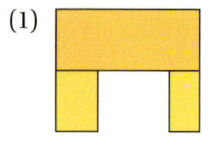

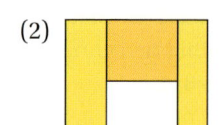

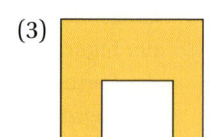

20. Auf einem Bauernhof leben Kaninchen und Fasane. Die Tiere haben zusammen 35 Köpfe und 94 Beine.
Wie viele Kaninchen und wie viele Fasane sind es?

21. In einer Schachtel befinden sich 16 Kugeln in drei verschiedenen Farben.
Es sind doppelt so viele blaue Kugeln wie rote Kugeln, eine gelbe Kugel mehr als blaue Kugeln.
Wie viele Kugeln jeder Farbe sind in der Schachtel?

Gemischte Aufgaben

22. Uwe fährt mit dem Fahrrad und legt stündlich 15 km zurück.
Tim fährt 20 min später los und mit 20 $\frac{km}{h}$ hinter Uwe her.
Nach wie viel Minuten hat Tim Uwe eingeholt?

23. Von Kleckershausen führt eine 7 km lange Landstraße nach Bullersdorf. Um 12 Uhr startet Klaus in Kleckershausen mit dem Fahrrad und fährt mit 15 $\frac{km}{h}$.
Um die gleiche Zeit startet Berthold in Bullersdorf und fährt ihm mit 20 $\frac{km}{h}$ entgegen.
Wann werden sich die beiden treffen? Wie weit ist dann jeder von seinem Startort entfernt?

24. Der Fahrpreis für eine Taxifahrt setzt sich aus der Grundgebühr von 1,75 € und 0,95 € für jeden gefahrenen Kilometer zusammen.
a) Berechne den Fahrpreis für eine Fahrstrecke von 20 km.
b) Robert hat insgesamt 24,55 € bezahlt. Wie weit ging die Taxifahrt?
c) Gib einen Term zur Berechnung des Fahrpreises für x gefahrene Kilometer an.

25. Im Parkhaus am Theater beträgt die Parkgebühr bis zu zwei Stunden 1,50 €, jede weitere angefangene Stunde kostet 0,75 €.
a) Wie hoch ist die Gebühr für fünf Stunden?
b) Wie lange kann man für eine Parkgebühr von 3,75 € parken?
c) Gib einen Term zum Berechnen der Parkgebühren für x Stunden (x ≥ 2) an.

26. Gib die Summe aller Kanten des Körpers als Term an und vereinfache.

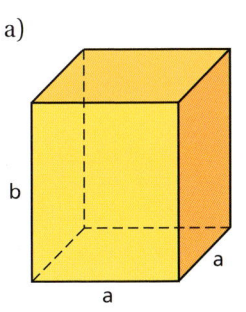

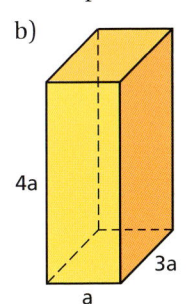

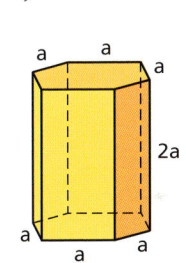

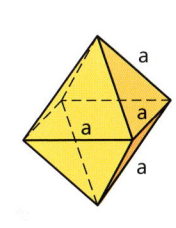

a) [Quader mit Kanten a, a, b]
b) [Quader mit Kanten a, 3a, 4a]
c) [sechsseitiges Prisma mit Kanten a, 2a]
d) [Oktaeder mit Kante a]

27. a) Formuliere zu jedem Sachverhalt eine mathematische Frage.
b) Beschreibe folgende Sachverhalte jeweils mithilfe des Streckenmodells.
c) Stelle eine Gleichung auf. Bestimme jeweils die Lösungen.
– Der Vater ist viermal so alt wie sein Sohn. Der Altersunterschied beträgt 27 Jahre.
– Max ist dreimal so alt wie Franziska. Doreen ist fünf Jahre älter als Franziska. Alle drei zusammen sind 30 Jahre alt.
– Beim Basketballturnier der Schule warf Lisa dreimal so viele Körbe wie ihre Mitspielerin Tanja. Mandy erzielte acht Körbe mehr als Tanja. Zusammen haben sie 58 Körbe geworfen.
– Niklas besitzt seit seinem Geburtstag vier CDs weniger als Josephine. Melanie hat aber doppelt so viele CDs wie Niklas. Zusammen haben sie 132 CDs.
– Multipliziere die Summe aus einer gedachten Zahl und 5 mit –3. Das Ergebnis ist die Differenz aus dem doppelten derselben gedachten Zahl und 10.

28. Erfinde selbst „Altersaufgaben", schreibe sie auf und lasse diese von deinem Nachbarn lösen.

Lösen von Gleichungen und Ungleichungen

29. Die Mehrwertsteuer ist in den Ländern Europas unterschiedlich hoch. Den Kaufpreis K erhält man, indem man die jeweilige Mehrwertsteuer zum Grundpreis P addiert.
  a) Berechne den Kaufpreis eines Fahrrades in den jeweiligen Ländern, dessen Grundpreis 250 € beträgt.
  b) Gib einen Term an, mit dem man den Kaufpreis jeweils berechnen kann.
  c) Anfang des Jahres 2007 wurde die Mehrwertsteuer in Deutschland von 16 % auf 19 % erhöht.
  Wie lautet ein Term vor der Erhöhung?

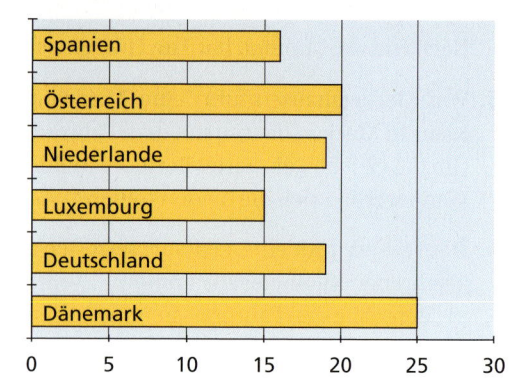

Mehrwertsteuer in Prozent

Spanien, Österreich, Niederlande, Luxemburg, Deutschland, Dänemark

30. Auf einem Baugelände sind rechteckige Grundstücke unterschiedlicher Länge und Breite entstanden. Der Flächeninhalt jedes Grundstücks beträgt aber genau 400 m².
  a) Überlege dir mögliche Seitenlängen x und y für mehrere solcher Grundstücke und trage sie in eine Tabelle ein. Achte darauf, dass ihre Flächeninhalte jeweils auch 400 m² betragen.
  b) Suche einen Term, mit dessen Hilfe y bestimmt werden kann, wenn x bekannt ist.
  c) Trage in deine Tabelle jeweils auch den Umfang jedes Grundstücks ein.
  d) Formuliere mit deinen Worten, was dir an den Werten der Tabelle auffällt.

Seitenlänge x	Seitenlänge y	Umfang u

31. a) Bestimme für die nebenstehende Figur möglichst geschickt den Umfang für a = 3 cm und b = 6 cm.
  b) Gib einen allgemeinen Term zur Bestimmung des Umfangs dieser Figur an.
  c) Bestimme auch den Flächeninhalt der Figur. Gib auch dafür einen allgemeinen Term an.

32. Sabine sagt zu Norbert:
„Denke dir eine natürliche Zahl, addiere zu dieser Zahl die darauffolgenden vier natürlichen Zahlen. Dividiere die dabei erhaltene Summe durch 5. Nennst du mir das Ergebnis, so sage ich dir sofort, welche Zahl du dir gedacht hast." Norbert denkt sich 10 und sagt nach kurzer Rechnung 12.
  a) Probiere das Zahlenrätsel mit weiteren natürlichen Zahlen aus.
  b) Formuliere mit eigenen Worten eine Gesetzmäßigkeit und zeige, dass diese für alle natürlichen Zahlen gilt.

33. Monika will mit einem Taxi zum Bahnhof fahren. Beim Losfahren stellt sie fest, dass das Taxameter sofort auf 2,20 € springt. So wird die Grundgebühr für die Fahrt angerechnet.
Bei den ersten 5 km springt das Taxameter nach jedem gefahrenen Kilometer um 1,45 € weiter, ab 6 km jeweils um 1,30 €.
  a) Gib einen Term für die Gesamtkosten an.
  b) Berechne mithilfe des Terms die Gesamtkosten für 2 km (7 km, 11 km, 12,5 km).
  c) Wie viel Kilometer könnte Monika für 20 € fahren?

Gemischte Aufgaben

34. Die Tabelle zeigt die Verkaufszahlen einer Ausstellung für Eintrittskarten und für Poster:

Tag	Kinder 2,00 €	Erwachsene 4,50 €	Poster 1,10 €
Montag	15	2	2
Dienstag	36	3	5
Mittwoch	48	3	7
Donnerstag	52	5	3
Freitag	86	11	10
Samstag	102	36	15
Sonntag	224	48	19

a) Gib einen Term für die Berechnung der Tageseinnahmen an.
b) Berechne die Einnahmen für einen Wochentag mithilfe des Terms aus Aufgabe a.
c) Wie hoch sind in dieser Woche die Gesamteinnahmen?

35. Jana und Ulrike haben beide 15 € im Monat für ihr Handy eingeplant. Jana zahlt 0,99 € pro Minute ohne Gebühr. Ulrike zahlt 6,95 € Grundgebühr und für jede Minute 0,39 €.
a) Wie viel Minuten kann jeder für 15 € telefonieren?
b) Übertrage die Tabelle in dein Heft und berechne die Gebühren.

Minuten x	0	10	20	30	40	50	60
$y = 0{,}99x$							
$y = 0{,}39x + 6{,}95$							

c) Zeichne ein Koordinatensystem mit einer geeigneten Einteilung. Trage jeweils die zugehörigen Werte als Punkte in das Koordinatensystem ein und verbinde diese.
d) Was stellst du fest? Schreibe auf, was du aus deiner Grafik ablesen kannst.
Gib eine Gleichung für deine Handygebühren an, falls du einen Vertrag besitzt.

36. Werden drei aufeinanderfolgende ganze Zahlen addiert, dann ist das Ergebnis 81.
a) Welche drei Zahlen sind das?
b) Wie verändert sich die Lösung, wenn das Ergebnis 65 sein soll?
c) Lassen sich auch vier ganze aufeinanderfolgende Zahlen finden, deren Summe 81 ergibt?
d) Finde eigene Beispiele für die Summe von vier aufeinanderfolgenden Zahlen. Vergleiche.

37. ADAM RIES, der von 1492 bis 1559 vor allem in Annaberg im Erzgebirge wirkte, überlieferte folgende Aufgabe und löste sie mithilfe einer Gleichung.
Originalfassung:
Item mach mir aus 10 Zwey teyl also, so ich eynenn teyl vom andern hinwegk nim Das 2 vorlasenn ader vberpleiben werdenn.
Übersetzung:
Die Zahl 10 ist so in zwei Summanden zu zerlegen, dass die Differenz dieser Summanden gleich 2 ist.

Teste dich selbst

1. Löse die Gleichungen und überprüfe deine Ergebnisse mithilfe der Probe.
   a) 6 − 3a = 5a − 26
   b) 7 + (5x − 12) = −30
   c) 7z + 9 − 18z = 10 − 15z + 29
   d) −3b − (9 − 8b) = −49
   e) $x^2 + 12 = 48$
   f) 3(4x − 5) + 17 = 2(6x − 1)

2. Übersetze folgende Texte in Gleichungen. Finde die gesuchten Zahlen.
   a) Wird vom Dreifachen einer Zahl 7 subtrahiert, so erhalte ich 29.
   b) Bildet man die Differenz aus dem Dreifachen einer Zahl und 9 und multipliziert man diese anschließend mit −2, so erhält man −12.
   c) Der dritte Teil einer Zahl, vermehrt um 2,4, ist so groß wie die Zahl, vermindert um 3,6.

3. Bestimme die Lösungsmenge durch Anwenden der Umformungsregeln.
   a) 14 + x = 8
   b) 21 = 27 − 3x
   c) 5 + 3x = 13 − 2x
   d) $\frac{x}{4} + 5 = -1$
   e) −13x = 4x − 20 + 3x
   f) 8x + 26 − 4x − 12 − 3 = −9 + 4x − 5x + 12 − 3x
   g) (x + 7) · 8 = 192
   h) 3x − (4x − 5) = 25
   i) $\frac{7x}{8} = \frac{49}{64}$
   j) $\frac{22}{x} - \frac{3}{5} = \frac{1}{2}$

4. Die Summe aller Seiten in einem Rechteck beträgt 36 cm.
   Die Seite a ist um 4 cm länger als die Seite b. Bestimme die Seitenlängen.
   Berechne den Flächeninhalt des Rechtecks und zeichne das Viereck.

5. Überprüfe die angegebenen Lösungen für die folgenden Gleichungen.
   a) 3x + 8 = 26 $x_1 = 5; x_2 = 6$
   b) 2x + 4 = 11 + x $x_1 = 6; x_2 = 7$

6. Die größte Insel der Erde ist Grönland. Sie ist 1 403 700 km² größer als die zweitgrößte Insel Neuguinea. Die Fläche von Neuguinea muss man jedoch um 770 974 km² verkleinern, um die Fläche der größten Insel Deutschlands (Rügen) zu erhalten.
   Berechne die Fläche jeder der drei Inseln, wenn sie zusammen eine Fläche von 2 948 426 km² haben.

7. Pit hat ein Drittel seines Taschengelds ausgegeben. Vom verbleibenden Rest kauft er für 4 € eine Kinokarte.
   Jetzt hat er nur noch 2 €.
   Wie viel Euro Taschengeld hatte Pit?

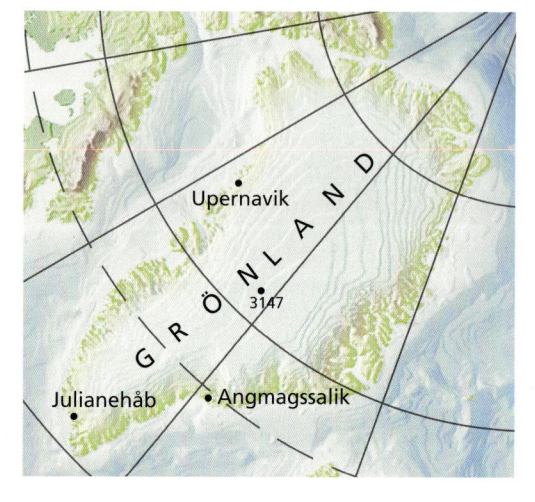

8. Unter drei Geschwistern werden 120 € so aufgeteilt, dass jedes folgende Kind 30 € mehr erhält als das nächstjüngere von beiden. Wie viel Euro erhält jedes Kind?

9. Oma schickt an ihre Enkeltochter ein Paket. Es soll höchstens 3 kg wiegen. Sie hat schon einige Geschenke eingepackt, sodass das Paket jetzt 2,5 kg wiegt. Wie viele Tafeln Schokolade zu je 150 g darf sie höchstens noch einpacken, damit das Paket nicht schwerer als 3 kg wird?

Das Wichtigste im Überblick

Gleichung – Ungleichung

Verbindet man zwei Terme mit einem Gleichheitszeichen, entsteht eine Gleichung.

Gleichung:
$8x + 72 = 3x + 2$

Eine Ungleichung entsteht, wenn zwei Terme durch eines der Zeichen <; >; ≤; ≥ oder ≠ verbunden werden.

Ungleichung:
$3x + 4 \leq 18$

Alle Zahlen oder Größen, die anstelle der Variablen eingesetzt werden können, bilden den Grundbereich.

Je nach Aufgabenstellung gilt z. B. $G = \mathbb{N}$; $G = \mathbb{Z}$ oder $G = \mathbb{Q}$.

Alle Elemente des Grundbereiches, die beim Einsetzen in die Gleichung oder Ungleichung eine wahre Aussage ergeben, bilden die Lösungsmenge.

Gleichung: $\quad 3x + 1 = 13$
Grundbereich: $\quad G = \mathbb{N}$
Lösung: $\quad L = \{4\}$

Umformungsregeln

Die Lösungsmenge einer Gleichung bzw. einer Ungleichung ändert sich nicht, wenn auf beiden Seiten folgende Umformungen (Äquivalenzumformungen) vorgenommen werden.

Gleichung:
1. Addieren des gleichen Terms
2. Subtrahieren des gleichen Terms
3. Multiplizieren mit dem gleichen Term ($\neq 0$)
4. Dividieren durch den gleichen Term ($\neq 0$)

Die Seiten einer Gleichung können vertauscht werden.

$4x - 1 = 8 \quad | +1$
$4x = 9 \quad | :9$
$x = \frac{4}{9}$

Ungleichung:
1. Addieren des gleichen Terms
2. Subtrahieren des gleichen Terms
3. Multiplizieren mit einer gleichen positiven Zahl
4. Dividieren durch den gleichen Term ($\neq 0$)

Beim Multiplizieren mit einer negativen Zahl bzw. beim Dividieren durch eine negative Zahl und beim Vertauschen der Seiten muss das Relationszeichen umgekehrt werden.

$3 - x < -2 \quad | -3$
$-x < -5 \quad | :(-1)$
$x > 5$

Formeln

Für das Umstellen von Variablen in Formeln gelten die gleichen Regeln wie beim Umformen von Gleichungen. Du kannst mit den Variablen wie mit Zahlen oder Größen rechnen.

$A = \frac{a+c}{2} \cdot h \quad$ nach c umstellen:

$A = \frac{a+c}{2} \cdot h \quad | \cdot 2$

$2A = (a+c) \cdot h \quad | :h$

$\frac{2A}{h} = a + c \quad | -a$

$c = \frac{2A}{h} - a$

4 Der Kreis

Einen Kreis messen
Mittels Stangen und einem Band soll der Umfang eines Kreises durch regelmäßige n-Ecke möglichst genau bestimmt werden.
Führt diesen Versuch auf eurem Schulhof durch. Jede Gruppe zeichnet einen Kreis mit einem anderen Radius als Vorlage. Geht von einem regelmäßigen Sechseck aus und versucht, mindestens ein regelmäßiges 24-Eck zu erzeugen, und bestimmt dessen Umfang.

Ein Amulett restaurieren
Bei Ausgrabungen wurde ein Stück eines sehr alten Amuletts gefunden. Wahrscheinlich hatte der vollständige Anhänger die Form eines Kreises.
Wie könnte man das Fundstück in seiner ursprünglichen Form und Größe zeichnen?

Eine neue Fläche gestalten
Für die Gestaltung eines Gartens wurde ein neues kreisförmiges Blumenbeet angelegt.
Wie hat sich der Flächeninhalt des Kreises verändert, wenn der Durchmesser jetzt verdoppelt wurde?

Rückblick

Kreis

Ein Kreis ist die Menge aller Punkte, die von einem Punkt M, dem Mittelpunkt, denselben Abstand besitzen. Diesen Abstand nennen wir Radius.

Den Mittelpunkt bezeichnen wir mit M, den Radius mit r. Die Strecke d heißt Durchmesser, die Länge der Kreislinie ist der Umfang u des Kreises.

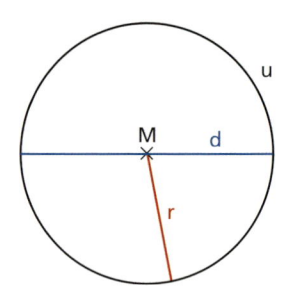

Kreise lassen sich mit unterschiedlichen Hilfsmitteln zeichnen. Gewöhnlich verwendet man einen Zirkel. Auch mithilfe von Schablonen, durch Umfahren runder Gegenstände und (z. B. im Freien) mithilfe einer Schnur und zweier Stäbe können Kreise gezeichnet werden.

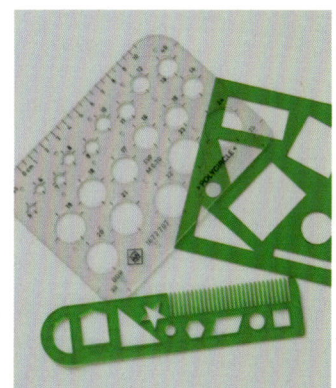

Konstruktion des Inkreises und des Umkreises eines Dreiecks

Der Schnittpunkt der Mittelsenkrechten ist Mittelpunkt eines Kreises, auf dem alle Eckpunkte des Dreiecks liegen. Man nennt deshalb diesen Kreis den Umkreis des Dreiecks ABC.

Der Schnittpunkt der Winkelhalbierenden ist Mittelpunkt eines Kreises, der die Dreiecksseiten von innen berührt. Man nennt deshalb diesen Kreis den Inkreis des Dreiecks ABC.
Um den Radius des Inkreises zu bestimmen, konstruiert man das Lot vom Punkt M auf eine der Dreiecksseiten.

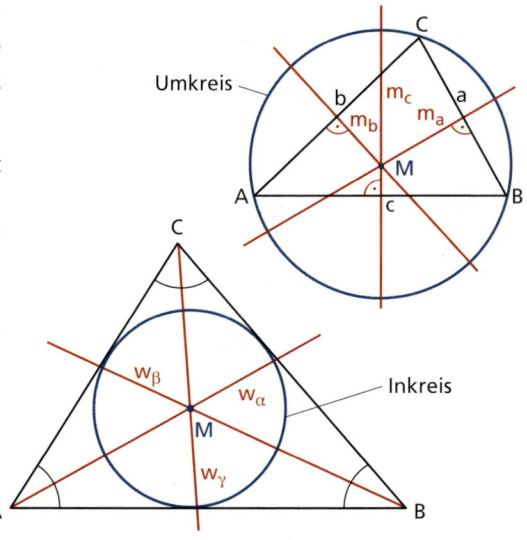

Aufgaben

1. Zeichne ein spitzwinkliges, ein rechtwinkliges und ein stumpfwinkliges Dreieck. Konstruiere jeweils den Umkreis. Was kannst du über die Lage der Umkreismittelpunkte sagen?

2. Die Frage in der Aufgabe 3 kann auch durch die Anwendung einer dynamischen Geometriesoftware beantwortet werden.
   a) Zeichne ein beliebiges Dreieck und konstruiere seinen Umkreis, kennzeichne den Umkreismittelpunkt.
   b) Verändere nun im Zugmodus die Form und die Größe des Dreiecks.
   c) Beobachte und beschreibe die Lage des Umkreises und des Umkreismittelpunktes.

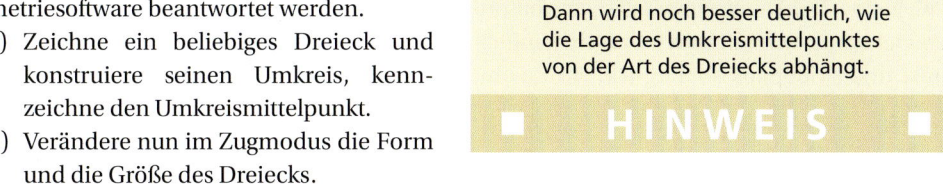

   > **HINWEIS**
   > Es kann zusätzlich die Größe der Innenwinkel gemessen werden. Dann wird noch besser deutlich, wie die Lage des Umkreismittelpunktes von der Art des Dreiecks abhängt.

3. Bei der Bebauungsplanung einer Stadt wird vorgesehen, dass drei Schulen eine Sporthalle gemeinsam nutzen. Jemand fordert, dass die Halle von allen drei Schulen gleich weit entfernt sein soll.
   a) Wie kann man auf einem Lageplan konstruktiv die Stelle bestimmen?
   b) Was hältst du von der Forderung? Wäre der Vorschlag in jedem Fall sinnvoll?

4. In einer Parkanlage stehen drei Bäume. In der nebenstehenden Abbildung sind sie mit A, B und C bezeichnet. Es soll ein kreisförmiger Weg angelegt werden, der an den Bäumen vorbeiführt.
   Übertrage die Abbildung in einem geeigneten Maßstab in dein Heft. Konstruiere den Kreis.
   Beschreibe und begründe dein Vorgehen.

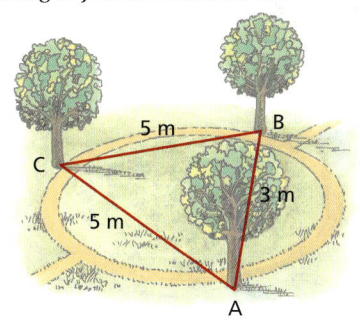

5. Die Punkte A(3|3), B(13|3) und C(11,5|13) bezeichnen in einem Koordinatensystem die Standorte dreier Segelboote auf einem See. Welcher Punkt muss mit den Booten angesteuert werden, damit sie sich möglichst schnell treffen?

6. Zeichne fünf Kreise um einen gemeinsamen Mittelpunkt mit den Radien 2 cm, 1,5 cm, 33 mm, 5,2 cm und 4 cm. Wie nennt man solche Kreise?

7. Zeichne fünf Kreise um einen gemeinsamen Mittelpunkt mit den Durchmessern 5 cm, 6,8 cm, 88 mm, 9,4 cm und 7,4 cm.

8. Zeichne die folgenden Kreisornamente mit den angegebenen Radien in deinem Heft nach. Gestalte die Ornamente farbig.
   a) r = 2 cm
   b) r = 3 cm
   c) r = 4 cm

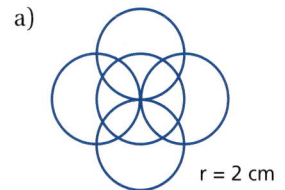

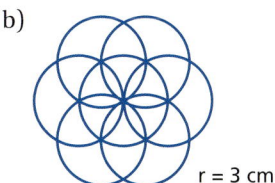

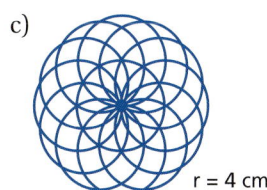

4.1 Linien am Kreis

Strecken und Geraden am Kreis

Wenn du zwei Punkte der Kreislinie miteinander verbindest, erhältst du eine Strecke s. Sie heißt Sehne. Der Durchmesser d ist eine besondere Sehne. Er verläuft durch den Kreismittelpunkt und ist doppelt so lang wie der Radius: d = 2r.

Geraden und Kreise können verschiedene Lagen zueinander haben.
Sekante: Gerade, die eine Kurve schneidet (g_1)
Tangente: Gerade, die eine Kurve berührt (g_2)
Passante: Gerade, die eine Kurve meidet – die Vorbeigehende (g_3)

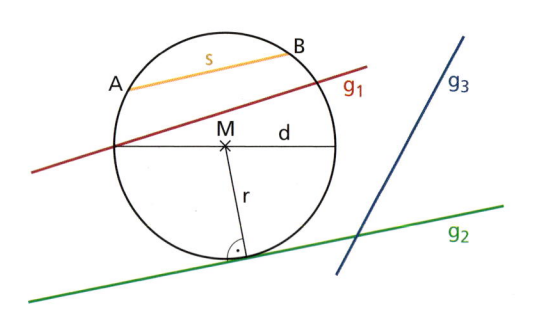

Konstruktion des Kreismittelpunkts

Um das Amulett (siehe S. 139) zu vervollständigen, fertigt der Restaurateur eine Zeichnung der Scheibe an. Er zeichnet den vollständigen Kreis und den Mittelpunkt:
Er zeichnet eine beliebige Sehne im Kreis. Der Kreismittelpunkt M muss auf der Mittelsenkrechten der Sehne liegen. Die Mittelsenkrechte einer zweiten Sehne verläuft auch durch M. Beide Mittelsenkrechten schneiden sich im Mittelpunkt M. Damit hat er den Mittelpunkt gefunden und er kann den vollständigen Kreis zeichnen.

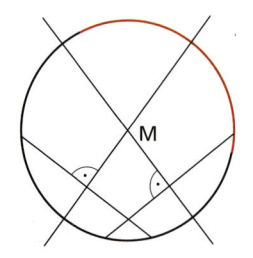

Sehnenvierecke

Jedes Dreieck besitzt einen Umkreis, dessen Mittelpunkt der Schnittpunkt aller Mittelsenkrechten ist (siehe Seite 140).
Vierecke haben nur dann einen Umkreis, wenn alle Eckpunkte gleich weit von einem gemeinsamen Punkt M entfernt sind, d.h. auf einem gemeinsamen Kreis liegen. Die Seiten sind also Sehnen und ein solches Viereck heißt **Sehnenviereck**.

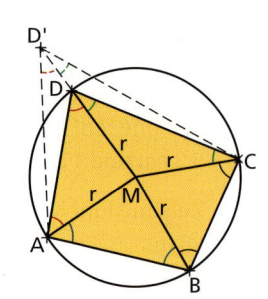

Die Summe gegenüberliegender Winkel im Sehnenviereck beträgt 180°.

$\alpha + \gamma = 180°$

$\beta + \delta = 180°$

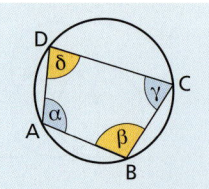

Methoden

Begründen einer mathematischen Aussage

Im Sehnenviereck beträgt die Summe gegenüberliegender Winkel 180°.

Dieser Satz ist eine mathematische Aussage. Gilt diese Aussage für jedes Sehnenviereck?
Um eine Vermutung zu begründen, werden bekannte Aussagen z. B. über Winkel angewendet.

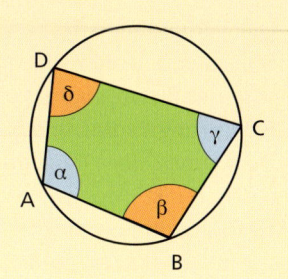

Vorausgesetzt wird, dass das Viereck ABCD ein Sehnenviereck ist. Ein Sehnenviereck besitzt einen Umkreis, dessen Seiten Sehnen eines Kreises sind.
Es wird vermutet: $\alpha + \gamma = 180°$ und $\beta + \delta = 180°$

Jedes Sehnenviereck kann in gleichschenklige Dreiecke zerlegt werden. Der Abstand vom Mittelpunkt des Kreises zu den Eckpunkten des Sehnenvierecks ist immer gleich, weil dieser Abstand gleichzeitig der Radius des Kreises ist.

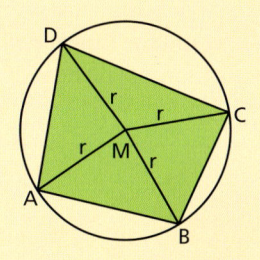

In jedem gleichschenkligen Dreieck sind die Basiswinkel gleich groß.
△ ABM: $\alpha_2 = \beta_1$ △ BCM: $\beta_2 = \gamma_1$
△ CDM: $\gamma_2 = \delta_1$ △ DAM: $\delta_2 = \alpha_1$

Im Viereck ABCD beträgt die Summe der Innenwinkel 360°.
Also gilt: $\alpha_1 + \alpha_2 + \beta_1 + \beta_2 + \gamma_1 + \gamma_2 + \delta_1 + \delta_2 = 360°$

Da Basiswinkel im gleichschenkligen Dreieck gleich groß sind, gilt auch: $\alpha_2 = \beta_1$; $\beta_2 = \gamma_1$; $\gamma_2 = \delta_1$; $\delta_2 = \alpha_1$

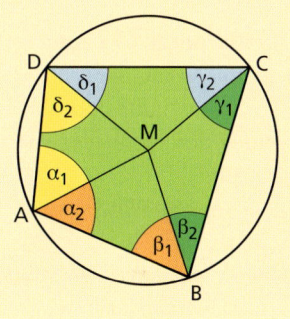

Diese Beziehung wird nun in die Gleichung zur Innenwinkelsumme im Viereck eingesetzt:
$\alpha_1 + \alpha_2 + \alpha_2 + \gamma_1 + \gamma_1 + \gamma_2 + \gamma_2 + \alpha_1 = 360°$,
also $2\alpha_1 + 2\alpha_2 + 2\gamma_1 + 2\gamma_2 = 360°$

Im Sehnenviereck gilt: $\alpha_1 + \alpha_2 = \alpha$ und $\gamma_1 + \gamma_2 = \gamma$, also $2\alpha + 2\gamma = 360°$
Durch Division durch 2 erhält man: $\alpha + \gamma = 180°$
Die so erhaltene Gleichung entspricht der oben genannten Aussage.
Eine solche lückenlose Kette von Begründungen reicht aus, um eine Vermutung zu bestätigen.

Es kann einfach gezeigt werden, dass auch $\beta + \delta = 180°$ gilt.

Natürlich gibt es auch die Möglichkeit, verschiedene Sehnenvierecke zu untersuchen, indem man die Innenwinkel misst und die entsprechenden Summen bildet. Es können aber Messungenauigkeiten auftreten, die nicht zu dem exakten Ergebnis 180° führen. Diese Methode liefert jeweils ein Ergebnis zu einem konkreten Sehnenviereck. Das Ergebnis kann nicht verallgemeinert werden.

Der Kreis

Tangentenkonstruktionen

Die Verbindungsstrecke vom Mittelpunkt des Kreises zum **Berührungspunkt** einer Tangente wird Berührungsradius genannt. Tangente und **Berührungsradius** sind zueinander senkrecht. Du kannst eine Tangente an einen Kreis in einem Punkt P des Kreises mit dem Geodreieck zeichnen, indem du die Senkrechte zum Berührungsradius im Punkt P errichtest.

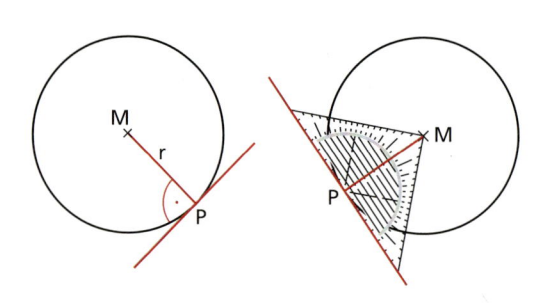

Schneiden gemeinsame Tangenten der Kreise k_1 und k_2 die Strecke $\overline{M_1M_2}$, so heißen sie **gemeinsame innere Tangenten** der Kreise. Schneiden gemeinsame Tangenten der Kreise k_1 und k_2 die Strecke $\overline{M_1M_2}$ nicht, so heißen sie **gemeinsame äußere Tangenten** der Kreise.

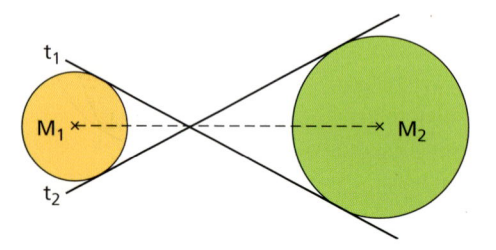

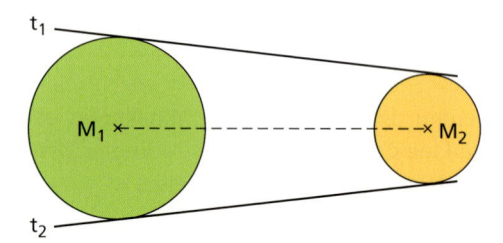

Winkel am Kreis

Die Sitzplätze in einem antiken Theater oder einem Zirkus sind kreisförmig angeordnet. Ein Grund dafür sind Überlegungen zum Blickwinkel der Zuschauer von verschiedenen Sitzplätzen.
Von welchen Plätzen sieht man am besten? Erkläre.
Überprüfe deine Überlegungen mit dynamischer Geometriesoftware.

> Ein Winkel heißt
> - **Zentriwinkel (Mittelpunktswinkel),** wenn sein Scheitel im Kreismittelpunkt liegt,
> - **Peripheriewinkel (Umfangswinkel),** wenn sein Scheitel auf dem Kreis liegt und seine Schenkel den Kreis schneiden,
> - **Sehnen-Tangenten-Winkel,** wenn sein Scheitel auf dem Kreis liegt und ein Schenkel den Kreis schneidet, der andere den Kreis berührt.

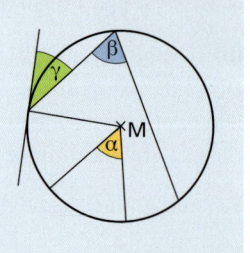

Zu jedem Zentriwinkel und zu jedem Peripheriewinkel gehören eine bestimmte Sehne und ein bestimmter Kreisbogen.

Linien am Kreis

Aufgaben

1. Beschreibe, wie man ein kreisförmiges Beet anlegen kann und welche Geräte man dazu benötigt. Führe mit deinen Mitschülern einen entsprechenden Versuch auf dem Schulhof durch.

2. Von Kreisen ist jeweils der Radius bekannt. Gib den Durchmesser an.

    a) 17 cm b) 39,5 m c) 0,75 km d) $\frac{1}{4}$ m e) 1,17 cm f) 4,5 mm

3. Gib für die angegebenen Kreisdurchmesser jeweils den zugehörigen Radius an.

    a) 17 cm b) 39,4 m c) 0,36 km d) 0,1 km e) $\frac{1}{2}$ m f) 12 760 km

4. Gegeben ist ein Kreis um M mit dem Durchmesser d = 8 cm.
    a) Wo liegen die Punkte A, B und C bezüglich des Kreises, wenn $\overline{MA}$ = 4,5 cm, $\overline{MB}$ = 40 mm und $\overline{MC}$ = 3,5 cm betragen?
    b) Was lässt sich über die Abstände von D, E und F von M aussagen, wenn
       D innerhalb des Kreises,   E außerhalb des Kreises,   F auf dem Kreis liegt?

5. Zeichne einen Kreis k um M. Lege auf k einen Punkt P fest. Verbinde diesen mit M und zeichne die Senkrechte s zu $\overline{PM}$ durch P. Wähle auf dieser Senkrechten einen beliebigen Punkt D mit D ≠ P. Zeige, dass der Punkt D außerhalb des Kreises k liegen muss.
Welche Eigenschaften hat die Senkrechte s bezüglich des Kreises k?

6. Welche Form hat die Fläche, die eine Ziege auf einer Wiese abgrasen kann, wenn sie wie folgt angebunden wird?
    a) Sie wird mit einer Leine an einen Pflock angebunden.
    b) Zwischen zwei Pflöcken wird eine Leine gespannt, auf der ein Ring entlanggleiten kann, an dem die Ziege mit einer Leine angebunden ist.

7. Zeichne eine Gerade g und auf ihr einen Punkt M. Kennzeichne die Fläche farbig, deren Punkte P folgende Bedingungen erfüllen:
    a) Der Abstand $\overline{PM}$ beträgt höchstens 2 cm.
    b) Der Abstand P zu g beträgt höchstens 1 cm.

8. Zeichne in ein Koordinatensystem die Punkte M(5|3) und A(9|0) sowie den Kreis um M, der durch A geht. Gib mindestens sechs Punkte an, die auf dem Kreis liegen und gleichzeitig ganzzahlige Koordinaten haben.

Der Kreis

9. Zeichne im Koordinatensystem (Längeneinheit: 1 cm) den Kreis um M(5|5) mit dem Radius r = 5 cm. Kennzeichne die Punkte A(9|y_1), B(8|y_2) und C(5|y_3), die auf diesem Kreis liegen.
   a) Ermittle alle Werte für y_1, y_2 und y_3 und trage die entsprechenden Punkte ein.
   b) Zeichne die Tangenten in den Punkten A, B und C.

10. Welche der folgenden Vierecke können Sehnenvierecke sein, welche nicht? Begründe.
    a) Quadrat   b) Rechteck   c) Trapez   d) Rhombus (Raute)
    e) Parallelogramm   f) Drachenviereck   g) gleichschenkliges Trapez

11. Das Viereck ABCD ist ein Sehnenviereck. Berechne die fehlenden Winkelgrößen. Erläutere deinen Lösungsweg.
    a) α = 40°; β = 70°   b) α = 68°; δ = 116°   c) α = δ = 105°
    d) α = δ = γ   e) α = 72°; β = 108°   f) β = 70°; δ = 110°

12. Prüfe, ob das Viereck ABCD mit den Winkeln α, β, γ und δ ein Sehnenviereck sein kann.
    a) α = 110°; β = 30°; γ = 70°   b) α = 130°; β = 50°; γ = 150°
    c) α = β; γ = δ; α ≠ γ   d) β = 2,5 α; γ = 5 α; δ = 105°

13. Berechne die fehlenden Innenwinkelgrößen der Sehnenvierecke.
    a) [Figur mit Punkten A, B, C, D, M; Winkel δ bei D, γ bei C, 44° bei M, 105° bei A]
    b) [Figur mit Punkten A, B, C, D, M; a||c, b=d; Winkel δ bei D, γ bei C, β bei B, 75° bei A]

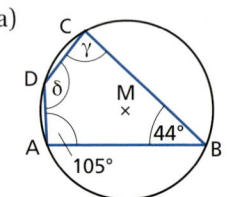

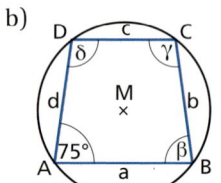

14. Welches Viereck ist zugleich
    a) ein Rechteck und ein Rhombus,
    b) ein Parallelogramm und ein Drachenviereck,
    c) ein Sehnenviereck und ein Trapez?

15. Zeichne einen Kreis und teile ihn in sechs bzw. drei gleiche Teile, indem du den Radius abträgst. Zeichne in den Teilpunkten die Tangenten an den Kreis.

16. Zeichne einen Kreis um M mit r = 3 cm und einen Durchmesser d des Kreises. Zeichne je zwei Tangenten an den Kreis, die parallel zu d sind bzw. die senkrecht zu d sind. Welche Figur entsteht bei der Konstruktion? Begründe.

17. Zeichne einen Kreis mit r = 2,5 cm. In dem Kreis liegen zwei Radien $\overline{MA}$ und $\overline{MB}$, die einen Winkel von 30° einschließen.
    a) Konstruiere in den Punkten A und B die Tangenten an den Kreis.
    b) Bestimme den Winkel zwischen den Tangenten.

18. a) Ordne die Peripheriewinkel den Bögen $\widehat{AB}$ und $\widehat{BA}$ zu.
    b) Ordne den Bögen $\widehat{ST}$ und $\widehat{TS}$ in der rechten Zeichnung die Zentriwinkel und Peripheriewinkel zu.

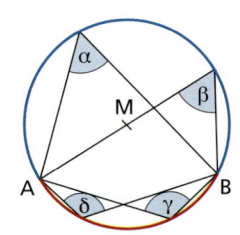

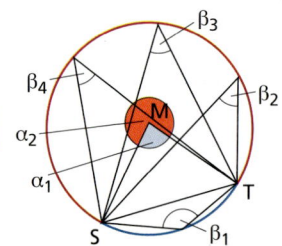

4.2 Sätze am Kreis

Satz des Thales

THALES VON MILET (um 624 bis 546 v. Chr.) hat als erster griechischer Mathematiker der Antike allgemeine Aussagen für mathematische Objekte aufgestellt und in Ansätzen logische Begründungen dafür angegeben. Er zählt damit neben seinem Schüler PYTHAGORAS zu den Wegbereitern einer neuen Entwicklungsetappe der Mathematik.
Mit Mathematik befasste sich THALES erst im Alter. Er sammelte nicht nur Gesetzmäßigkeiten, sondern suchte auch nach Erklärungen dafür. Der Satz, dass die Winkelsumme im Dreieck 180° beträgt, geht auf ihn zurück.
Ein anderer interessanter mathematischer Satz trägt seinen Namen.

Zeichne den Durchmesser $\overline{AB}$ eines Kreises und mehrere Dreiecke ABC, deren dritter Eckpunkt C innerhalb, außerhalb und genau auf der Kreislinie liegt.
Du kannst feststellen, dass der Winkel ∢ BCA von innen nach außen immer kleiner wird. Zuerst ist er stumpf, dann spitz. In einem Fall tritt ein rechter Winkel auf.
Du kannst zur Lösung der Aufgabe auch ein dynamisches Geometrieprogramm, z. B. EUKLID, nutzen.
Wenn $\overline{AB}$ der Durchmesser eines Kreises ist und der Punkt C auf der Kreislinie liegt, kannst du feststellen, dass der Winkel ∢ BCA immer gleich groß ist. In jedem Fall tritt ein rechter Winkel auf.
Überprüfe die Vermutung durch eine eigene Konstruktion. Du kannst zur Lösung der Aufgabe auch hier ein dynamisches Geometrieprogramm nutzen.

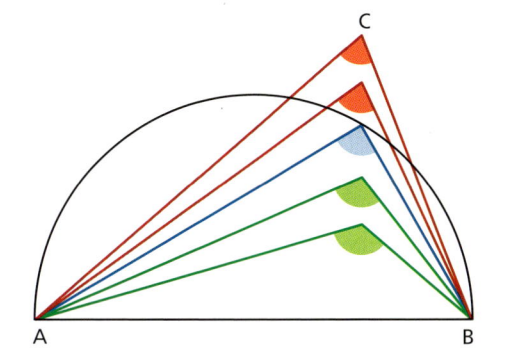

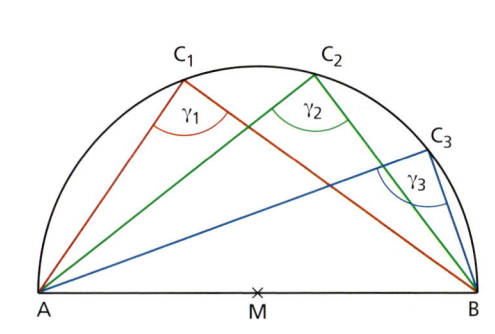

Satz des Thales
Wenn in einem Dreieck ABC der Punkt C auf einem Kreis mit dem Durchmesser $\overline{AB}$ liegt, so ist das Dreieck rechtwinklig.
Der rechte Winkel liegt beim Punkt C.

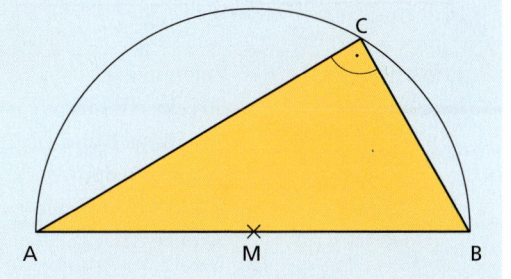

Der Kreis

Beweis
Voraussetzung: (1) $\overline{AB} = d$
(2) C liegt auf der Kreislinie
Behauptung: $\gamma = 90°$

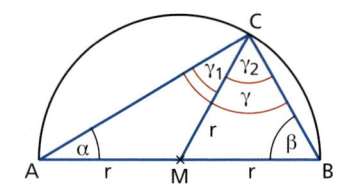

Beweis: $\alpha + \beta + \gamma = 180°$ (Innenwinkelsumme im Dreieck)
$\alpha = \gamma_1$ (Basiswinkel im gleichschenkligen Dreieck AMC)
$\beta = \gamma_2$ (Basiswinkel im gleichschenkligen Dreieck MBC)

Daraus folgt: $\gamma_1 + \gamma_2 + \gamma = 180°$
$\gamma + \gamma = 180°$
$\gamma = 90°$ w. z. b. w.

Umkehrung des Thalessatzes

Wenn du eine Reihe von rechtwinkligen Dreiecken mit der gleichen Seite $\overline{AB}$ zeichnest, kannst du leicht die Vermutung gewinnen, dass alle Eckpunkte C auf einem Kreis liegen.
Diese richtige Vermutung stellt die Umkehrung des Thalessatzes dar, die sich durch Vertauschen von Voraussetzung und Behauptung ergibt.

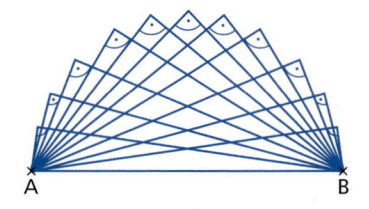

> **Umkehrung des Thalessatzes**
> Ist ein Dreieck ABC rechtwinklig mit dem rechten Winkel bei C, dann liegt C auf dem Kreis mit dem Durchmesser $\overline{AB}$.

Anwendung des Thalessatzes beim Lösen von Konstruktionsaufgaben

Konstruiere ein Dreieck ABC, wenn die Seite c, die Höhe h_c, der Winkel $\gamma = 90°$ gegeben sind.

Planfigur: Konstruktion:

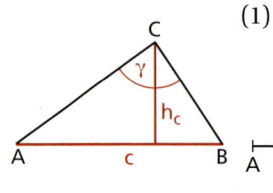

Konstruktionsbeschreibung:

(1) Zeichne die Strecke $\overline{AB}$ mit der Länge c und bestimme den Mittelpunkt M der Strecke $\overline{AB}$.

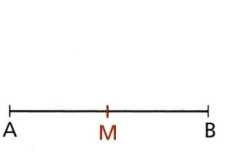

(2) Zeichne eine Parallele zu $\overline{AB}$ im Abstand h_c.

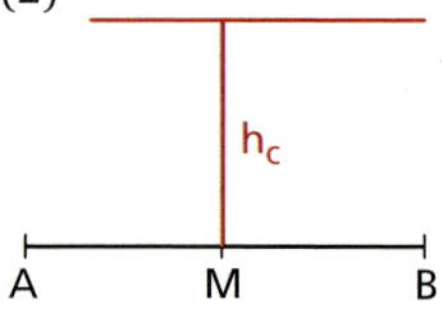

(3) Zeichne einen Kreisbogen um M mit $r = \frac{\overline{AB}}{2}$. Bezeichne die Schnittpunkte mit C_1 und C_2.
$\triangle ABC_1$ und $\triangle ABC_2$ sind rechtwinklig.

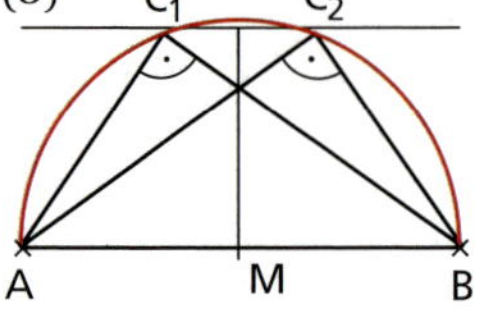

148

Sätze am Kreis

- Konstruiere Tangenten an einen Kreis k durch einen Punkt P außerhalb des Kreises.

  Lösungsplan:
  (1) Zeichne die Strecke $\overline{PM}$ und konstruiere ihren Mittelpunkt A.
  (2) Zeichne um A den Thaleskreis mit $\overline{MP}$ als Durchmesser.
      Die Schnittpunkte mit dem gegebenen Kreis bezeichne mit X_1 und X_2.
  (3) Zeichne die Geraden PX_1 und PX_2.
      Sie sind die Tangenten von P an den Kreis.
      Überprüfe, ob der Berührungsradius senkrecht zur Tangente ist.

  Planfigur:

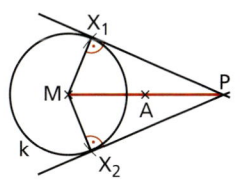

Peripheriewinkelsatz

Alle **Peripheriewinkel** (Umfangswinkel) über demselben Bogen $\overset{\frown}{AB}$ sind gleich groß:
$\alpha = \beta$

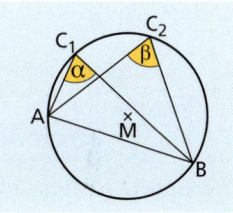

Beweisidee:
$ABCD_1$, $ABCD_2$ usw. sind Sehnenvierecke. Im Sehnenviereck beträgt die Summe gegenüberliegender Winkel 180°. Damit ergänzen sich die Winkel in B und D_1, in B und D_2 usw. zu 180°.

Hinweis:
Häufig verwendet man statt „über demselben Bogen" den Ausdruck „über derselben Sehne". Dabei muss allerdings beachtet werden, dass zu jeder Sehne, die nicht Durchmesser ist, stets zwei verschiedene Kreisbögen und somit auch zwei verschieden große Peripheriewinkel gehören. Diese gegenüberliegenden Peripheriewinkel ergänzen sich zu 180°.

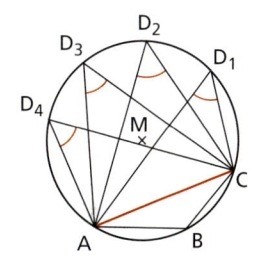

Zentriwinkel-Peripheriewinkel-Satz

Der **Zentriwinkel** (Mittelpunktswinkel) über dem Bogen $\overset{\frown}{AB}$ ist stets doppelt so groß wie jeder **Peripheriewinkel** über $\overset{\frown}{AB}$:
$\alpha = 2\beta$; $\beta = \frac{\alpha}{2}$

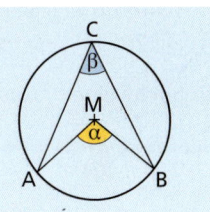

- $\beta = 30°$, dann ist $\alpha = 2 \cdot 30° = 60°$
  $\alpha = 110°$, es folgt $\beta = \alpha : 2 = 110° : 2 = 55°$

149

Der Kreis

Aufgaben

1. Berechne die gesuchten Größen des Dreiecks ABC (rechter Winkel bei C). Begründe.
   a) Gegeben: α = 40°   Gesucht: β, γ
   b) Gegeben: α = 2β   Gesucht: α, β, γ

2. Berechne β, γ und δ, wenn α folgende Größe hat.
   Beschreibe deinen Lösungsweg.
   Welche mathematischen Sachverhalte hast du für deine Lösung genutzt?
   a) α = 20°
   b) α = 70°
   c) α = 45°
   d) α = n°

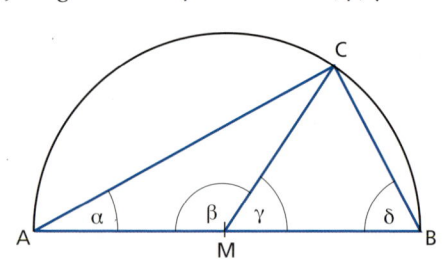

3. Ein Kreis wurde durch Umfahren eines runden Gegenstands gezeichnet. Wie kannst du den Mittelpunkt des Kreises unter Verwendung folgender Hilfsmittel feststellen?
   a) Bleistift, Zirkel, Lineal
   b) Bleistift und Geodreieck

4. Konstruiere rechtwinklige Dreiecke ABC (γ = 90°) mithilfe des Thaleskreises. Beschreibe dein Vorgehen.
   a) $\overline{AB}$ = 8,0 cm; $\overline{BC}$ = 6,5 cm
   b) $\overline{AB}$ = 7,0 cm; $\overline{BC}$ = 5,2 cm
   c) $\overline{AB}$ = 5,6 cm; $\overline{BC}$ = 3,8 cm

5. Gegeben sind ein Kreis k um M und ein Punkt P außerhalb des Kreises.
   Konstruiere die Tangenten von P an den Kreis. Beschreibe und begründe dein Vorgehen.
   a) r = 4,5 cm; $\overline{MP}$ = 7,5 cm
   b) r = 2,5 cm; $\overline{BD}$ = 6,5 cm

6. Zeichne einen Kreis mit dem Radius r = 3 cm. Konstruiere an diesen Kreis zwei Tangenten, die miteinander einen Winkel von 60° bilden. Erläutere dein Vorgehen.

7. Stich zwei Stecknadeln (wie in der Abbildung) in ein Blatt Papier und bewege dein Zeichendreieck so, dass es die beiden Stecknadeln immer berührt. Markiere bei unterschiedlichen Lagen des Eckpunkts diesen mit einem Kreuz.
   Was stellst du fest? Begründe.

8. Bestimme zeichnerisch die Zentriwinkel und Peripheriewinkel über einem
   a) Halbkreisbogen,
   b) Viertelkreisbogen,
   c) Achtelkreisbogen.

9. Wie groß ist jeweils der Zentriwinkel zum Peripheriewinkel mit gegebener Größe?
   a) 24°   b) 35°   c) 27,5°   d) 93°   e) 55,5°   f) 39,7°

10. Suche einen Zusammenhang. Bestimme die Winkelgrößen.
    a)
    b)
    c)

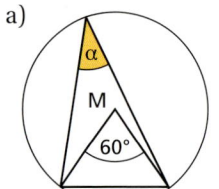

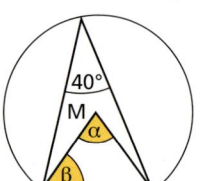

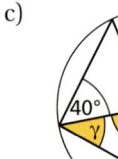

150

4.3 Umfang und Flächeninhalt von Kreisen bestimmen

Umfang von Kreisen berechnen

Der Kilometerzähler bei einem Fahrrad zählt eigentlich nur die Anzahl der Umdrehungen eines Rades. Dennoch ist es mit diesem einfachen „Zählgerät" möglich, die mit dem Fahrrad zurückgelegte Entfernung zu ermitteln. Dabei ist allerdings die Größe des Rades zu beachten (siehe S. 156, Aufgabe 2).
Die Strecke, die ein Fahrrad bei einer Umdrehung seines Vorderrades zurücklegt, entspricht der Länge des äußeren Randes des Vorderrades, also seinem Umfang. Je größer das Rad ist, desto größer ist der zurückgelegte Weg bei einer Umdrehung.

Es besteht also vermutlich ein Zusammenhang zwischen dem Durchmesser des Rades und seinem Umfang.
Eine Messung ergibt:

Art des Rades	Durchmesser d	Umfang u	$\frac{u}{d}$
18er	45,5 cm	143 cm	3,14
24er	61,0 cm	192 cm	3,15
28er	71,1 cm	223 cm	3,14

Der **Umfang** eines Kreises ist proportional zu seinem Durchmesser. Der Proportionalitätsfaktor heißt **Kreiszahl** (Kreiskonstante) und wird mit dem griechischen Buchstaben π (Sprechweise: pi) bezeichnet.
Für den Umfang eines Kreises gilt: $u = \pi \cdot d$ bzw. $u = 2\pi \cdot r$
Die Zahl π ist irrational. $\pi = 3{,}1415...$

■ Eine CD-ROM hat einen Durchmesser von 12 cm. Wie groß ist der Umfang der CD?

Gegeben: $d = 12$ cm; $\pi = 3{,}14$

Gesucht: u in cm

Lösung: $u = \pi \cdot d$
            $u = 3{,}14 \cdot 12$ cm
            $u = 37{,}7$ cm

Antwort: Die CD hat einen Umfang von 37,7 cm.

Hinweis: Für Überschlagsrechnungen kannst du folgende Näherungsformeln verwenden:
            $u \approx 3d$ oder $u \approx 6r$

Die Kreiszahl π finden

Wir haben bisher mit dem Zahlenwert 3,14 für die Kreiszahl π gerechnet. Im Folgenden wollen wir untersuchen, wie groß π wirklich ist (siehe S. 139, Aufgabe 1).

Wir gehen von einem Kreisdurchmesser von 20 cm aus und benutzen die umgestellte Gleichung für den Umfang: $\pi = \frac{u}{d}$.

regelmäßiges n-Eck	u (innen) in cm	u (außen) in cm	Näherung für π $\left(\frac{u}{d}\right)$
Viereck (Quadrat)	56,6	80	2,83 < π < 4,00
Sechseck	60	69,3	3,00 < π < 3,47
12-Eck	62,1	64,3	3,11 < π < 3,22
24-Eck	62,7	63,2	3,135 < π < 3,16
⋮	⋮	⋮	⋮
96-Eck	62,82	62,85	3,141 < π < 3,143

Es ist uns gelungen, den Zahlenwert für π „von unten und oben" einzuschachteln. Man nennt dieses Verfahren deshalb **Intervallschachtelung**.

Die Idee, den Kreis durch regelmäßige Vielecke immer besser anzunähern und so Näherungswerte für die Kreiszahl zu finden, geht auf ARCHIMEDES (um 287 bis 212 v. Chr.) zurück.

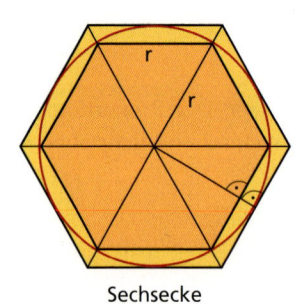

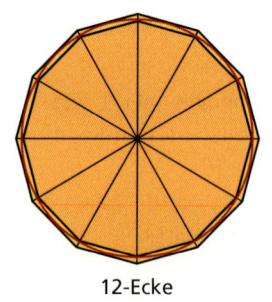

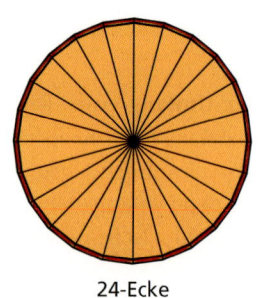

Sechsecke | 12-Ecke | 24-Ecke

Er begann seine Rechnungen mit einem einbeschriebenen und einem umbeschriebenen Sechseck. Durch Verdopplung der Eckenanzahl konnte er den Umfang immer genauer einschränken und erhielt beim 96-Eck als Schranken $3\frac{10}{71} < \pi < 3\frac{1}{7}$ (vgl. Tabellenwerte).

Erst im 18. Jahrhundert konnte bewiesen werden, dass π keine rationale Zahl ist.
Die Kreiszahl π ist ein unendlicher, nichtperiodischer Dezimalbruch und kann nur als Näherungswert angegeben werden. π nennt man demzufolge eine **irrationale Zahl**.

> Neben den rationalen Zahlen existieren weitere Zahlen, die unendliche, nichtperiodische Dezimalbrüche sind. Diese Zahlen werden irrational genannt.
> Die rationalen und die irrationalen Zahlen bilden zusammen den Zahlenbereich der **reellen Zahlen**.

Die Geschichte der Kreiszahl π

Die Kreiszahl taucht schon seit über 4000 Jahren in Texten auf.
In der Bibel, im ersten Buch der Könige, Kapitel 7, Vers 23, wird ein kreisförmiges Becken beschrieben. Nach den angegebenen Maßen ergibt sich für π der Wert 3.
Eine ca. 4000 Jahre alte babylonische Keilschrifttafel nennt den Wert $3 + \frac{1}{8}$.
Im ägyptischen Papyrus Rhind, das etwa 1650 Jahre v. Chr. geschrieben wurde, findet sich die Näherung $\left(\frac{16}{9}\right)^2$.
In Indien, wo das Stellenwertsystem bereits erfunden war, wurde 380 v. Chr. in der Schrift Siddhanta der Wert 3,1416 angegeben. In China rechnete man ab dem Jahr 130 n. Chr. mit 3,1622.
Die Faszination der Zahl π lässt nicht nach und seit Jahrhunderten werden in allen Kulturkreisen dazu Berechnungen angestellt.

Durch den Einsatz von Computern haben sich die Möglichkeiten, sehr viele Stellen von π zu bestimmen, rasant entwickelt und immer noch werden weitere Nachkommastellen berechnet.
In Taschenrechnern ist ein Näherungswert für π mit der jeweiligen Taschenrechnergenauigkeit abgespeichert. Diesen Wert kannst du mit der Taste π oder mit einer Tastenfolge, z.B. 2nd bzw. SHIFT π, aufrufen.
Die Anzeige 3.141592654 beim Taschenrechner ist jedoch gerundet.
Im Jahr 2002 berechnete der Japaner YASUMASA KANADA mit einem Supercomputer die Zahl π auf 1241 Milliarden Nachkommastellen genau. Der Computer benötigte 400 h für diese Berechnung.

Länge eines Kreisbogens

Bei einem Kreisbogen mit dem Radius r ist die **Länge b eines Kreisbogens** proportional zum dazugehörigen Zentriwinkel (Mittelpunktswinkel) α, da sich bei Verdopplung von α auch die Länge von b verdoppelt.

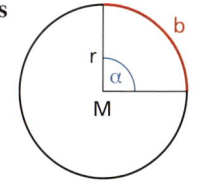

α	90°	180°	360°
b	$\frac{u}{4}$	$\frac{u}{2}$	u

Der Anteil des Bogens am Umfang entspricht dem Anteil des Zentriwinkels am Vollwinkel (360°).
Es gilt also $\frac{b}{u} = \frac{\alpha}{360°}$. Daraus ergibt sich:

> In einem Kreis mit dem Radius r gilt für die Länge b eines **Kreisbogens** mit dem dazugehörigen Zentriwinkel α: $\quad b = u \cdot \frac{\alpha}{360°} \qquad b = 2\pi r \cdot \frac{\alpha}{360°} = \frac{\pi r \alpha}{180°}$

Das babylonische Ischtar-Tor (im Pergamonmuseum in Berlin) schließt oben mit einem Kreisbogen (r = 2,5 m; α = 180°) ab, der verziert ist. Berechne die Länge des Bogens.

Gegeben: r = 2,5 m; α = 180°   Gesucht: b   Planfigur:

Lösung: $b = \frac{\pi r \alpha}{180°}$

$b = \frac{\pi \cdot 2{,}5 \text{ m} \cdot 180°}{180°} \approx 7{,}9 \text{ m}$

Antwort: Die Länge der Schmuckkante beträgt 7,9 m.

Den Flächeninhalt eines Kreises berechnen

Ein einfaches Verfahren, um den Flächeninhalt zu bestimmen, haben wir bereits bei den Dreiecken und Vierecken benutzt. Dazu wurde unter die Figur eine Rasterfläche gelegt und die Teilquadrate wurden ausgezählt bzw. zu vollständigen Quadraten ergänzt.
Wie lässt sich die Methode, die in der nebenstehenden Grafik angewandt wurde, verfeinern?

In der folgenden Tabelle sind mögliche Ergebnisse eingetragen:

Kreis	1	2	3	4
r in cm	3	4	5	6
A in cm²	28	60	78	114
$\frac{A}{r^2}$	3,11	3,13	3,12	3,17

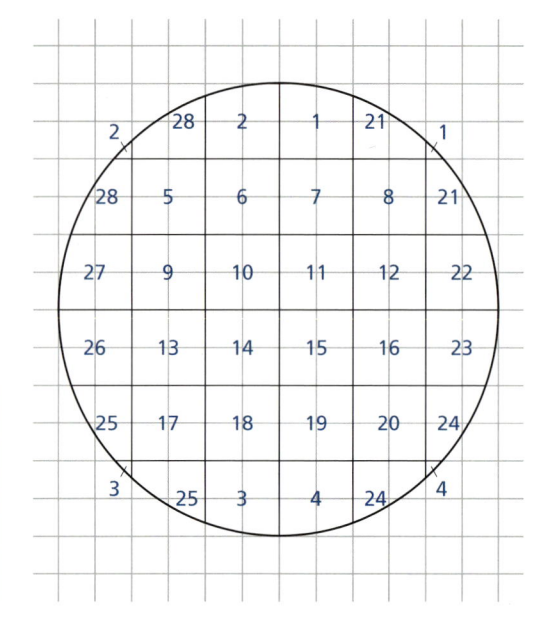

Analog zum Kreisumfang wollen wir prüfen, ob zwischen dem Radius des Kreises und seinem Flächeninhalt ein proportionaler Zusammenhang besteht. Dazu untersuchen wir in der 4. Zeile der Tabelle diesmal den Quotienten aus A und r^2 (siehe S. 157, Aufgabe 13).

Betrachten wir die Ergebnisse für $\frac{A}{r^2}$, so stellen wir fest, dass die Werte annähernd gleich sind.

Dieser Proportionalitätsfaktor entspricht auch hier der Kreiszahl π: $\frac{A}{r^2} = \pi$.

> Der **Flächeninhalt eines Kreises** ist das Produkt aus der Konstanten π und dem Quadrat seines Radius r.
> Es gilt: $A = \pi \cdot r^2$ bzw. $A = \frac{d^2}{4} \cdot \pi$

■ Ein Rasensprenger beregnet eine kreisförmige Fläche mit einem Radius von 11 m. Wie groß ist die Fläche, die beregnet wird?

Gegeben: Kreis k mit r = 11 m; $\pi \approx 3{,}14$

Gesucht: A in m²

Lösung: $A = \pi \cdot r^2$
$A = \pi \cdot (11 \text{ m})^2$
$A = 379{,}94 \text{ m}^2$
$A \approx 380 \text{ m}^2$

Antwort: Die beregnete Rasenfläche hat einen Flächeninhalt von 380 m².

Umfang und Flächeninhalt von Kreisen bestimmen

Flächeninhalt eines Kreissektors

Der Teil einer Kreisfläche, der von zwei Radien r und einem Kreisbogen b begrenzt wird, heißt **Kreissektor**.
Der Flächeninhalt A_α eines Kreissektors ist proportional zu dem zugehörigen Zentriwinkel α, da sich bei Verdopplung von α auch A_α verdoppelt. Der Anteil des Flächeninhalts des Kreissektors A_α am Flächeninhalt des Kreises $\pi \cdot r^2$ entspricht dem Anteil des Zentriwinkels α am Vollwinkel 360°.

> In einem Kreis mit dem Radius r gilt für den Flächeninhalt A_α eines **Kreissektors** mit dem dazugehörigen Zentriwinkel α:
>
> $A_\alpha = \pi \cdot r^2 \cdot \dfrac{\alpha}{360°}$

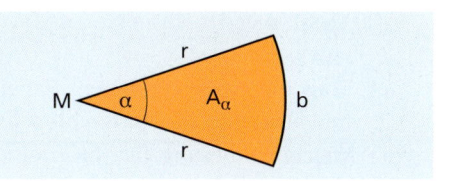

Aufgaben

1. Bearbeitet die folgenden Aufträge in Gruppen. Präsentiert eure Ergebnisse vor der Klasse.

   a) Sucht Objekte, die eine kreisförmige Grundfläche besitzen, wie eine CD-ROM, ein Bierdeckel, eine Keksdose oder ein Glas. Bestimmt mithilfe eines Fadens den Umfang des Objekts. Messt den Durchmesser der Kreisfläche. Tragt in eine Tabelle den Durchmesser, den Umfang und den Quotienten $\frac{u}{d}$ ein.

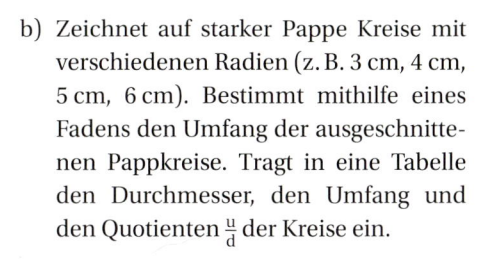

   b) Zeichnet auf starker Pappe Kreise mit verschiedenen Radien (z. B. 3 cm, 4 cm, 5 cm, 6 cm). Bestimmt mithilfe eines Fadens den Umfang der ausgeschnittenen Pappkreise. Tragt in eine Tabelle den Durchmesser, den Umfang und den Quotienten $\frac{u}{d}$ der Kreise ein.

Kreis	1	2	3	4	5
d in cm					
u in cm					

   c) Zeichnet auf einem großen, weißen Blatt (A3-Format) einen Kreis mit einem Radius von z. B. 10 cm und konstruiert ein regelmäßiges Sechseck, dessen Eckpunkte auf dem Kreis liegen. Bestimmt den Umfang des Sechsecks. Informiert euch, wie man neben dem einbeschriebenen Sechseck auch ein umbeschriebenes Sechseck zeichnen kann. Bestimmt auch dessen Umfang.
   Konstruiert nun entsprechend ein 12-Eck sowie ein 24-Eck und messt die Umfänge. Wie kann man den Kreisumfang als Intervall näherungsweise darstellen?

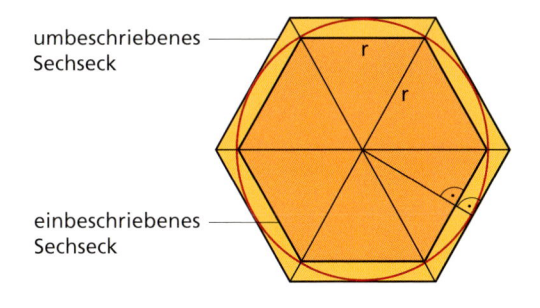

Der Kreis

2. **Fahrrad-Experiment:** Fahrräder werden u. a. nach der Größe der Räder unterschieden. So gibt es 18er, 24er und 28er. Bestimmt mithilfe dieser Rädergrößen eine Näherung für π (siehe S. 151).
   a) Kennzeichnet am Vorderrad (z. B. am Ventil) die Stelle, ab welcher der Umfang des Rades gemessen werden soll.
   b) Bewegt das Rad so lange geradlinig vorwärts, bis das Rad eine Umdrehung vollendet hat.
   c) Messt diese Entfernung, sie entspricht dem Umfang des Rades.
   d) Messt den Durchmesser des Vorderrades.
   e) Tragt die Messwerte in eine Tabelle ein und berechnet den Quotienten $\frac{u}{d}$.
   f) Welche Näherung für die Kreiszahl π habt ihr erhalten?

Art des Rades	Durchmesser d	Umfang u	$\frac{u}{d}$
18er			
24er			
28er			

3. Die ursprüngliche Beetfläche auf Seite 139 hatte einen Durchmesser von 4,20 m. Berechne den Umfang des Blumenbeets.
   Wie groß ist der Umfang, wenn der Durchmesser verdoppelt wird?

4. Ermittle jeweils den Umfang eines Kreises mit folgendem Durchmesser.
   a) 10 cm   b) 31,8 cm   c) 106 cm   d) 2 m   e) 0,87 km   f) $\frac{1}{3}$ m

5. Wie groß ist der Umfang eines Kreises mit folgendem Radius?
   a) 5 cm   b) 31,8 cm   c) 53 cm   d) 5 m   e) 0,123 cm   f) $\frac{1}{6}$ m

6. Halte einen Vortrag zur Geschichte der Kreiszahl π. Informiere dich in Nachschlagewerken oder im Internet (z. B. www.schuelerlexikon.de).

7. Wie lang sind Durchmesser und Radius eines Kreises mit folgendem Umfang?
   a) 1 m   b) 6,28 cm   c) 4,5 cm   d) 17 cm   e) 22 mm   f) 9π

8. Tina joggt im Park. Die runde Rasenfläche in der Mitte des Parks hat einen Durchmesser von 45 m. Wie lang ist eine Runde um diese Rasenfläche?

9. Der Durchmesser der Erde beträgt am Äquator etwa 12 757 km.
   a) Wie groß ist der Radius am Äquator?
   b) Berechne den Erdumfang am Äquator.

10. Berechne jeweils die Länge des Kreisbogens.
    a) d = 8 cm; α = 45°   b) r = 4,2 cm; α = 270°   c) d = 6,5 cm; α = 72°
    d) r = 90 cm; α = 20°   e) d = 16 cm; α = 35°   f) r = 3,39 m; α = 46,2°

11. Wie groß ist der Zentriwinkel, der zu einem Kreis mit dem Radius 5 cm und zu einem Bogen folgender Länge gehört?
    a) 5 cm   b) 21 cm   c) 15,7 cm   d) 157 cm   e) π cm   f) 2π cm

12. Welche der beiden Linien (rot bzw. blau) in der nebenstehenden Abbildung ist länger? Begründe.

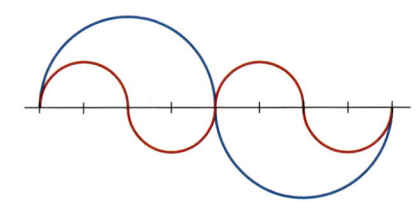

Umfang und Flächeninhalt von Kreisen bestimmen

13. Bearbeitet die folgenden Aufträge in Gruppen. Präsentiert eure Ergebnisse vor der Klasse.

a) Zeichnet auf kariertem Papier Kreise mit verschiedenen Radien (z. B. 3 cm, 4 cm, 5 cm).
Zählt die Kästchen aus und bestimmt so näherungsweise den Flächeninhalt der Kreise.

Kreis	1	2	3	4	5
r in cm					
A in cm²					

Zeichnet die Kreise nun auf Millimeterpapier und zählt wieder die Kästchen aus.
Die Ergebnisse werden in einer Tabelle erfasst.
Überprüft die Messergebnisse, indem ihr jeweils den Flächeninhalt berechnet.
Bestimmt jeweils die Abweichung des gemessenen vom berechneten Wert und gebt diese in Prozent an.
Nennt Gründe für die Ungenauigkeit der Messwerte.

b) Zeichnet auf Zeichenkarton Kreise mit verschiedenen Radien (z. B. 6 cm, 7 cm, 8 cm, 9 cm).
Zerlegt die Kreise in gleich große Teile, indem ihr Durchmesser einzeichnet.
Schneidet die Kreisteile aus und legt diese zu „Parallelogrammen" zusammen.
Bestimmt jeweils den Flächeninhalt des Parallelogramms.
Gebt die Näherungen für den Flächeninhalt der Kreise an.
Wie lässt sich die Näherung verfeinern?

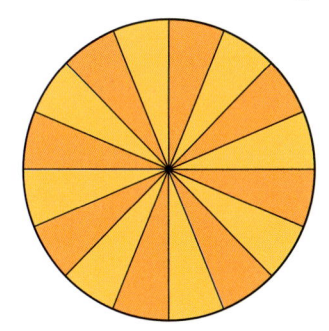

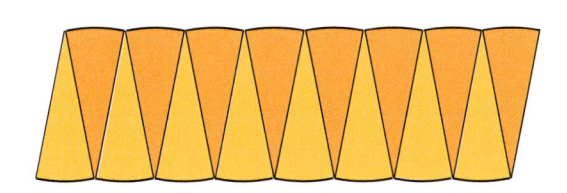

Stellt für einen der gezeichneten Kreise diese Methode vor.
Zeigt den Mitschülern sowohl den vollständigen Kreis als auch die Umwandlung in Parallelogrammform.
Erläutert, wie der Flächeninhalt des Parallelogramms berechnet werden kann.
Welchen Größen des Kreises entsprechen diese Maße?
Vergleicht die Ergebnisse für die Flächeninhalte der Kreise mit den rechnerischen Lösungen.
Begründet die eventuell vorhandenen Abweichungen.

14. Berechne jeweils den Flächeninhalt der Kreise mit folgenden Radien:

a) 7,5 cm b) 15 cm c) 75 cm d) 0,62 m e) $\frac{1}{3}$ m

f) 3,5 m g) 5,64 cm h) 2,7 dm i) 1 km j) 0,5 cm

15. Berechne jeweils den Flächeninhalt der Kreise mit folgenden Durchmessern:

a) 15 cm b) 20 cm c) 0,8 cm d) 3,76 m e) $\frac{1}{6}$ m

f) 72 mm g) 0,8 km h) 146 km i) 12 dm j) $\frac{\pi}{2}$

Der Kreis

16. Berechne für die gegebenen Kreisumfänge jeweils den Flächeninhalt des Kreises.
   a) 4,5 cm   b) 9,0 cm   c) 0,72 m   d) 6,28 m   e) π m

17. Berechne für die gegebenen Kreisflächeninhalte jeweils den Umfang des Kreises.
   a) 10 m^2 b) 25,2 m^2 c) 0,4 π m^2 d) 15 255 m^2 e) 25 π m^2

18. Ein sich drehender Rasensprenger hat eine Reichweite von 3,5 m.
   a) Wie groß ist die von ihm bewässerte Fläche?
   b) Der Wasserdruck wird erhöht. Die Reichweite beträgt jetzt 5 m.
      Um wie viel Prozent hat sich die bewässerte Fläche jetzt vergrößert?

19. Berechne für die Kreisflächeninhalte jeweils Radius und Durchmesser der zugehörigen Kreise. Beschreibe deinen Lösungsweg. Welche Rechenoperation hast du zum Schluss ausgeführt?
   a) 6,28 cm^2 b) 12,56 cm^2 c) 628 mm^2 d) 12,2 cm^2 e) 1 m^2

20. Das kreisförmige Blumenbeet (siehe Seite 139) wurde so vergrößert, dass der ehemalige Durchmesser von 2,40 m verdoppelt wurde. Wie hat sich der Flächeninhalt des Blumenbeets verändert? Was vermutest du? Überprüfe rechnerisch.

21. Der Meteoritenkrater in Arizona (USA) ist mit einem Durchmesser von 1265 m einer der größten Krater der Welt. Nadine ist der Meinung, dass der Krater so groß ist wie der Kemnader See. Dieser Ruhrstausee liegt zwischen Bochum, Hattingen und Witten. Überprüfe Nadines Aussage.

22. Klaus hat beim Kugelstoßen bereits zwei ungültige Versuche, weil er über den Rand getreten ist. Er schimpft: „Ich habe ja nicht mal 3 m^2 Platz zum Stoßen." Stephan meint, dass dies nicht stimmen kann, denn der Kugelstoßring muss einen Durchmesser von 7 englischen Fuß haben. Was meinst du dazu?

23. Welche der farbigen Flächen ist ein Kreissektor? Begründe.
   a)   b) 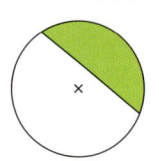   c) 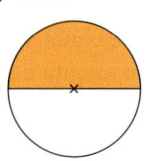   d)

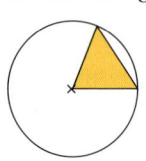

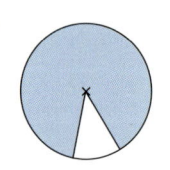

24. Berechne jeweils den Flächeninhalt des Kreissektors.
   a) r = 15 cm; α = 72°   b) d = 0,36 m; α = 225°   c) r = 12,5 cm; α = 18°

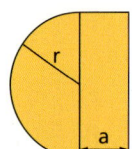

25. Berechne jeweils den Flächeninhalt der gelben Figuren.
   a) r = 12,5 cm   b) r = 1,2 cm 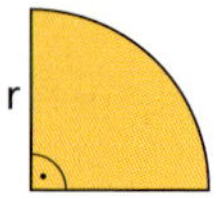   c) r = 2,74 m   d) r = 4,5 cm
      a = 8 cm   a = 2,74 m α = 300°

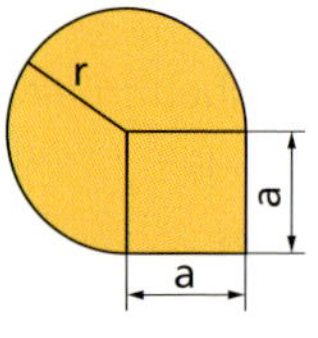

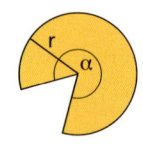

4.4 Gemischte Aufgaben

1. Um eine gefährliche Kreuzung zu entschärfen, beschließt die Gemeinde, einen Kreisverkehr bauen zu lassen. Damit auch große Lkws problemlos „um die Kurve" kommen, muss die Mittelinsel einen Durchmesser von 25 m haben.
Erstelle einen Auftrag an eine Gartenbaufirma, die sowohl begrünen als auch die Insel entlang der Kante mit 20 cm langen Kantensteinen einfassen soll.

2. Das 3 m breite Tor zur Burg Wattenstein soll mit 30 cm langen Backsteinen erneuert werden. Das Tor ist insgesamt 4 m hoch und wird im oberen Teil von einem halbkreisförmigen Bogen begrenzt. Wie viele Steine muss die Baufirma höchstens mitbringen, um die Arbeiten ausführen zu können? Warum heißt es in der Aufgabe „höchstens"? Skizziere das Tor.

3. Melanie bringt zur Gartenparty eine kugelförmige Melone mit. Bevor sie die Melone zerteilt, misst sie den Umfang mit einem Bandmaß. Die Frucht hat einen Umfang von 1 m.
Wie sollte Melanie die Melone zerteilen, damit sie die größte Schnittfläche erhält?
Wie groß ist diese Fläche?

4. Tom fährt sehr gern Kettenkarussell. Wenn das Karussell die größte Geschwindigkeit erreicht hat, ist Tom 10 m von der Drehachse entfernt. Welche Strecke legt er bei einer Runde zurück? Wie lange dauert eine Runde, wenn er sich mit einer Geschwindigkeit von $14\,\frac{m}{s}$ bewegt?

5. Nehmen wir an, dass sich die Satelliten auf Kreisbahnen um unsere Erde bewegen.
Welche Angaben lassen sich aus den Informationen berechnen?
Formuliere Aufgaben und löse sie.

   > Die GPS-Satelliten umkreisen die Erde mit einer Geschwindigkeit von 3,9 km pro Sekunde und haben eine Umlaufzeit von etwa 12 h.
   > Die mittlere Bahnhöhe über der Erdoberfläche beträgt ca. 20 200 km.

6. Klaus steht in der Küche der Mathematiker-WG und hat ein Problem. Auf dem Herd steht ein Topf mit einem Durchmesser von 21 cm. Drei Deckel hängen am Küchenbord.
Auf den Deckeln steht jeweils, wie „groß" sie sind: 241 cm^2, 346 cm^2 und 471 cm^2.
Kannst du ihm helfen?

7. In einer alten römischen Villa wird ein kreisförmiges Ornament aus Mosaiksteinen komplett erneuert.
Wie viele 4 cm^2 große Steine werden höchstens gebraucht, wenn das Mosaik einen Durchmesser von 3,20 m hat?
Dem Restaurateur ist die Anzahl zu groß. Er rechnet, dass 10 % der Fläche für die Fugen genutzt werden.

Der Kreis

8. An Fenstern, Geländern und Ornamenten alter Kirchen sind häufig Muster aus Kreisen und Kreisbögen erkennbar. Gestalte ein solches Kreisornament nach eigenen Vorstellungen. Du kannst das nebenstehende Foto als Vorlage verwenden.

9. Berechne und vergleiche den Umfang eines Kreises mit dem eines Quadrates, die einen Flächeninhalt von je 1 m² haben.

10. Eine 1200 Jahre alte Eiche ist 23 m hoch und hat in 1 m Höhe einen Stammdurchmesser von 4,25 m.
    a) Ermittle den Stammumfang in 1 m Höhe der Eiche.
    b) Wie viele Personen mit einer Armweite von 1,60 m sind zum Umspannen nötig?

11. Aus einer quadratischen Platte mit der Seitenlänge s wird der größtmögliche Kreis herausgeschnitten. Berechne den jeweiligen Abfall in Prozent.
    a) s = 60 cm
    b) s = 1,05 m
    c) s = 23,5 cm

12. Eine Ziege ist an einem 3 m langen Strick angebunden. Wie groß ist die Fläche, die sie abgrasen kann?

13. Beim Biathlon müssen die Athleten sowohl im Liegen als auch im Stehen auf Scheiben schießen, die 50 m entfernt sind. Paul behauptet: „Da Schießen im Stehen viel schwerer ist, sind die Scheiben auch doppelt so groß." Claudia hat im Internet die Durchmesser der Scheiben herausgesucht. Sie schüttelt den Kopf und erklärt, dass dies nicht stimmen kann.
Wie ist Claudia zu dieser Aussage gekommen? Wie würde denn die richtige Antwort lauten?

14. Max erhält vom Platzwart den Auftrag, die Außenlinien, die Mittellinie und den Anstoßkreis zu kreiden. Er weiß, dass der Platz 105 m lang und 68 m breit ist. Auf dem Sack mit Kreide steht: reicht für ca. 450 m. Wie würdest du vorgehen? Beschreibe deinen Lösungsweg.

15. Eines der größten Radioteleskope der Welt befindet sich in Effelsberg. Der Durchmesser des Spiegels beträgt 100 m.
Wie groß ist die Fläche mindestens, mit der die Signale aus dem Weltraum aufgefangen werden? Warum haben wir „mindestens" formuliert?

16. Man rechnet, dass auf einem Quadratmeter vier Menschen Platz haben. Wie groß müsste dann der Radius eines Kreises sein, auf dem eine Million Menschen stehen können? Schätze zuerst.

17. Um sich der Kreiszahl π anzunähern, gibt es einen verblüffenden Versuch. Wir benötigen dafür etwa 3 cm lange Nägel (ohne Kopf), Metallstifte oder Holzstäbe (z. B. Teile von Schaschlikstäbchen). Auf einem großen Blatt weißen Papiers werden nun parallele Linien gezeichnet, die einen Abstand von 6 cm voneinander haben (der doppelten Länge der Nägel oder Stifte).
    a) Anfangs lässt man den Nagel oder Stift aus einer Höhe von 1 m fallen und prüft, wie er liegt.
    b) Es werden nun zwei Fälle unterschieden:
        (1) Der Nagel berührt oder „kreuzt" einen Strich.
        (2) Der Nagel berührt keine Linie.
    c) Führt diesen Versuch möglichst oft durch. Wenn das Blatt groß genug ist, kann man auch mehrere Stifte so fallen lassen, dass sie sich nicht gegenseitig behindern.
    d) Die Anzahl aller geworfenen Nägel wird durch die Anzahl der Fälle dividiert, in denen der Nagel eine Linie berührt oder kreuzt.
    e) Untersucht den Quotienten. Was stellt ihr fest? Informiert euch z. B. im Internet, wie man diesen Versuch nennt und wer dieses Problem untersucht hat.
    f) Stellt eure experimentellen und Recherchergebnisse der Klasse vor.

18. Die Abbildung zeigt eine Simulation zur π-Bestimmung mit 40 Punkten, die mittels eines Computerprogramms durchgeführt wurde.
    a) Zähle die Punkte im Kreis aus.
    b) Ermittle einen Näherungswert für π. Beschreibe dein Vorgehen.
    c) Um wie viel Prozent weicht dein Wert vom wahren Wert ab?
    d) Informiere dich, wie man diese stochastische Methode zur Bestimmung der Kreiszahl π nennt.

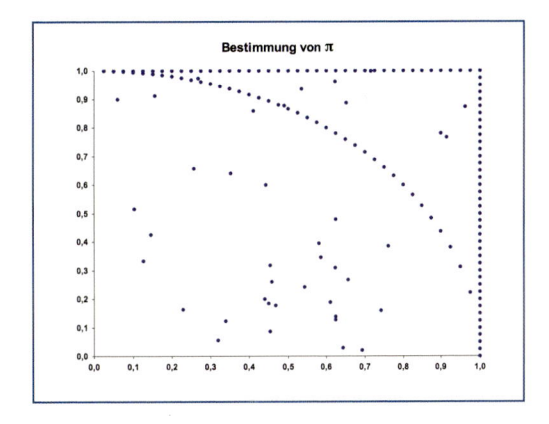

19. Einer Sage zufolge versprach eine Königin einem ihrer Gefolgsleute als Belohnung alles Land, das er in einem Tage umreiten könne. Was würdest du dem Manne raten?

20. Der Kommissar ordnet an: „Im Umkreis von 300 m wird das gesamte Gebiet systematisch durchsucht!" Nach fünf Minuten murmelt einer der vier Polizisten: „Da muss ja jeder von uns 7 ha durchsuchen." Der Kommissar ist verblüfft.

21. Im Park soll ein Beet von 4,50 m Durchmesser bepflanzt werden. Der Gärtner kalkuliert mit neun Pflanzen für einen Quadratmeter. Wie viele Pflanzen müssen für das Beet bestellt werden?

22. Die Radien r_1 und r_2 zweier Kreise k_1 und k_2 stehen im Verhältnis 1 : 3. In welchem Verhältnis stehen die Flächeninhalte A_1 und A_2 der beiden Kreise? Begründe.

23. Um einen kreisrunden Brunnen mit dem Durchmesser 1 m wird eine Schnur straff gespannt. Dann gibt man 1 m Schnur zu und legt die so verlängerte Schnur in gleichem Abstand um den Brunnen.
    a) Wie groß ist dieser Abstand?
    b) Wie groß wäre der Abstand, wenn man die Schnur in gleicher Weise statt um den Brunnen um die Erdkugel legen würde?

Teste dich selbst

1. Michas Vater steht vor dem Spiegel und stöhnt: „Mein Bauchumfang hat sich in den letzten zwanzig Jahren verdoppelt."
   Micha meint: „Dann bist du ja jetzt auch doppelt so breit!"
   Stimmt das? Was meinst du?

2. Katrin soll einen Kreis mit einem Umfang von 39 cm zeichnen. Sie wählt einen Radius von 6,2 cm und zeichnet den Kreis. Bewerte Katrins Lösung.

3. Das Pulvermaar liegt bei Gillenfeld in der Westeifel. Es handelt sich um einen fast kreisrunden Kratersee mit einem Durchmesser von 1 km, der vor ca. 20 000 Jahren entstanden ist.
   Wie groß ist die Fläche des Kratersees?

4. Familie Panter sucht eine Abdeckung für ihren runden Pool im Garten. Das Becken ist 1 m hoch und hat einen Durchmesser von 6,50 m. Frau Panter fände es gut, wenn die ebenfalls kreisförmige Plane rundherum bis auf die Erde reichen würde.
   Berechne die Größe der Plane.

5. Martin behauptet, dass jede Sehne, die nicht durch den Mittelpunkt eines Kreises geht, kürzer als der Durchmesser des Kreises ist. Hat er recht? Begründe deine Aussage.

6. Claudia zeichnet vier Kreise mit r = 4 cm, r = 8 cm, r = 12 cm und 16 cm.
   Was kannst du über den Flächeninhalt der vier Kreise aussagen?
   Stelle die Radien der Kreise und die zugehörigen Flächeninhalte in einem Koordinatensystem dar. Hilft dir die Lage der Punkte, deine Aussage zu begründen?

7. In dem Diagramm ist die Absatzentwicklung von Wäscheklammern in den letzten 20 Jahren dargestellt. Der Hersteller gibt an, dass sich der Absatz von Wäscheklammern in dieser Zeit verdoppelt hat.
   Entspricht das Diagramm dieser Aussage?
   Begründe deine Meinung.

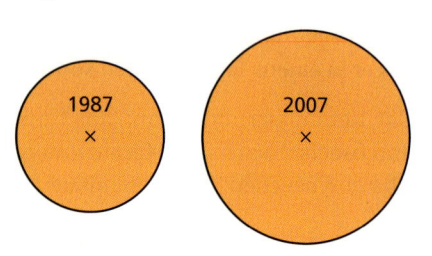

8. Berechne jeweils den Kreisbogen.
   a) $\alpha = 126°$; r = 34 cm
   b) $\alpha = 55°$; d = 5 cm
   c) $\alpha = \frac{360°}{16}$; r = 1,2 m

9. Bestimme jeweils die fehlenden Winkel. Begründe.

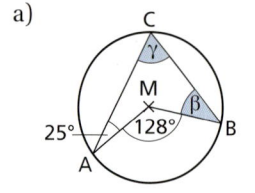

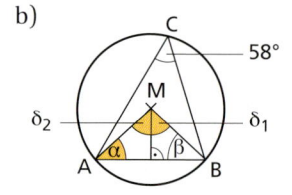

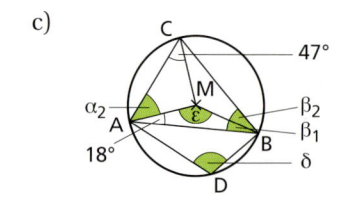

162

Das Wichtigste im Überblick

Der Kreis

Begriffe

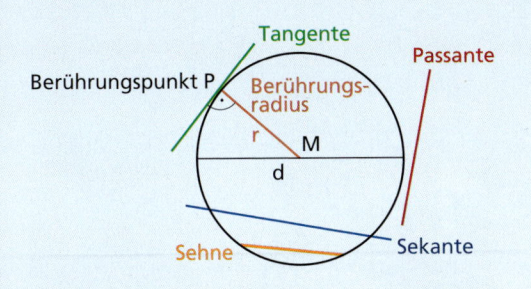

Tangente, Berührungspunkt P, Berührungsradius, Passante, Sehne, Sekante, r, M, d

Berechnungen

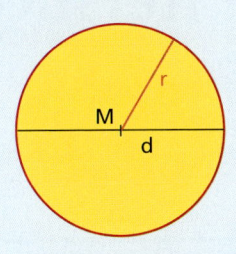

$d = 2r$
$u = 2\pi r = \pi d$
$A = \pi r^2 = \frac{\pi}{4} d^2$

Kreisbogen

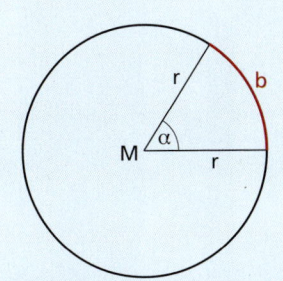

$\frac{b}{u} = \frac{\alpha}{360°}$

$b = 2\pi r \cdot \frac{\alpha}{360°} = \frac{\pi r \alpha}{180°}$

Kreissektor

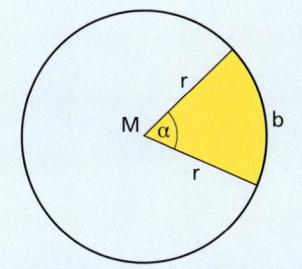

$A_\alpha = \pi r^2 \cdot \frac{\alpha}{360°}$

Sehnenviereck

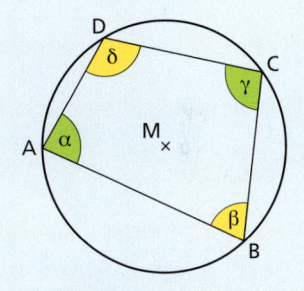

$\alpha + \gamma = 180°; \beta + \delta = 180°$
Die Summe gegenüberliegender Winkel im Sehnenviereck beträgt 180°.

Peripheriewinkel

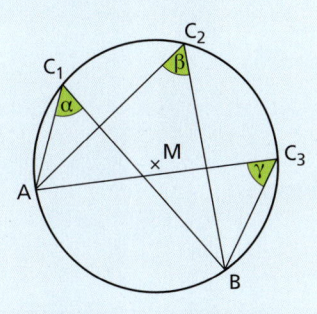

$\alpha = \beta = \gamma$
Alle Peripheriewinkel über demselben Bogen sind gleich groß.

Zentriwinkel

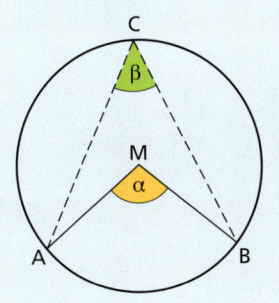

$\alpha = 2\beta$
Jeder Zentriwinkel über demselben Bogen ist doppelt so groß wie der zugehörige Peripheriewinkel.

Satz des Thales

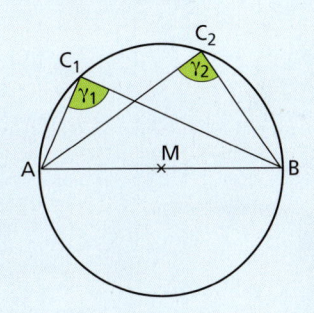

$\gamma_1 = \gamma_2 = 90°$
Jeder Winkel über dem Durchmesser ist ein rechter Winkel.

5 Prismen und Zylinder untersuchen

Glaspaläste putzen

Eine Fensterputzfirma bewirbt sich um den lukrativen Auftrag, die Außenfassade des großen Bürogebäudes, das aus mehreren quaderförmigen Gebäudeteilen besteht, zu reinigen. Für das Angebot braucht der Chef verschiedene Maße des Gebäudes.
Welche Angaben benötigt er? Wie würdest du vorgehen, um die zu reinigende Fläche möglichst genau angeben zu können?

Eine neue Brotsorte

Die Bäckerei Rost will in ihren Filialen ein neues Vollkornbrot anbieten, das vor allem durch seine ungewöhnliche Form auffällt. Damit es möglichst lange frisch bleibt, soll es für den Kunden in eine ebenso geformte Papiertüte verpackt werden. Der Tütenhersteller ist über den neuen Auftrag begeistert.
Welche Maße benötigt er, um die Tüten zum Einpacken herzustellen? Er muss auch beachten, dass die Tüte reißfest ist.

Der Schwertransport

Der Transport sehr großer Gegenstände erfordert eine Höchstleistung von den Fahrern und dem Begleitpersonal. Besonders kompliziert wird es, wenn Brücken zu überqueren sind oder an engen Straßenkreuzungen abgebogen werden muss.
Welche Angaben des Riesenrohrs müssen vor Beginn des Transports bekannt sein, damit alle Schwierigkeiten bereits im Vorfeld analysiert und beseitigt werden können?

Rückblick

Körper und Körpernetze

Körper lassen sich nach der Art und der Anzahl ihrer Begrenzungsflächen unterscheiden. Wenn man einen Körper an einigen seiner Kanten aufschneidet und alle Begrenzungsflächen in eine Ebene umklappt, erhält man ein Netz des Körpers.

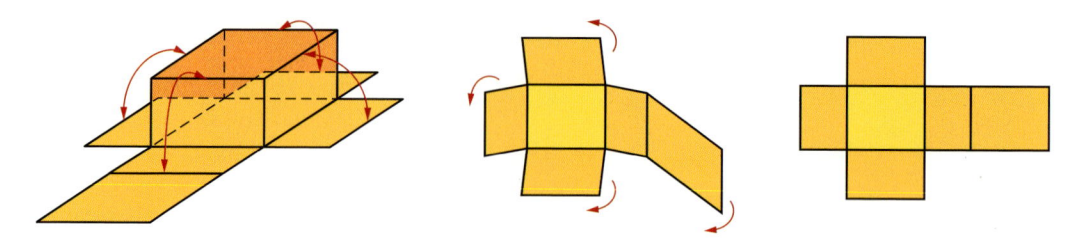

In den bisher bekannten Fällen sind die Begrenzungsflächen Rechtecke bzw. Quadrate. Untersuchen wir Körper, so stellen wir fest, dass aber auch Begrenzungsflächen verwendet werden, die z. B. folgenden ebenen Figuren entsprechen:

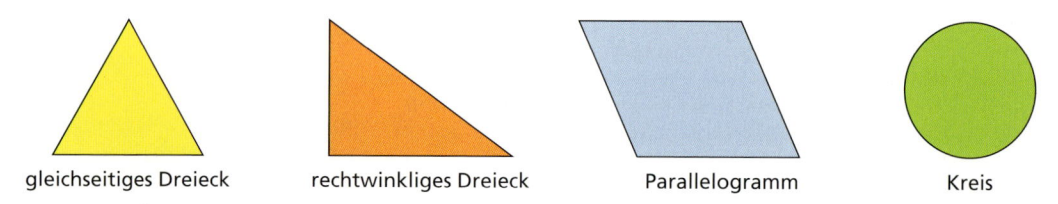

gleichseitiges Dreieck   rechtwinkliges Dreieck   Parallelogramm   Kreis

Berechnungen am Quader

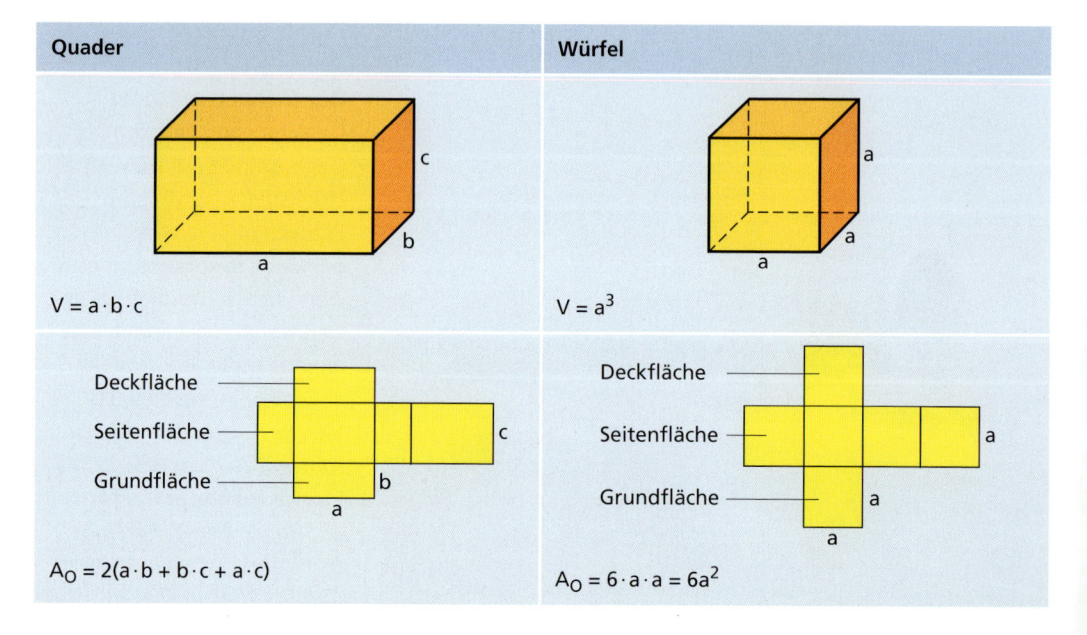

Quader	Würfel
$V = a \cdot b \cdot c$	$V = a^3$
Deckfläche, Seitenfläche, Grundfläche	Deckfläche, Seitenfläche, Grundfläche
$A_O = 2(a \cdot b + b \cdot c + a \cdot c)$	$A_O = 6 \cdot a \cdot a = 6a^2$

Aufgaben

1. Beschreibe die Form folgender Gegenstände annähernd durch geometrische Figuren.
   Nenne jeweils einen weiteren Gegenstand, der die gleiche Form hat.
   a) Buch 
   b) Zaunpfostenspitze 
   c) Spielwürfel 
   d) Hausdach 
   e) Konservendose 
   f) Eistüte

2. In folgender Zeichnung sind räumliche geometrische Figuren dargestellt.
   a) Beschreibe die Seitenflächen der räumlichen Figuren.
   b) Gib möglichst einen Namen für jede Figur an.

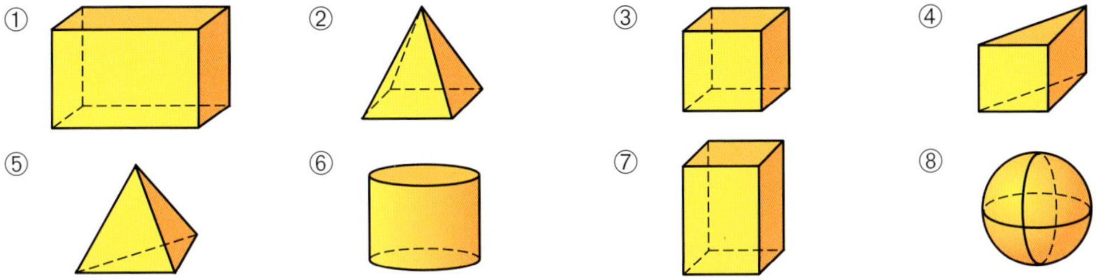

3. Berechne das Volumen und den Oberflächeninhalt des Quaders.
   a) a = 10 cm; b = 12 cm; c = 15 cm
   b) a = 3,5 cm; b = 4 cm; c = 2,5 cm

4. a) Bestimme den Flächeninhalt der vier Figuren und ordne diese der Größe nach.
   b) Bestimme näherungsweise den Umfang der Figuren.

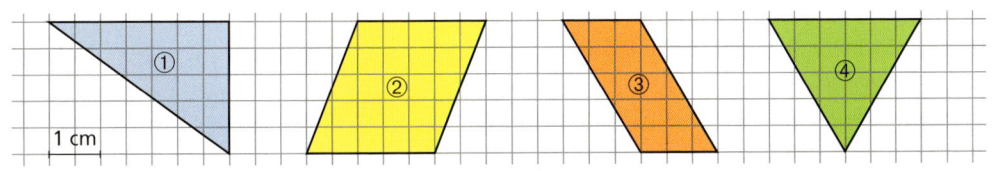

5.1 Prismen und Zylinder beschreiben

Die einfachsten Verpackungen, die wir kennen, haben die Form von Quadern. Am schnellsten aber lässt sich eine Verpackung als Zylinder formen. Weitere Verpackungen entstehen, wenn man als Grund- und Deckfläche Dreiecke, Trapeze, Rhomben usw. wählt.
Betrachten wir die Körper genauer, so stellen wir fest, dass diese sich – trotz gleicher Höhe – unterscheiden.
Welche zwei Gruppen von Körpern lassen sich bilden?
Welche charakteristischen Merkmale haben sie jeweils?

Untersuchen wir die Grund- und die Deckflächen der Körper, so sind es in allen Fällen ebene Figuren, zum einen sind es n-Ecke (Dreiecke, Vierecke usw.) und zum anderen Kreise.

Prismen und **Kreiszylinder** bestehen aus einer Grundfläche, einer Deckfläche und einer oder mehreren Seitenflächen. Die Grund- und die Deckfläche sind zueinander kongruente und parallele Flächen.

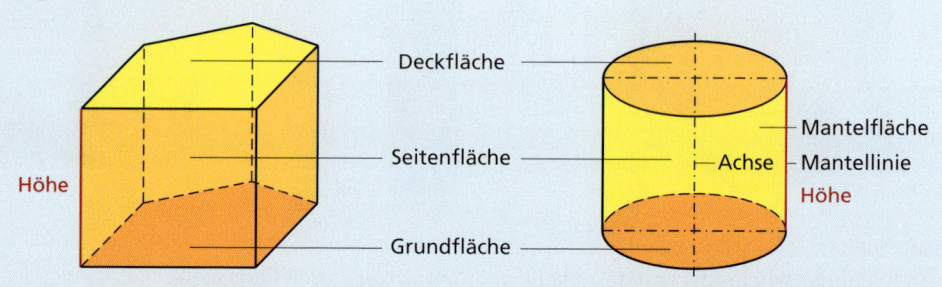

Grund- und Deckfläche können Dreiecke, Vierecke, Fünfecke oder andere Vielecke sein. Die Seitenflächen der geraden Prismen sind Rechtecke.

Grund- und Deckfläche sind Kreise. Die gekrümmte Seitenfläche des geraden Zylinders ist abgerollt ein Rechteck.

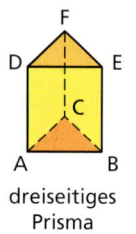

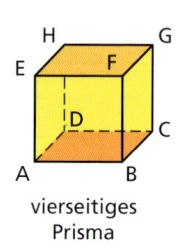

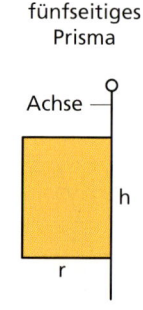

dreiseitiges Prisma   vierseitiges Prisma   fünfseitiges Prisma   Zylinder

Ein gerader Kreiszylinder entsteht auch, wenn ein Rechteck um eine seiner Seiten rotiert. Die Gerade durch die Mittelpunkte der Grund- und Deckfläche heißt **Achse des Kreiszylinders.** Sie verläuft senkrecht zur Grund- und Deckfläche und parallel zu den Mantellinien (Rotationskörper).

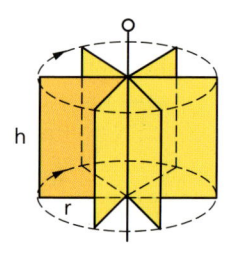

Prismen und Zylinder beschreiben

Aufgaben

1. a) Erkläre, wann zwei Flächen zueinander kongruent sind.
   b) Zeige, möglichst anschaulich, wann zwei Flächen zueinander kongruent und parallel sind.

2. a) Warum sprechen wir in unserer Erklärung von geraden Prismen und geraden Kreiszylindern? Was würde bei schiefen Körpern in unserer Beschreibung nicht mehr stimmen?
   b) Gibt es schiefe Prismen oder Zylinder? Kannst du Beispiele nennen?

3. Beschreibe die folgenden Körper möglichst genau.
   Lassen sich die Körper in zwei Gruppen unterteilen? Wie würdest du diese Gruppen nennen?

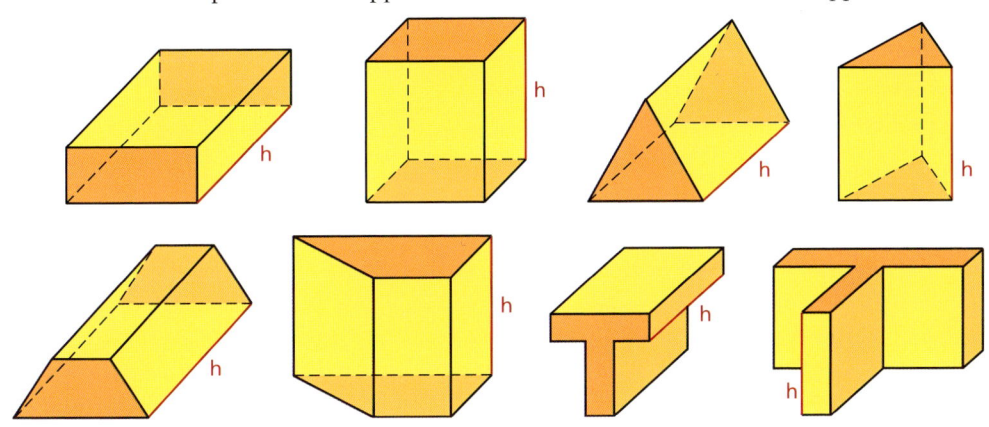

4. a) Suche unter den abgebildeten Körpern alle Prismen heraus.
   b) Gib die Form der Grundfläche und die Lage des Prismas (stehend oder liegend) an.

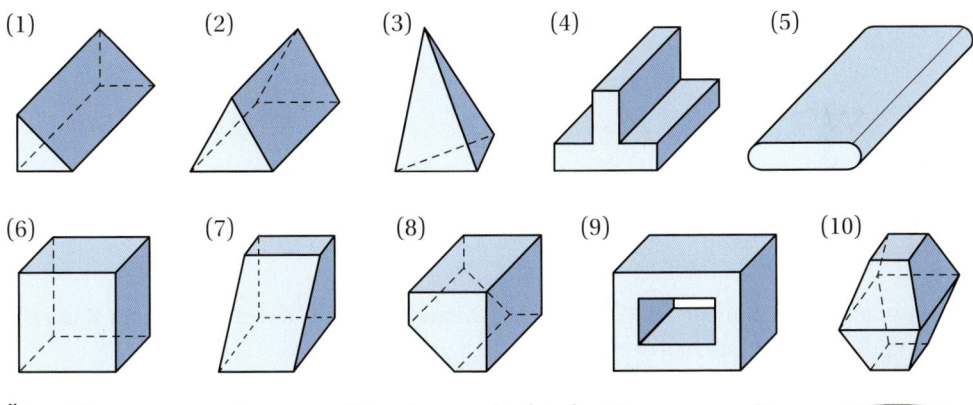

5. Überall begegnen uns in unserer Umgebung zylindrische Körper, wie z. B. Gläser, Büchsen, CDs, Münzen, Kerzen, Korken, Garnrollen, Holzklötze, Batterien, Fotoobjektive, Strohballen usw.
   a) Beschreibe die zylindrischen Körper.
   b) Wie sieht das Netz eines Zylinders aus? Beschreibe die einzelnen Teile des Körpernetzes möglichst genau.
   c) Wie lässt sich ein zylindrischer Körper noch darstellen? Skizziere ein Beispiel.

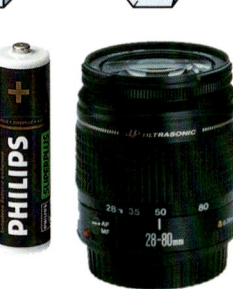

5.2 Prismen und Zylinder darstellen

Körper darstellen

Um den räumlichen Eindruck eines Körpers wiederzugeben, haben wir bereits Würfel oder Quader in sogenannten Schrägbildern dargestellt (siehe Seite 166).
Man kann sich diese Abbildung wie folgt vorstellen:

Befindet sich ein Körper vor einer Projektionsebene und fallen Projektionsstrahlen (parallele Lichtstrahlen) schräg darauf, so entsteht ein Schattenbild, das **Schrägbild** genannt wird.
Diese Art der Darstellung wird deshalb auch als **schräge Parallelprojektion** bezeichnet.

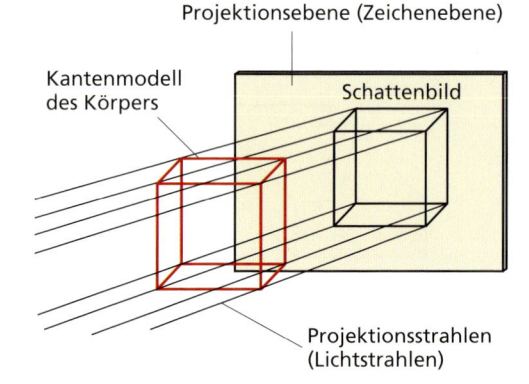

Beachte dabei:
- Kanten, welche parallel zur Projektionsebene verlaufen, werden in ihrer wahren Größe gezeichnet.
- Zueinander parallele Kanten sind in der Zeichnung zueinander parallel.
- Kanten, die senkrecht zur Projektionsebene verlaufen, werden schräg und in der Regel verkürzt (Verkürzungsfaktor q) gezeichnet. Als Bezugslinie zum Antragen von Winkeln kann die untere Kante des Zeichenblatts verwendet werden.

Da der Winkel, unter dem die parallelen Strahlen auf die Projektionsfläche treffen, unterschiedlich sein kann, entstehen auch verschiedene Schrägbilder. Drei der am häufigsten genutzten Formen sind hier dargestellt.

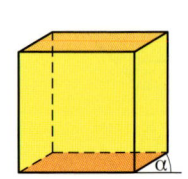

$\alpha = 30°$; $q = \frac{1}{3}$

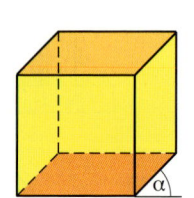

$\alpha = 45°$; $q = \frac{1}{2}$

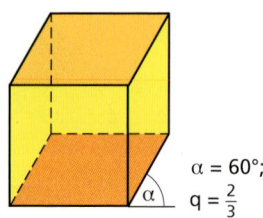

$\alpha = 60°$; $q = \frac{2}{3}$

Ein besonders anschauliches Bild erhält man, wenn die „nach hinten" laufenden Kanten unter einem Winkel von 45° und in halber Originallänge gezeichnet werden.
Diese Darstellung im Schrägbild wird auch **Kavalierprojektion** bzw. **Kavalierperspektive** genannt.

Oftmals ist es wichtig, ein möglichst exaktes Bild des Körpers zu bekommen, indem man von verschiedenen Seiten (z. B. von oben, von vorn) genau senkrecht auf den Körper blickt. Architekten und Bauzeichner stellen so u. a. die Objekte maßstabsgerecht dar.
Wie viele Ansichten eines Körpers sind so möglich?

Wieder betrachten wir parallele Strahlen, die diesmal senkrecht auf den Körpern auftreffen. Zwei Ansichten reichen im Allgemeinen aus, um Körper eindeutig darzustellen. Deshalb wird dieses Verfahren auch **senkrechte Zweitafelprojektion** genannt.

Mosaik

Entwickeln von räumlichen Vorstellungen

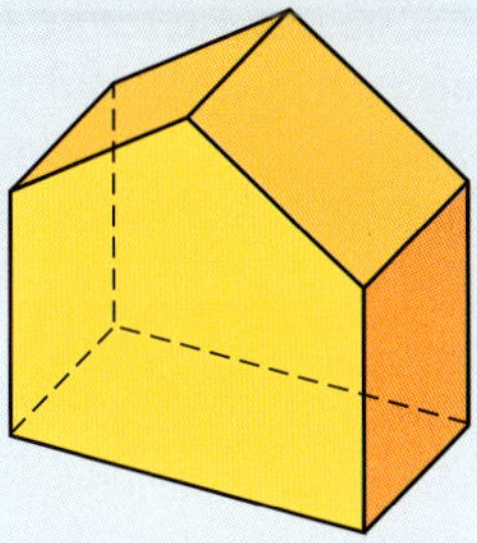

Das Schrägbild eines Körpers erzeugt beim Betrachter einen räumlichen Eindruck. Die drei Dimensionen (Breite, Höhe, Tiefe) des Originals sind erkennbar.
Aber nicht immer ist die schräge Parallelprojektion günstig, da z. B. Strecken und Winkel verkürzt bzw. verzerrt abgebildet sein können.
Im technischen Zeichnen findet die **senkrechte Parallelprojektion** Anwendung. Bei dieser Projektion verlaufen die Projektionsstrahlen senkrecht zum abzubildenden Körper.
Man unterscheidet mindestens zwei Möglichkeiten für den Verlauf der Projektionsstrahlen:
(1) Die Projektionsstrahlen kommen von oben senkrecht zum Körper. Die Sicht von oben nennt man **Draufsicht**. Die Zeichenebene befindet sich unter dem Körper.
(2) Die Projektionsstrahlen kommen von vorn senkrecht zum Körper. Die Sicht von vorn nennt man **Vorderansicht**. Die Zeichenebene befindet sich hinter dem Körper.

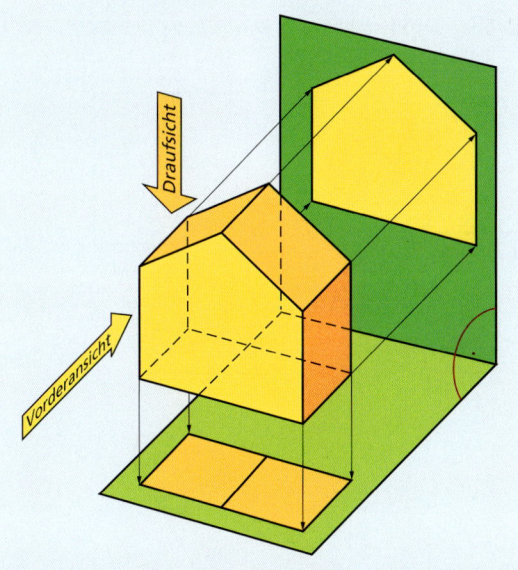

1. Informiere dich, wie man die sechs möglichen Ansichten eines Körpers zeichnen kann.

2. Skizziere einen einfachen Körper im Schrägbild und zeichne dann die unterschiedlichen Ansichten bei einer senkrechten Mehrtafelprojektion. Du kannst auch von einem realen Gegenstand, z. B. von einem Teil des Soma-Würfels, ausgehen.

3. Arbeitet paarweise, indem ihr jeweils eine Darstellung vorgebt, diese austauscht und ergänzen lasst.

Das Schrägbild eines Prismas und eines Zylinders konstruieren

In Aufgabe 3 auf Seite 169 sind sowohl stehende als auch liegende Prismen dargestellt. Auch bei den Zylindern können wir diese beiden Arten unterscheiden.

Wir werden beim Zeichnen von Schrägbildern feststellen, dass es je nach Lage des Körpers einfacher oder schwerer wird. Dies liegt hauptsächlich daran, dass wir bei jedem Schrägbild die Grundfläche (die Fläche, auf welcher der Körper steht oder liegt) schräg „nach hinten klappen" und um die Hälfte verkürzt zeichnen müssen.

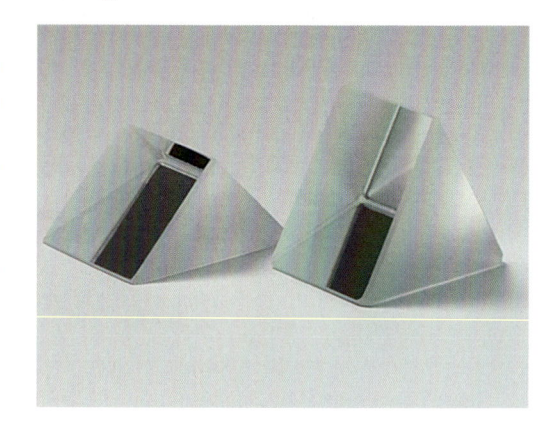

Schrägbilder eines dreiseitigen Prismas

Schrittfolge	Beispiel „stehendes Prisma"	Beispiel „liegendes Prisma"
1. Zeichne das Schrägbild der unten liegenden Fläche. Da es bei der „stehenden Lage" keine zur Projektionsebene senkrechten Kanten gibt, wird die Höhe des Dreiecks als Hilfslinie verwendet. Linien, die senkrecht zur Projektionsebene verlaufen, heißen Tiefenlinien.		
2. Konstruiere die Bilder der übrigen Eckpunkte.		
3. Trage die fehlenden Kanten ein und zeichne alle sichtbaren Kanten stärker und alle nicht sichtbaren Kanten gestrichelt nach.		

Prismen und Zylinder darstellen

Die Schrägbilder eines Zylinders lassen sich nach ähnlichen Schritten zeichnen. Das gilt vor allem dann, wenn unser Zylinder steht. Würden wir aber hier ebenfalls die Kavalierperspektive wählen, so wäre unsere Konstruktion sehr kompliziert. Wir betrachten daher unseren Zylinder direkt von vorn, d. h., wir klappen die Grundfläche, den Kreis, unter einem Winkel von 90° nach hinten und verkürzen die Tiefenlinien auf die Hälfte.

(1) Zeichne den Grundkreis und darin Sehnen als Hilfslinien senkrecht zum Durchmesser in gleichen Abständen.

(2) Verkürze die Hilfslinien auf die Hälfte.

(3) Verbinde die Endpunkte der Hilfslinien. Trage die Höhe auf einigen Mantellinien ab.

(4) Zeichne das Schrägbild der Deckfläche, indem du die Endpunkte der Mantellinien verbindest.

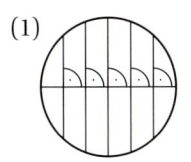

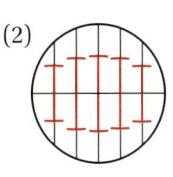

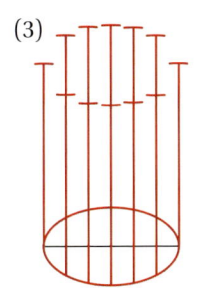

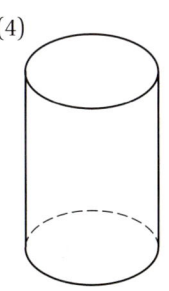

Aufgaben

1. Zeichne auf unliniertem Papier jeweils ein Schrägbild eines „liegenden" Prismas mit folgender Grundfläche:
   a) Rechteck ABCD mit a = 3 cm; b = 4 cm; h = 6 cm
   b) gleichseitiges Dreieck ABC mit a = 3,5 cm; h = 7,6 cm
   c) Dreieck ABC mit c = 2 cm; b = 3 cm; α = 90°; h = 8 cm
   d) gleichschenkliges Trapez ABCD mit a = 5,4 cm; b = d = 2,6 cm; α = β = 60°; h = 4 cm

2. Zeichne auf unliniertem Papier jeweils ein Schrägbild eines „stehenden" Prismas mit den Maßen aus Aufgabe 1. Vergleiche mit den Schrägbildern aus Aufgabe 1.
Welches Schrägbild lässt sich deiner Meinung nach einfacher zeichnen? Begründe.

3. Aus einem Würfel mit einer Kantenlänge von 6 cm soll ein Quader mit einer quadratischen Grundfläche von 3 cm × 3 cm und einer Höhe von 6 cm herausgeschnitten werden.
Zeichne das Schrägbild eines möglichen Restkörpers.

4. a) Zeichne ein Schrägbild eines stehenden Zylinders mit r = 3 cm und h = 8 cm.
   b) Zeichne ein Schrägbild eines liegenden Zylinders mit r = 4 cm und h = 6 cm.

5. Ein 2,0 cm hoher Kreiszylinder hat eine Grundfläche mit einem Umfang von 6,4 cm. Zeichne ein Netz des Kreiszylinders.

6. Unser Rohr auf der Seite 165 hat zwar die Form eines Zylinders, ist aber innen hohl. Deshalb nennt man diese Körper **Hohlzylinder.**
Beschreibe die Konstruktion des Schrägbilds eines stehenden Hohlzylinders, orientiere dich an der oberen Darstellung. Führe die Konstruktion vor deiner Klasse vor.

5.3 Prismen und Zylinder berechnen

Um Verpackungen, wie wir sie bisher untersucht haben, produzieren und dann auch füllen zu können, benötigen wir Informationen zum Oberflächeninhalt und zum Volumen der Körper.
Für einen Würfel bzw. einen Quader sind uns diese Formeln bereits bekannt (siehe Seite 166).

Volumen von Prisma und Zylinder

Betrachtet Prisma und Zylinder genauer. Von welchen Größen ist das Volumen der Körper abhängig? Welche Maße müssen uns bekannt sein, damit wir bestimmen können, wie groß die Füllmenge maximal sein kann?

Vergleichen wir diese Körper miteinander, so stellen wir fest, dass die Größe der Grundfläche A_G und die Höhe h des Körpers das Volumen bestimmen. Allgemein kann man schreiben:

> Das Volumen eines Prismas und eines Kreiszylinders ist das Produkt aus der Grundfläche A_G und der Höhe h:
>
> $V = A_G \cdot h$

Hinsichtlich der Grundfläche A_G unterscheiden sich unsere Körper:

Dreiseitiges Prisma	Vierseitiges Prisma	Vierseitiges Prisma	Kreiszylinder
A_G: gleichseitiges Dreieck	A_G: Rechteck	A_G: Parallelogramm	A_G: Kreis
$A_G = \frac{1}{2} \cdot a \cdot h_a$	$A_G = a \cdot b$	$A_G = a \cdot h_a$	$A_G = \pi \cdot r^2$

Nun ließe sich für jedes spezielle Prisma eine eigene Volumenformel aufstellen.
Für den Kreiszylinder lautet sie wie folgt:

> Das Volumen eines Kreiszylinders ist das Produkt aus der Grundfläche A_G und der Höhe h:
>
> $V = A_G \cdot h = \pi r^2 \cdot h = \frac{1}{4} \pi d^2 \cdot h$

■ Wie groß ist die maximale Füllmenge für eine Konservendose, die einen Radius von 4,4 cm und eine Höhe von 8,1 cm besitzt?

Gegeben: r = 4,5 cm; h = 8,1 cm

Gesucht: V in cm^3

Lösung: $V = \pi r^2 \cdot h$
$V = \pi \cdot (4,5 \text{ cm})^2 \cdot 8,1 \text{ cm}$
$V = 515 \text{ cm}^3$

Antwort: In die Büchse lassen sich maximal 515 cm^3 einfüllen.

Oberflächeninhalt von Prisma und Zylinder

Um den Oberflächeninhalt eines Körpers, also die Summe der Flächeninhalte aller Begrenzungsflächen, bestimmen zu können, zeichnen wir uns als Hilfestellung das entsprechende Netz des Körpers (siehe Seite 166).

Begrenzungsflächen der Seitenflächen, die beim Zusammenklappen eine Kante bilden, haben die gleiche Länge.

Das **Netz** eines Zylinders besteht aus zwei zueinander kongruenten Kreisflächen (der Grund- und der Deckfläche) sowie einer rechteckigen Mantelfläche.
Die Seitenlängen dieser rechteckigen Mantelfläche sind der Umfang u der Grundfläche sowie die Höhe h des Zylinders.

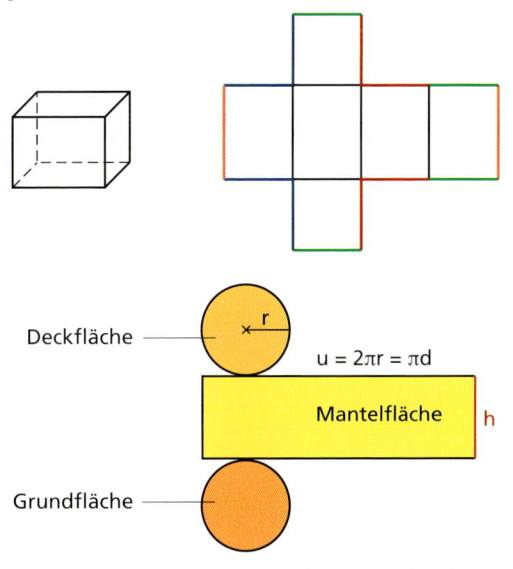

Vergleichen wir die Netze der Prismen und des Kreiszylinders miteinander, so lässt sich für deren Oberflächeninhalte aussagen:

> Der Oberflächeninhalt A_O eines Prismas und eines Kreiszylinders ist gleich der Summe aus dem Doppelten der Grundfläche A_G und der Mantelfläche A_M.
>
> $A_O = 2 \cdot A_G + A_M$

Die Mantelfläche A_M des Prismas und des Kreiszylinders ist in beiden Fällen das Produkt aus dem Umfang u (der Grundfläche A_G) und der Höhe h.

Demzufolge gilt für unser dreiseitiges Prisma (Grundfläche ist ein gleichseitiges Dreieck):
u = 3a
$A_M = 3a \cdot h$

Für unseren Kreiszylinder gilt:
$u = 2\pi r = \pi d$
$A_M = 2\pi r \cdot h = \pi d \cdot h$

HINWEIS
Setzt man in die Formel für den Oberflächeninhalt eines Kreiszylinders $A_O = 2 \cdot A_G + A_M$ für $A_G = \pi r^2$ und für $A_M = 2\pi r \cdot h$, so ergibt sich $A_O = 2\pi r^2 + 2\pi r \cdot h = 2\pi r(r + h)$.

■ Wie viel Quadratzentimeter Blech werden zur Herstellung der Konservendosen von Seite 174 (V = 0,5 l) benötigt?

Dose (schmal)
Gegeben: r = 4,4 cm, h = 8,1 cm
Gesucht: A_O in cm^2
Lösung: $A_O = 2\pi r(r + h)$
$A_O = 2\pi \cdot 4,4 \text{ cm} \cdot (4,4 \text{ cm} + 8,1 \text{ cm})$
$A_O \approx 346 \text{ cm}^2$

Dose (flach)
Gegeben: d = 11,2 cm, h = 5 cm
Gesucht: A_O in cm^2
Lösung: $A_O = \pi d \left(\frac{d}{2} + h\right)$
$A_O = \pi \cdot 11,2 \text{ cm} \cdot (5,6 \text{ cm} + 5 \text{ cm})$
$A_O \approx 373 \text{ cm}^2$

Prismen und Zylinder untersuchen

Aufgaben

1. Zeige, dass die Volumenformel für unser vierseitiges Prisma mit einer rechteckigen Grundfläche der Volumenformel für einen Quader entspricht.

2. Milchverpackungen sind oftmals quaderförmig und besitzen ein Fassungsvermögen von 1 l.
   a) Miss die Kantenlängen einer Milchverpackung und berechne das Volumen. Vergleiche mit der Inhaltsangabe.
   b) Berechne den Materialverbrauch (in Quadratmeter) für die Herstellung von 2 500 Milchverpackungen.

3. Gegeben ist ein Prisma mit einer rechteckigen Grundfläche. Berechne die fehlenden Größen.
   a) Gegeben: $a = 25$ cm; $b = 30$ cm; $h = 18$ cm   Gesucht: A_O; V
   b) Gegeben: $a = 12$ cm; $h = 15$ cm; $V = 720$ cm^3 Gesucht: b; A_O
   c) Gegeben: $b = 8$ cm; $h = 60$ cm; $V = 2880$ cm^3 Gesucht: a; A_O
   d) Gegeben: $a = 15$ cm; $b = 20$ cm; $h = 20$ cm   Gesucht: A_G; A_O; V

4. Ein dreiseitiges rechtwinkliges Prisma besitzt folgende Abmessungen. Berechne die fehlenden Größen.
   a) Gegeben: $a = 3$ cm; $b = 4$ cm; $c = 5$ cm; $h = 18$ cm
      Gesucht: A_O; V
   b) Gegeben: $a = 9$ cm; $b = 1{,}2$ dm; $c = 1{,}5$ dm; $h = 10$ dm
      Gesucht: A_O; V
   c) Gegeben: $a = 4$ cm; $c = 5$ cm; $h = 5$ cm; $A_G = 6$ cm^3
      Gesucht: b; V; A_O

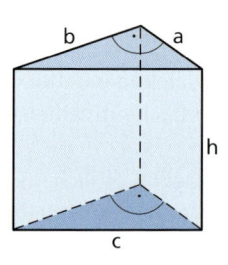

5. Berechne Volumen und Oberflächeninhalt der abgebildeten Körper (Maßangaben in Zentimeter).

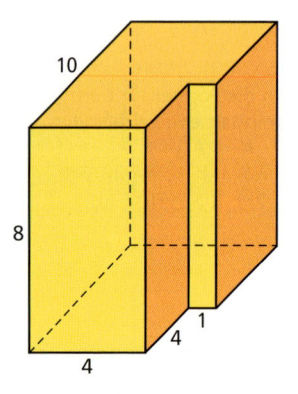

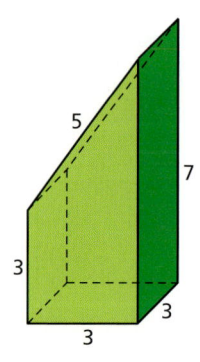

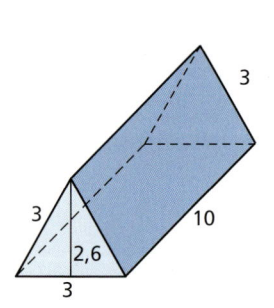

6. a) Der Grundflächeninhalt eines 7 cm hohen dreiseitigen Prismas beträgt 15 cm^2. Welches Volumen besitzt das Prisma?
   b) Die Grundfläche eines 4,5 cm hohen Prismas ist ein Quadrat mit 6 cm Seitenlänge. Berechne Volumen und Oberflächeninhalt des Prismas.
   c) Die Grundfläche eines 12 cm hohen Prismas hat einen Umfang von 18 cm. Wie groß ist der Mantelflächeninhalt?

Prismen und Zylinder berechnen

7. Berechne den Oberflächeninhalt der Kreiszylinder.
  a) r = 18 cm; h = 5,9 cm
  b) d = 2,3 cm; h = 7,5 cm
  c) r = 3,5 cm; h = 6,5 cm
  d) d = 0,2 m; h = 35 cm

8. Wie viel Quadratzentimeter Blech benötigt man mindestens für eine Konservendose mit den folgenden Maßen?
  a) d = 7,0 cm; h = 3,5 cm
  b) d = 8,0 cm; h = 7,0 cm

9. Reklamebänder zum Etikettieren von Konserven werden mit einer Länge von 187 m geliefert.
  a) Wie viele Dosen gleicher Größe können etikettiert werden, wenn die 11 cm hohen Dosen einen Durchmesser von 7,5 cm haben (Klebefalz 1 cm)?
  b) Wie viel Quadratmeter Papier werden für 10 000 Dosen bedruckt?

10. Berechne das Volumen folgender Kreiszylinder:
  a) r = 9,2 cm; h = 3,7 cm
  b) r = 3,7 cm; h = 9,2 cm
  c) r = h = 15,0 cm
  d) d = 4,6 cm; h = 20,0 cm
  e) d = 7,0 cm; h = 5,0 cm
  f) d = 15,0 cm; h = 5,0 mm

11. In unserem Beispiel auf Seite 165 wird ein Rohr transportiert. Bei diesem Körper handelt es sich um einen sogenannten Hohlzylinder.
  a) Leite die Volumenformel für einen Hohlzylinder her, indem du z. B. von der Volumenformel für einen Zylinder ausgehst und die Grundfläche als Kreisring betrachtest.
  b) Stelle die Herleitung der Volumenformel deiner Klasse möglichst anschaulich vor.
  c) Betrachte das Foto auf der Seite 165 und schätze, wie groß die Masse des Rohres ist, wenn die Röhre aus Stahl gefertigt wurde.

12. Eine Litfaßsäule mit dem Durchmesser von 1,20 m lässt sich in einer Höhe von 20 cm bis zu 3,00 m bekleben. Bestimme die Größe der zum Bekleben bestimmten Fläche. Es sollen vier Plakate, die 90 cm breit und 2,60 m hoch sind, angebracht werden.
Ist das möglich? Begründe.

13. Ein Baumarkt bietet ein zylindrisches Schwimmbecken mit einem Fassungsvermögen von 186 450 l an. Kannst du bedenkenlos darin stehen, wenn seine Grundfläche 113 m² beträgt?

14. Berechne das Volumen, den Oberflächeninhalt und die Masse der skizzierten Werkstücke. Informiere dich über die Dichte der Stoffe.
(Maßangaben in Millimeter)
  a) Material: Blei 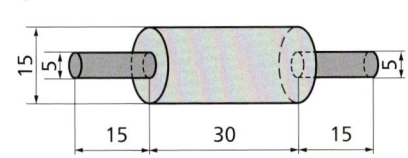
  b) Material: Eisen

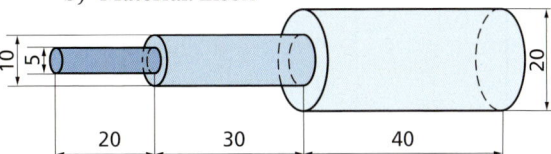

15. Tim hat beim Basteln von zylindrischen Verpackungen wieder einmal nicht richtig zugehört. Anstatt das DIN-A4-Blatt entlang der längeren Seite zu biegen, damit ein Zylinder entsteht, hat er die kürzere Seite benutzt.
Unterscheiden sich die beiden Röhren? Wie sieht es mit den Volumina aus? Überprüfe deine Vermutung, indem du ein DIN-A4-Blatt einmal längs und einmal quer biegst (Überlappungen bleiben unbeachtet). Führe dann die entsprechenden Rechnungen aus.

5.4 Gemischte Aufgaben

1. Welches Prisma hat die kleinste Anzahl von Ecken, Flächen und Kanten?

2. Berechne das Volumen der dargestellten Prismen (Maßangaben in Zentimeter).
   a)   b)

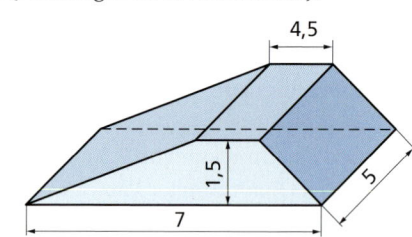

3. Stelle die Gebäudeteile maßstabsgerecht in Vorderansicht und in Draufsicht dar. Berechne die Volumen und die Oberflächeninhalte. Entnimm die fehlenden Maße deiner Zeichnung. (Maßangaben in Meter)
   a)   b)   c)

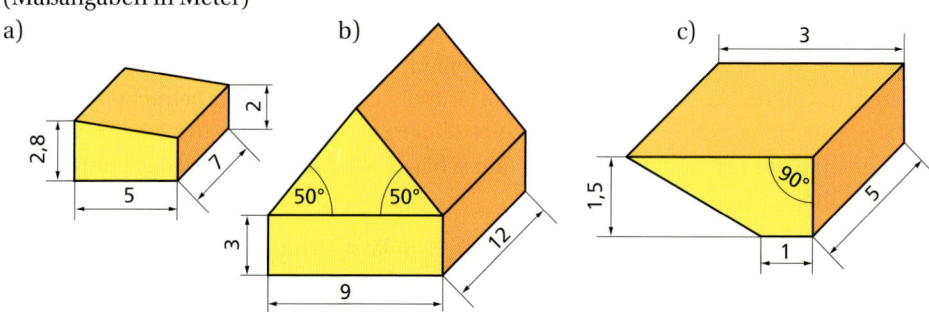

4. Unter welchen Voraussetzungen sind die Volumina der drei Prismen mit verschiedenen dreiseitigen Grundflächen und gleichen Höhen gleich? Gelten diese Voraussetzungen auch für einen gleichen Oberflächeninhalt? Nutze zur Findung und Überprüfung deiner Aussagen ein Geometrieprogramm.

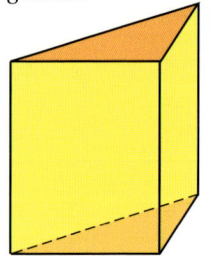

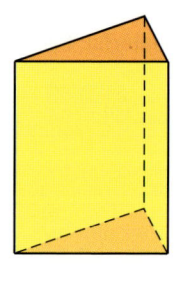

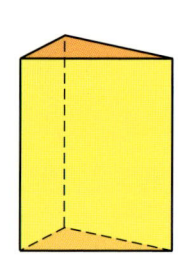

   Zeichne die Strecke $\overline{AB}$.
   Konstruiere eine Höhe h zur Strecke $\overline{AB}$.
   Verknüpfe die Punkte zum $\triangle ABC$.
   Verändere die Lage des Punktes C bei gleicher Höhe.
   Lass dir die Messdaten anzeigen und berechne.

   ■ HINWEIS ■

5. Familie Maier will in einem heißen Sommer einen Ventilator für das Wohnzimmer kaufen. Das Zimmer ist 5,05 m lang, 4,20 m breit und 2,70 m hoch.
   Im Baumarkt kauft sie einen Ventilator mit dem Aufdruck: Förderleistung $\frac{130 \text{ m}^3}{\text{h}}$.
   Nach welcher Zeit wird eine Luftmenge bewegt, die dem Volumen des Zimmers entspricht?

Gemischte Aufgaben

6. Aus einer quadratischen Säule mit einer Grundkantenlänge von 25 cm und einer Höhe von 55 cm soll ein Zylinder von größtmöglichem Volumen gefräst werden.
   a) Berechne das Volumen des Zylinders.
   b) Bestimme, wie viel Prozent Abfall bei der Bearbeitung des Werkstücks entstehen.

7. Das Dach hat eine Länge von 15 m, eine Breite von 10 m und eine Höhe von 1,35 m an seiner höchsten Stelle.
   a) Wie viel Kubikmeter Luft umfasst der Raum unter dem Dach?
   b) Wie groß ist das Volumen des gesamten Gewächshauses, wenn die Seitenwände 2,00 m hoch sind?
   c) Wie groß ist die Fläche, die bepflanzt werden kann?

8. Bei Hochwasser von Flüssen sollen Deiche das umgebende Land schützen. Die „Jahrhundertflut" im August 2002 machte das Erneuern oder den Neubau solcher Deiche notwendig.
   In der Skizze ist der Querschnitt eines Deiches abgebildet.
   a) Berechne, wie viel Kubikmeter Erdreich zum Neubau eines 1,8 km langen Deiches gebraucht werden.
   b) Wie viele Lkw-Fuhren sind notwendig, wenn pro Lkw 4,5 m³ Erdmasse transportiert werden können?

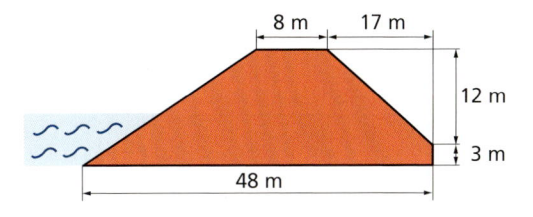

9. Das Parfüm eines Modedesigners wird in 6,25 cm hohen Glasfläschchen verpackt. Die Grundfläche des geraden Prismas ist ein rechtwinkliges und gleichschenkliges Dreieck, wobei die Schenkel jeweils 4 cm lang sind.
   a) Skizziere den Körper. Berechne das Volumen für das Glasfläschchen.
   b) Die Fläschchen werden aus 1 mm starkem Glas ($\varrho_{Glas} = 2{,}6 \frac{g}{cm^3}$) hergestellt. Berechne den Oberflächeninhalt des Glasprismas und daraus die Masse eines leeren Fläschchens.
   c) Außer diesem Parfümfläschchen wird Parfüm auch in 30-ml-Fläschchen verkauft. Die Höhe des Prismas sowie der rechte Winkel in der gleichschenkligen, dreieckigen Grundfläche sollen dabei erhalten bleiben. Ermittle die Schenkellänge der Grundfläche, damit das Fläschchen nun 30 ml beinhaltet.
   d) Betrachtet wird nun wieder das erste Parfümfläschchen aus Aufgabe a). Ein solches Fläschchen sei nur noch teilweise mit Parfüm ($\varrho_{Parfüm} = 0{,}74 \frac{g}{cm^3}$) gefüllt. Beschreibe (möglichst mehrere) Varianten zur Bestimmung der bereits verbrauchten Parfümmenge.

10. Ein zylinderförmiges Messglas hat einen Innendurchmesser von 16 mm. In welchem Abstand voneinander müssen die Mess-Striche für je 1 cm³ angebracht werden?

11. Eine Blumenvase in Form eines Kreiszylinders hat ein Fassungsvermögen von 1,5 l und einen Durchmesser von 10 cm. Wie hoch ist die Blumenvase? Wie hoch steht das Wasser in der Vase, wenn 1 l eingefüllt wird?

Prismen und Zylinder untersuchen

12. Prüfe, ob folgende Zeichnungen Netze von Zylindern sein können. Begründe.
(Maßangaben in Zentimeter)

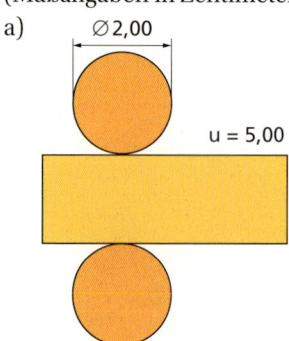

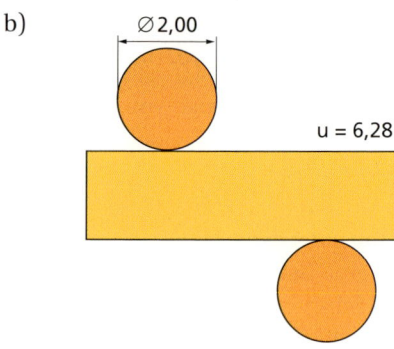

a) ⌀ 2,00; u = 5,00

b) ⌀ 2,00; u = 6,28

13. Berechne das Volumen der Körper (Maßangaben in Millimeter). Die drei Körper werden aus Stahl hergestellt. Bestimme ihre Masse.

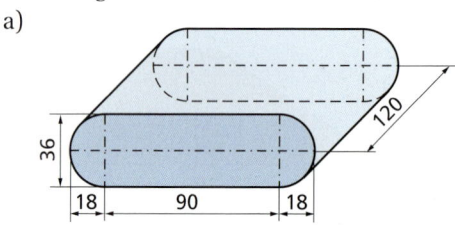

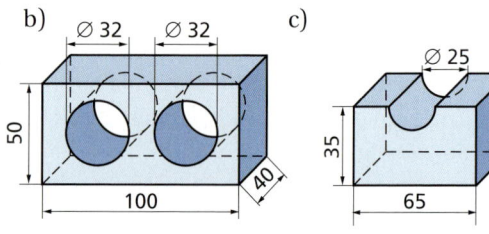

a) 36; 18; 90; 18; 120

b) ⌀ 32; ⌀ 32; 50; 100; 40

c) ⌀ 25; 35; 65

14. Ein Rechteck mit der Länge a und der Breite b rotiert erst um die Seite a. Dann rotiert es um die Seite b.
a) Was für Körper entstehen jeweils durch die Rotation?
b) Berechne für beide Fälle die Volumen der Rotationskörper.
c) Gib das Verhältnis der Volumen an.

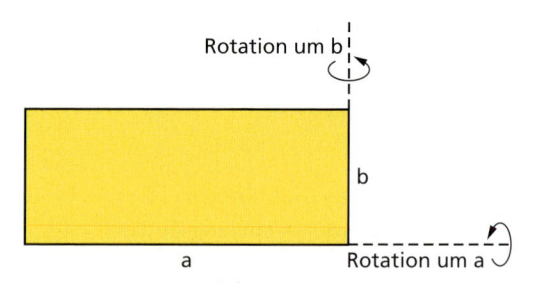

15. Der Hubraum ist ein wichtiges Merkmal eines Verbrennungsmotors, dessen Größe bei vielen Pkws sogar am Heck zu lesen ist. Aus der Bohrung (dem inneren Durchmesser), dem Hub (Kolbenweg) und der Zylinderanzahl lässt sich der Gesamthubraum berechnen.

Zylinderanzahl	Bohrung	Hub	Hubraum laut Typenschild
4	74,0 mm	75,5 mm	1,3 *l*
4	82,5 mm	82,0 mm	1,8 *l*
9	78,0 mm	69,6 mm	3,0 *l*

a) Berechne aus den Daten jeweils den Hubraum. Vergleiche mit der Volumenangabe auf dem Typenschild.
b) Erkundige dich nach den Daten weiterer Fahrzeuge und berechne den Hubraum.
Warum ist der tatsächliche Hubraum immer kleiner als der für den Typ angegebene?

Projekt

Näherungsweise experimentelle Bestimmung der Zahl π

Im Kapitel „Kreis" haben wir bereits verschiedene Verfahren kennengelernt, mit deren Hilfe sich die Kreiszahl π näherungsweise bestimmen lässt (siehe Seite 155).

Neben den Berechnungen am Kreis und den Simulationen mit Zufallsexperimenten lassen sich auch Untersuchungen an Körpern durchführen, die uns Aussagen zu einer Näherung von π ermöglichen.

Projektziel

Ermittlung der Zahl π durch Wiegen eines Kreiszylinders und eines Quaders mit quadratischer Grundfläche.

Projektdurchführung

1. Suche dir in deiner Klasse einen Partner.
2. Stellt die notwendigen Materialien zusammen. Dazu gehören insbesondere folgende Gegenstände:
   - Pappe, Klebstoff und Schere,
   - Balkenwaage.
3. Ihr müsst die zwei Körper aus stabilem Material basteln. Übertragt dazu die Abbildungen in Originalgröße auf festes Papier.
4. Füllt die Körper jeweils randvoll, z. B. mit Sand, Salz, Reis oder Ähnlichem.
5. Wiegt jeweils den Kreiszylinder ($m_{Zylinder}$) und den Quader mit quadratischer Grundfläche (m_{Quader}) mit einer Waage.
6. Dividiert die Masse des Kreiszylinders durch die Masse des Quaders mit quadratischer Grundfläche ($m_{Zylinder} : m_{Quader}$).
7. Warum entspricht dieser Wert der Zahl π? Begründet diesen Sachverhalt mit euren Kenntnissen aus der Mathematik und Physik.

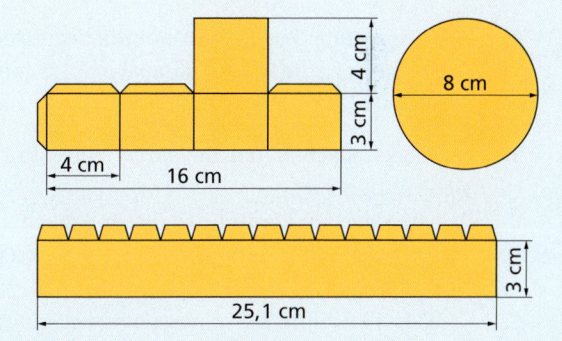

Projektauswertung

Tragt alle experimentell bestimmten Näherungswerte der Klasse zusammen und bildet den Mittelwert. Wie genau sind eure Ergebnisse? Führt eine Fehlerbetrachtung durch.
Informiert euch in Nachschlagewerken oder im Internet, ob es sich um ein historisches Experiment handelt.
Welche Person ist auf dem Bild zu sehen?
Was verbindet diesen Wissenschaftler mit Experimenten zur Kreiszahl π?

Teste dich selbst

1. Wie heißen die Körper? Gib jeweils die Art der Grundfläche an.
   a)   b) 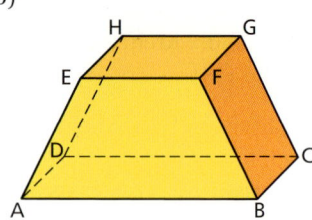   c)

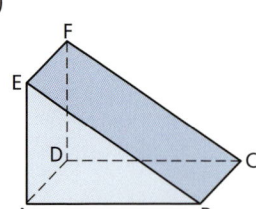

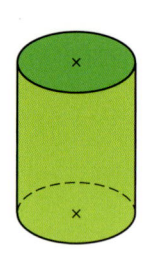

2. Ein dreiseitiges Prisma hat eine Höhe von 6 cm und als Grundfläche ein rechtwinkliges Dreieck mit a = 5 cm, c = 4 cm und β = 90°.
   a) Berechne das Volumen und den Oberflächeninhalt.
   b) Das Prisma soll auf der Grundfläche stehen. Zeichne das Schrägbild.

3. Wie ändert sich das Volumen der Prismen, wenn
   a) sich der Grundflächeninhalt bei gleicher Höhe verdreifacht,
   b) sich die Höhe verdoppelt und der Grundflächeninhalt halbiert wird?

4. Ein Messzylinder hat einen Innendurchmesser von 8 cm und ist 36 cm hoch.
   a) Wie hoch ist die Wassersäule, wenn 1,2 l eingegossen werden?
   b) Wie viel Liter Wasser enthält das Gefäß, wenn es zu $\frac{3}{4}$ gefüllt ist?

5. Eine Keksschachtel hat die Form eines Prismas (siehe Abbildung).
   a) Berechne den Rauminhalt dieser Schachtel.
      Da Kekse Hohlräume verursachen, werden 20 % Inhalt abgezogen.
      Wie viel Gramm Kekse passen in die Schachtel, wenn auf einen Kubikzentimeter 3 g Kekse gerechnet werden?
   b) Stelle die Schachtel als Netz dar (Maßstab 1 : 2).
      Welche Werbefläche (Mantelfläche) steht zur Verfügung?

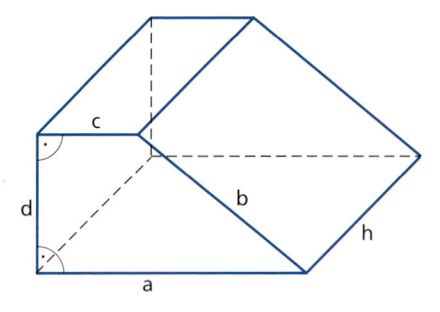

   a = 8 cm; b = 6,4 cm; c = 3 cm; d = 4 cm; h = 10 cm

6. Eine Teedose mit quadratischer Grundfläche (a = 11 cm) hat eine Höhe von 14,5 cm.
   Wie viel Quadratzentimeter Blech werden mindestens zur Herstellung einer Dose mit Deckel benötigt? Welches Fassungsvermögen besitzt eine Dose?

7. Herr Heinze darf den Baum in seinem Garten fällen, wenn dessen Durchmesser kleiner als 12 cm ist. Der Umfang des Baumstamms beträgt 36,8 cm.

8. Berechne Volumen und Oberflächeninhalt eines Zylinders, der einen Radius von 3 cm und eine Höhe von 4,2 cm hat.

9. Ein zylinderförmiges Werkstück aus Eisen hat einen Durchmesser von 12 cm und eine Länge von 2 dm. Das Werkstück hat eine Dichte ϱ von 7,85 $\frac{g}{cm^3}$. Lassen sich 200 Werkstücke mit einem Kleinlaster, der 3,5 t laden darf, mit einem Mal transportieren?

Das Wichtigste im Überblick

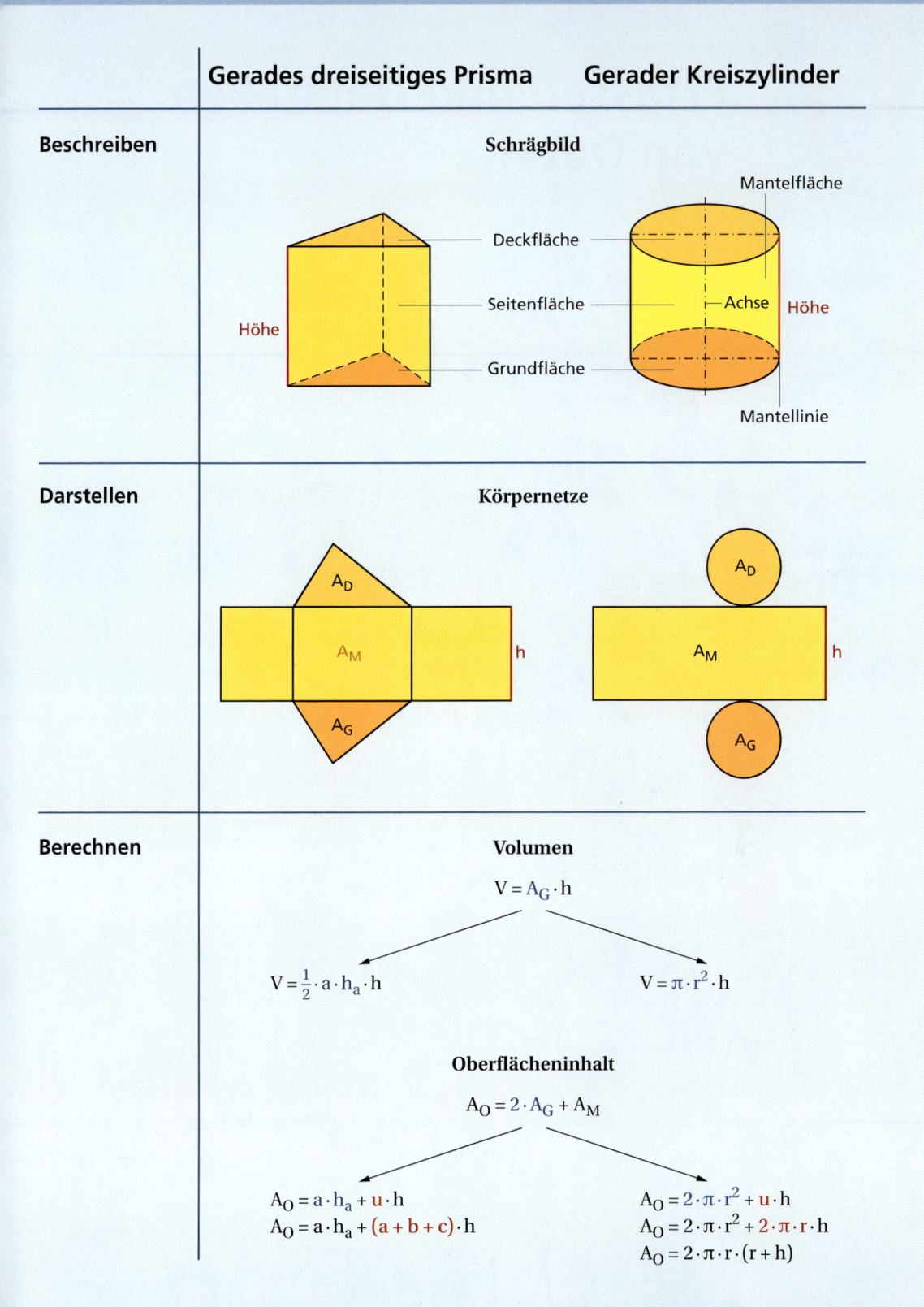

	Gerades dreiseitiges Prisma	**Gerader Kreiszylinder**

Beschreiben

Schrägbild

- Mantelfläche
- Deckfläche
- Seitenfläche
- Achse
- Höhe
- Grundfläche
- Mantellinie

Darstellen

Körpernetze

A_D, A_M, A_G, h

Berechnen

Volumen

$$V = A_G \cdot h$$

$$V = \frac{1}{2} \cdot a \cdot h_a \cdot h \qquad V = \pi \cdot r^2 \cdot h$$

Oberflächeninhalt

$$A_O = 2 \cdot A_G + A_M$$

$A_O = a \cdot h_a + u \cdot h$ $\qquad$ $A_O = 2 \cdot \pi \cdot r^2 + u \cdot h$
$A_O = a \cdot h_a + (a + b + c) \cdot h$ $\qquad$ $A_O = 2 \cdot \pi \cdot r^2 + 2 \cdot \pi \cdot r \cdot h$
$\qquad\qquad\qquad\qquad\qquad\qquad\quad A_O = 2 \cdot \pi \cdot r \cdot (r + h)$

6 Erfassen und Darstellen von Daten

Daten
Erfassen und Auswerten von Daten spielt in allen Bereichen des täglichen Lebens eine große Rolle. Das Teilgebiet der Mathematik, das sich mit dem Erfassen, Ordnen, Zusammenstellen und Auswerten von Daten beschäftigt, heißt Statistik. Als Anfänge der Statistik können die Volkszählungen angesehen werden, die es bereits im Altertum gab.
Informiere dich unter www.statistik-berlin-brandenburg.de, welche Daten in den letzten Monaten erfasst wurden.

Erfassen von Daten
Mithilfe von Crashtests werden Situationen im Straßenverkehr simuliert. Anhand von Daten z. B. zur Verformung der Karosserie oder zum Verletzungsrisiko von Insassen lassen sich Schwachstellen am Fahrzeug aufdecken.
Wie haben die Autohersteller bisher reagiert, um die Sicherheit der Insassen zu erhöhen?

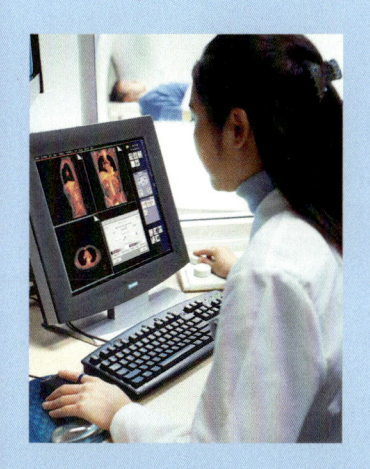

Auswerten von Daten
Aus den erfassten Daten können mithilfe bestimmter statistischer Methoden Schlussfolgerungen gezogen oder Vorhersagen über zukünftige Entwicklungen getroffen werden.
So werden zum Beispiel aus der Erhebung von Geburts-, Heirats- und Sterbedaten über viele Jahre Schlussfolgerungen über die Bevölkerungsentwicklung gezogen.
Welche Unternehmen und Einrichtungen brauchen diese Auswertungen? Nenne Beispiele und begründe.

Rückblick

Erfassen und Ordnen von Daten

In einer **Urliste** werden Daten in der Reihenfolge ihrer Erfassung aufgeschrieben. Mithilfe einer **Strichliste** werden die erfassten Daten in einfacher Form geordnet.
Erweitert man die Übersicht und trägt noch ein, wie oft diese Werte auftreten, dann nennt man diese Übersicht **Häufigkeitstabelle.**

Urliste

Zensuren: 5; 4; 6; 1; 3; 4; 2;
3; 3; 2; 4; 3; 2; 5;
4; 3; 2; 2; 1; 1; 3

Strichliste

1	2	3	4	5	6
III	IIII I	IIII I	IIII	II	I

Häufigkeitstabelle

Zensuren	1	2	3	4	5	6
absolute Häufigkeit H	3	5	6	4	2	1
relative Häufigkeit h	$\frac{3}{21}$ 14,3 %	$\frac{5}{21}$ 23,8 %	$\frac{6}{21}$ 28,6 %	$\frac{4}{21}$ 19,0 %	$\frac{2}{21}$ 9,5 %	$\frac{1}{21}$ 4,8 %

Darstellung von Häufigkeitsverteilungen

Häufigkeiten können durch Strecken veranschaulicht werden. Zur Darstellung von Abläufen und Entwicklungstendenzen benutzt man Säulen- und Balkendiagramme.

Streckendiagramm

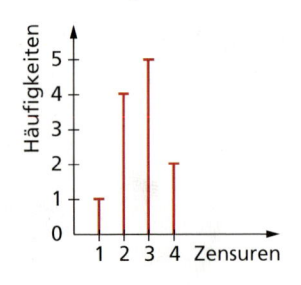

Säulen- bzw. Balkendiagramm

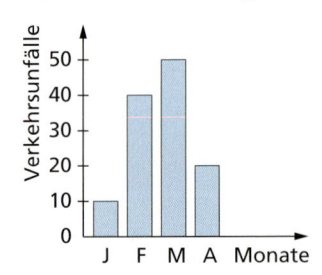

Größenverhältnisse und Anteile können in Streifen- und Kreisdiagrammen dargestellt werden.

Kreisdiagramm (Prozentkreis)

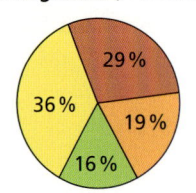

Streifendiagramm (Prozentstreifen)

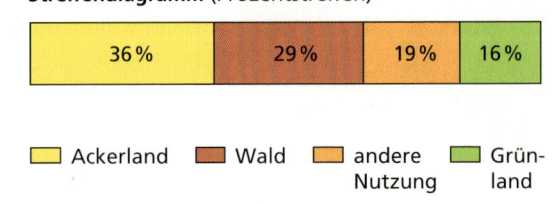

Ackerland Wald andere Nutzung Grünland

Welche Art der grafischen Darstellung günstig ist, hängt vom Sachverhalt ab.

Aufgaben

1. In einer Mathematikarbeit wurden insgesamt 40 Punkte vergeben.
Das Ergebnis dieser Arbeit ist in einem Stängel-Blätter-Diagramm dargestellt.
   a) Wie viele Schülerinnen und Schüler haben diese Arbeit mitgeschrieben?
   b) Wie viele Schülerinnen und Schüler haben einen Punktwert über 30 erreicht?
   c) Wie viele Schülerinnen und Schüler haben mehr als 10, aber weniger als 20 Punkte erhalten?

Zehner	Einer
0	7 9
1	9 4 9 2 7 2 9
2	5 1 6 3 4 9 8
3	3 9 6 1 7 3 4 6 9 3 1
4	0 0 0

2. Auf der Tafel ist zu erkennen, wie schwer die Schultaschen der Schüler in der Klasse 7b sind.
   a) Erfasse die Daten in einem Stängel-Blatt-Diagramm. Verwende als Stängel die Tausender- und als Blätter die Hunderterstellen.
   Strecke den Stängel, indem du die Blätter in zwei Gruppen erfasst:
   von 000 bis 400 bzw. von 500 bis 900.

   Schultaschen (gewogen in Gramm)
   5400, 4700, 4500, 3100, 5100
   4400, 4900, 4000, 5000, 3900
   4900, 4500, 4100, 6900, 5600
   4700, 4500, 4600, 3800, 5700
   4400, 4600, 4500, 3500, 5300

   b) Wodurch wird die Masse der Schultasche beeinflusst?
   Wie können die Unterschiede erklärt werden?
   c) Erfasse für deine Klasse die folgenden Daten: Name; Masse der Schultasche.
   Werte diese Daten aus.
   d) Die Masse einer Schultasche sollte höchstens den zehnten Teil der Körpermasse des jeweiligen Schülers betragen, damit es zu keinen Rückenbeschwerden kommt.
   Bei welchem Schüler deiner Klasse ist dies nicht erfüllt?

3. An einem Sommertag wurden folgende Temperaturen gemessen:

Uhrzeit	6.00	8.00	10.00	12.00	14.00	16.00	18.00	20.00
Temperatur in °C	17	19	23	25	27	26	24	21

   a) Stelle die Temperatur für diesen Tag in einem Liniendiagramm dar.
   Beschreibe die Temperaturentwicklung mit Worten.
   b) Miss selbst an einem Tag am Wochenende die Temperatur in zweistündigem Abstand in der Zeit von 8.00 Uhr bis 18.00 Uhr.
   Trage deine gemessenen Werte in das Diagramm von Teilaufgabe a ein.
   c) Gib mögliche Gründe für Unterschiede in beiden Diagrammen an.

4. Erfinde eine Geschichte, die zu dieser Strichliste passt:

Feuerrot:	Himmelblau:	Zitronengelb:	Pink:
IIII III	IIII IIII II	IIII I	IIII

Erfassen und Darstellen von Daten

6.1 Grundbegriffe

Grundgesamtheit, Stichprobe

In der Bundesrepublik Deutschland besitzen insgesamt 49 620 000 Personen einen Führerschein für Pkw.

Im Dezember 2007 wurden 1883 Pkw-Fahrer unter der Annahme, unbegrenzt viel Geld für die Anschaffung eines Neuwagens zu haben, befragt, welche Automarke sie am liebsten kaufen würden.

Die Menge aller Pkw-Fahrer in Deutschland stellt in dieser Umfrage eine **Grundgesamtheit** dar, die 1 883 Befragten sind eine **Stichprobe**.

Die Elemente einer Grundgesamtheit besitzen ein **bestimmtes Merkmal**. In der obigen Umfrage ist dieses Merkmal der Wunsch, ein Traumauto zu erwerben. Ist die Grundgesamtheit sehr umfangreich, wird für die Untersuchung eine Stichprobe als Teilmenge ausgewählt.

Traumauto der Deutschen (Angaben in Prozent)

Marke	Prozent
Mercedes Benz	17,2
BMW	14,0
Audi	12,1
VW	11,2
Opel	4,5
Ford	3,6
Porsche	3,5
Ferrari	2,0
Volvo	1,9
Renault	1,8

Im Land Brandenburg wurde eine Qualitätsuntersuchung an Schulen zum Mathematikunterricht durchgeführt. An dieser Untersuchung nahmen durch zufällige Auswahl 12 620 Schülerinnen und Schüler teil.

Grundgesamtheit	Merkmal	Stichprobe
alle Schülerinnen und Schüler des Landes Brandenburg	Kenntnisse in Mathematik	12 620 zufällig ausgewählte Schülerinnen und Schüler

Um Einschaltquoten von Fernsehsendungen zu bestimmen, ist es aus finanziellen Gründen nicht möglich, alle Zuschauer zu erfassen. In Deutschland wurden rund 5 200 Haushalte mit ca. 12 000 Personen nach einem bestimmten Verfahren ausgelost, bei denen mit ihrer Zustimmung automatisch erfasst wird, welche Sender wann eingeschaltet werden.

Grundgesamtheit	Merkmal	Stichprobe
alle Haushalte Deutschlands	Einschalten eines bestimmten Senders	5 200 zufällig ausgewählte Haushalte

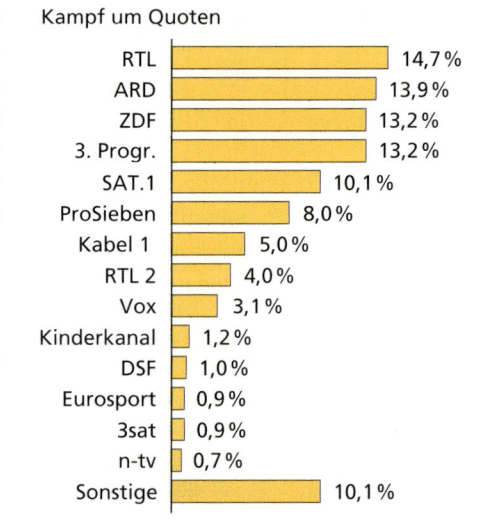

Kampf um Quoten

RTL	14,7 %
ARD	13,9 %
ZDF	13,2 %
3. Progr.	13,2 %
SAT.1	10,1 %
ProSieben	8,0 %
Kabel 1	5,0 %
RTL 2	4,0 %
Vox	3,1 %
Kinderkanal	1,2 %
DSF	1,0 %
Eurosport	0,9 %
3sat	0,9 %
n-tv	0,7 %
Sonstige	10,1 %

Um aus den Ergebnissen der Untersuchung einer Stichprobe auf die Grundgesamtheit schließen zu können, muss die Stichprobe **repräsentativ** für die Grundgesamtheit sein. Eine Stichprobe heißt repräsentativ bezüglich eines Merkmals, wenn die Häufigkeitsverteilung der Ausprägungen des Merkmals in der Stichprobe der Häufigkeitsverteilung in der Grundgesamtheit entspricht. Eine repräsentative Stichprobe kann durch **Zufallsauswahl (zufällige Auswahl)** erhalten werden. Eine Auswahl von Elementen einer Grundgesamtheit heißt zufällig, wenn alle Elemente die gleiche Wahrscheinlichkeit haben, in die Stichprobe zu gelangen.

Um 20 Schüler der 7. Klassen in einer größeren Stadt zufällig auszuwählen, gibt es z. B. folgende Möglichkeiten:
- Es wird allen betreffenden Schülern eine Nummer zugeordnet. Aus diesen Nummern werden 20 ausgelost.
- In der Stadt sind 30 % der Schüler am Gymnasium. Deshalb werden unter den Gymnasiasten 6 Schüler und unter den Oberschülern 14 ausgelost.

Statistische Erhebungen beziehen sich im Allgemeinen auf eine **Grundgesamtheit** mit einem bestimmten **Merkmal**. Da diese Grundgesamtheit oft sehr umfangreich ist, wählt man für die Untersuchung eine **Stichprobe** als Teilmenge aus.
Um von ihr auf die Grundgesamtheit schließen zu können, muss diese Stichprobe **repräsentativ** sein. Eine Stichprobe heißt repräsentativ, wenn ihre Häufigkeitsverteilung bezüglich des Merkmals (des Ergebnisses oder der Erscheinung) mit der Häufigkeitsverteilung der Grundgesamtheit übereinstimmt.

Planen und Durchführen statistischer Erhebungen

Bei der Planung und Durchführung statistischer Untersuchungen beachte folgende Hinweise:
- Formuliere genau, welche Fragen nach der statistischen Untersuchung beantwortet werden sollen.
- Lege fest, welche Objekte und welche Merkmale an ihnen untersucht werden müssen.
- Bestimme die möglichen Ausprägungen der Merkmale.
- Lege die Grundgesamtheit fest, auf die sich die Untersuchung beziehen soll.
- Überlege, ob alle Elemente der Grundgesamtheit untersucht werden können, und wähle gegebenenfalls eine repräsentative Stichprobe aus.
- Entwirf einen geeigneten Fragebogen bzw. geeignete Tabellen zum Erfassen der Daten.
- Kläre organisatorische Fragen.
- Überlege, wie du die erfassten Daten auswertest:
  - Anfertigen von Tabellen und Grafiken
  - Aushang in der Schule
  - Ziehen von Schlussfolgerungen

Erfassen und Darstellen von Daten

Aufgaben

1. Alles ist neu in der siebten Klasse.
   Vor allem deine Klassenkameraden sind dir fast alle unbekannt.

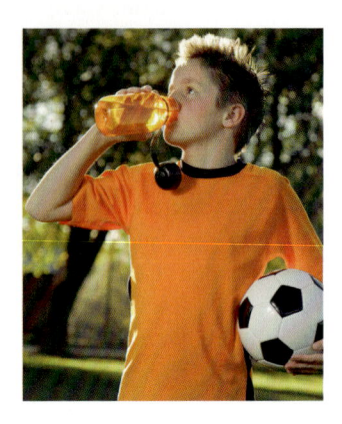

   a) Überlegt euch Fragen, mit denen ihr euren Jahrgang schnell kennenlernt, und erstellt einen Interviewbogen. Teilt euch in Gruppen auf und bestimmt eure Aufgaben.
   Wer befragt welche Gruppe? Wer übernimmt die Auswertung?
   b) Wie wollt ihr eure Ergebnisse darstellen, sodass sich auch später die richtigen Kontakte leicht herstellen lassen?
   c) Nutzt eure Daten, um einen informativen Artikel für eure Schülerzeitung zu schreiben.

2. Im nebenstehenden Diagramm wurden Daten aufbereitet.
   a) Welches Merkmal wurde untersucht?
   b) Gib die Grundgesamtheit an.
   c) Erkundige dich, in welcher Berufsgruppe Hautkrankheiten besonders häufig auftreten.

   Die häufigsten Berufskrankheiten in Deutschland

Berufskrankheit	Anzahl
Hauterkrankungen	20931
Bandscheibenschäden	13022
Lärmschwerhörigkeit	12728
Asbestlunge	7608
Atemwegserkrankungen	6331
Meniskusschäden	2425
Quarzstaublunge	2113
Infektionen	2111
chronische Bronchitis	1345

3. Plant eine statistische Untersuchung zu Ernährungsgewohnheiten der Schülerinnen und Schüler deiner Schule.
   a) Überlegt, welche Fragen beantwortet werden sollen.
   b) Entwerft einen Fragebogen.
   c) Legt eine Grundgesamtheit fest, auf die sich eure Untersuchung beziehen soll. Entscheidet, ob alle Elemente der Grundgesamtheit untersucht werden können.

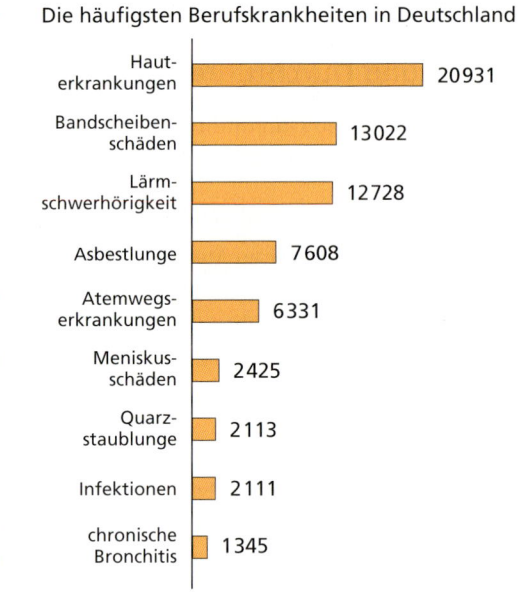

4. In einem Artikel der Schülerzeitung stand, dass 17 der 85 Schülerinnen des siebten Jahrgangs Katzen als Lieblingstiere nennen. Im letzten Jahr waren es nur 14 von 56. Diese vier Prozent konnten sich überraschenderweise aber auch überwiegend für Hunde begeistern.
   Kann das stimmen?

Grundbegriffe

5. In dem nebenstehenden Säulendiagramm siehst du die Lieblingshaustiere vieler Menschen. Angegeben sind jeweils die prozentualen Anteile.
   a) Wie viele Klassenkameraden würden sich für Hunde, Katzen, Fische, Kaninchen, Hamster und Wellensittiche begeistern, wenn dieselbe Verteilung in deiner Klasse gilt?
   b) Überprüfe durch eine Umfrage, ob diese Verteilung zu deiner Gruppe passt. Erstelle gegebenenfalls neue prozentuale Angaben und zeichne das entsprechende Säulendiagramm.

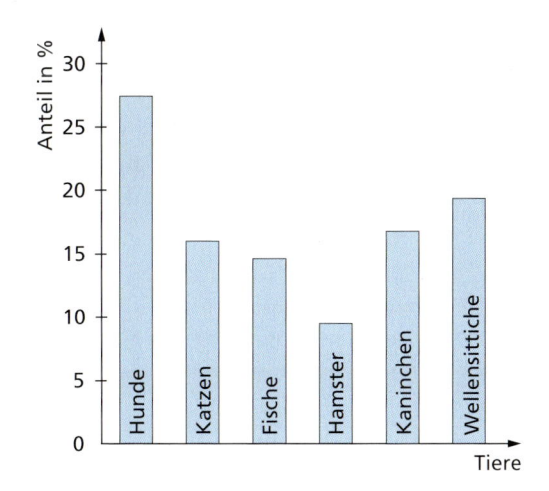

6. Worauf muss bei den folgenden Untersuchungen geachtet werden, wenn man eine repräsentative Stichprobe aus der Grundgesamtheit entnehmen will?
   a) Wie hoch ist das Einkommen einer Familie in Deutschland?
   b) Wie viele Kinder leben in einem Haushalt in Europa?
   c) Welches Auto gefällt den Deutschen am besten?
   d) Was essen Jugendliche am liebsten?

7. In den Nachrichtensendungen des Fernsehens werden vor Wahltagen Umfragen der Meinungsforschungsinstitute veröffentlicht. Die Sprecherin sagt: „Wir haben 1000 Personen gefragt: Wie würden Sie wählen, wenn morgen Wahlen wären?"
   a) Gib die Grundgesamtheit an.
      Nenne das gemeinsame Merkmal der Grundgesamtheit.
   b) Welche Bedeutung hat die Angabe „... 1000 Personen ..."?
   c) Wie kann man eine repräsentative Stichprobe erhalten, wenn man eine Aussage über
      – das Bundesland Brandenburg,
      – alle neuen Länder,
      – die Bundesrepublik Deutschland,
      – Europa
      erhalten will?

8. In einer Schule wird der Speiseraum neu eingerichtet. Durch eine Umfrage soll die Zahl der Schüler, die an der Schulspeisung teilnehmen, ermittelt werden.
   a) Welches Merkmal wird in dieser Umfrage untersucht?
   b) Gib die Grundgesamtheit an.
   c) Ist es sinnvoll, eine Stichprobenauswahl durchzuführen?

Erfassen und Darstellen von Daten

6.2 Kennwerte

Minimum und Maximum

Für die Auswertung der erfassten Daten werden verschiedene **Kennwerte** verwendet. Bei vielen Erhebungen ist für die Auswertung der Daten die Angabe des größten Werts und des kleinsten Werts von besonderer Bedeutung.

> Der kleinste erfasste Wert wird als **Minimum** x_{min} bezeichnet.
> Der größte erfasste Wert wird als **Maximum** x_{max} bezeichnet.
> Die Differenz aus Maximum und Minimum heißt **Spannweite:** $w = x_{max} - x_{min}$

Um bei sportlichen Wettkämpfen den Sieger zu ermitteln, werden die Leistungen der einzelnen Sportler oder Mannschaften erfasst.
Bei einigen Sportarten werden Zeiten gemessen, z. B. beim Schwimmen, bei Laufwettbewerben, bei Autorennen. In anderen Disziplinen werden Höhen oder Weiten ermittelt.

50-m-Brustschwimmen (Mädchen Altersklasse 12/13)

(1) 0:47,80	(5) 0:57,00	Sieger dieses Wettbewerbs ist der Sportler,
(2) 0:48,34	(6) 1:00,9	der für eine bestimmte Strecke die wenigste
(3) 0:48,42	(7) 1:07,57	Zeit benötigt.
(4) 0:51,57	(8) 1:10,6	Es wird das Minimum der Zeiten ermittelt.

Weitsprung (Jungen Altersklasse 14)

(1) 5,10 m	(5) 3,89 m	Sieger des Weitsprungwettbewerbs
(2) 4,40 m	(6) 3,68 m	ist der Sportler, der am weitesten
(3) 4,05 m	(7) 3,55 m	gesprungen ist.
(4) 3,95 m	(8) 3,65 m	Es wird das Maximum der Weiten ermittelt.

Auch bei Wettervorhersagen werden für die Temperaturen Maximal- und Minimalwerte verwendet. Es wird stets die Höchst- und die Tiefsttemperatur für ein bestimmtes Gebiet vorhergesagt.

Arithmetisches Mittel

Um am Schuljahresende die beste Schülerin oder den besten Schüler einer Klasse zu ermitteln, ist es sinnvoll, das **arithmetische Mittel** $\bar{x}$ (Durchschnitt, Mittelwert) der Zeugniszensuren jeder Schülerin und jedes Schülers der Klasse zu errechnen. Dabei werden alle Zensuren addiert und durch die Anzahl der Fächer dividiert. Diejenige Schülerin oder derjenige Schüler mit dem kleinsten Durchschnittswert ist dann Klassenbeste oder Klassenbester.

Deutsch	2	Biologie	1	Geschichte	1	Kunst	3
Englisch	2	Physik	2	Erdkunde	1	Musik	2
Mathematik	2	Naturwissenschaften	2	LER	2	Sport	4

Berechnung des Durchschnitts: $\bar{x} = \frac{2+2+2+1+2+2+1+1+2+3+2+4}{12} = \frac{24}{12} = 2{,}0$

> Das **arithmetische Mittel** (der Durchschnitt bzw. der Mittelwert) ist der Quotient aus der Summe der erfassten Daten und deren Anzahl.

Das arithmetische Mittel wird bei der Auswertung von Daten sehr häufig verwendet.
In der Physik werden Durchschnittsgeschwindigkeiten berechnet oder es wird der durchschnittliche Benzinverbrauch eines Fahrzeugs ermittelt.
Das Durchschnittsalter einer bestimmten Bevölkerungsgruppe hat in der Biologie oder Gesellschaftslehre eine Bedeutung.
Der durchschnittliche Wasserverbrauch einer Familie pro Tag oder der durchschnittliche Stromverbrauch einer Stadt sind für die wirtschaftliche Entwicklung einer Region wichtig.

Gewogener Mittelwert

Beim bisherigen Mittelwert (arithmetisches Mittel) wurden alle Messwerte mit gleicher Gewichtung (Bedeutung) betrachtet. Unter gleicher Gewichtung versteht man, dass alle Messergebnisse gleichberechtigt sind. Dann gilt für den Mittelwert:

$$\bar{x} = \frac{x_1 + x_2 + \dots + x_n}{n}$$

Der Mittelwert $\bar{x}$ ist ein Wert, der nicht unter den beobachteten Werten vorkommen muss. Er kennzeichnet nicht immer die Mitte einer Häufigkeitsverteilung.

- Die Zeugniszensuren werden aus Teilzensuren gebildet, die nicht gleichberechtigt sind.
  Der Lehrer informiert seine Schüler, wie er die Zeugniszensuren im Fach Mathematik ermittelt. Er sagt: „Ich beobachte eure mündliche Mitarbeit, die zu 30 % in die Zensur eingeht. Weiterhin werden drei Klassenarbeiten geschrieben, die zusammen 50 % ausmachen. Die übrigen 20 % sind kleinere Tests."
  Nach einem halben Jahr gab es das erste Mal Zeugnisse. Der Lehrer gibt die erreichten Teilzensuren bekannt:

	mündlich	Klassenarbeit	kleinere Tests
Annette	1	2	3
René	2	3	1
Christina	3	1	2
…			

Die drei vom Lehrer aufgestellten Kategorien sind unterschiedlich gewichtet. Die Gewichtung entspricht manchmal der relativen Häufigkeit h eines Ereignisses, Merkmals oder einer Erscheinung. Die Zensur von René wird folgendermaßen berechnet:

- mündliche Mitarbeit: $\quad 30\% = \frac{30}{100} = \frac{3}{10} = h_1$
- drei Klassenarbeiten: $\quad 50\% = \frac{50}{100} = \frac{5}{10} = h_2$
- kleinere Tests: $\quad 20\% = \frac{20}{100} = \frac{2}{10} = h_3$

Erfassen und Darstellen von Daten

■ In die Zeugniszensur von René geht die Zensur $x_2 = 3$ für schriftliche Klassenarbeiten mit einer Gewichtung von $h_2 = \frac{5}{10}$ ein, entsprechend für mündliche Mitarbeit $x_1 = 2$ mit $h_1 = \frac{3}{10}$ und $x_3 = 1$ mit $h_3 = \frac{2}{10}$ für kleinere Tests.

Für den **gewogenen Mittelwert** $\bar{x}_g$ ergibt sich dann:

$$\bar{x}_g = x_1 \cdot h_1 + x_2 \cdot h_2 + x_3 \cdot h_3 = 2 \cdot \frac{3}{10} + 3 \cdot \frac{5}{10} + 1 \cdot \frac{2}{10} = \frac{6}{10} + \frac{15}{10} + \frac{2}{10} = \frac{23}{10} = 2{,}3$$

Der gewogene Mittelwert $\bar{x}_g$ beträgt 2,3. René erhält die Zensur 2 („gut") im Fach Mathematik.

Der gewogene Mittelwert $\bar{x}_g$ lässt sich aus den Werten der betrachteten Größe und deren Gewichtung (relative Häufigkeiten h) der Ereignisse, der Merkmale oder der Erscheinungen berechnen.

> Die Summe der Produkte aus den Werten und deren Gewichtung ergibt den **gewogenen Mittelwert**.
> $$\bar{x}_g = x_1 \cdot h_1 + x_2 \cdot h_2 + ... + x_n \cdot h_n$$

Zentralwert

Bei der Auswertung von Daten ist die Angabe des arithmetischen Mittels nicht immer sinnvoll. Extrem kleine oder große Werte („Ausreißer") können den Mittelwert erheblich beeinflussen.

■ Besucherzahlen in einem Kino
Montag: 32   Dienstag: 46   Mittwoch: 43   Donnerstag: 29   Freitag: 530
Die durchschnittliche Besucherzahl von Montag bis Freitag ist 136.
Diese Zahl gibt nicht die Mitte der erfassten Daten an.

Um den mittleren Wert der Daten herauszufinden, wird der **Zentralwert (Median)** $\tilde{x}$ bestimmt. Dazu werden die Daten der Größe nach geordnet und es wird jeweils nacheinander der größte und der kleinste Wert weggestrichen. Der Wert, der in der Mitte stehen bleibt, ist der Zentralwert.

■ Zeit, die Schüler einer 7. Klasse für die Erledigung ihrer Hausaufgaben benötigen (in min):
~~10~~ ~~10~~ ~~10~~ ~~10~~ ~~12~~ ~~15~~ ~~15~~ ~~15~~ ~~15~~ ~~15~~ ~~15~~ **16 17**
~~18~~ ~~18~~ ~~20~~ ~~25~~ ~~25~~ ~~25~~ ~~30~~ ~~40~~ ~~45~~ ~~60~~ ~~180~~
Diese Datenliste hat eine gerade Anzahl von Werten, deshalb bleiben nach der Streichung die Werte 16 und 17 in der Mitte stehen.

Der Zentralwert ist das arithmetische Mittel aus 16 und 17: $\tilde{x} = \frac{16 + 17}{2} = 16{,}5$

> Der **Zentralwert** ist der in der Mitte stehende Wert, wenn die Daten einer Untersuchung der Größe nach geordnet sind. Stehen zwei Werte in der Mitte, so ist der Zentralwert das arithmetische Mittel dieser beiden Werte.

Modalwert

Peter schreibt sich jede erhaltene Zensur in einen Zensurenspiegel, um eine Übersicht über seine Leistungen zu haben. In Deutsch sind folgende Zensuren eingetragen:
4 5 3 3 3 4 3 1 3 4 3 1
In dieser Zensurenliste tritt die Zensur 3 am häufigsten auf. Deshalb schätzt Peter seine Leistungen auch als befriedigend ein.
Der am häufigsten auftretende Wert der erfassten Daten wird als **Modalwert** bezeichnet.

Bei der Frage nach dem Alter in einer siebten Klasse antworteten die Schülerinnen und Schüler:
12 12 12 13 13 14 12 12 13 12 14 12 12 12 12 14 13 12 12 13 14 12 12 13 12
Die meisten Schülerinnen und Schüler dieser Klasse sind 12 Jahre alt, da in der Liste die Zahl 12 am häufigsten vorkommt.

Der **Modalwert** m ist der häufigste auftretende Wert der erfassten Daten.

Aufgaben

1. Untersuche die Körpergröße der Mitschüler in deiner Klasse. Fertige eine Tabelle an, in der die Namen der Schüler deiner Klasse und die Körpergröße aufgenommen werden können. Trage die Daten ein.
   a) Gib das Maximum und das Minimum der erfassten Daten an.
   b) Berechne den Mittelwert.
      Gibt es Schüler, deren Körpergröße mit dem Mittelwert übereinstimmt?

2. Michael möchte mit seinen Eltern in den Ferien nach Spanien reisen.
   Im Reiseführer findet er die monatlichen Durchschnittswerte der Tagestemperaturen für die Stadt Malaga (Spanien) von Januar bis Dezember:
   16 °C; 17 °C; 19 °C; 21 °C; 24 °C; 27 °C; 29 °C; 30 °C; 28 °C; 23 °C; 20 °C; 17 °C
   a) Stelle den Temperaturverlauf des Jahres grafisch dar.
   b) Ermittle die Jahresdurchschnittstemperatur.

3. Der Mittelwert zweier Zahlen x und y beträgt 11,2; y ist 7,8. Wie groß ist x?

4. Beim Hochsprung erreichten neun Schülerinnen folgende Ergebnisse:
   1,18 m; 1,25 m; 0,95 m; 1,19 m; 1,20 m; 1,00 m; 1,30 m; 1,15 m; 1,22 m
   a) Ordne die Höhen der Größe nach. Beginne mit dem kleinsten Wert.
   b) Welche Leistung steht in der Mitte?
   c) Stelle fest, ob sie dem Mittelwert der neun Höhen entspricht.

Erfassen und Darstellen von Daten

5. Zum Reiten fahren Jana, Elke, Stephan, Jenny, Momo, Sandra und Klaus auf den Reiterhof „Stuterei". Dort stehen ihnen sieben Pferde zur Verfügung. In der Tabelle sind alle Daten aufgeführt.

Name	Alter	Größe	Pferd	Alter des Pferdes	Größe des Pferdes
Jana	16	163 cm	Norma	25	160 cm
Elke	21	165 cm	Galactika	13	155 cm
Stephan	18	189 cm	George	7	170 cm
Jenny	14	164 cm	Kumo	3	130 cm
Momo	13	155 cm	Jette	8	153 cm
Sandra	13	155 cm	Pippi	5	172 cm
Klaus	17	179 cm	Balou	12	159 cm

a) Gib das Minimum und das Maximum der Größe der Pferde an.
b) Jeder Reiter soll entsprechend seiner Körpergröße ein Pferd erhalten, d.h. der Kleinste auf das kleinste Pferd usw. Ordne jedem Reiter ein Pferd zu.
c) Auf welchen Pferden sitzen Momo und Jana, wenn die Reiter nach dem Alter den Pferden zugeordnet werden sollen?
d) Berechne den Mittelwert der Größe und den des Alters der Pferde.
e) Berechne das Durchschnittsalter und die durchschnittliche Körpergröße der Reiter.

6. Beim Skispringen werden Haltungsnoten vergeben. Bei der Ermittlung der Gesamtpunktzahl werden jeweils der größte und der kleinste Wert gestrichen. Erkläre.

7. Ermittle den gewogenen Mittelwert und die Zeugnisnote von Annette und Christina aus der Tabelle von Seite 193. Begründe deine Entscheidung bei Christinas Zeugniszensur.

8. Fragt euren Lehrer, wie er die Zeugniszensuren ermittelt. Berechnet dann die Zensuren selbst.

9. Denke dir selbst eine Fragestellung aus, die du in deiner Klasse oder Familie untersuchen möchtest (z. B. Schuhgröße, Haarlänge, Anzahl an Stiften in der Federtasche ...).
a) Erfasse die Daten in einer Strichliste.
b) Fertige zu der Strichliste ein passendes Diagramm an.
c) Ermittle Maximum, Minimum, Mittelwert und Modalwert deiner Daten.

10. In der Zeitschrift „Test" der Stiftung Warentest werden Waren verschiedener Hersteller miteinander verglichen und dabei auch die Preise in verschiedenen Geschäften ermittelt. Als mittlerer Preis wird der Zentralwert der Preise angegeben.
Begründe mithilfe der folgenden Preise, dass der Zentralwert aussagekräftiger als das arithmetische Mittel ist:
1 199 €; 1 249 €; 1 299 €; 1 239 €; 1 199 €; 1 449 €; 1 239 €; 1 449 €; 1 249 €; 1 449 €

6.3 Klasseneinteilung

Um eine große Zahl von Daten besser auswerten zu können, werden diese zu **Klassen** zusammengefasst.

(1) Zensurenverteilung von einer Leistungskontrolle in Mathematik

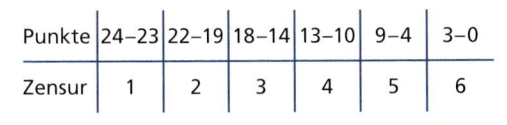

Punkte	24–23	22–19	18–14	13–10	9–4	3–0
Zensur	1	2	3	4	5	6

(2) Farbliche Kennzeichnung von Höhenschichten in Atlanten

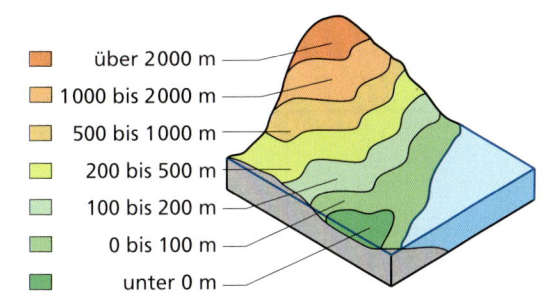

- über 2000 m
- 1000 bis 2000 m
- 500 bis 1000 m
- 200 bis 500 m
- 100 bis 200 m
- 0 bis 100 m
- unter 0 m

Die Differenz aus oberer und unterer Klassengrenze wird **Klassenbreite** genannt. Die Klassenbreiten müssen nicht gleich groß sein.
Die Klassenbreite für die Zensur 2 beträgt also 3, die Klassenbreite für die Zensur 3 beträgt 4.
Die Klassenbreite für die Farbe ☐ beträgt 300, für die Farbe ☐ beträgt sie 1000.

> Die **Klassenbreite** ist die Differenz aus der oberen und der unteren Klassengrenze.

Klassenbildung

Die Zusammenfassung mehrerer Ergebnisse zu einer Gruppe oder Klasse bezeichnet man als **Klassenbildung.** Eine in Klassen geteilte Häufigkeitsverteilung kann grafisch mit einem Streifendiagramm dargestellt werden, in dem sich die Streifen berühren. Ein solches Diagramm nennt man **Histogramm.**
Die Anzahl der zusammengefassten Werte kann unterschiedlich sein. Für die Berechnungen von Kenngrößen ist es allerdings erforderlich, dass alle Klassen gleich groß sind. Zur Berechnung des arithmetischen Mittels bei einer Klasseneinteilung werden als Merkmalswerte die **Klassenmitten** verwendet.

> Als **Klassenmitte** bezeichnet man den in der Mitte stehenden Wert einer Klasse.
> Die Klassenmitte wird oft zur Bezeichnung der Klasse angegeben.

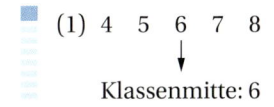

(1) 4 5 6 7 8
       ↓
   Klassenmitte: 6

(2) 4 5 6 7
        ↓
   Klassenmitte: 5,5

Die Klassenmitte ist das arithmetische Mittel von oberer und unterer Klassengrenze.

Erfassen und Darstellen von Daten

Für die Klassenanzahl, nach der Daten eingeteilt werden, gibt es keine allgemeinen Kriterien.

Auswertung der Ergebnisse einer Vergleichsarbeit mit maximal 34 Punkten:
Urliste (Punkte): 22; 32; 5; 21; 18; 12; 16; 14; 18; 12; 19; 6; 4; 8; 18; 32; 28; 34; 23; 29; 23; 9

Mögliche Klassenbildungen: Arithmetisches Mittel: $\bar{x} = 18{,}3$

Klassenbreite 5 Werte

Klassen (Punkte)	Klassenmitte (Punkte)	Absolute Häufigkeit
0–4	2	1
5–9	7	4
10–14	12	3
15–19	17	5
20–24	22	4
25–29	27	3
30–34	32	2

Unterschiedliche Klassenbreite

Klassen (Punkte)	Klassenmitte (Punkte)	Absolute Häufigkeit
0–6	3	3
7–16	11,5	6
17–21	19	5
22–26	24	3
27–32	29,5	4
33–34	33,5	1

Statistische Daten lassen sich in Klassen zusammenfassen. Es wird festgelegt:
1. wie viele Klassen zu bilden sind,
2. wie groß die einzelnen Klassen sein sollen,
3. die obere und die untere Grenze der jeweiligen Klassen.

Häufigkeitsverteilung

In einer Klasse mit 26 Schülerinnen und Schülern wurde eine Klassenarbeit geschrieben. Wie diese ausgefallen ist, erkennt man am schnellsten, wenn man den Zensurenspiegel betrachtet. Dort wird tabellarisch jede Zensur ihrer absoluten Häufigkeit zugeordnet. Durch diese Zuordnung erhält man eine **Häufigkeitsverteilung** (siehe S. 186).

Zensurenspiegel:

Zensur	I	II	III	IV	V	VI
H(Z)	2	3	9	5	3	1

Ordnet man jedem beobachteten Wert (Ergebnis, Merkmal oder Erscheinung) einer Untersuchung seine absolute oder relative Häufigkeit zu, so erhält man eine Häufigkeitsverteilung. Sie kann in einer Tabelle oder grafisch, z. B. in einem Säulendiagramm, dargestellt werden.
Die Summe der relativen Häufigkeiten der Ergebnisse einer Untersuchung ist stets 1 bzw. bei Angaben in Prozent gleich 100 %.

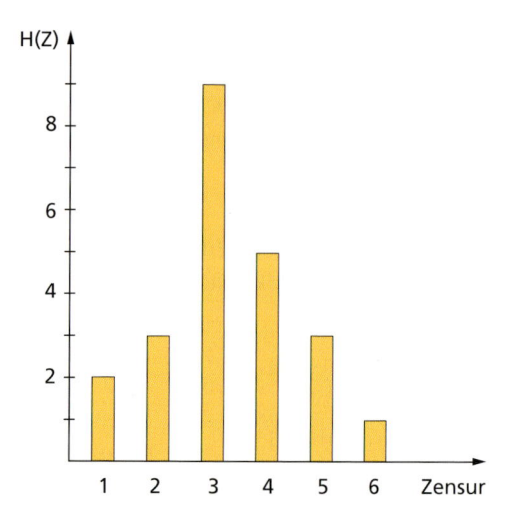

Aufgaben

1. Alexandra wurde in acht aufeinanderfolgenden Halbjahren zur Klassensprecherin gewählt.
   Bei welcher Wahl erhielt sie den größten Stimmenanteil?

Klasse/Halbjahr	4/1	4/2	5/1	5/2	6/1	6/2	7/1	7/2
Anzahl der Schüler	25	25	26	27	24	24	27	27
Anzahl der Stimmen	20	18	19	21	13	15	17	18

2. Durch eine Meinungsumfrage soll herausgefunden werden, ob die Bevölkerung sich nach der BSE-Krise bewusster ernährt. Die Befragung findet in einem Bioladen, in einem Steakhaus und in einem großen Einkaufszentrum statt. Die Ergebnisse unterscheiden sich sehr.
   Welche der Stichproben ist am ehesten repräsentativ für die Bevölkerung (Grundgesamtheit)?

3. Starte eine Umfrage zum Thema „beliebtestes Schulfach" an deiner Schule. Frage zufällig 20 Personen. Wo sollte man die Befragung durchführen, wenn die 20 Personen eine repräsentative Stichprobe darstellen sollen?
   Überlege auch, wo eine nicht repräsentative Stichprobe entstehen kann.
   Wodurch könnte das Ergebnis der Umfrage als sicherer angenommen werden?

4. Das menschliche Auge kann Licht verschiedener Frequenzen und Wellenlängen wahrnehmen.

Sichtbares Licht	Frequenz f in Hz	Wellenlänge λ in m	Vom menschlichen Auge wahrnehmbar
rotes Licht	$3,8 \ldots 4,8 \cdot 10^{14}$	$780 \ldots 620 \cdot 10^{-9}$	
oranges Licht	$4,8 \ldots 5,0 \cdot 10^{14}$	$620 \ldots 600 \cdot 10^{-9}$	
gelbes Licht	$5,0 \ldots 5,3 \cdot 10^{14}$	$600 \ldots 570 \cdot 10^{-9}$	
grünes Licht	$5,3 \ldots 6,1 \cdot 10^{14}$	$570 \ldots 490 \cdot 10^{-9}$	
blaues Licht	$6,1 \ldots 7,0 \cdot 10^{14}$	$490 \ldots 430 \cdot 10^{-9}$	
violettes Licht	$7,0 \ldots 7,7 \cdot 10^{14}$	$430 \ldots 390 \cdot 10^{-9}$	

   a) Gib die obere und die untere Grenze für die Wellenlänge des grünen Lichts an.
   b) Wie groß ist die Klassenbreite der Frequenz des gelben Lichts?
   c) Ermittle die Klassenmitte der Frequenz des roten Lichts.
   d) Die in der Übersicht genannten Farben kannst du an einem Regenbogen beobachten.
      Wie entsteht ein Regenbogen?

Erfassen und Darstellen von Daten

5. Suche in Nachschlagewerken oder im Internet nach einer Karte über den Zustand der Wälder in Deutschland und in Mitteleuropa. Interpretiere diese Angaben.

6. Beim Finanzamt wird das Gehalt jeder Person nach der Höhe des Einkommens (in Euro) besteuert. Bilde aus den aufgeführten Gehältern Klassen mit der Klassenbreite 300 und stelle die relative Häufigkeit für die Klassen in einem Diagramm dar.

   750, 950, 1500, 1235, 789, 690, 1120, 1459, 2000, 478, 950, 1430, 1700, 960, 1060, 1147, 1354, 930, 459, 1258, 1687, 1056, 980, 960, 1005, 990, 1200, 1058, 1354, 1298, 1500, 700, 652, 1030, 945, 1035, 2010, 1650, 850, 930, 1023, 1567, 1493, 1025, 954, 871, 1065, 1600

7. a) Welcher Sachverhalt ist im nebenstehenden Diagramm dargestellt?
   b) Um welche Diagrammart handelt es sich?
   c) Lies die Länge der Flüsse näherungsweise aus dem Diagramm ab.
   Suche in Nachschlagewerken die tatsächlichen Längen.
   Vergleiche mit deinen abgelesenen Werten.

   Länge von Flüssen in Europa
   Donau
   Elbe
   Mosel
   Oder
   Rhein
   Weser (mit Werra)
   Wolga
   0   1000   2000   3000   km

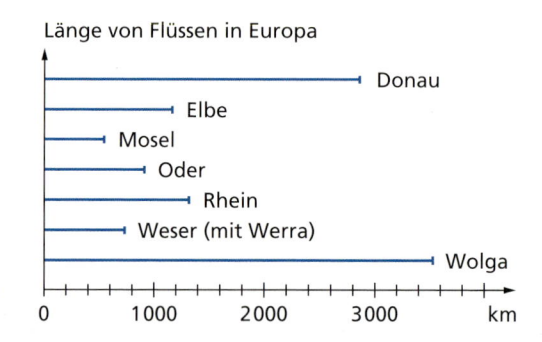

8. Welches ist die häufigste Autofarbe? Führe eine Untersuchung zur beliebtesten Autofarbe auf einem großen Parkplatz in deinem Heimatort durch. Stelle deine Ergebnisse in einem geeigneten Diagramm dar.

9. Das sind die Ergebnisse einer Englischarbeit in einer 7. Klasse.
   Stelle die Ergebnisse in einem geeigneten Diagramm dar.

Zensuren	1	2	3	4	5	6
Anzahl	0	7	13	3	2	1

10. Auf der Verpackung eines Snacks werden folgende Bestandteile aufgeführt:
    – Milchschokolade 26 %
    – frische Vollmilch 16 %
    – Zucker, Milchkaramell 11 %
    – Haselnüsse 10 %
    – sonstige (pflanzliches Fett, Magermilchpulver, Waffel, Butterreinfett, natürliches Aroma, Emulgator, Monoglycerid, Vanillin)
    Stelle die Anteile des Snacks in einem Streifendiagramm dar.

11. Die Schüler der Jahrgangsstufe 7 einer Oberschule führten eine Verkehrszählung durch. Dabei untersuchten sie, wie oft bestimmte Fahrzeugarten im Straßenverkehr vorkamen.
    Insgesamt wurden 710 Fahrzeuge gezählt.

Fahrzeugart	Absolute Häufigkeit
Pkw	312
Lkw	108
Motorräder	60
Busse	230

    a) Berechne die relative Häufigkeit.
    b) Stelle die Häufigkeitsverteilung in einem Kreisdiagramm dar.

Projekt

Das Internet

Das Internet – was ist das?
Das Wort „Internet" setzt sich zusammen aus „inter" (lat. für zwischen) und „net" (Abkürzung für networking – engl., vernetzen). Internet bedeutet also die Vernetzung von Computernetzen. Heute ist das Internet ein weltweites Netzwerk mit Millionen von angeschlossenen Computern, die über Telefonleitungen und Satellitenverbindungen Daten austauschen.
Über einen Provider (engl., Dienstleister) wählt man sich ins Internet.
Ob sich die Internetseiten am Computer schnell aufbauen, hängt von der Kapazität des Providers ab und davon, wie viele Nutzer gerade im Internet surfen. In Deutschland gibt es mehr als 40 Mio. Internetnutzer, die durchschnittlich mehr als acht Stunden pro Monat im Internet sind.

1. Welche der folgenden Aussagen sind auf Grundlage der dargestellten Daten richtig?
   a) Immer weniger Männer nutzen das Internet.
   b) Jahr für Jahr steigt der Anteil der Frauen, die das Internet nutzen.
   c) Der Anteil der männlichen Internetnutzer sinkt, obwohl die Anzahl der Internetzugänge steigt.
   d) Der Anteil der Internetnutzer verschiebt sich zugunsten der Frauen.
   Beschreibe die im Diagramm dargestellten Entwicklungstendenzen.

   ☐ BRD – weiblich ☐ BRD – männlich

2. Führe eine Befragung in deiner Schule zur Nutzung des Internets durch.
   Werte die nebenstehende grafische Darstellung aus.
   Erstelle anhand der Ergebnisse aus deiner Befragung ein ähnliches Diagramm.
   Vergleiche deine Werte mit den Daten aus Deutschland.
   Was stellst du fest?

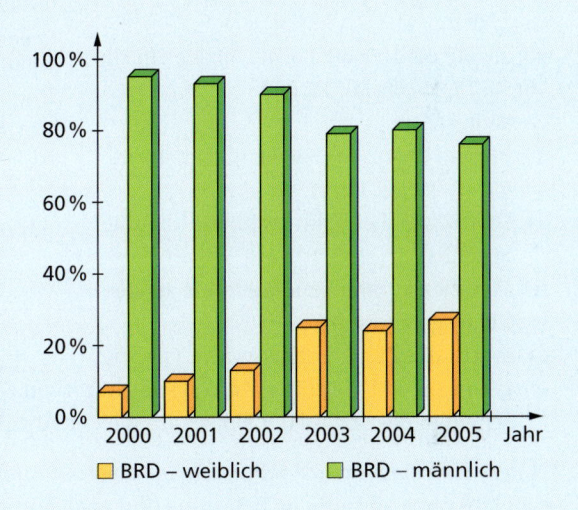

   Nutzung des Internets in Deutschland
   (Mehrfachnutzung möglich)

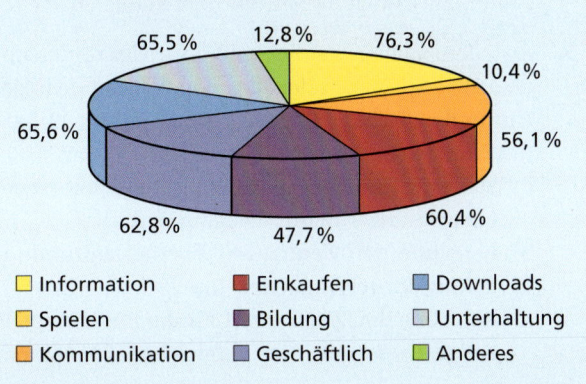

   65,5% 12,8% 76,3%
   65,6%   10,4%
                        56,1%
   62,8% 47,7% 60,4%

   ☐ Information ☐ Einkaufen ☐ Downloads
   ☐ Spielen   ☐ Bildung   ☐ Unterhaltung
   ☐ Kommunikation ☐ Geschäftlich ☐ Anderes

6.4 Gemischte Aufgaben

1. In Deutschland finden alle vier Jahre Bundestagswahlen statt. Die Ergebnisse werden nach der Wahl veröffentlicht.
   Nenne die Grundgesamtheit dieser Wahlen. Welches Merkmal wird untersucht?

2. a) Was bedeutet in der Grafik die Angabe „... der 1001 Befragten"?
   b) Welches Merkmal wurde untersucht?
   c) Welche Vorsätze hast du für das nächste Schuljahr?

   Haben Sie Vorsätze fürs neue Jahr?
   (In Prozent der 1001 Befragten)

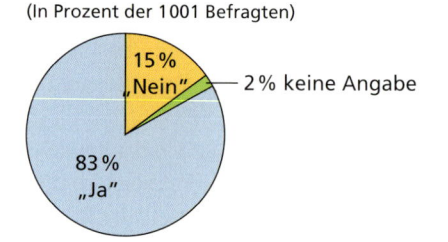

   - 15 % „Nein"
   - 2 % keine Angabe
   - 83 % „Ja"

   Ich habe den Vorsatz, ...
   - mehr für meine Fitness und Gesundheit zu tun: 64 %
   - mir mehr Zeit für die Familie zu nehmen: 53 %
   - abzunehmen: 35 %
   - mich beruflich stärker zu engagieren: 26 %
   - mit dem Rauchen aufzuhören: 17 %

3. Die 20 Schülerinnen und Schüler einer Klasse schätzten die Anzahl der Streichhölzer einer Streichholzschachtel. Danach zählte jeder die Hölzer in seiner Schachtel.
   Geschätzt:
   50; 25; 60; 80; 100; 60; 85; 40; 50; 45; 60; 20; 70; 50; 75; 15; 60; 50; 75; 80
   Gezählt:
   40; 38; 44; 39; 42; 41; 39; 40; 42; 44; 42; 42; 44; 45; 46; 39; 42; 43; 44; 40
   a) Übertrage die Zählergebnisse in eine Strichliste.
   b) Fertige ein Streckendiagramm zu den Zählergebnissen an.
   c) Werte die Zählergebnisse aus. Gib die geringste und die größte Anzahl von Hölzern in einer Schachtel an. Gib den größten Unterschied in der Anzahl der Hölzer an. Welche Anzahl trat am häufigsten auf?

4. Untersuche die Anzahl der Pulsschläge oder der Atemzüge pro Minute bei dir und deinen Mitschülern ohne körperliche Belastung und nach körperlicher Belastung (z. B. 20 Kniebeugen). Bereite für jeden Versuch ein Stängel-Blätter-Diagramm vor. Trage die Ergebnisse ein. Vergleiche die Ergebnisse eines Vorgangs unter den beiden Bedingungen miteinander und ziehe Schlussfolgerungen aus dem Vergleich.

5. An jedem Spieltag der Fußballbundesliga finden neun Spiele statt. In einer Spielsaison wurden an den 34 Spieltagen der Hin- und Rückrunde folgende Anzahlen von Toren geschossen:
   Hinrunde: 23; 23; 26; 34; 27; 28; 31; 23; 31; 29; 24; 29; 33; 21; 29; 30; 23
   Rückrunde: 25; 22; 34; 24; 22; 28; 14; 30; 16; 25; 18; 21; 2; 33; 30; 24; 27
   a) Stelle die Häufigkeitsverteilung der geschossenen Tore für die Hin- und die Rückrunde in je einem Stängel-Blätter-Diagramm dar.
   b) Berechne den Zentralwert für die Hinrunde und beschreibe damit die Häufigkeitsverteilung der geschossenen Tore.
   c) Berechne den Zentralwert für die Rückrunde. Beschreibe damit die Häufigkeitsverteilung der geschossenen Tore. Vergleiche beide Verteilungen.

6. Erkundige dich im Internet, was ein BMI (Body-Mass-Index) ist und wie dieser berechnet wird.
   a) Werte die nebenstehende Grafik aus.
   b) Trage mögliche Ursachen für die dargestellten Ergebnisse zusammen und präsentiere diese.

Menschen mit einem BMI über 30

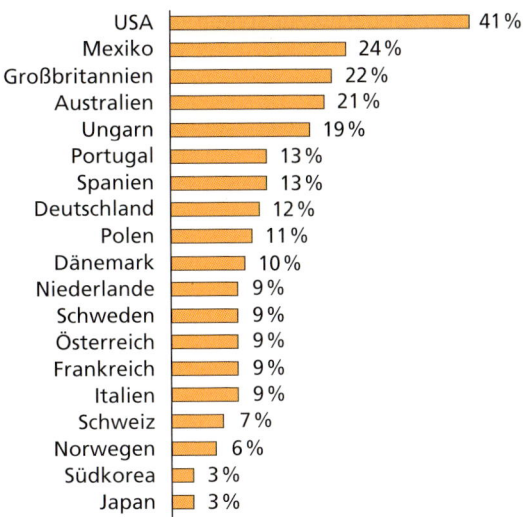

Land	%
USA	41 %
Mexiko	24 %
Großbritannien	22 %
Australien	21 %
Ungarn	19 %
Portugal	13 %
Spanien	13 %
Deutschland	12 %
Polen	11 %
Dänemark	10 %
Niederlande	9 %
Schweden	9 %
Österreich	9 %
Frankreich	9 %
Italien	9 %
Schweiz	7 %
Norwegen	6 %
Südkorea	3 %
Japan	3 %

Es wurden Daten von 1996 bis 2006 verwendet.

7. In einer Umfrage wurden Schülerinnen und Schüler einer 8. Klasse gefragt, wie viele Stunden sie täglich fernsehen:
3; 3; 7; 4; 2; 5; 5; 4; 3; 6; 3; 4; 5; 3; 3; 2; 3; 3; 2; 4; 1; 3; 2; 2; 3
   a) Bestimme den Modalwert, den Zentralwert und das arithmetische Mittel. Was stellst du fest?
   b) Vergleiche das Maximum mit deinem täglichen Fernsehkonsum.

8. Drei Gruppen zu je zehn Schülern erhalten den Auftrag, geeignete Strecken und Winkel zu messen und die Höhe eines Hauses mithilfe einer maßstäblichen Zeichnung zu bestimmen. In jeder Gruppe ermittelt jeder einzeln die gesuchte Höhe in Meter.

Gruppe 1	7,80	7,89	7,94	7,98	8,00	8,03	8,06	8,07	8,08	8,09
Gruppe 2	7,88	7,94	7,97	8,00	8,00	8,00	8,03	8,03	8,04	8,11
Gruppe 3	7,92	7,94	7,96	7,99	8,00	8,00	8,02	8,05	8,06	8,06

Die tatsächliche Höhe des Hauses beträgt 8,00 m. Berechne geeignete statistische Kennwerte und entscheide, welche Gruppe am besten gearbeitet hat.

9. Im Internet nahmen an einer Umfrage 862 Schüler teil. Das Ergebnis der Umfrage kannst du im Diagramm erkennen.
   a) Gib die absoluten Häufigkeiten für jedes Fach an.
   b) Fertige mithilfe einer Tabellenkalkulation ein Kreisdiagramm an.
   c) Führe eine entsprechende Umfrage in deiner Klasse durch.
   d) Werte die Umfrageergebnisse aus.
   e) Vergleiche deine Ergebnisse mit den Ergebnissen aus dem vorgegebenen Diagramm. Was stellst du fest?

Was ist dein Lieblingsfach?

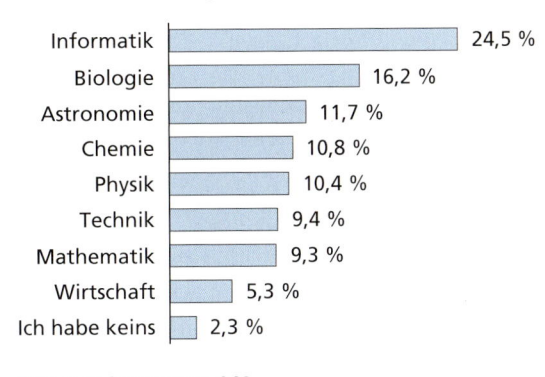

Fach	%
Informatik	24,5 %
Biologie	16,2 %
Astronomie	11,7 %
Chemie	10,8 %
Physik	10,4 %
Technik	9,4 %
Mathematik	9,3 %
Wirtschaft	5,3 %
Ich habe keins	2,3 %

Stimmen insgesamt: 862

10. In Aufgabe 4 auf Seite 199 wird Licht durch Klassenbildung der Wellenlänge in Farben des Lichts unterteilt. Nenne weitere Beispiele für Klasseneinteilungen.

Erfassen und Darstellen von Daten — Gemischte Aufgaben

11. Die Schüler einer 7. Klasse haben an einem festgelegten Tag ihre Zeiten für den Weg von der Wohnung bis zur Schule aufgeschrieben und dabei folgende Werte erhalten:

14 min	5 min	35 min	30 min	15 min	9 min	32 min
4 min	47 min	13 min	15 min	43 min	8 min	37 min
5 min	30 min	40 min	10 min	17 min	29 min	41 min
44 min	15 min	38 min	13 min	15 min	27 min	5 min

a) Stelle die Daten in einem Stamm-Blätter-Diagramm dar.
b) Erläutere die Verteilung der Schulwegzeiten.
c) Wovon könnten die Schulwegzeiten abhängen? Welche Daten müssten zur Untersuchung dieser Zusammenhänge noch erfasst werden?

Michael: „Ich wohne direkt neben der Schule und brauche nur 1 Minute zu Fuß."
Franco: „Ich bin in 10 Minuten in der Schule."
Anett: „Ich fahre mit dem Bus 7 Minuten."
Sybil: „Ich brauche 16 Minuten, wenn ich mit dem Fahrrad fahre."

12. Ein Viertel aller befragten Schülerinnen und Schüler nannte Spaghetti als Lieblingsgericht, 20 % nannten Pizza, ein Zehntel verzichtete auf das Hauptgericht und wählte Eis zum Favoriten.
Alle anderen konnten sich nicht festlegen oder hatten mehrere Lieblingsspeisen.
Marco und Jack haben die Ergebnisse in einem Streifendiagramm dargestellt.

| Spaghetti | Pizza | mehrere Lieblingsspeisen | Eis |

Haben die beiden richtig gezeichnet? Begründe deine Meinung.

13. Die Firma „Frage – Antwort" wird beauftragt, Umfragen durchzuführen. Personen im Alter von 13 bis 18 Jahren sind die Zielgruppe der „Sportschuh GmbH", Personen älter als 45 Jahre sind die Zielgruppe der „Kaffeefahrten AG".
Wo kann die Firma „Frage – Antwort" die Befragungen durchführen, um eine repräsentative Aussage für die Firma „Sportschuh GmbH" bzw. „Kaffeefahrten AG" zu erhalten?
Kann man beide Befragungen auch gleichzeitig an einem Ort durchführen?

14. Beurteile die nebenstehende Statistik.
a) Eine Tafel Schokolade wiegt 100 g. Wie viele Tafeln hätte jeder Bundesbürger im Jahr 2008 durchschnittlich verzehrt, wenn er die Schokolade nur als Schokoladentafel gegessen hätte?
b) Vergleiche mit deinem eigenen Verbrauch und dem deiner Familie.

Geschätzter Pro-Kopf-Verbrauch von Süßwaren für das Jahr 2008

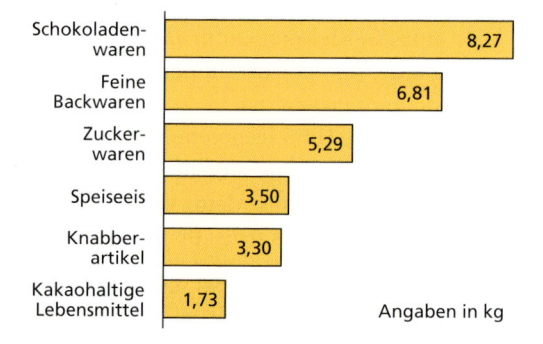

Schokoladenwaren	8,27
Feine Backwaren	6,81
Zuckerwaren	5,29
Speiseeis	3,50
Knabberartikel	3,30
Kakaohaltige Lebensmittel	1,73

Angaben in kg

15. Im Jahr 2005 wurden im Land Brandenburg 270 Personen im Straßenverkehr getötet, weitere 12 916 Personen wurden schwer oder leicht verletzt.
Stelle die Altersverteilung
a) der Verletzten in einem Kreisdiagramm,
b) der tödlich Verunglückten in einem Säulendiagramm dar.

Bei Straßenverkehrsunfällen verunglückte Personen		
	Verletzte	Getötete
insgesamt	12 916	270
unter 15 Jahren	217	5
15 bis 18 Jahre	431	14
18 bis 25 Jahre	2 200	63
25 bis 65 Jahre	5 503	128
über 65 Jahre	960	60
ohne Angaben	3 605	–

16. Entnimm die Werte der Tabelle. Wenn Alkoholkonsum als Unfallursache angesehen wird, spricht die Polizei von „Alkoholunfällen". Die Tabelle zeigt die Anzahl der „Alkoholunfälle" im Land Brandenburg und in ganz Deutschland.
Ermittle die Verteilung der relativen Häufigkeiten der Alkoholunfälle bezogen auf die Zahl der Unfälle insgesamt und entscheide, ob Brandenburg eine repräsentative Stichprobe für ganz Deutschland (Grundgesamtheit) darstellt.

	Brandenburg			Deutschland		
Jahr	2003	2004	2005	2003	2004	2005
Unfälle insgesamt	85 663	86 771	85 298	2 280 000	2 262 000	2 250 000
Alkoholunfälle	751	698	682	22 642	20 931	19 408

17. Ein Pkw-Typ wurde in einem Großversuch hinsichtlich seines Benzinverbrauchs auf längeren Strecken getestet. Der Hersteller möchte mit einem Verbrauch von unter fünf Litern pro 100 Kilometer werben. Kann er dies aufgrund des arithmetischen Mittels tun?

Liter pro 100 km	Relative Häufigkeit
4,10–4,29	0,01
4,30–4,49	0,03
4,50–4,69	0,09
4,70–4,89	0,19
4,90–5,09	0,24
5,10–5,29	0,21
5,30–5,49	0,11
5,50–5,69	0,07
5,70–5,89	0,03
5,90–6,09	0,02

Mosaik

Brandenburg

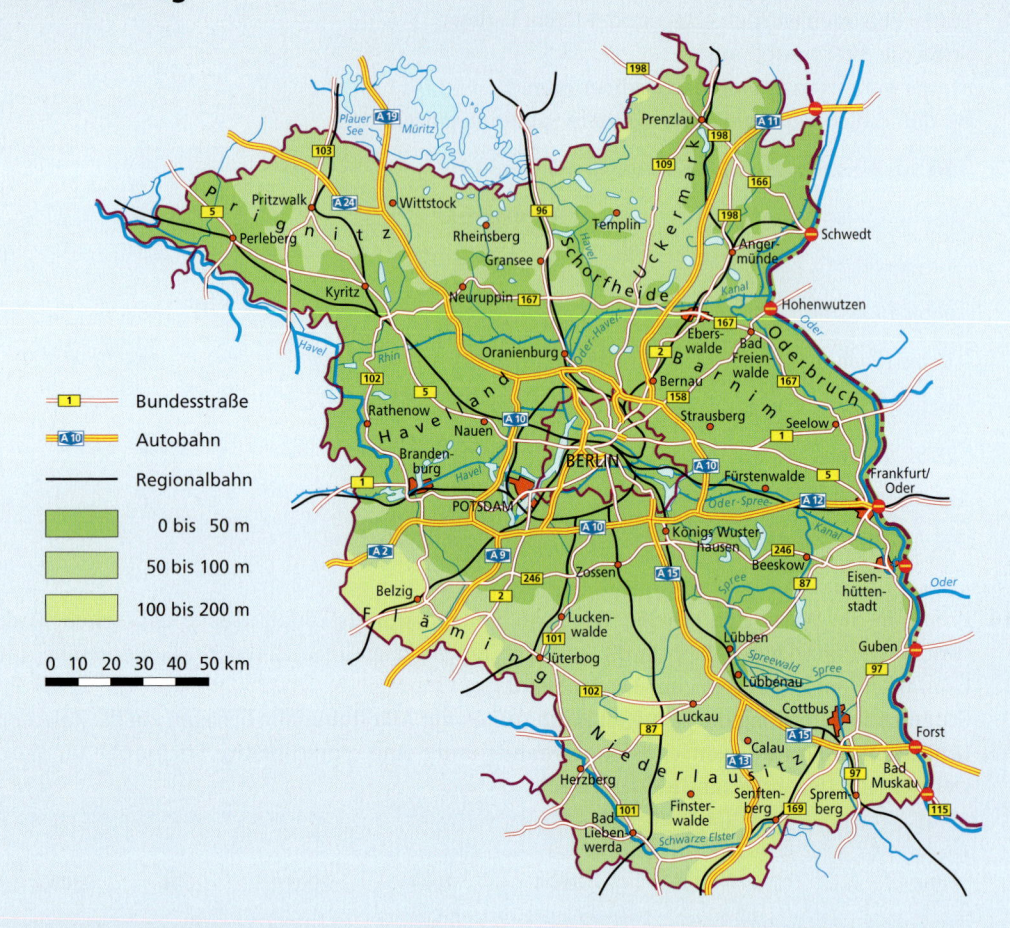

Der Tourismus gehört in den Regionen Deutschlands ohne große Industriebetriebe zu den wichtigsten Einnahmequellen.
Regelmäßig werden vom Statistischen Landesamt des Bundeslandes Brandenburg unter anderem die Beherbergungskapazität und die Inanspruchnahme ermittelt und unter www.statistik.berlin-brandenburg.de veröffentlicht.

Beherbergungskapazität und deren Inanspruchnahme von 2004 bis 2007 im Land Brandenburg

Jahr	angebotene Gästebetten in 1000	Gäste in 1000 insgesamt	ausl. Gäste	Übernachtungen in 1000 insgesamt	ausl. Gäste
2004	28 290	2 980	266	8 501	503
2005	27 916	3 160	287	8 617	544
2006	27 782	3 384	306	8 835	620
2007	27 493	3 627	322	9 935	706

Aufgaben

1. Du bist Tourismusmanager und möchtest in einem optimistischen Vortrag diese Daten vorstellen und grafisch auswerten.
   Welche Entwicklungen lassen sich ablesen und veranschaulichen?

2. Anhand der Daten lassen sich viele mathematische Berechnungen durchführen.
   Bestimme jeweils den Mittelwert der Angaben in der Tabelle.
   Ist diese Angabe sinnvoll?
   Bestimme den Auslastungsgrad der angebotenen Gästebetten.
   Bestimme den prozentualen Anteil ausländischer Gäste an den Gesamtgästezahlen.
   Wie viele Tage hat sich ein Gast durchschnittlich in Brandenburg aufgehalten?
   Welche Auswertungen lassen sich noch ausführen?

3. Wähle für jede der Auswertungen ein geeignetes Diagramm aus und stelle die Daten grafisch dar. Nutze dazu ein Tabellenkalkulationsprogramm.
   Ist das gewählte Diagramm für die Darstellung der Entwicklung der Gästezahlen günstig? Begründe.

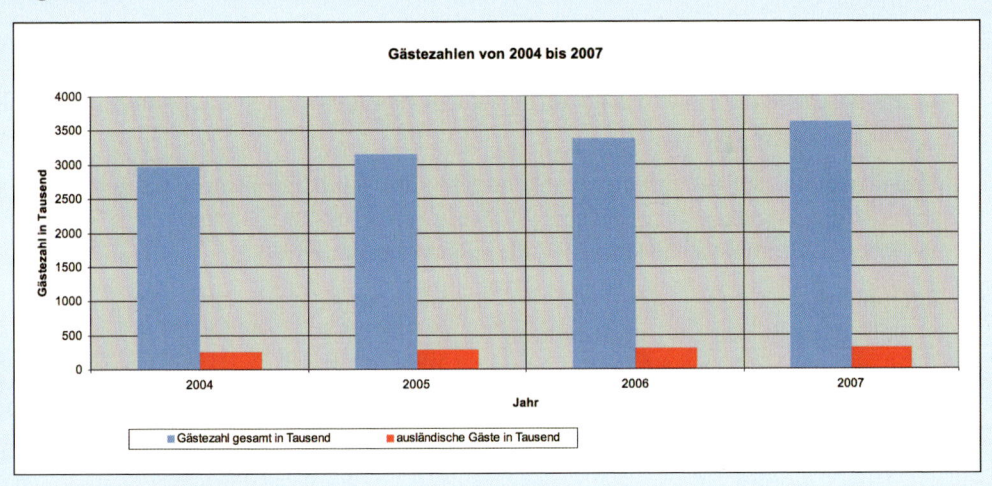

4. Informiere dich, welche Ursachen es für die Schwankungen der Bettenangebote und der Gästezahlen geben kann.

5. Welche Vorschläge für eine Verbesserung der Bettenauslastung und die Erhöhung der Gästezahlen hast du?

6. Erstelle mithilfe der Daten und der Auswertungen einen Vortrag und präsentiere diesen deiner Klasse z. B. mittels PowerPoint.

Teste dich selbst

1. Katrin hat im ersten Halbjahr der 7. Klasse folgende Zensuren: 2; 3; 2; 2; 1; 3; 2; 1; 2; 2
   a) Bestimme den Modalwert der angegebenen Zensuren.
   b) Berechne den Zensurendurchschnitt.

2. In einer Klassenarbeit in Mathematik wurden von 40 zu vergebenden Punkten von den Schülerinnen und Schülern die folgenden Punktzahlen erreicht:
   19; 33; 39; 14; 7; 40; 36; 25; 30; 37; 19; 21; 33; 34; 12;
   40; 36; 26; 23; 17; 39; 5; 24; 12; 19; 29; 28; 31; 10; 9
   a) Zeichne ein Stängel-Blätter-Diagramm.
   b) Bestimme die minimale und die maximale Punktzahl.
   c) Gib die absolute Häufigkeit an, mit der eine Punktzahl über 30 erreicht wurde.
   d) Berechne die relative Häufigkeit, mit der eine Punktzahl über 20 erzielt wurde.

3. Ein von der Polizei aufgestelltes Radarmessgerät hat die Geschwindigkeiten der vorbeifahrenden Autos gemessen und folgende Werte notiert:
   $40\frac{km}{h}$; $35\frac{km}{h}$; $60\frac{km}{h}$; $90\frac{km}{h}$; $50\frac{km}{h}$; $45\frac{km}{h}$; $20\frac{km}{h}$.
   a) Bestimme den Mittelwert und den Zentralwert.
   b) An der Stelle ist ein Tempolimit von $50\frac{km}{h}$ vorgeschrieben. Kann die Polizei mit dem Verhalten der Autofahrer zufrieden sein?
   c) Überlege dir Beispiele aus dem Alltag, in denen der Mittelwert oder der Zentralwert sinnvoller zu benutzen sind.
   d) Recherchiere die Höhe der möglichen Bußgelder. Bestimme die Einnahmen der Polizei aufgrund ihrer Messungen.

4. Sabine möchte sich von ihrem Weihnachtsgeld ein „Heimkino" kaufen. Sie holt sich in verschiedenen Geschäften Angebote ein: 445,99 €; 870,50 €; 623,99 €; 570,00 €
   Berechne das arithmetische Mittel und die Spannweite der Preise.

5. Interpretiere die Grafik.
   a) Teile den durchschnittlichen Bruttoverdienst in drei Klassen ein (hohes, mittleres und niedriges Einkommen).
   b) Gib jeweils Klassenbreite und Klassenmitte an.
   c) Gib den durchschnittlichen Bruttojahresverdienst aller neuen Bundesländer (ohne Berlin) an.
   Vergleiche mit dem der alten Bundesländer. Was stellst du fest?

Durchschnittlicher Bruttojahresverdienst je Arbeitnehmer im Jahr 2002 in Euro

Baden-Württemberg	28360
Bayern	27710
Berlin	26300
Brandenburg	21640
Bremen	27730
Hamburg	29320
Hessen	28430
Mecklenburg-Vorp.	20860
Niedersachsen	25850
Nordrhein-Westfalen	27100
Rheinland-Pfalz	25890
Saarland	25780
Sachsen	21090
Sachsen-Anhalt	21110
Schleswig-Holstein	24890
Thüringen	20980

Das Wichtigste im Überblick

Daten erfassen, darstellen und auswerten

Daten können in einer **Strichliste** oder **Tabelle** erfasst werden. In Tabellen kann man die Daten nach bestimmten Merkmalen, Ergebnissen oder Erscheinungen sortieren. Daten können zu **Klassen** zusammengefasst werden.

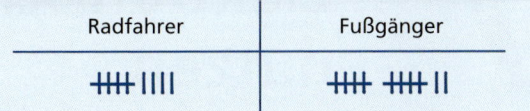

Radfahrer	Fußgänger
⊪⊪ ⊪⊪⊪⊪	⊪⊪ ⊪⊪ ⊪⊪

Zur **grafischen Darstellung** von Daten eignen sich Linien-, Säulen-, Streifen- oder Kreisdiagramme.

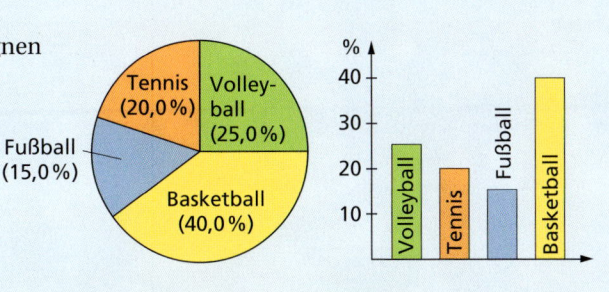

Eine **Häufigkeitsverteilung** ist eine Zuordnung: Der Merkmalsausprägung wird ihre absolute oder relative Häufigkeit zugeordnet. Stimmt bezüglich eines Merkmals die relative Häufigkeitsverteilung einer Stichprobe mit der relativen Häufigkeitsverteilung der Grundgesamtheit überein, so heißt die Stichprobe **repräsentativ**.

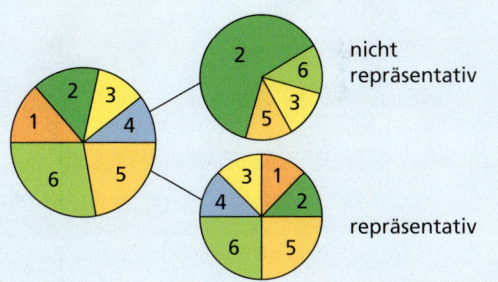

Kennwerte

Der größte Wert der erfassten Daten heißt **Maximum** x_{max}, der kleinste Wert **Minimum** x_{min}.

7; 1; 3; 5; 8; 2; 4

Die Differenz aus Minimum und Maximum heißt **Spannweite** w.

$w = x_{max} - x_{min}$

Der **Modalwert** m ist der am häufigsten vorkommende Wert.

7; 8; 1; 8; 3; 8; 4; 5; 8; 3; 6

Das **arithmetische Mittel** $\bar{x}$ ist der Quotient aus der Summe der erfassten Daten und deren Anzahl.

$\bar{x} = \frac{x_1 + x_2 + ... + x_n}{n}$

Die Summe aller Produkte aus den Werten und deren Gewichtung ergibt den **gewogenen Mittelwert** $\bar{x}_g$.

$\bar{x}_g = x_1 \cdot h_1 + x_2 \cdot h_2 + ... + x_n \cdot h_n$

Der **Zentralwert** (**Median**) $\tilde{x}$ steht in der Mitte der geordneten Daten.

1; 3; 3; 4; 5; 6; 7; 8; 8; 8; 8

7 Elektronische Medien nutzen

Taschenrechner

Taschenrechner erleichtern es, aufwendige Rechnungen auszuführen. Die einzelnen Rechenschritte müssen aber exakt eingegeben werden, sonst kann man ein falsches Ergebnis erhalten. Es gibt unterschiedliche Typen von Taschenrechnern und jeder Typ hat eine andere Arbeitsweise.
Stelle fest, wie dein Taschenrechner arbeitet. Verwende zur Kontrolle einfache Zahlen, mit denen du im Kopf nachrechnen kannst.

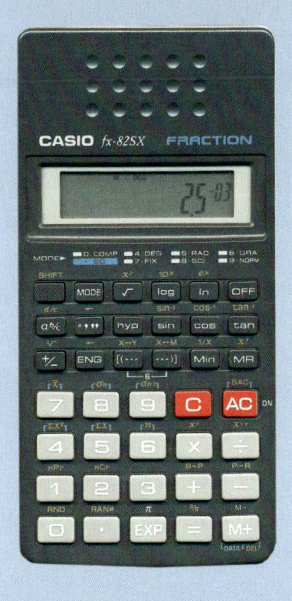

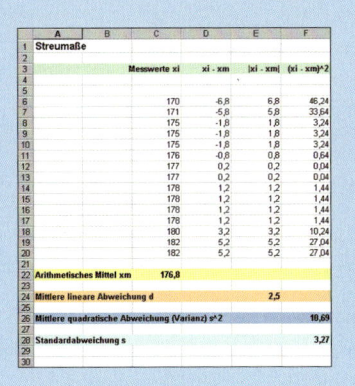

Tabellenkalkulationsprogramme

Eine Vielzahl von Aufgaben kann man mithilfe von Tabellenkalkulationsprogrammen schnell lösen. Tabellenkalkulationsprogramme sind Computeranwendungsprogramme, mit denen in Tabellen gerechnet wird. Es können Listen erstellt, Berechnungen vorgenommen und Diagramme erzeugt werden. Wenn eine Eingangsgröße verändert wird, ändert sich gleichzeitig das Ergebnis.
Erkundige dich, in welchen Bereichen Tabellenkalkulationsprogramme genutzt werden.

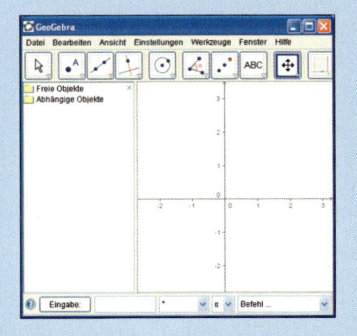

Dynamische Geometriesoftware

Geometrische Konstruktionen können auch am Computer durchgeführt werden. Ein mögliches Programm ist GeoGebra, das kostenfrei aus dem Internet heruntergeladen werden kann. In den Zeichnungen lassen sich Punkte und Geraden verschieben, wobei festgelegte Zusammenhänge zwischen den Objekten erhalten bleiben.
Informiere dich über die Funktionsmenüs im Programm GeoGebra.

7.1 Zum Arbeiten mit dem Taschenrechner

Elektronische Taschenrechner können helfen, zeitaufwendige Rechnungen zu verkürzen. Dabei werden Rechenschritte vom Rechner ausgeführt, das Denken wird dem Bearbeiter jedoch nicht abgenommen.
Je nach Rechnertyp und Hersteller gibt es Übereinstimmungen, aber auch Besonderheiten und Unterschiede.
Deshalb sollen nicht alle Taschenrechnertypen und Funktionen erläutert, wohl aber allgemeine Verfahrensweisen dargestellt werden.
Was speziell dein Taschenrechner zu leisten vermag, kannst du der Bedienungsanweisung entnehmen.

Eingabe von Zahlen und Operationszeichen

Lösche alte Eingaben und Ergebnisse mit der Taste [C] bzw. [CE/C] oder [AC].

Arbeitsschritte	Tasten
Ermitteln der größtmöglichen Stellenzahl	[1] [2] [3] [4] [5] [6] [7] [8] [9] [0] [1] …
Eingabe eines Kommas	[.] Bei Taschenrechnern spricht man von einem „Dezimalpunkt".
Wechsel (bzw. Eingabe) des Vorzeichens	[+/−] Bei manchen Taschenrechnern ist die Taste [(−)] im Gegensatz zur Subtraktionstaste [−] zur Eingabe negativer Zahlen vorgesehen.
Addieren bzw. Subtrahieren	[+] bzw. [−]
Multiplizieren bzw. Dividieren	[x] bzw. [÷] oder [/]
Ergebnis angeben	[=] oder [EXE] oder [ENTER]

Bei Zahlen mit einer 0 vor dem Komma kann diese beim Eingeben weggelassen werden.

■ Aufgabe: 0,4 · 0,5   Eingabe: [.] [4] [x] [.] [5] [=]

Um die Funktionsweise deines Taschenrechners kennenzulernen, verwende solche Zahlen, mit denen du im Kopf nachrechnen und somit kontrollieren kannst.

Aufgaben mit mehreren Rechenoperationen

Treten in einer Aufgabe mehrere unterschiedliche Rechenoperationen auf, so sind die entsprechenden Rechenregeln zu beachten.
Vorrangregeln:
1. Potenzieren geht vor Punktrechnung (Multiplikation, Division).
2. Punktrechnung geht vor Strichrechnung (Addition, Subtraktion).
3. Sonst wird von links nach rechts gerechnet.

Prüfe mit folgenden Eingaben, ob dein Taschenrechner eine **Vorrangautomatik** besitzt:

Aufgabe: $3 + 2 \cdot 5$ Tastenfolge: [3] [+] [2] [x] [5] [=] bzw.
[5] [x] [2] [+] [3] [=]

Sind beide Ergebnisse jeweils gleich, so arbeitet dein Taschenrechner mit Vorrangautomatik. Er berücksichtigt also die Vorrangregeln der Rechenoperationen.
Für die Eingabe von fortlaufenden Rechnungen ist der Speicherbereich begrenzt. Durch ein Symbol im Display wird angezeigt, dass der Speicherplatz bald aufgebraucht ist. Wenn noch weitere Eingaben nötig sind, sollte die Rechnung in zwei oder mehrere Teile aufgeteilt werden, d. h. Zwischenergebnisse mit der Taste [=] erstellen und mit diesen Zwischenergebnissen weiterrechnen.

Verwenden von Klammern

Mithilfe der Klammertasten [(] und [)] bist du in der Lage, den Vorrang der Operationen zu ändern sowie umfangreichere Terme übersichtlich einzugeben und zu berechnen.

■ Aufgabe: $5 \cdot (8 + 6)$ Eingabe: [5] [x] [(] [8] [+] [6] [)] [=]

Wegen der Gültigkeit des Kommutativgesetzes der Multiplikation, kannst du auch den Ausdruck innerhalb der Klammer zuerst eintippen. Diese „Zwischenrechnung" musst du aber mit dem Zeichen [=] abschließen. Danach wird dann die andere Rechenoperation ausgeführt.

■ Aufgabe: $5 \cdot (8 + 6) = (8 + 6) \cdot 5$ Eingabe: [8] [+] [6] [=] [x] [5] [=]

In Aufgaben der Form $\frac{a \cdot b}{c}$ und $\frac{a}{b \cdot c}$ wird multipliziert und dividiert. Dabei ist es gleichgültig, welche Rechnung zuerst erfolgt.

Aufgabe	Tastenfolge	Anzeige
$\frac{5 \cdot 2}{4}$	[5] [x] [2] [÷] [4] [=]	2.5
	[5] [÷] [4] [x] [2] [=]	2.5
	[2] [÷] [4] [x] [5] [=]	2.5
$\frac{4}{5 \cdot 2}$	[4] [÷] [5] [÷] [2] [=]	0.4
	[4] [÷] [2] [÷] [5] [=]	0.4
$\frac{4}{5 \cdot 2} = 4 : (5 \cdot 2)$	[4] [÷] [(] [5] [x] [2] [)] [=]	0.4

Rechnen mit dem Speicher

Je nach Ausstattung des Taschenrechners stehen ein oder mehrere Speicher zur Verfügung.

Arbeitsschritte	Tasten
Eingabe in den Speicher	STO ; M+ ; M in ; MS ; x→M ; STO A
Rechnen mithilfe des Speichers	M+ ; M–
Inhalt des Speichers anzeigen	RCL ; MR ; RCL A
Speicher löschen (0 in den Speicher geben)	MC ; 0 ; M in

Die Beschriftung vieler Tasten des Taschenrechners leitet sich von englischen Begriffen ab:

AC – all clear   M – memory   MS – memory store
C – clear   MC – memory clear   RCL – recall
CE – clear entry   MR – memory recall   STO – store

Weitere Tasten

Manche Taschenrechner verfügen über eine Taste a b/c zum Rechnen mit Brüchen.

$\frac{3}{4}$ wird eingegeben: 3 a b/c 4   Anzeige: 3 ⌐ 4

$2\frac{5}{6}$ wird eingegeben: 2 a b/c 5 a b/c 6   Anzeige: 2 ⌐ 5 ⌐ 6

Die Prozenttaste % führt eine Division durch 100 aus:

Aufgabe	Tastenfolge	Anzeige	Ergebnis
8 % von 22 m	8 x 2 2 0 %	17.6	17,6

Zum Quadrieren mit dem Taschenrechner benutzt man die Taste x^2, zum Wurzelziehen mit dem Taschenrechner die Taste √ :

Aufgabe	Tastenfolge	Anzeige	Ergebnis
8^2	8 x^2 oder 8 x^2 =	64.	64
$\sqrt{9}$	√ 9 oder √ 9 = oder 9 √	3.	3

Viele Taschenrechner haben auf den Tasten eine Zweitbelegung. Um auf die Zweitbelegung zu gelangen, muss eine spezielle Taste, z. B. SHIFT oder 2nd , gedrückt werden:

Aufgabe	Tastenfolge	Anzeige	Ergebnis
$\sqrt{36}$	36 SHIFT x^2	6.	6

Aufgaben

1. Ist die Tastenfolge zur Berechnung geeignet? Korrigiere, wenn nötig.

a)
Term	Tastenfolge
2 + 7·4	[2] [+] [7] [=] [×] [4]
3 + 7:5	[3] [+] [7] [÷] [5] [=]
(4 − 2)·9	[4] [−] [2] [=] [×] [9] [=]

b)
Term	Tastenfolge
$\frac{a}{b \cdot c}$	[a] [÷] [b] [×] [c]
$\frac{a \cdot b}{c}$	[a] [÷] [c] [×] [b]
$\frac{a}{c+d}$	[a] [÷] [c] [+] [d]

2. Welchen Term berechnet dein Taschenrechner bei folgender Tastenfolge?

a) [7] [−] [3] [×] [5] [=]
b) [3] [+] [4] [=] [×] [6] [=]
c) [6] [−] [3] [=] [÷] [4] [=]
d) [4] [×] [9] [−] [1] [2] [=] [÷] [3]
e) [a] [×] [b] [÷] [c] [=]
f) [a] [÷] [b] [×] [c] [÷] [d]
g) [a] [−] [b] [=] [×] [c] [=]
h) [a] [+] [b] [=] [1/x] [÷] [c]

3. Berechne.

a) $(9{,}1 + 12{,}4) : 1{,}2 + 3$
b) $21{,}2 - (10{,}3 - 7{,}6)$
c) $(-7) \cdot (8{,}5 - 3{,}5) \cdot (-4{,}8 + 2{,}7)$
d) $(3{,}2 - 7{,}8) \cdot (12{,}4 + 1{,}9) \cdot (-6{,}4)$

4. Führe zuerst einen Überschlag durch. Rechne dann mit dem Taschenrechner.

a) $17{,}325 : 3{,}15$
b) $1 \cdot 2 \cdot 3 \cdot 4 \cdot 5 \cdot 6$
c) $7{,}512 - (-3{,}568)$
d) $-14{,}542 - (-6{,}579)$
e) $0{,}75 \cdot 0{,}231$
f) $0{,}82 \cdot (-0{,}436)$
g) $-12{,}1 \cdot 0{,}54$
h) $0{,}31 - (-1{,}19)$
i) $15{,}7 : (1{,}5 - 2{,}8)$
j) $30{,}0995 : 9{,}25$
k) $327{,}188 : 62{,}8$
l) $17{,}52 \cdot 23{,}78$

5. Berechne den Termwert. Erläutere dein Vorgehen.

a) $12{,}41^2$
b) $\sqrt{6{,}5025}$
c) $9{,}9^2$
d) $\sqrt{165{,}8944}$
e) $\sqrt{-27}$
f) $5{,}6^2 + \sqrt{8}$
g) $\sqrt{5} - \sqrt{4}$
h) $2{,}8^2 + 5{,}1^2$
i) $\sqrt{0{,}8^2 - 8^2}$
j) $\sqrt{5^2 + 5^2}$

6. Gib je zwei mögliche Tastenfolgen zur Berechnung folgender Terme an:

a) $\frac{13 \cdot 19}{26 \cdot 56}$
b) $\frac{6{,}2 + 3{,}9}{7{,}8 \cdot (1{,}8 + 1{,}9)}$
c) $\frac{14{,}2 + 18{,}3 \cdot 7{,}4}{0{,}18 \cdot 4{,}6}$
d) $\frac{12{,}3 \cdot (8{,}9 + 12{,}3)}{8{,}9 \cdot 12{,}3}$

7. Löse die folgenden Aufgaben. Drehe nach dem Lösen den Rechner um und gib das Wort an, das zu lesen ist.

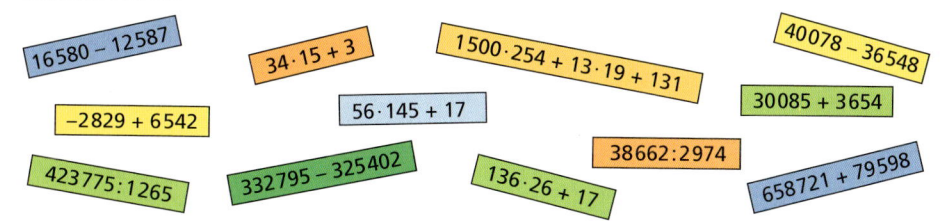

- 16580 − 12587
- 34 · 15 + 3
- 1500 · 254 + 13 · 19 + 131
- 40078 − 36548
- −2829 + 6542
- 56 · 145 + 17
- 30085 + 3654
- 38662 : 2974
- 423775 : 1265
- 332795 − 325402
- 136 · 26 + 17
- 658721 + 79598

8. Berechne mit der Bruchrechentaste [a b/c].

a) $\frac{3}{8} + \frac{7}{9} - \frac{1}{3}$
b) $\left(\frac{1}{4} + \frac{1}{9}\right) - \left(\frac{1}{5} - \frac{1}{12}\right)$
c) $\frac{1}{3} \cdot \frac{1}{7} - \frac{2}{5} \cdot \frac{3}{8}$
d) $\left(\frac{6}{13} + \frac{2}{11}\right) \cdot \frac{27}{34}$

215

7.2 Zum Arbeiten mit Tabellenkalkulationsprogrammen

Zur Anwendersoftware auf Computern gehören z. B. **Tabellenkalkulationsprogramme**, mit deren Hilfe eine Vielzahl mathematischer Aufgaben schnell und einfach gelöst werden kann.
Im Unterschied zu Taschenrechnern, bei denen eingegebene Zahlen durch Rechenoperationen verbunden werden, lassen sich in Tabellenkalkulationsprogrammen **Zellen** miteinander verknüpfen, unabhängig davon, ob in ihnen schon Angaben enthalten sind oder diese erst später eingetragen bzw. verändert werden. Dadurch sind moderne Tabellenkalkulationen (wie z. B. MS Excel, Lotus 1-2-3, MS Works oder StarOffice) vielen Taschenrechnern bei praktischen Anforderungen überlegen.

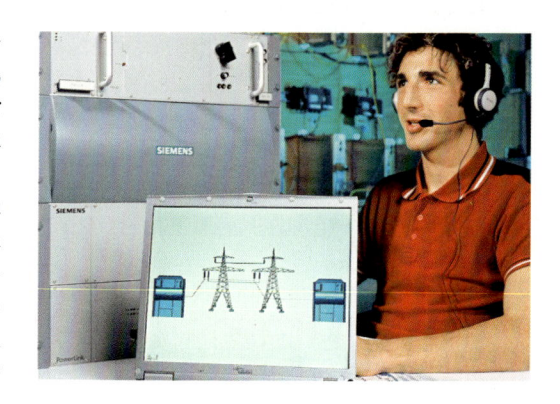

Solche Anforderungen sind zum Beispiel:
- Rechnungen, die gleiche (sich wiederholende) Rechenschritte enthalten;
  dabei müssen die Ausgangswerte (z. B. bei Telefonrechnungen oder bei Sparplänen) immer wieder angepasst werden. Die Rechenschritte bleiben aber stets gleich.
- Prüfen bzw. Vergleichen von Daten auf mögliche Übereinstimmungen oder Entwicklungstendenzen;
  Datenmengen (z. B. bei Wetterprognosen oder bei Preisvergleichen) können schnell erfasst, verglichen und übersichtlich ausgewertet werden.
- Auswerten und übersichtliches Darstellen tabellarischer Daten mithilfe von Diagrammen;
  der benutzerfreundliche Wechsel zwischen verschiedenen Diagrammarten ermöglicht es, wichtige Informationen (z. B. bei Wahlentscheidungen oder bei Börsenentwicklungen) schnell und instruktiv weiterzugeben.

Die Arbeitsweisen und die wichtigsten Funktionen unterscheiden sich in den verschiedenen Tabellenkalkulationsprogrammen nur unwesentlich.
Sie bestehen alle aus elektronischen Rechenblättern, die in tabellarischer Form (bestehend aus **Zeilen** und **Spalten**) vorliegen.
In die **Zellen** können Texte, Zahlen oder Formeln eingetragen werden.
Jede Zelle ist durch ihre **Adresse** eindeutig festgelegt und wird durch ihre Koordinaten (Spaltenbezeichnung; Zeilenbezeichnung) benannt.

Beim Rechenvorgang werden die Inhalte verschiedener Zellen über Rechenoperationen miteinander verknüpft. Wenn ein Eingabewert, der sich auf eine Formel bezieht, geändert wird, rechnet das Programm neu und das Ergebnis wird sofort angezeigt.
Ein einmal angelegtes Rechenblatt kann für derartige Aufgaben immer wieder verwendet werden.

Einfügen von Zellinhalten

Text- und Zahleneingaben erfolgen nach Auswahl einer Zelle. Dazu wird die gewünschte Zelle mit dem Mauscursor einmal angeklickt. Eintragungen in Zellen erfolgen entweder über die Tastatur oder über die Auswahl aus Menüs mithilfe der Maus. Mit der Taste ENTER oder durch Anklicken einer anderen Zelle erfolgt die Bestätigung einer Eingabe.
Textangaben erscheinen standardmäßig linksbündig und Zahlenangaben rechtsbündig. Große Zahlen (z. B. 123 456 789 876) werden in eine sogenannte Exponentialdarstellung (in 1,23457 E + 11) umgewandelt. Es wird jedoch nicht mit dem angezeigten Wert von $1{,}23457 \cdot 10^{11}$ gerechnet, sondern mit dem genauen Wert 12 345 678 987.

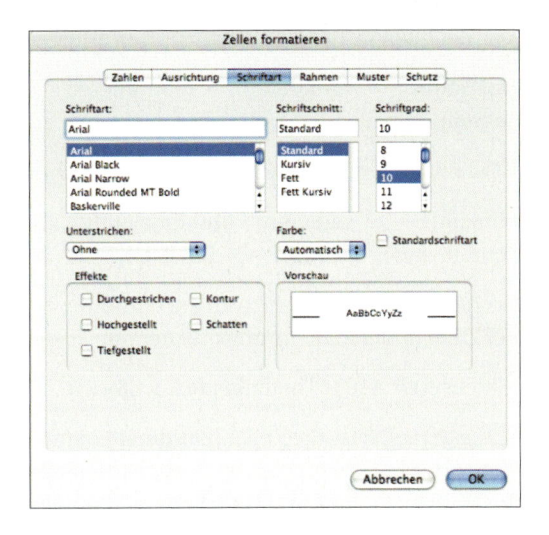

Zellinhalte können durch Auswahl des entsprechenden Befehls im Menü *Format* formatiert werden. Der Inhalt einer Zelle wird bei erneuter Eingabe von Informationen vollständig ersetzt. Korrekturen sollten deshalb immer in der **Eingabezeile** erfolgen. Die Eingabezeile befindet sich oberhalb des Arbeitsblatts.
Beim Rechenvorgang werden die Inhalte verschiedener Zellen über Rechenoperationen miteinander verknüpft. Dazu werden Formeln oder Operationen (beginnend mit einem Gleichheitszeichen) in den Zellen verankert, in denen das jeweilige Ergebnis stehen soll.
Mit den Daten der Tabelle können auch Diagramme erstellt werden. Durch die Verknüpfung der Zellen mit dem Diagramm wird jede Änderung in den Zellen sofort im Diagramm sichtbar.
Es wird die Menüstruktur des Tabellenkalkulationsprogramms Microsoft Excel verwendet. In den anderen Tabellenkalkulationsprogrammen können geringfügige Unterschiede auftreten.

Kopieren von Zellinhalten

Mit den Befehlen Kopieren bzw. Einfügen aus dem Menü *Bearbeiten* können Zellinhalte in andere Zellen übernommen werden.
Die Tastenkombinationen Strg + c für Kopieren bzw. Strg + v für Einfügen erzeugen das gleiche Ergebnis.
Ausgangszellen können auch mithilfe der Maus auf Zielzellen gezogen werden. Die Ausgangszellen müssen dazu genau an der unteren Zellenmarkierung angefasst werden. Während des Ziehens auf die Zielzelle muss gleichzeitig die Taste Strg gedrückt werden. Am Mauszeiger erscheint dabei das Zeichen „+".

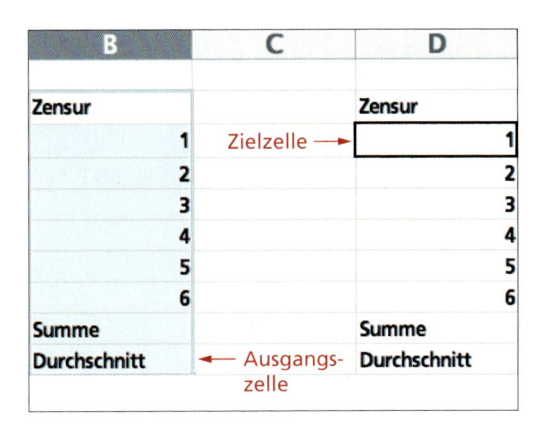

Rechnen in Tabellenkalkulationen

Das Rechnen in Tabellenkalkulationen erfolgt durch **Operationen**.

Operation:	Addieren	Subtrahieren	Multiplizieren	Dividieren	Quadrieren
Schreibweise:	+	–	*	/	^2

Wird mit mehreren Zellen gleichzeitig gerechnet, dienen **Rechenfunktionen** der Verkürzung.

Funktion:	Addieren	Multiplizieren	Betrag einer Zahl	Quadratwurzel	Mittelwert
Schreibweise:	SUMME	PRODUKT	ABS	WURZEL	MITTELWERT

Rechenfunktionen lassen sich auch mithilfe des Funktionsassistenten eingeben. Nach Auswählen der Zelle findet man die entsprechenden Funktionen im Menü *Einfügen* beim Befehl Funktion:

Mittelwert (C5 : C10) bedeutet (C5 + C6 + C7 + C8 + C9 + C10) : 6

Achte darauf, dass die Zellenkoordinaten immer von einer Klammer eingeschlossen sind.
Steht zwischen ihnen das Zeichen „ : ", heißt das „von ... bis".
Steht zwischen ihnen das Zeichen „ ; ", heißt das „... und ...".

Zum Rechnen dienen **Formeln**, die immer mit dem Zeichen „=" beginnen. Die Formeln müssen sich in der Zelle befinden, in der das Ergebnis erscheinen soll. Beim Arbeiten mit Formeln wird in der Zelle nicht die Formel selbst, sondern das Ergebnis der Rechnung als Zahl angezeigt.
Die Formel ist nur in der Eingabezeile sichtbar und kann auch nur dort korrigiert werden.

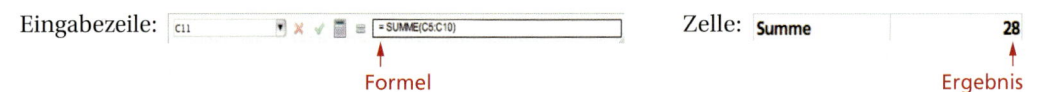

Eingabezeile: [C11   = SUMME(C5:C10)]   Zelle: [Summe   28]
                        ↑   ↑
                     Formel   Ergebnis

Wird ein Eingabewert geändert, rechnet das Programm. Das Ergebnis wird sofort aktualisiert.
Hauptanwendungsgebiete für Tabellenkalkulationsprogramme sind finanzmathematische und statistische Aufgabenstellungen.

Am Beispiel einer Telefonrechnung wird ein Tabellenkalkulationsprogramm erklärt.

Texte und Zahlen (**Eingabewerte** und **Ausgabewerte**) sind sichtbar.
Formeln in der Spalte E bleiben im Hintergrund.

Eingabewerte: Artikel/Leistung, Leis-Nr., Zeittarif, Einzelbetrag
Ausgabewerte: Nettobetrag

Im Formeleingabemodus ist erkennbar, dass in der Spalte E mit den Zellenkoordinaten gerechnet wird. Als Variable werden Zellenkoordinaten (Adressen) verwendet.

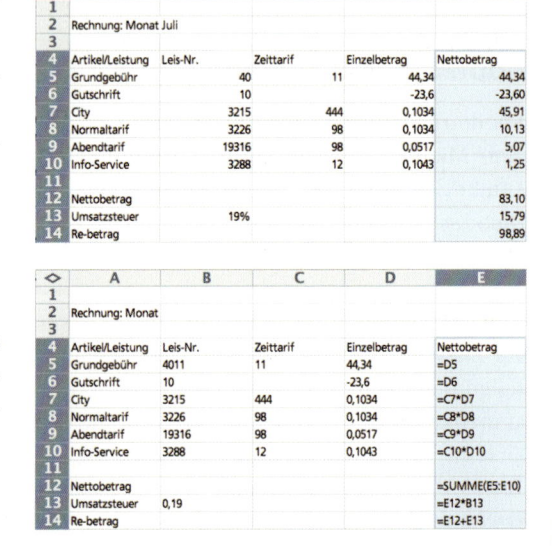

	A	B	C	D	E
1					
2	Rechnung: Monat Juli				
3					
4	Artikel/Leistung	Leis-Nr.	Zeittarif	Einzelbetrag	Nettobetrag
5	Grundgebühr		40	11	44,34	44,34
6	Gutschrift		10		-23,6	-23,60
7	City		3215	444	0,1034	45,91
8	Normaltarif		3226	98	0,1034	10,13
9	Abendtarif		19316	98	0,0517	5,07
10	Info-Service		3288	12	0,1043	1,25
11						
12	Nettobetrag					83,10
13	Umsatzsteuer		19%			15,79
14	Re-betrag					98,89

	A	B	C	D	E
1					
2	Rechnung: Monat				
3					
4	Artikel/Leistung	Leis-Nr.	Zeittarif	Einzelbetrag	Nettobetrag
5	Grundgebühr	4011		11	44,34	=D5
6	Gutschrift	10			-23,6	=D6
7	City	3215		444	0,1034	=C7*D7
8	Normaltarif	3226		98	0,1034	=C8*D8
9	Abendtarif	19316		98	0,0517	=C9*D9
10	Info-Service	3288		12	0,1043	=C10*D10
11						
12	Nettobetrag					=SUMME(E5:E10)
13	Umsatzsteuer	0,19				=E12*B13
14	Re-betrag					=E12+E13

Relative und absolute Zellbezüge

Beim Arbeiten mit Formeln können relative oder absolute Zellbezüge verwendet werden.
Bei relativen Zellbezügen passen sich die Inhalte der neuen Lage an.
Wird z. B. ein Verweis auf die Zelle A2 um drei Spalten nach rechts kopiert, verweist das Ergebnis nicht mehr auf die Zelle A2, sondern auf die Zelle D2. Dies gilt auch beim „senkrechten" oder „schrägen" Kopieren.
Bei absoluten Zellbezügen bleiben die Zellenkoordinaten konstant. Beim Kopieren von Formeln bleiben die Bezüge auf die ursprüngliche Zelle erhalten. Die Zellenkoordinaten erhalten zusätzlich zu den Spalten- und Zeilenbezeichnungen das $-Zeichen. Die Schreibweise $A$2 charakterisiert einen absoluten Zellbezug.

Relativer Zellbezug	Absoluter Zellbezug
D	**E**
Zensur*Anzahl	Zensur*Anzahl
=B5*C5	=$B$5*$C$5
=B6*C6	=$B$5*$C$5
=B7*C7	=$B$5*$C$5
=B8*C8	=$B$5*$C$5
=B9*C9	=$B$5*$C$5
=B10*C10	=$B$5*$C$5
Die Zellbezüge in Spalte D ändern sich zeilenweise.	Die Zellbezüge in Spalte E bleiben erhalten.

Erstellen von Diagrammen aus Tabellen

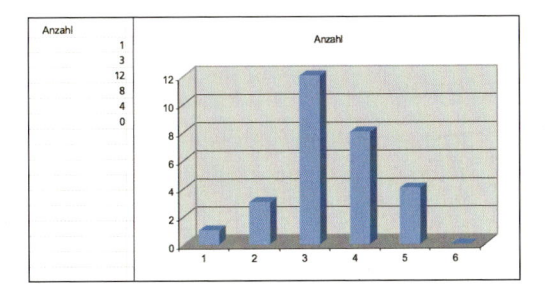

Alle Tabellenkalkulationsprogramme bieten Möglichkeiten zur grafischen Auswertung von Daten. Nach geeigneter Markierung von Tabelleninhalten lassen sich mit dem Diagrammassistenten im Menü *Einfügen* mit dem Befehl *Diagramm* mehrere Diagrammtypen wählen und Zeilen- bzw. Spaltentitel für Achsenbeschriftungen übernehmen. Weitere Formatierungen von Diagrammen sind während der Arbeit mit dem Diagrammassistenten oder später möglich. Diese Diagramme sind mit der Ausgangstabelle ständig verknüpft. Änderungen in der Tabelle verändern auch sofort das Diagramm.

Beim Erstellen von Diagrammen ist richtiges **Markieren** wichtig. Die zu markierenden Tabelleninhalte sollten möglichst keine Leerzeilen bzw. Leerspalten aufweisen. Trotzdem ist es auch möglich, nicht zusammenhängende Bereiche zur Diagrammerstellung zu verwenden. Dazu muss in mehreren Teilen unter gleichzeitiger Verwendung der Taste Strg markiert werden. Um sinnvolle Diagramme zu erhalten, sollte sich um den markierten Bereich ein Rechteck legen lassen.

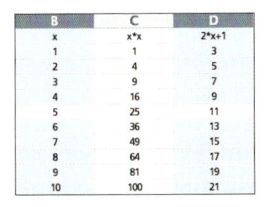

Brauchbare Markierungen: Unbrauchbare Markierungen:

Elektronische Medien nutzen

Monatliche Haushaltsplanungen werden in vielen Familien genutzt, um eine Übersicht der Einnahmen und Ausgaben zu bekommen. Bei entsprechender Auswertung lassen sich Einsparungsmöglichkeiten erkennen und Schlussfolgerungen für weitere Planungen ableiten.

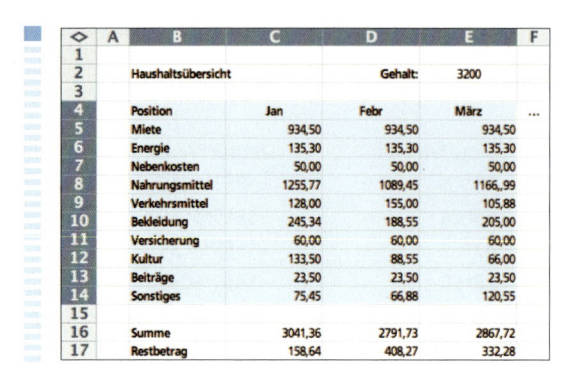

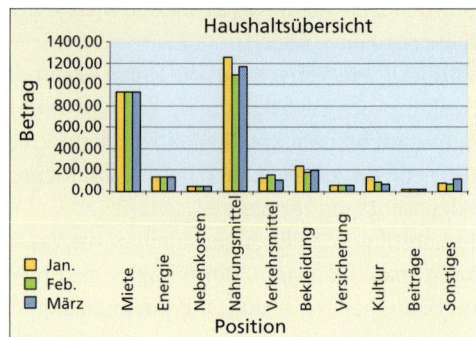

	A	B	C	D	E	F
1						
2		Haushaltsübersicht		Gehalt:	3200	
3						
4		Position	Jan	Febr	März	...
5		Miete	934,50	934,50	934,50	
6		Energie	135,30	135,30	135,30	
7		Nebenkosten	50,00	50,00	50,00	
8		Nahrungsmittel	1255,77	1089,45	1166,99	
9		Verkehrsmittel	128,00	155,00	105,88	
10		Bekleidung	245,34	188,55	205,00	
11		Versicherung	60,00	60,00	60,00	
12		Kultur	133,50	88,55	66,00	
13		Beiträge	23,50	23,50	23,50	
14		Sonstiges	75,45	66,88	120,55	
15						
16		Summe	3041,36	2791,73	2867,72	
17		Restbetrag	158,64	408,27	332,28	

Aus dem Diagramm können die Haushaltspositionen einzeln abgelesen werden. Gleichzeitig erfolgt ein Vergleich zwischen den Monaten.
Durch Angabe von Zusatzinformationen lässt sich das Diagramm nachträglich weiter vervollständigen. Farb- und Schriftinformationen (Formate) können ebenfall nachträglich geändert werden.
Will man die Anteile der einzelnen Ausgabegruppen an den Gesamtausgaben herausstellen, so ist es sinnvoll, auf eine Darstellung in Form eines Kreisdiagramms zu wechseln.

Aufgaben

1. Erzeuge mit deiner Tabellenkalkulation Wertetabellen im Intervall [−5; 5] und mit einer Schrittweite von 0,2 für die folgenden Gleichungen:
   a) $y = 1,5\,x$ b) $y = x^2$ c) $y = \frac{1}{x}$ d) $y = -1,5\,x + 2,2$ e) $y = (x - 5)^2$

2. Uwe, Ute und Ulf haben jeden Tag eine Woche lang ihre Ausgaben notiert.
   Sie sollen diese Ausgaben mit einer Tabellenkalkulation untersuchen.

   Uwe: 1,70 €; 2,35 €; 0,75 €; 1,22 €; 1,00 €; 0,99 €; 4,35 €
   Ute: 0,79 €; 2,35 €; 0,50 €; 1,37 €; 2,65 €; − ; 3,99 €
   Ulf: 2,22 €; 0,50 €; 1,99 €; 2,39 €; 2,00 €; 1,19 €; 2,33 €

   a) Wer hatte in dieser Woche die höchsten und wer die geringsten Ausgaben?
   b) Ermittle für jeden die durchschnittliche Tagesausgabe in dieser Woche.

3. Fertige mit deiner Tabellenkalkulation einen Sparplan an.
   Ermittle, wie sich der Kontostand eines Kontos bei einer jährlichen Einzahlung von 2 000,00 € (zu Beginn des Jahres) und einem Zinssatz von 5,3 % in zehn Jahren ändert.
   Ermittle jeweils die anfallenden Zinsen und das Guthaben am Ende eines jeden Jahres.
   a) Nach welcher Zeit sind erstmals 20 000,00 € auf dem Konto?
   b) Wann sind es bei einer Halbierung des jährlichen Einzahlungsbetrags und einer Verdopplung des Zinssatzes erstmals 20 000,00 €?

4. Erstelle eine Übersicht und ein Diagramm zu folgender fiktiver Sitzverteilung im Deutschen Bundestag: CDU/CSU (224); SPD (222); BÜNDNIS 90/GRÜNE (51); FDP (61); DIE LINKE (53).

7.3 Zum Arbeiten mit dynamischer Geometriesoftware

Mithilfe dynamischer Geometriesoftware können „bewegliche Zeichnungen" erstellt werden, in denen sich (manche) Punkte mit der Maus verschieben lassen. Alle beim Zeichnen bzw. Konstruieren festgelegten Zusammenhänge zwischen Objekten bleiben dabei erhalten. Mit den Objekten einer Zeichnung können Berechnungen durchgeführt werden. Bei Bedarf lassen sich Abstände von Punkten und die Größe von Winkeln anzeigen. Wird ein Winkel beispielsweise durch die Verschiebung seines Scheitelpunkts verändert, so geht diese Veränderung auch in die angezeigte Winkelgröße ein.

Für die Durchführung geometrischer Konstruktionen am Computer gibt es verschiedene Programme. Dieser Abschnitt zeigt einige Möglichkeiten des Programms „GeoGebra" auf. Es wurde für den Einsatz im Unterricht in Schulen entwickelt. Wer zu Hause damit experimentieren möchte, kann das Programm unter www.geogebra.org aus dem Internet herunterladen und sich selbstständig mithilfe der mitgelieferten Hinweise mit weiteren Möglichkeiten des Programms vertraut machen.

Beim Starten des Programms erscheint ein zweigeteiltes Bild, bestehend aus der Zeichenfläche im rechten Teil und dem Algebrafenster im linken Teil. Die Eingabe neuer Objekte kann über die Zeichenfläche mithilfe der Menüs

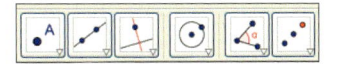

oder über die Eingabezeile mithilfe von Befehlen erfolgen.

Wer die Herausforderung sucht, hat sogar die Möglichkeit, über die im Programm vorhandenen Befehle hinaus neue „benutzerdefinierte Werkzeuge" zu erstellen.

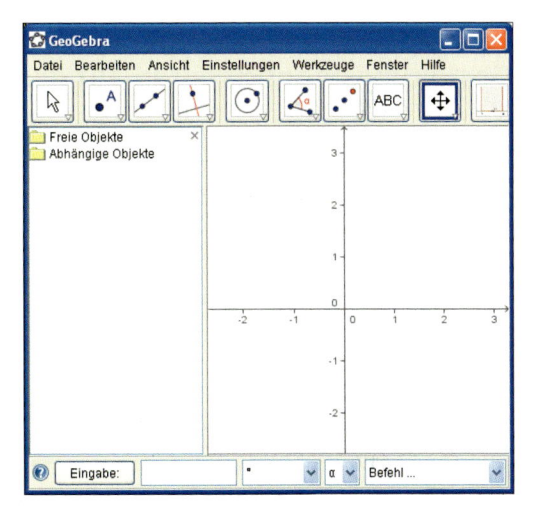

Zeichnen und Konstruieren

Das Zeichnen bzw. Konstruieren der Mittelsenkrechten einer Strecke a kann mithilfe folgender Funktionsschalter anhand nebenstehender Beschreibung durchgeführt werden.
Durch *einfaches* Anklicken mit der Maus werden die Funktionen ausgewählt.
Durch *doppeltes* Anklicken mit der Maus können Untermenüs zur Auswahl der gewünschten Funktion geöffnet werden.
Beim Zeichnen einer Strecke a muss beachtet werden, dass die Punkte A und B nacheinander mit der Maus ausgewählt werden müssen.

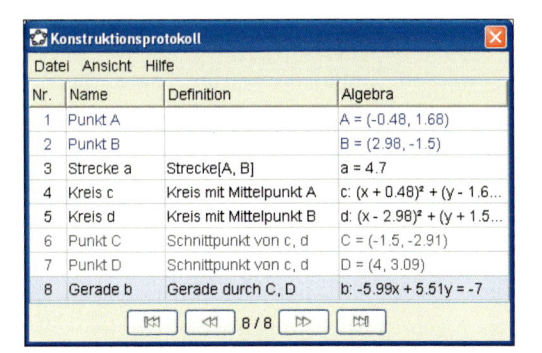

Nr.	Name	Definition	Algebra
1	Punkt A		A = (-0.48, 1.68)
2	Punkt B		B = (2.98, -1.5)
3	Strecke a	Strecke[A, B]	a = 4.7
4	Kreis c	Kreis mit Mittelpunkt A	c: $(x + 0.48)^2 + (y - 1.6...$
5	Kreis d	Kreis mit Mittelpunkt B	d: $(x - 2.98)^2 + (y + 1.5...$
6	Punkt C	Schnittpunkt von c, d	C = (-1.5, -2.91)
7	Punkt D	Schnittpunkt von c, d	D = (4, 3.09)
8	Gerade b	Gerade durch C, D	b: -5.99x + 5.51y = -7

Zum Zeichnen eines Kreises werden sowohl der Mittelpunkt und ein Punkt auf der Kreislinie benötigt. Beide Punkte sind in dieser Reihenfolge mit der Maus anzuklicken.
Mit dem Funktionsschalter ⊙ und dem Anklicken dreier Punkte lässt sich ebenfalls ein Kreis zeichnen.

■ Konstruiere die Mittelsenkrechte einer Strecke $\overline{AB}$. Verändere die Lage und Länge von $\overline{AB}$.

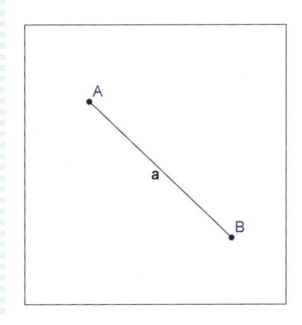

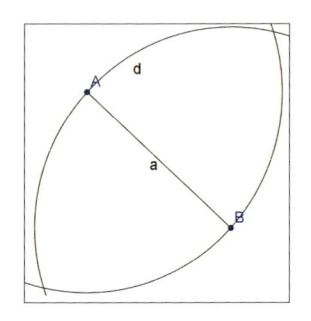

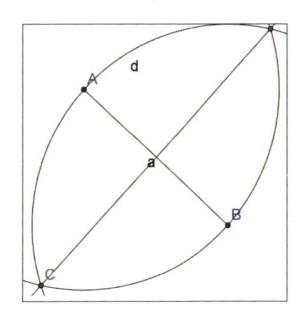

Gestaltungsmöglichkeiten auf der Zeichenfläche

Bei der Ausführung einer Konstruktion kommt es neben der Korrektheit und Genauigkeit auch auf die Übersichtlichkeit an. Zu diesem Zweck können Hilfslinien nach Beendigung der Konstruktion entweder ganz von der Zeichenfläche entfernt oder in ihrer Darstellung so verändert werden, dass die zu konstruierende Figur deutlicher zu erkennen ist.

■ Konstruiere ein Dreieck ABC mit den Seitenlängen a = 5 cm, b = 6 cm und c = 7 cm.

Die nebenstehende Abbildung zeigt die Konstruktion des Dreiecks ABC einschließlich des Algebrafensters. Die Punkte A und B sind als freie Objekte angegeben, sie können mit der Maus verschoben werden. Der Punkt B ist an den Kreis um A mit dem Radius c gebunden, sodass er nur auf dem Kreis bewegt werden kann. C ist als Schnittpunkt zweier Kreise ein abhängiger Punkt. Er kann nicht mit der Maus verschoben werden, ändert aber seine Lage, wenn A oder B bewegt werden. Die Kreise um A und B wurden mit dem Funktionsschalter

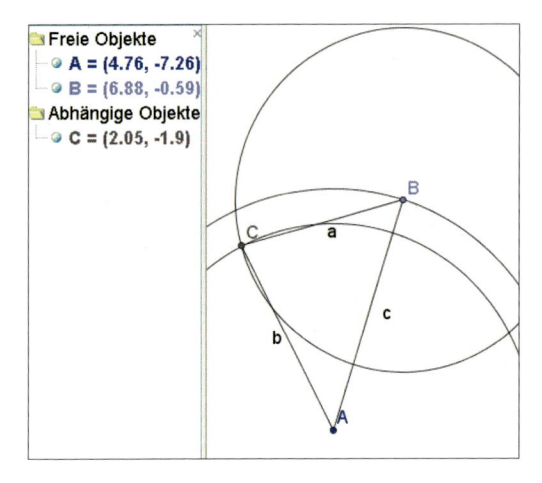

⊙ |Kreis mit Mittelpunkt und Radius|

gezeichnet.

Über das Menü „Ansicht" kann festgelegt werden, ob die Koordinatenachsen, ein Gitter oder das Algebrafenster eingeblendet werden sollen. Wegen der Übersichtlichkeit sollten Hilfslinien schwächer gezeichnet werden. Um Änderungen an einem Objekt der Zeichenfläche vorzunehmen, ist es mit der rechten Maustaste anzuklicken.

Im Menü „Eigenschaften" können dann z. B. die Farbe oder die Stärke von Linien verändert werden. Soll das Objekt nicht mehr auf der Zeichenfläche sichtbar sein, so ist der Haken am Befehl „Objekt anzeigen" zu entfernen. Das Objekt gehört dann aber weiterhin zur Datei. Würde man jedoch den Punkt A mit dem Befehl „Löschen" entfernen, so verschwindet dieser aus der Datei und mit ihm die gesamte Konstruktion, da alle Objekte von A abhängig sind.

■ Die Konstruktion aus dem Beispiel Seite 222 soll so geändert werden, dass die Länge der Seite c mit der Maus verändert werden kann.

Über einen Schieberegler können veränderliche Größen in eine Konstruktion eingebunden werden. Der neue Schieberegler Lc erlaubt es, die Länge von c zwischen 0 und 12 cm einzustellen. Nachträgliche Änderungen sind nach dem Anklicken des Objekts mit der rechten Maustaste im Menü „Umdefinieren" möglich. Um die Länge von c verändern zu können, wird der Kreis d umdefiniert. Bisher war dieser durch den Mittelpunkt A und den Radius 7 festgelegt. Beim Umdefinieren kann der feste Radius 7 durch den veränderlichen Radius Lc ersetzt werden.

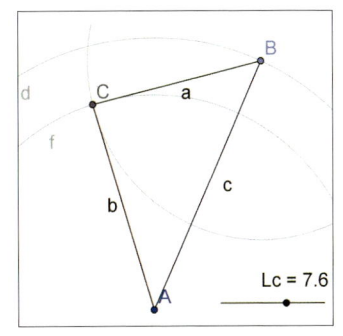

Nach dem Einbau einer veränderlichen Größe in eine Konstruktion lässt sich deren Wirkung auf abhängige Punkte sichtbar machen. Durch Anklicken des abhängigen Punkts mit der rechten Maustaste kann die Option „Spur an" aktiviert werden. Beim Bewegen des Schiebereglers wird dann die Bahn des abhängigen Punktes auf der Zeichenfläche dargestellt. Der Funktionsschalter „Schieberegler" ist durch Doppelklick auf den Funktionsschalter „Winkel" zu finden.

Anzeigen von Winkelgrößen, Streckenlängen und Flächeninhalten

Winkelgrößen, Streckenlängen und Flächeninhalte von Vielecken können in der Zeichenfläche angezeigt werden. Die Festlegung darüber, von welchem Objekt die Größe in der Zeichenfläche angezeigt wird, erfolgt über das Menü „Eigenschaften".

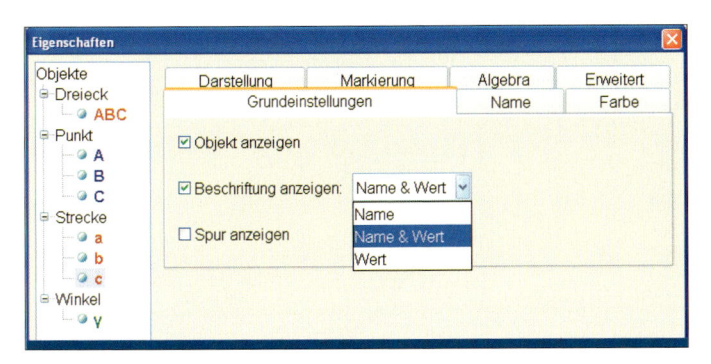

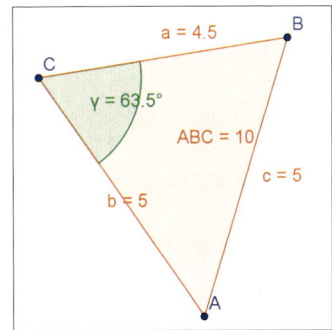

Vor dem Anzeigen der Winkelgröße muss der Winkel mit dem Funktionsschalter „Winkel" markiert werden. Dazu müssen drei Punkte mit der Maus ausgewählt werden. Es ist auf die Reihenfolge der Markierung zu achten. „GeoGebra" setzt den an zweiter Stelle markierten Punkt als Scheitelpunkt. Die Messung der Winkelgröße erfolgt entgegen dem Uhrzeigersinn.

Elektronische Medien nutzen

Darstellungen im Koordinatensystem

Darstellungen in Koordinatensystemen werden verwendet, um den Zusammenhang zwischen zwei veränderlichen Größen x und y zu veranschaulichen. Geraden oder Strecken stehen für lineare Funktionen. In diesem Fall kann die Eingabe über die Zeichenfläche oder die Eingabezeile erfolgen. Bei einem antiproportionalen Zusammenhang bleibt nur die Eingabe über eine passende Gleichung.

- Steht die Größe x für die Zeit und die Größe y für die Wassermenge beim Füllen einer Badewanne, so lässt sich der Zusammenhang beider Größen durch eine Strecke im Koordinatensystem wiedergeben.
- Dazu sind beide Achsen in geeigneter Weise zu beschriften. Das Eingabefenster für die Gestaltung des Zeichenblatts ist im Menü „Einstellungen" zu finden.
- Hier kann festgelegt werden, wie die Achsen des Koordinatensystems beschriftet werden. Ebenso kann hier eingegeben werden, dass auf der y-Achse Zehnerschritte abgetragen werden.
- Die Eingabe der linearen Funktion erfolgt hier über das Eingabefenster:

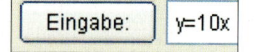

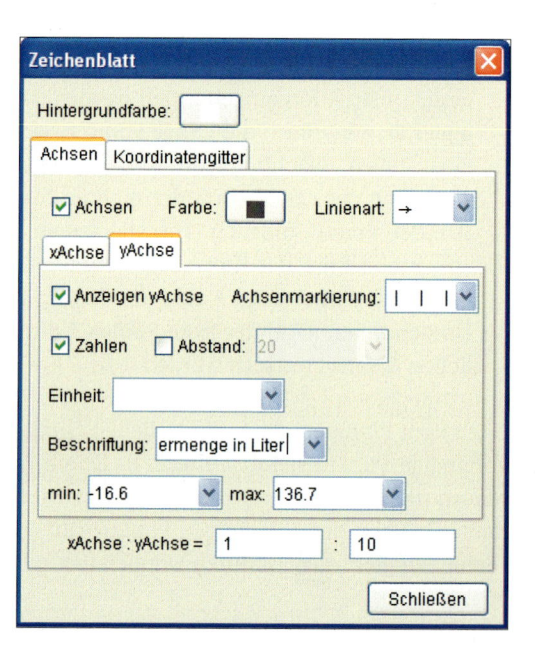

Eingabe: y=10x

Ist hingegen die insgesamt benötigte Wassermenge mit 80 *l* vorgegeben, so besteht zwischen der Zeit und der Einlaufgeschwindigkeit des Wassers eine antiproportionale Zuordnung.

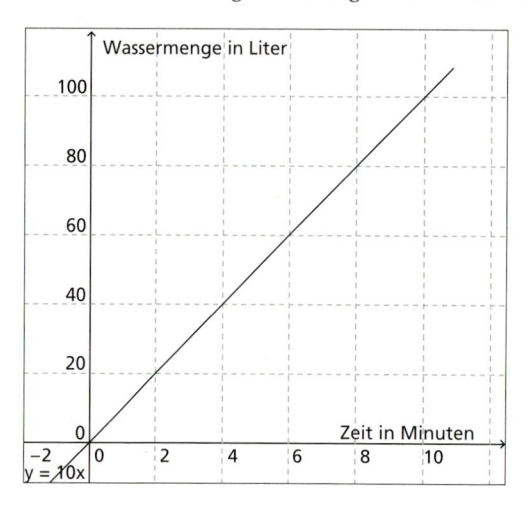

Proportionaler Zusammenhang

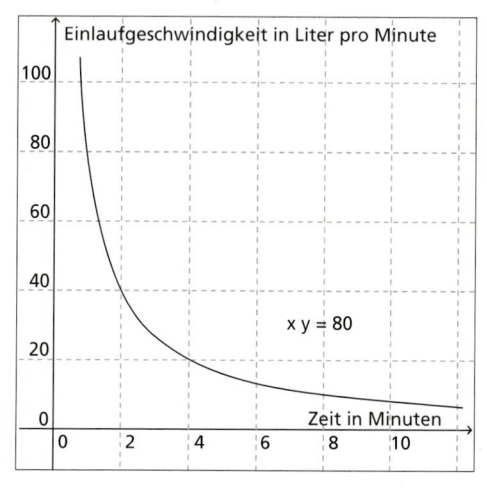

Antiproportionaler Zusammenhang

Zum Arbeiten mit dynamischer Geometriesoftware

Wenn die Lage einer Geraden im Koordinatensystem nachträglich verändert werden soll, ist es günstiger, die Gerade über den Funktionsschalter „Gerade" aus zwei Punkten zu erzeugen. Für die Eingabe freier Punkte steht der Funktionsschalter „Punkt" zur Verfügung. Alternativ kann ein freier Punkt auch über die Eingabezeile eingegeben werden. Soll beispielsweise der Punkt mit den Koordinaten (1|2) eingezeichnet werden, ist (1,2) in die Eingabezeile zu schreiben und mit ENTER zu bestätigen.

Aufgaben

1. Starte das Programm „GeoGebra" und informiere dich über die Funktionsmenüs am oberen Bildrand. Achte dabei auf die Untermenüs, deren Liste nach einem Doppelklick auf einen Funktionsschalter angezeigt wird.

2. Zeichne drei freie Punkte A, B und C. Verbinde die Punkte zu einem Dreieck ABC.
   a) Fälle von den Punkten A, B und C jeweils das Lot auf die gegenüberliegende Seite.
   b) Bewege die Eckpunkte des Dreiecks so, dass spezielle Dreiecke (z. B. rechtwinkliges Dreieck, gleichseitiges Dreieck, gleichschenkliges Dreieck) entstehen.
   c) Welche Besonderheiten stellst du bezüglich der drei Höhen in jedem Dreieck fest?

3. Zeichne einen Kreis k mit dem Mittelpunkt M und dem Radius r = 5 cm.
   a) Lege auf dem Kreis zwei Punkte A und B so fest, dass $\overline{AB}$ Durchmesser des Kreises ist.
   b) Lege auf dem Kreis einen Punkt C so fest, dass $\overline{CM}$ Radius des Kreises ist.
   c) Verbinde die Punkte A, B und C zu einem Dreieck.
   d) Bewege den Punkt C auf dem Kreis so, dass unterschiedliche Dreiecke entstehen.
   e) Welche Eigenschaft haben alle Dreiecke ABC trotz unterschiedlicher Form gemeinsam?
   f) Lege auf dem Kreis zwei weitere Punkte D und E fest und verbinde sie mit C zum Dreieck DEC. Bewege C auf dem Kreis so, dass unterschiedliche Dreiecke DEC entstehen.
   g) Welche Eigenschaft haben alle Dreiecke DEC trotz unterschiedlicher Form gemeinsam?

4. Zeichne die Punkte A(1|2), B(2|0) und C(4|2) auf der Zeichenfläche ein.
   a) Verbinde die Punkte A, B und C zum Dreieck ABC. Verwende den Funktionsschalter „Vieleck".
   b) Zeichne in jeder Dreiecksseite den Mittelpunkt ein. Verwende den Funktionsschalter „Mittelpunkt".
   c) Bezeichne die Mittelpunkte der Seiten mit D, E und F und verbinde sie zu einem Dreieck. Zeige die Flächeninhalte der Dreiecke ABC und DEF auf der Zeichenfläche an. Verwende dazu das Menü „Eigenschaften".
   d) Verschiebe nun A, B und C mit der Maus auf der Zeichenfläche und beobachte die angezeigten Flächeninhalte. Bewege A, B und C anschließend wieder in ihre Ausgangspositionen.
   e) Beschreibe deine Beobachtungen und begründe die erkannten Zusammenhänge.

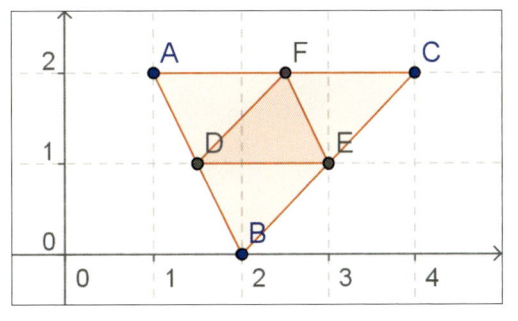

# 8 Nutzen von Strategien beim Lösen von Aufgaben

Materialbedarf

Um bestimmen zu können, wie hoch der Materialbedarf für die Produktion von Konserven ist, sind neben der Füllmenge die Abmessungen der zylinderförmigen Büchsen wichtig.
Welche Größen der zylindrischen Verpackungen sind zu bestimmen?
Welche Angaben braucht die Firma, die für das Bedrucken der Büchsen verantwortlich ist?

Bauzeichnungen

Um eine komplexe Zeichnung anzufertigen, zerlegt ein technischer Zeichner oder ein Bauzeichner die Aufgabe in Teilprobleme. Er bestimmt zuerst wichtige Punkte und Linien, aus denen sich dann schrittweise die gesamte Konstruktion ergibt. Bauzeichnungen werden häufig in unterschiedlichen Maßstäben angefertigt.
Welchen Maßstab würdest du wählen, um den Grundriss deines Zimmers auf ein A4-Blatt zu zeichnen? Begründe.

Körperansichten

Sollen Gebäude gezeichnet werden, so bieten sich unterschiedliche Darstellungsweisen an. Es ist möglich, das Haus aus unterschiedlichen Perspektiven, z. B. von vorn und von rechts, zu zeichnen. Will man einen räumlichen Eindruck wiedergeben, bietet sich das Schrägbild an. Die Kavalierperspektive liefert ein spezielles Schrägbild.
Was versteht man darunter?
Woher stammt der Begriff?

8.1 Lösen von Sachaufgaben

Es sollen zylinderförmige Behälter mit einem Fassungsvermögen von 20 Litern hergestellt werden. Für die Mantelfläche stehen pro Behälter höchstens 30 dm^2 zur Verfügung.
Wie hoch können die Behälter maximal werden?

Zum Lösen von Sachaufgaben gibt es kein allgemeines Verfahren.
Heuristische Methoden können aber in vielen Fällen weiterhelfen.

Beachte folgende Hinweise, dann kommst du auch mit schwierigen Sachaufgaben zurecht:

1. **Deine Scheu vor Sachaufgaben ist unbegründet.**
   – Das Lösen von Sachaufgaben erfordert oft Geduld und schrittweises Vorgehen.
   – Mehrmaliges Durchlesen kann deine Unsicherheiten verringern.
   – Versuche zuerst, Teile der Aufgabe zu verstehen.

2. **Überlege zuerst, schreibe dann.**
   – Stelle dir zuerst den Sachverhalt vor.
   – Überlege, worum es geht, was du darüber weißt, welche Erfahrungen dir nutzen könnten.
   – Versuche, das Ergebnis abzuschätzen.

3. **Schreibe zuerst die gesuchten und gegebenen Größen bzw. Beziehungen auf.**
   – Schreibe mathematische Textteile kürzer als Terme oder Gleichungen.
   – Verwende Tabellen, Übersichten oder Skizzen.

4. **Suche zielgerichtet nach Ideen.**
   – Plane deinen Lösungsweg.
   – Überlege dir, welche ähnlichen Aufgaben du schon gelöst hast.

5. **Arbeite deinen Plan schrittweise ab.**
   – Schreibe sauber und übersichtlich. Versuche, jeden Schritt gedanklich zu begründen.
   – Achte beim Arbeiten auf sinnvolle Genauigkeiten.
   – Führe bei komplizierten Rechnungen einen Überschlag durch.

6. **Kontrolliere deinen Plan und deine Rechnungen.**
   – Überprüfe das Ergebnis am Text und formuliere einen Antwortsatz.
   – Vergleiche, ob das Ergebnis deiner Schätzung mit deinem Rechenergebnis übereinstimmt.
   – Entscheide, welche Kontrollmöglichkeiten sinnvoll sind, und führe sie durch.
   – Versuche, andere bzw. einfachere Lösungswege zu finden.

Das „**Rückwärtsarbeiten**" bzw. „**Ausgehen vom Ziel**" ist eine oft anwendbare und sehr effektive Vorgehensweise zum Finden einer Lösungsidee. Frage dabei:
– Woraus könnte ich die gesuchte Größe unmittelbar berechnen?
– Kenne ich Gleichungen oder Formeln, in denen die gesuchte Größe vorkommt?

Lösen von Sachaufgaben

Der folgende Lösungsweg ist ein Beispiel für das Lösen der „Behälteraufgabe" von Seite 228 durch „Suchen und Lösen von Gleichungen".

Es werden bei der Lösungsidee, ausgehend von den gegebenen Größen, möglichst viele Gleichungen gefunden, in denen die gegebenen und gesuchten Größen auftreten. Dieses System von Gleichungen wird dann durch schrittweises Einsetzen gelöst.

Überlegungen	Antworten
Worum geht es? Welcher Sachverhalt liegt vor? Wie hoch könnte der Behälter maximal sein?	Ein zylindrischer Behälter, in den ungefähr zwei gefüllte Wassereimer hineinpassen, hat eine Mantelfläche, die 30 dm² groß ist (etwa so groß wie eine kleine Tischplatte). Der Zylinder ist schätzungsweise 50 cm hoch.
Welche Größen sind gesucht? Welche Größen sind gegeben? Welche Skizze ist sinnvoll?	Gesucht: h Gegeben: $V = 20\,l$ $\quad\quad\quad\quad A_M = 30$ dm²
In welchen Gleichungen (Formeln) für den Kreiszylinder kommt die Zylinderhöhe h vor? Wie viele Unbekannte und wie viele Gleichungen sind vorhanden? Welche Lösungsstrategie bietet sich an? Mit welchen Größen und mit welchen Formeln könnte man den Radius des Zylinders berechnen? Mit welchen Größen und mit welchen Formeln könnte man die Höhe des Zylinders berechnen?	$V = \pi \cdot r^2 \cdot h = 20$ dm³ $\quad$ (I) $A_M = 2\pi \cdot r \cdot h = 30$ dm² $\quad$ (II) Es sind zwei Unbekannte r und h sowie zwei Gleichungen vorhanden. Durch Umstellen der einen Gleichung nach einer Unbekannten und Einsetzen in die zweite Gleichung wird die Höhe h berechnet.
Die Gleichung (2) wird nach r aufgelöst. Der Term für r wird in die Gleichung (1) eingesetzt. Das Ergebnis wird sinnvoll gerundet.	(II): 30 dm² $= 2\pi \cdot r \cdot h \quad\quad\quad\quad \mid :(2\pi \cdot h)$ $\quad\quad r = \dfrac{30\text{ dm}^2}{2\pi h}$ (I): $\;\; 20$ dm³ $= \pi \cdot r^2 \cdot h = \pi \cdot \left(\dfrac{30\text{ dm}^2}{2\pi h}\right)^2 \cdot h$ $\quad\quad 20$ dm³ $= \dfrac{900\text{ dm}^4}{4\pi h} \quad\quad\quad \mid \cdot h : 20$ dm³ $\quad\quad h = 3{,}58\ldots$ dm $h \approx 3{,}6$ dm
Das Ergebnis wird mit der Schätzung verglichen. Es wird ein Antwortsatz formuliert.	*Das Ergebnis liegt unter der Schätzung.* *Die Höhe des zylinderförmigen Behälters beträgt maximal 36 cm oder 3,6 dm.*

Beim Suchen nach möglichen Gleichungen können mehrere Gleichungen aufgeschrieben werden, in denen die gesuchten Größen vorkommen, unabhängig davon, ob noch andere unbekannte Größen auftreten. Wenn ein Gleichungssystem vorhanden ist, bei dem die Anzahl der Gleichungen mit der Anzahl der unbekannten Größen übereinstimmt, kann dieses Gleichungssystem z. B. mithilfe des Einsetzungsverfahrens gelöst werden. Dieses Verfahren lernst du noch ausführlich kennen.

8.2 Lösen von Konstruktionsaufgaben

Komplexe Abfolgen können oft durch Teilschritte ersetzt werden. Beim Zeichnen lassen sich zuerst wichtige Punkte und Linien ermitteln, dann schrittweise die fehlenden Stücke ergänzen. Punkte können durch Koordinaten, durch Linien oder Abstände und Winkel angegeben werden.

Beachte beim Lösen von Konstruktionsaufgaben folgende Prinzipien:

1. **Reduziere Konstruktionsaufgaben auf das Bestimmen von Punkten.**
   - Suche Linien (z. B. Geraden, Kreisbögen ...), die einander schneiden.
   - Suche Bedingungen (z. B. gleiche Abstände, gleich große Winkel ...) für Schnittpunkte.
2. **Gib für jeden Punkt Bestimmungslinien an, auf denen der Punkt jeweils liegen muss.**
   - Entscheide, welche Bestimmungslinien für die Konstruktion sinnvoll sind.
   - Prüfe jeweils, wie viele Punkte durch die Linien bestimmt werden.
3. **Formuliere Bedingungen für Bestimmungslinien bzw. für die zu konstruierenden Punkte.**
   - Fertige (wenn möglich) eine Planfigur an.
   - Suche eine Abfolge von Konstruktionsschritten und beschreibe diese.

Folgende Bedingungen bzw. Bestimmungslinien treten bei Konstruktionsaufgaben häufig auf:

Bedingung	Bestimmungslinie	Veranschaulichung
alle Punkte, die zu einem Punkt P gleichen Abstand haben	Kreis k um Punkt P mit dem Radius a	
alle Punkte, die zu zwei Punkten A und B gleichen Abstand haben	Mittelsenkrechte von $\overline{AB}$	
alle Punkte, die zu einer Geraden g gleichen Abstand haben	Parallelen zu g im Abstand a	
alle Punkte, die von den Schenkeln eines Winkels α gleichen Abstand haben	Winkelhalbierende w_α des Winkels α	
alle Punkte, für die eine Strecke $\overline{AB}$ unter dem gleichen Winkel β erscheint	Kreisbogen über die Strecke $\overline{AB}$ mit β als Peripheriewinkel	

Lösen von Konstruktionsaufgaben

Aufgabe:
Konstruiere das Schrägbild eines Satteldaches mit einer Auflagefläche von 6 m mal 10 m und einer Firsthöhe von 4 m.

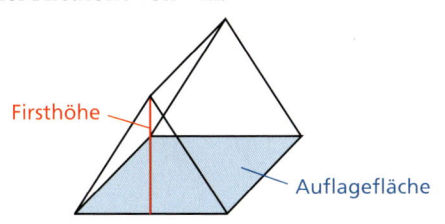

Überlegungen	Antworten
Worum geht es in der Aufgabe?	Es geht um ein Dach in Form eines liegenden dreiseitigen Prismas.
Kann ich mir die gesuchte Figur vorstellen und skizzieren? Welche Stücke sind gegeben? Welcher Maßstab ist günstig?	Skizze: 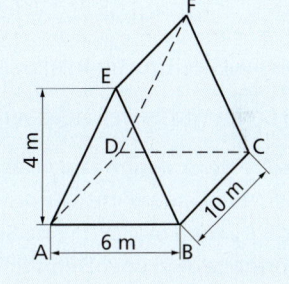
Wie viele Punkte sind zur Konstruktion der gesuchten Figur notwendig?	Ich muss die 6 Eckpunkte konstruieren. Durch die Kante $\overline{AB}$ = 6 cm sind die Punkte A und B festgelegt. Ich suche noch C, D, E und F.
Auf welchen Linien muss der Punkt E liegen?	E liegt auf der Mittelsenkrechten von $\overline{AB}$ im Abstand von 4 cm von AB.
Auf welchen Linien muss der Punkt C liegen?	C liegt auf dem freien Schenkel eines Winkels von 45°, angetragen an $\overline{AB}$, in einem Abstand von 5 cm (10 cm : 2) von B.
Auf welchen Linien muss der Punkt D liegen?	D liegt auf der Parallelen zu $\overline{BC}$ durch A in einem Abstand von 5 cm von A.
Auf welchen Linien muss der Punkt F liegen?	F liegt auf der Parallelen zu $\overline{BC}$ durch E in einem Abstand von 5 cm von E.
Die Konstruktion des liegenden dreiseitigen Prismas wird ausgeführt. Sichtbare Kanten werden hervorgehoben. Nicht sichtbare Kanten werden gestrichelt gezeichnet. Der Maßstab der Konstruktion wird angegeben.	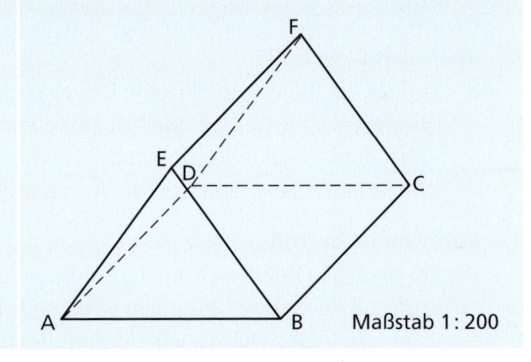 Maßstab 1 : 200

8.3 Lösen von Beweisaufgaben

Bis heute beschäftigen sich Wissenschaftler immer wieder mit Problemen, die sich aus den verschiedensten Fragen ergeben. Bei vielen mathematischen Problemen steht das Finden und Beweisen neuer mathematischer Sätze im Mittelpunkt (siehe S. 134).
Im Mathematikunterricht werden nur einige Begriffe, Sätze und Verfahren der Mathematik behandelt.

Beweisaufgaben treten nicht so häufig auf. Zum Beweisen mathematischer Sätze sind neben guten mathematischen Kenntnissen und Fähigkeiten auch hohe geistige Kreativität und Kenntnisse über bestimmte Methoden und Verfahren des Entdeckens und Erfindens erforderlich. Man nennt diese Vorgehensweisen heuristische Verfahren.

Der griechische Gelehrte ARCHIMEDES rief einmal: „Heureka." (Ich hab's gefunden.)

Gehe beim Lösen von Beweisaufgaben in folgenden Schritten vor:

1. **Analysiere die Aufgabe und erfasse das Wesentliche.**
   - Prüfe und beantworte, worum es in der Aufgabe geht.
   - Fertige (wenn möglich) eine Skizze an.
   - Informiere dich über Definitionen (Festlegungen) der vorkommenden Begriffe.
   - Entscheide, was vorausgesetzt bzw. was behauptet wird.
   - Formuliere (falls möglich) in „Wenn-so-Form".

2. **Finde eine Beweisidee.**
   - Überlege, woraus die Behauptung folgen könnte.
     Prüfe, ob du Sätze mit gleicher oder ähnlicher Behauptung kennst.
   - Überlege, was sich aus den Voraussetzungen ableiten lässt.
     Prüfe, ob du Sätze mit gleichen oder ähnlichen Voraussetzungen kennst.
   - Finde Beispiele und prüfe, ob du an den Beispielen Zusammenhänge erkennen kannst.
   - Untersuche, ob verschiedene Fälle zu betrachten sind. (Fallunterscheidung)
   - Überlege, ob du ähnliche, bereits gelöste Beweisaufgaben kennst.
     Prüfe, ob sich das Vorgehen bei diesen Aufgaben auf die neue Aufgabe übertragen lässt.

3. **Stelle den Beweis dar.**
   - Zerlege den Beweis in einzelne Beweisschritte.
   - Überlege dir die Reihenfolge der Beweisschritte genau.
   - Prüfe, ob die Voraussetzungen der verwendeten Zusammenhänge erfüllt sind.
   - Gib für jeden Beweisschritt eine Begründung an.

4. **Führe eine Kontrolle durch.**
   - Prüfe, ob alle Beweisschritte lückenlos sind.
   - Prüfe, ob deine Begründungen wirklich zutreffen.
   - Prüfe, ob du alle Fälle (auch Sonderfälle) berücksichtigt hast.

Lösen von Beweisaufgaben

Beim folgenden Beispiel wird eine Analyse durchgeführt und das Finden einer Beweisidee vorgestellt.

Beweise folgende Aussage:
Die Summe gegenüberliegender Winkel im Sehnenviereck beträgt 180°.

Überlegungen	Antworten
Worum geht es? Welche Begriffsdefinitionen treten auf? Was sind die Voraussetzungen?	Es geht um ein Sehnenviereck ABCD. Die Eckpunkte des Sehnenvierecks liegen auf einem Kreis. Die Seiten des Vierecks sind Sehnen des Kreises. Es gilt: $AM = BM = CM = DM = r$ $\alpha = \alpha_1 + \alpha_2$; $\beta = \beta_1 + \beta_2$; $\gamma = \gamma_1 + \gamma_2$; $\delta = \delta_1 + \delta_2$
Was ist die Behauptung?	Die Summe gegenüberliegender Winkel im Sehnenviereck beträgt 180°. $\alpha + \gamma = 180°$ und $\beta + \delta = 180°$
Welche Sätze können genutzt werden?	Innenwinkelsumme im Viereck ABCD $\alpha_1 + \alpha_2 + \beta_1 + \beta_2 + \gamma_1 + \gamma_2 + \delta_1 + \delta_2 = 360°$ Basiswinkel im gleichschenkligen Dreieck $\alpha_2 = \beta_1$; $\beta_2 = \gamma_1$; $\gamma_2 = \delta_1$; $\delta_2 = \alpha_1$
Wie lassen sich diese Aussagen verwenden?	$\alpha_1 + \alpha_1 + \gamma_1 + \gamma_1 + \gamma_2 + \gamma_2 + \alpha_2 + \alpha_2 = 360°$ $\alpha + \gamma + \gamma + \alpha = 360°$ $2\alpha + 2\gamma = 360°$
Lässt sich die Behauptung bestätigen?	$\alpha + \gamma = 180°$ Es kann ebenso gezeigt werden, dass $\beta + \delta = 180°$. Die Summe gegenüberliegender Winkel im Sehnenviereck beträgt 180°.
Gilt auch die Umkehrung der bestätigten Aussage?	Die Umkehrung muss ebenfalls bewiesen werden. Wenn in einem Viereck ABCD die Summe der gegenüberliegenden Winkel 180° beträgt, so ist es ein Sehnenviereck.

Liegt der Mittelpunkt des Umkreises auf einer Seite des Sehnenvierecks oder außerhalb des Sehnenvierecks, kann der Beweis analog geführt werden.

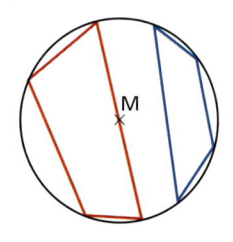

Aufgaben

1. Eine Schafherde besteht aus 100 Schafen. Von diesen 100 Schafen haben 98 % ein weißes Fell. Die restlichen 2 % sind schwarz. Nachdem einige weiße Schafe verkauft worden waren, betrug der Anteil weißer Schafe noch 96 %.
   Wie viele weiße Schafe wurden verkauft?

2. Stelle den Rechenweg zu den folgenden Aufgaben ausführlich dar.
   a) Ein Heft und sein Umschlag wiegen zusammen 185 g. Das Heft ist 115 g schwerer als der Umschlag.
      Wie schwer ist das Heft und wie schwer ist der Umschlag?
   b) Die Einwohnerzahl einer Großstadt stieg 2002 im Vergleich zu 2001 um 2,5 %. Im Jahr 2003 sank sie wieder um 2,5 % und betrug am Ende des Jahres 150 106.
      Wie viele Einwohner lebten am Ende des Jahres 2001 in der Großstadt?
   c) Ein vollgesogener Schwamm wiegt 700 g und besteht zu 95 % aus Wasser. Nach dem Ausdrücken sind es nur noch 5 % Wasser.
      Wie schwer ist der Schwamm jetzt?

3. Formuliere zu folgenden Tabellen jeweils eine Aufgabe und löse sie.

   a)
	Geschwindigkeit in $\frac{km}{h}$	Zeit in h	Weg in km
A	4,5	x + 1	4,5(x + 1)
B	6	x	6x

   b)
	heute	vor 3 Jahren
Anja	x	x − 3
Beate	2x + 3	2x
Summe	42	36

4. Eine 8 cm hohe Kerze brennt in zwei Stunden ab. Eine halb so hohe Kerze, die jedoch einen größeren Durchmesser hat, brennt in drei Stunden ab.
   Die Kerzen werden gleichzeitig angezündet.
   Nach welcher Zeit haben die beiden Kerzen die gleiche Höhe erreicht?

5. Löse die Aufgabe sowohl rechnerisch als auch zeichnerisch.
   Zwei Wanderer laufen von zwei Orten A und B aus einander entgegen. Die Entfernung von A nach B beträgt 24 km. Der eine Wanderer braucht für die Gesamtstrecke sechs Stunden und der andere acht Stunden.
   a) Wie weit sind sie nach 2 Stunden noch voneinander entfernt?
   b) Wann treffen sie sich?

6. Bestimme alle Winkel, die du in der Figur findest. Begründe deine Ergebnisse.

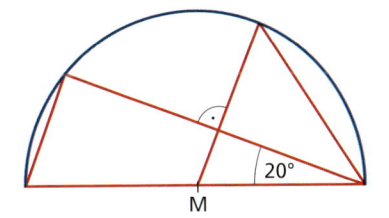

7. Laura behauptet: Die Differenz der Quadrate von zwei aufeinanderfolgenden natürlichen Zahlen ist gleich der Summe dieser Zahlen.
Beispiel: $4^2 - 3^2 = 4 + 3$
a) Überprüfe an mehreren Beispielen, ob Lauras Behauptung stimmt.
b) Überprüfe, ob dies auch für zwei aufeinanderfolgende negative ganze Zahlen gilt.

8. Micha erklärt: „Wenn ich die Summe von drei aufeinanderfolgenden natürlichen Zahlen durch 6 teile, dann ist das Ergebnis wieder eine natürliche Zahl." Er nennt die Zahlen 1, 2 und 3.
a) Gib ein weiteres Beispiel an, das Michas Behauptung entspricht.
b) Prüfe, ob die Aussage generell für alle natürlichen Zahlen gilt, wie es Micha behauptet. Gib gegebenenfalls ein Gegenbeispiel an.
c) Wie müsste man die Behauptung von Micha korrigieren, damit eine gültige Aussage über die Teilbarkeit durch 6 für natürliche Zahlen entsteht? Begründe deinen Vorschlag.

9. Die nebenstehenden Dreiecke stimmen in der Länge der Grundseite überein.
Was kannst du über den Flächeninhalt der Dreiecke aussagen?
Begründe deine Aussage.

10. Konstruiere aus den jeweils gegebenen Stücken ein Dreieck.
a) Entscheide zuvor, welches Dreieck möglicherweise nicht konstruierbar ist. Begründe.
b) Gib im Fall der Konstruierbarkeit den Kongruenzsatz und die Konstruktionsbeschreibung an.

(1) $\alpha = 60°$; $\beta = 40°$; $c = 4$ cm
(2) $b = 6{,}2$ cm; $\alpha = 110°$; $\gamma = 90°$

11. Die Gemeinde Freihusen hat eine 1590 m² große rechteckige Fläche als Bauland ausgewiesen.
Auf dieser Fläche sollen rechteckige Grundstücke für Eigenheime vermessen werden. Die drei Grundstücke liegen alle an der 53 m langen Straßenfront, die eine der Rechtecksseiten des Baulandes bildet. 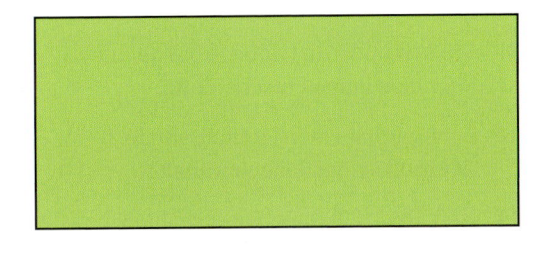
Die folgenden Grundstücksgrößen sind geplant:
Grundstück I: 450 m² Grundstück II: 600 m² Grundstück III: 540 m²
a) Zeichne die Fläche, die für die Grundstücke zur Verfügung steht, in einem geeigneten Maßstab. Gib den Maßstab an.
b) Trage in diese Fläche eine mögliche Lage der drei Grundstücke ein.
Wie breit ist jeweils die Straßenfront der Grundstücke?
c) Pro Quadratmeter Grundstücksfläche müssen die Käufer 42 € bezahlen.
Wie viel Euro muss dann jeder der drei Käufer zahlen?

Jahresabschlusstest

1. Auf der Zahlengeraden ist das geschlossene Intervall von –1 bis 3 hervorgehoben.
   a) Nenne die natürlichen Zahlen im Intervall. Welche ganzen Zahlen liegen im Intervall?
   b) Nenne die rationalen Zahlen in diesem Bereich, deren Betrag 1 ist.

2. Löse folgende Gleichungen:
   a) $3x - 5 = -20$
   b) $8 + 5x = 18$
   c) $\frac{1}{2}x - 4 = -\frac{1}{4}$
   d) $5x - 4 = 14 + 2x$
   e) $\frac{3x}{5} - 4 = -1$
   f) $3(x - 4) = 9$
   g) $\frac{5}{x} = \frac{2,5}{10}$
   h) $4x + 6 - 6x = 12 + 4x$

3. Eine Schule hat drei 7. Klassen mit insgesamt 76 Schülern. In der Klasse 7a sind zwei Schüler weniger als in der 7b. In der Klasse 7c sind drei Schüler mehr als in der 7b.
   Ordne die Klassen nach ihrer Schülerzahl.

4. Bestimme die Lösungsmenge in $\mathbb{Q}$ und mache die Probe.
   a) $5x - 27x + 87 + 81x - 59 - 105 = 100$
   b) $3x - 8 = 14 - x + 10$
   c) $\frac{x-3}{7} = \frac{x-2}{5}$
   d) $5(x + 3) + 19 = 12x - 2(3 + x)$
   e) $|x| - \frac{1}{2} = \frac{3}{4}$
   f) $x(x - 3) = 0$

5. Eine Schokoladenfabrik hat eine Tagesproduktion von insgesamt 76 Tonnen Schokolade, wobei 23 % weiße Schokolade, 61 % Milchschokolade und der Rest Bitterschokolade produziert werden. Wie groß sind die Anteile der verschiedenen Schokoladensorten an einer Tagesproduktion?

6. Manuel hat nach einem Jahr und einer Verzinsung von 4 % einen Gesamtbetrag von 1622,40 € auf seinem Sparkonto. Wie hoch war sein Kapital am Jahresanfang?

7. Paul und Katja haben zusammen 64,00 € gespart. Katja hat dreimal so viel gespart wie Paul. Wie viel Euro hat Paul gespart?

8. Ein Kaufmann erwirbt 70 kg Nüsse, für die er 210 € bezahlen muss. Beim Verkauf seiner Ware möchte er 30 % Gewinn erzielen. Wie viel Euro kostet dann ein Kilogramm Nüsse?

9. Gib α, β und γ an (siehe Skizze rechts). Begründe deine Entscheidung.

10. Ein Kreis hat einen Umfang von 50,0 cm. Wie groß ist sein Flächeninhalt?

11. Herr Heinze hat ein Gewächshaus gebaut, um das Beet zu überdachen.
    a) Wie groß ist die abgedeckte Beetfläche höchstens?
    b) Wie viel Quadratmeter Plastikplane muss Herr Heinze für das Bespannen der Abdeckung annähernd kaufen?
    c) Ein Quadratmeter Plane kostet im Baumarkt 1,09 €. Wie teuer wird die Plane?
    d) Wie groß ist das Volumen des Gewächshauses?

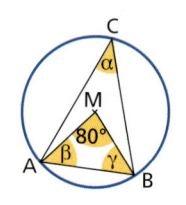

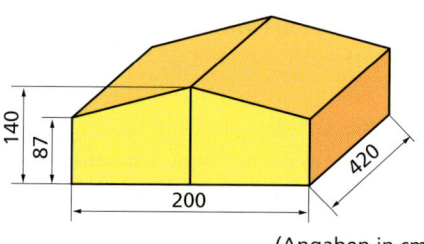

(Angaben in cm)

12. Aus einem Werkstück wird eine Form ausgestanzt (s. Abb.). Berechne den anfallenden Verschnitt in Prozent.

13. Ein Reitpferd wird auf dem Rummel an einer 7,50 m langen Leine (Longe) im Kreis geführt.
    a) Für 1 € darf jedes Kind acht Runden reiten. Welchen Weg legt das Pferd zurück? Runde auf volle Meter.
    b) Eine Schulklasse mit 28 Schülern besucht den Rummel und 75 % aller Schüler wollen unbedingt reiten. Welchen Weg muss das Pferd zurücklegen? Runde sinnvoll.

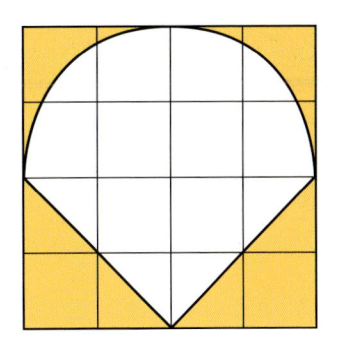

14. Ein zylinderförmiges Getreidesilo wird aus Stahlblech gefertigt. Das Silo hat eine Höhe von 22,6 m, einen Außendurchmesser von 4,80 m und einen Innendurchmesser von 4,78 m.
    a) Wie viel Quadratmeter Stahlblech werden benötigt?
    b) Wie viel Kubikmeter Silage fasst das Silo nach der Fertigstellung?

15. Der neue Mathematiklehrer stellt sich vor. Er fordert die Klasse auf, seine Körpergröße zu schätzen. Er sammelt die Antworten und trägt einige der Schätzwerte in eine Tabelle ein.

1,82 m	170 cm	1,74 cm	18 dm	175 cm
19 dm	1,78 m	190 cm	2 m	1,8 m

   a) Zuerst soll „Ordnung" in die Schätzwerte gebracht werden. Gib alle Werte in der Einheit Zentimeter an und ordne sie der Größe nach. Welcher Wert kann nicht stimmen? Korrigiere die angegebene Einheit.
   b) Bevor er seine wahre Körpergröße nennt, lässt er den Mittelwert aus den Tabellenwerten berechnen. Gib den Mittelwert der Schätzwerte an.
   c) Der Lehrer meint, dass der Mittelwert nur um 5 % von seiner wirklichen Körpergröße abweicht. Gib an, wie groß der Lehrer ist. Ist das Ergebnis eindeutig? Begründe.

16. Im Leichtathletikverein wird für den Wettkampf trainiert.
    Die 12- bis 13-Jährigen treten im Hochsprung gegeneinander an.
    a) Unterscheide Mädchen und Jungen. Bilde anschließend jeweils drei bzw. fünf Klassen. Welche Einteilung ist sinnvoll?
    b) Zeichne geeignete Kreisdiagramme.
    c) Bestimme bei den Mädchen den Median und das arithmetische Mittel. Welcher Wert ist geeigneter?

Adrian	1,11 m	Viktor	1,02 m
Matthias	0,92 m	Eugen	0,99 m
Susanne	0,98 m	Bianca	0,89 m
Maximilian	1,14 m	Caren	1,06 m
Patrick	0,99 m	Sabine	1,06 m
Nadine	1,01 m	Andreas	1,13 m
Dennis	1,05 m	Jannik	1,11 m
Daniel	1,07 m	Nils	1,08 m
Deborah	1,10 m	Sascha	0,94 m
Sven	1,12 m	André	1,00 m

17. Im Streifendiagramm ist das Ergebnis der Schulsprecherwahl dargestellt, an der 440 Schülerinnen und Schüler beteiligt waren. Gib die relativen Häufigkeiten für alle Kandidaten in Prozent an und ermittle die Anzahl der Stimmen.

| Sven | Svenja | Sebastian | Susanne |

A Anhang

Zum Nachschlagen

Dichte

Stoff	ϱ in g·cm^{-3}	Stoff	ϱ in g·cm^{-3}	Stoff	ϱ in g·cm^{-3}
Aluminium	2,70	Gold	19,32	Silicium	2,33
Beton	1,8 … 2,4	Kork	0,2 … 0,3	Stahl	7,85
Blei	11,35	Kupfer	8,96	Styropor	0,03
Eisen	7,86	Papier	0,7 … 1,2	Zement	3,1 … 3,2
Glas	2,4 … 2,7	Silber	10,50	Ziegel	1,2 … 1,9

Vorsätze bei Einheiten

Vorsatz		Bedeutung	Faktor	Vorsatz		Bedeutung	Faktor
Exa	E	Trillion	10^{18}	Dezi	d	Zehntel	$0,1 = 10^{-1}$
Peta	P	Billiarde	10^{15}	Zenti	c	Hundertstel	$0,01 = 10^{-2}$
Tera	T	Billion	10^{12}	Milli	m	Tausendstel	$0,001 = 10^{-3}$
Giga	G	Milliarde	$10^9 = 1\,000\,000\,000$	Mikro	µ	Millionstel	$0,000\,001 = 10^{-6}$
Mega	M	Million	$10^6 = 1\,000\,000$	Nano	n	Milliardstel	$0,000\,000\,001 = 10^{-9}$
Kilo	k	Tausend	$10^3 = 1\,000$	Pico	p	Billionstel	10^{-12}
Hekto	h	Hundert	$10^2 = 100$	Femto	f	Billiardstel	10^{-15}
Deka	da	Zehn	$10^1 = 10$	Atto	a	Trillionstel	10^{-18}

Zeichen und Symbole

Zeichen	Sprechweise/Bedeutung	Zeichen	Sprechweise/Bedeutung
=; ≠	gleich; ungleich	$\overline{AB}$	Strecke AB
<; >	kleiner als; größer als	∅; { }	leere Menge
≈; ≙	rund, annähernd; entspricht	∈; ∉	Element von; nicht Element von
%	Prozent	$\mathbb{N}$	Menge der natürlichen Zahlen
∥; ⊥	parallel zu; senkrecht auf	$\mathbb{Z}$	Menge der ganzen Zahlen
△ABC	Dreieck mit den Eckpunkten A, B, C	$\mathbb{Q}_+$	Menge der gebrochenen Zahlen
∢; ⊾	Winkel; rechter Winkel	$\mathbb{Q}$	Menge der rationalen Zahlen

Lösungen zu „Teste dich selbst"

Rechnen mit rationalen Zahlen (Seite 57)

1.
    a) $|-2| = |2|$ $\left|-\frac{3}{4}\right| = \left|\frac{3}{4}\right|$ $|0,5| = \left|-\frac{1}{2}\right|$ $|-1| = |1|$

    b) $\frac{3}{4}$; 1; 0,5; 2

    c) $-2 < -1 < -\frac{3}{4} < -\frac{1}{2} < 0,5 < \frac{3}{4} < 1 < 2 < 3 < 4$

    d) $-2 \in \mathbb{Z}$; $0,5 \in \mathbb{Q}_+$; $\frac{3}{4} \in \mathbb{Q}_+$; $4 \in \mathbb{N}$; $-1 \in \mathbb{Z}$; $2 \in \mathbb{N}$; $-\frac{3}{4} \in \mathbb{Q}$; $-\frac{1}{2} \in \mathbb{Q}$; $1 \in \mathbb{N}$; $3 \in \mathbb{N}$

2.
    a) $-28 - 0,92 + 12,7 = 12,7 - 28,92 = -16,22$

    b) $0,5 + 6,4 - 17 = 6,9 - 17 = -10,1$

    c) $\frac{252}{420} + \frac{525}{420} - \frac{280}{420} - \frac{180}{420} = \frac{777}{420} - \frac{460}{420} = \frac{317}{420}$

3.
    a) $-15 + 2 = -13$ b) z. B. $(-3) \cdot 6 = -18$ c) $-5 - 6 = -11$ d) $5 + (-8) = -3$

    e) $-4 + 7 = 3$ f) $-12 - 7 = -19$ g) $(-24) : (-6) = 4$ h) $12 + 8 - 20 = 0$

    i) $16 - 9 = 7$

4. a) 9,5   b) 8,5   c) 17,5   d) 1,5

5.
    a) Februar 50 €;   März -50 €   April -20 €;   Mai 50 €

    b) Januar zu Februar 50 € abgehoben;   Februar zu März 100 € abgehoben;
       März zu April 30 € eingezahlt;   April zu Mai 70 € eingezahlt

    c) 190 €

6. a) $\frac{(-4) \cdot 8 \cdot 17}{17 \cdot 4 \cdot (-8)} = \frac{1}{2}$ Kommutativgesetz; Kürzen   b) $\frac{4 \cdot (-51) \cdot 52}{5 \cdot 13 \cdot (-51)} = \frac{16}{5} = 3,2$ Kürzen

7.
    a) Anja: -3,35 m (2);
       Tina: +7,65 m (5);
       Maik: +5,65 m (4);
       Sven: -5,35 m (3);
       Tom: +2,65 m (1)

    b) Schätzmittelwert: 18,8 m
       Abweichung: +1,45 m

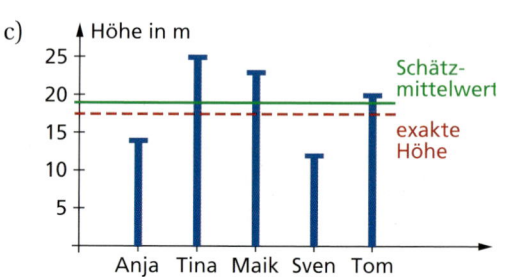

    c) Höhe in m — Schätzmittelwert / exakte Höhe (Anja, Tina, Maik, Sven, Tom)

Rechnen mit Prozenten und Zinsen (Seite 96)

1. 12,5 % der Bürger sind älter als 65 Jahre.

2. 512 € Miete monatlich

3. Ist der Grundwert in den beiden Klassen 7a und 7b gleich, dann ist die Aussage wahr.

4. Timo war vor einem Jahr ca. 1,36 m groß.

5. a) 400 g getrocknete Pilze   b) 10 kg frische Pilze

6. 25 % ≙ 42 km;   100 % ≙ 168 km   Der Autobahnabschnitt ist insgesamt 168 km lang.
   1. Abschnitt: 42 km   2. Abschnitt: 56 km   3. Abschnitt: 70 km

Lösungen zu „Teste dich selbst"

7.

Kapital in Euro	400	120	**250**	2 450	630	**500**
Zinssatz p. a. in Prozent	12	**4,1**	9	6,5	3	7,25
Zinsen pro Jahr in Euro	**48**	4,92	22,50	**159,25**	18,90	36,25

8. Susanne erhält 5,67 € Zinsen.

9. Herr Pfeifer muss 85 € Zinsen zahlen.

10. Vom 3.7. bis 15.9. sind es 75 Tage zur Verzinsung. Die Zinsen betragen 6,99 €.

11. Frau Dampe hat sich 1 000 € von der Bank geliehen.

12. Alter Preis: 525,00 € Erhöhter Preis: 567,00 €
Erhöhung um 8 %: 42,00 € Senkung um 8 %: 45,36 €
Erhöhter Preis: 567,00 € Neuer Preis: 521,64 €
Die Preiserhöhung mit anschließender Preissenkung um den gleichen Prozentsatz entspricht einer Preissenkung.

13. $V_{alt} = 30\,000 \text{ cm}^3$ $V_{neu} = (a \cdot 1{,}1) \cdot (b \cdot 1{,}3) \cdot (c \cdot 1{,}15) = 30\,000 \text{ cm}^3 \cdot 1{,}6445 = 49\,335 \text{ cm}^3$
Das Volumen nimmt um 64,45 % zu.

Gleichungen und Ungleichungen lösen (Seite 136)

1. a) $a = 4$;   Probe: $6 - 12 = 20 - 26$ $-6 = -6$
   b) $x = -5$; Probe: $7 + (-25 - 12) = -30$ $-30 = -30$
   c) $z = \frac{15}{2}$ Probe: $\frac{105}{2} + \frac{18}{2} - \frac{270}{2} = \frac{20}{2} - \frac{225}{2} + \frac{58}{2}$ $\frac{-147}{2} = \frac{-147}{2}$
   d) $b = -8$ Probe: $24 - (9 + 64) = -49$ $-49 = -49$
   e) $x_1 = 6; x_2 = -6$ Probe: $36 + 12 = 48$ $48 = 48$
   f) $L = \{\}$

2. a) $3x - 7 = 29$ $3x = 36$ $x = 12$
   b) $(3x - 9) \cdot (-2) = -12$ $-6x + 18 = -12$ $-6x = -30$ $x = 5$
   c) $\frac{x}{3} + 2{,}4 = x - 3{,}6$ $6 = \frac{2}{3}x$ $x = 9$

3. a) $L = \{8\}$ b) $L = \{2\}$ c) $L = \{1{,}6\}$ d) $L = \{-24\}$ e) $L = \{1\}$
   f) $L = \{-1\}$ g) $L = \{17\}$ h) $L = \{-20\}$ i) $L = \{0{,}875\}$ j) $L = \{20\}$

4. $u = 2(a + b) = 36$ cm $b = a + 4$ cm
$36 = 2(a + a + 4) = 4a + 8$ $b = 7 + 4 = 11$
$a = 7$ Die beiden Rechteckseiten sind 7 cm und 11 cm lang.

5. a) Die Lösung $x_2 = 6$ ist richtig.   Für x_1 gilt: $3 \cdot 5 + 8 \neq 26$ $23 \neq 26$
   b) Die Lösung $x_2 = 7$ ist richtig.   Für x_1 gilt: $12 + 4 \neq 11 + 6$ $16 \neq 17$

6. x = Fläche von Rügen
$2\,948\,426 = x + (x + 770\,974) + (x + 770\,974 + 1\,403\,700)$ $3x = 2\,778$ $x = 926$
Rügen hat eine Fläche von ca. 926 km², Neuguinea ist etwa 771 900 km² groß.
Grönland ist mit 2 175 600 m² die größte Insel der Welt.

Anhang

7. $\frac{2}{3}x - 4 = 2$ x = 9   Pit hatte ursprünglich 9 € Taschengeld.

8. 120 = x + x + 30 + x + 60   120 = 3x + 90   x = 10
   Die drei Geschwister erhalten 10 €, 40 € und 70 €.

9. $3 \geq 2{,}5 + 0{,}15x$ $0{,}5 \geq 1{,}5x$ $x \leq \frac{10}{3}$
   Oma kann noch drei Tafeln Schokolade einpacken, die vierte wäre schon zu viel.

Der Kreis (Seite 162)

1. Wenn Micha davon ausgeht, dass der Bauchumfang annähernd dem Umfang eines Kreises entspricht, so hat er recht. $u = \pi \cdot d$ $2u = 2 \cdot \pi \cdot d = \pi \cdot 2d$

2. Katrin hat einen Kreis mit einem Radius von 6,2 cm gezeichnet. Dieser Kreis hat einen rechnerischen Umfang von $u = 2 \cdot \pi \cdot r = 38{,}96$ cm. Mit rund 39 cm ist das Ergebnis bei Berücksichtigung der Ungenauigkeit beim Zeichnen voll erfüllt.

3. Gegeben: d = 1 km   Gesucht: A in km²
   Lösung: $A = \frac{\pi}{4} \cdot d^2 = \frac{\pi}{4} \cdot 1 \text{ km}^2 = 0{,}79 \text{ km}^2$
   Antwortsatz: Das Pulvermaar hat eine Fläche von 0,79 km².

4. Gegeben: d = 6,50 m + 2 · 1 m = 8,50 m   Gesucht: A in m²
   Lösung: $A = \frac{1}{4} \cdot \pi \cdot d^2 = \frac{1}{4} \cdot \pi \cdot (8{,}50 \text{ m})^2 = 56{,}7 \text{ m}^2$
   Antwortsatz: Die Abdeckplane hat eine Fläche von 56,7 m².

5. Martin hat recht. Mögliche Begründung: Eine Sehne ist eine Strecke innerhalb eines Kreises, deren Endpunkte Punkte des Kreises sind. Geht diese Sehne durch den Mittelpunkt, so ist ihre Länge das Doppelte des Radius des Kreises. Dies entspricht der maximalen Distanz, die zwei Punkte des Kreises voneinander haben können.

6.

Radius r in cm	Flächeninhalt A in cm²	$\frac{A}{r}$	$\frac{A}{r^2}$
4	50,3	12,575	3,14375
8	201	25,125	3,14063
12	452	37,667	3,13889
16	804	50,25	3,14063

Es handelt sich um eine Zuordnung A → r, die nicht proportional ist. Verdoppelt sich der Radius, so verdoppelt sich auch $\frac{A}{r}$.

Betrachten wir stattdessen die Zuordnung A → r², so stellen wir fest, dass der Quotient $\frac{A}{r^2}$ annähernd gleich ist. Diese Zuordnung ist proportional, der Proportionalitätsfaktor ist die Kreiszahl π.

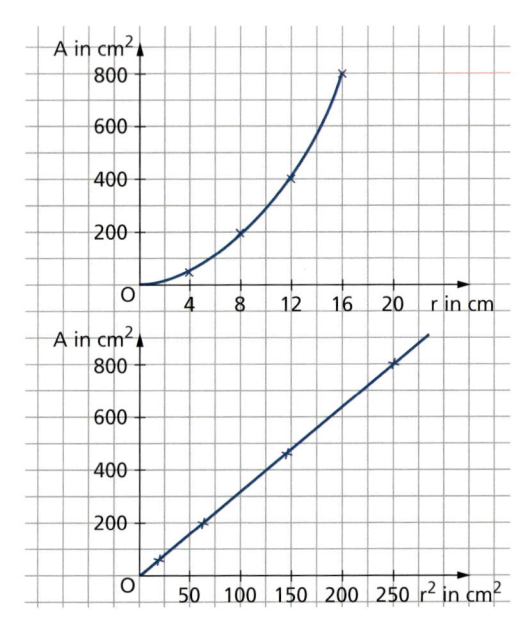

Lösungen zu „Teste dich selbst"

7. Der Kreisflächeninhalt des Kreises für 2007 muss doppelt so groß sein wie der für 1987.

$A = \pi \cdot r^2 \qquad 2A = \pi \cdot 2 \cdot r^2 \qquad 2A = \pi \cdot (\sqrt{2} \cdot r)^2$

Die Quadratwurzel aus 2 ist annähernd 1,4. Hat der Kreis „1987" einen Radius von 1 cm, so muss der Kreis „2007" dann einen Radius von ca. 1,4 cm besitzen. Da dies der Fall ist, entspricht das Größenverhältnis der beiden Kreise der Aussage des Herstellers.

8. a) $b \approx 75$ cm b) $b \approx 2,4$ cm c) $b \approx 0,47$ m

9. a) $\gamma = 64°$ Peripheriewinkel-Zentriwinkel-Satz
$\beta = 39°$ Innenwinkelsumme im Viereck

b) $\alpha = 32°$ Basiswinkel im gleichschenkligen Dreieck
$\delta_1 = \delta_2 = 58°$ Innenwinkelsumme im rechtwinkligen Dreieck

c) $\beta_1 = 18°$ Basiswinkel im gleichschenkligen Dreieck
$\varepsilon = 144°$ Innenwinkelsumme im Dreieck
$\alpha_2 = 47°$ Basiswinkel im gleichschenkligen Dreieck
$\beta_2 = 25°$ Basiswinkel im gleichschenkligen Dreieck ($\beta_2 = \frac{1}{2}(180° - 130°)$)
$\delta = 108°$ Summe der gegenüberliegenden Innenwinkel im Sehnenviereck

Prismen und Zylinder untersuchen (Seite 182)

1. a) Prisma mit dreiseitiger Grundfläche ABE
b) Prisma mit trapezförmiger Grundfläche ABFE
c) Kreiszylinder mit Kreis als Grundfläche

2. a) $V = 60$ cm³; $A_O = 112,4$ cm² b)

3. a) $V_2 = 3V_1$, da $V_2 = 3A_1 \cdot h_1$
b) $V_2 = V_1$, da $V_2 = \frac{1}{2} \cdot A_1 \cdot 2h_1 = A_1 \cdot h$

Abbildung nicht maßstäblich

4. a) $A_G \approx 50,27$ cm²; $h \approx \frac{V}{A_G} = 23,9$ cm b) $\frac{3}{4}$ von h sind 27 cm; $V \approx 1,36\ l$

5. a) $V = 176$ cm³; 528 g Kekse b) $A_O = 258$ cm²

6. $A_O = 880$ cm²; $V = 1754,5$ cm³

7. Da der Baum einen Durchmesser von 11,7 cm hat, darf ihn Herr Heinze fällen und durch einen neuen Baum ersetzen.

8. $V \approx 119$ cm³; $A_O \approx 136$ cm²

Abbildung nicht maßstäblich

9. Masse eines Werkstückes $m \approx 17,8$ kg (17,756)
Bei einer maximalen Zuladung von 3,5 t könnte man nur 197 der 200 Werkstücke transportieren.

Erfassen und Darstellen von Daten (Seite 208)

1. a) Modalwert: $m = 2$ b) Zensurendurchschnitt: $\bar{x} = 2,0$

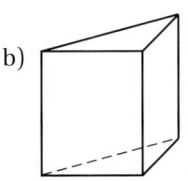

243

2. a)
Zehner	Einer
0	7 5 9
1	9 4 9 2 7 2 9 0
2	5 1 6 3 4 9 8
3	3 9 6 0 7 3 4 6 9 1
4	0 0

   b) Minimum: 5 Punkte
      Maximum: 40 Punkte

   c) 11 Schülerinnen und Schüler erreichten eine Punktzahl über 30.

   d) $19 : 30 = 0,\overline{63} \approx 63\,\%$

3. a) Der Mittelwert beträgt 49 $\frac{km}{h}$. Der Zentralwert ist 45 $\frac{km}{h}$.
    b) Ein Drittel der Autofahrer hat die zulässige Höchstgeschwindigkeit überschritten. Der Anteil ist sehr groß.
    c) Beispiele: Besucherzahlen; Höhe der Einkäufe in einem Supermarkt
    d) < 10 $\frac{km}{h}$: 10 €;   11–15 $\frac{km}{h}$: 20 €;   16–20 $\frac{km}{h}$: 30 €;   21–25 $\frac{km}{h}$: 40 € (1 Punkt)

4. $\bar{x} = 627,62$ €   w = 424,51 €

5. a) niedrig: 20 000 bis 23 000 €;   mittel: 23 00 € bis 27 000 €;   hoch: 27 000 € bis 30 000 €
    b) Klassenbreite: 3 000 €; 4 000 €; 3 000 €;   Klassenmitte: 21 500 €; 25 000 €; 28 500 €
    c) neue Bundesländer: $\bar{x} = 21\,136$ €;   alte Bundesländer: $\bar{x} = 30\,118$ €
       Der durchschnittliche Bruttoverdienst in den alten Bundesländern ist höher.

Lösungen zum Jahresabschlusstest (Seite 236)

1. a) $\mathbb{N}$: 0; 1; 2; 3 $\mathbb{Z}$: –1; 0; 1; 2; 3   b) –1 und 1

2. a) x = –5   b) x = 2   c) x = 7,5   d) x = 6   e) x = 5   f) x = 7   g) x = 20   h) x = –1

3. Klasse 7a: 23 Schüler   Klasse 7b: 25 Schüler   Klasse 7c: 28 Schüler

4. a) x = 3   b) x = 8   c) x = –0,5
    d) x = 1   e) $x_1 = \frac{5}{4}$; $x_2 = -\frac{5}{4}$ f) $x_1 = 0$; $x_2 = 3$

5. 23 % weiße Schokolade $\cong$ 17,5 t; 61 % Milchschokolade $\cong$ 46,4 t; 16 % Bitterschokolade $\cong$ 12,1 t

6. Zum Jahresanfang hatte Manuel 1560 € auf dem Konto.

7. Paul hat 16 € gespart.   8. Ein Kilogramm Nüsse kostet dann 3,90 €.

9. $\alpha = 40°$ Peripheriewinkel-Zentriwinkel-Satz
    $\beta = \gamma = 50°$ Basiswinkel im gleichschenkligen Dreieck

10. A ≈ 200 cm² (198,9 cm²)

11. a) A = a · b = 2,00 m · 4,20 m = 8,40 m²
    b) A = 2 · 4,20 m · 0,87 m + 2 · 2,0 m · 0,87 m + 4 · $\frac{1}{2}$ · 0,53 m · 1,00 m + 2 · 1,12 m · 4,2 m ≈ 21,3 m²
       Herr Heinze sollte etwa 21,5 m² Plane für sein Frühbeet kaufen.
    c) 21,3 m² Plane kosten 23,22 €. Kauft Herr Heinze 21,5 m², so muss er 23,44 € bezahlen.
    d) V = A_G · h = 4,54 m² · 4,20 m ≈ 19 m³
       Der Frühbeetkasten hat ein Volumen von etwa 19 m³.

12. Der Verschnitt beträgt ca. 35,75 %.
    A_Q = 16 FE $\cong$ 100 %; A_{HK} ≈ 6,28 FE; A_D = 4 FE;   10,28 FE $\cong$ 64,25 %

Lösungen zum Jahresabschlusstest

13. a) Das Pferd legt etwa 377 m zurück. $u = 2\pi r \approx 47$ m
b) Wenn 21 Schülerinnen und Schüler dieses Angebot nutzen, legt das Pferd insgesamt einen Weg von ca. 7,9 km (7 917 m) zurück.

14. a) Es werden ca. 341 m² (340,8 m²) Stahlblech benötigt.
b) Das Silo fasst etwa 406 m³ (405,5 m³) Silage.

15. a) 170 cm, **174 cm,** 175 cm, 178 cm, 180 cm, 180 cm, 182 cm, 190 cm, 190 cm, 190 cm, 200 cm
b) $\bar{x} = \frac{x_1 + x_2 + \ldots + x_9 + x_{10}}{10} = \frac{1819}{10} \approx 182$ Der Mittelwert der Schätzwerte beträgt 182 cm.
c) 182 cm $\hat{=}$ 100 %; $x \hat{=} 5\%$; $x = 9,1$ cm
5 % Abweichung bedeutet, dass der Lehrer entweder 191 cm oder 173 cm groß ist.

16. a) Jungen   Mädchen

Name	Höhe (m)	A	B	C	D	E
Adrian	1,11	x				
Viktor	1,02			x		
Matthias	0,92					x
Eugen	0,99				x	
Maximilian	1,14	x				
Patrick	0,99				x	
Andreas	1,13	x				
Dennis	1,05		x			
Jannik	1,11	x				
Daniel	1,07		x			
Nils	1,08		x			
Sascha	0,94					x
Sven	1,12	x				
André	1,00				x	
gesamt		5	3	2	2	2

Name	Höhe (m)	A	B	C
Susanne	0,98			x
Bianca	0,89			x
Caren	1,06		x	
Sabine	1,06		x	
Nadine	1,01		x	
Deborah	1,10	x		
gesamt		1	3	2

Klasseneinteilung: A: $1,10 \leq x$
B: $1,05 \leq x < 1,10$
C: $1,00 \leq x < 1,05$
D: $0,95 \leq x < 1,00$
E: $x < 0,95$

Klasseneinteilung: A: $1,10 \leq x$
B: $1,00 \leq x < 1,10$
C: $x < 1,00$

b) Klassen Jungen:

c)

Klassen Mädchen:

Median: 1,06
arithm. Mittel: 1,02

Der Median ist vorzuziehen, Deborahs „Ausreißer"-Wert verfälscht das arithmetische Mittel.

17. Sven: 40 %; Svenja: 25 %; Sebastian: 15 %; Susanne: 20 %
Sven: 176 Stimmen; Svenja: 110 Stimmen; Sebastian: 66 Stimmen; Susanne: 88 Stimmen

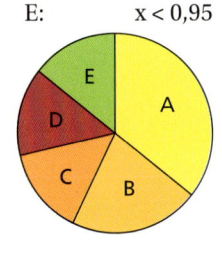

Register

A

Abszissenachse 27
Achse 168
Addition 6, 33
   – einer negativen Zahl 33
   – einer positiven Zahl 33
Ansicht eines Körpers 170
Anteil 6
antiproportionale Zuordnung 8
Äquivalenzumformung 113
ARCHIMEDES 232
arithmetisches Mittel 192, 209
Assoziativgesetz 41, 58
Ausgangsgröße 8
Aussage 102
äußere Tangente 144

B

Balkendiagramm 186
Basis 45
bequemer Prozentsatz 65
Berührungsradius 144
Betrag 26, 59
Bewegungsaufgabe 127
Beweisaufgabe 232
Bezugsgröße 64
Bruch 6, 62
   – Addieren 6, 18
   – Dividieren 6, 18
   – Erweitern 6
   – gleichnamig 6
   – Kürzen 6
   – Multiplizieren 6, 18
   – Subtrahieren 6, 18
Bruchgleichung 118
Bruchteil 62

D

Daten 209
   – Erfassen 186
   – Ordnen 186
Deckfläche 168
Dezimalbruch 62
   – Addieren 18
   – Dividieren 18
   – Multiplizieren 18
   – Subtrahieren 18
   – unendlicher nicht-
     periodischer 46
Dezimalstelle 62
Diagramm 8, 77, 219
Distributivgesetz 41, 58

Division rationaler Zahlen
   – Regeln 41
Divisor 6
Draufsicht 171
Dreieck 10, 166
Dreiecksungleichung 10
Dreisatz 8, 62
Durchmesser 140, 142, 147
Durchschnitt 193
dynamische Geometrie-
   software 221

E

Eingangsgröße 8
Element 23
Erhebung
   – statistische 189
Erweitern 6
experimentelle Bestimmung der
   Zahl π 181
Exponent 45

F

Flächeninhalt 12
   – Dreieck 12
   – Kreis 154
   – Kreissektor 155
   – Parallelogramm 12
   – Quadrat 12
   – Rechteck 12
   – Trapez 12
   – Vieleck 12
Formel 126, 137

G

Ganzes 6
ganze Zahl 19, 22
Gegenzahl 19, 26, 59
Gerade 8
gewogener Mittelwert 193, 209
gleichnamig 6
Gleichung 102, 137
   – Äquivalenz 111
   – Lösen 110
   – mit Beträgen 125
   – mit Brüchen 118
Größe 50
Grundbereich 110, 137
Grundfläche 168, 174
Grundgesamtheit 188
Grundgleichung 68
Grundwert 68, 97
   – Berechnen 69
   – vermehrter 80
   – verminderter 80

H

Häufigkeitstabelle 186
Häufigkeitsverteilung 186, 198, 209
Histogramm 197
Höhe 168, 174
Hyperbelast 8

I

Inkreis 140
Innenwinkelsumme 10
innere Tangente 144
Intervallschachtelung 46, 152
irrational 151
irrationale Zahl 46, 152
Isolieren 113

J

Jahreszinsen 84

K

Kapital 84, 86, 97
Kavalierperspektive 170, 173
Kennwert 192
Klammer 104
Klassen 209
Klassenbreite 197
Klasseneinteilung 197
Klassenmitte 197
Kommutativgesetz 41, 58
Kongruenzsatz 10
Konstante 102
Konstruktionsaufgabe 230
Koordinatensystem 8, 27, 224
Koordinatenursprung 27
Körper 166
   – Ansicht 170
   – Netz 166, 183
Kreis 140, 163, 166
   – Flächeninhalt 154
   – Umfang 151
Kreisbogen 163
   – Länge 153
Kreisdiagramm 70, 97, 186
Kreismittelpunkt 142
Kreissektor 155, 163
   – Flächeninhalt 155
Kreiszahl 151, 152
   – Experiment 181
   – Geschichte 153
Kreiszylinder 174, 183
Kürzen 6

246

Register

L

Lösen
- von Beweisaufgaben 232
- von Konstruktionsaufgaben 230
- von Sachaufgaben 228

Lösen von Gleichungen
- Rückwärtsarbeiten 110
- Umformungen 111

Lösungsmenge 110, 137
Lösungsstrategie 127
- Probieren 100
- Vereinfachen 100

Lot 140

M

Mantelfläche 168, 175
Mantellinie 168
mathematische Aussage 143
Maximum 192, 209
Median 194
Mengendiagramm 23
Merkmal 188
Minimum 192, 209
Mischungsaufgabe 128
Mittelpunkt 140
Mittelpunktswinkel (Zentriwinkel) 144
Mittelsenkrechte 140
Mittelwert 193
Modalwert 195, 209
Monatszins 85
Multiplikation rationaler Zahlen
- Regeln 40

N

Näherungswert 49, 152
natürliche Zahl 19
negative gebrochene Zahl 22
negative Zahl 19
Netz eines Zylinders 175
nichtperiodischer Dezimalbruch 46, 152

O

Oberflächeninhalt 183
- Prisma 175
- Quader 14
- Würfel 14
- Zylinder 175

Ordinatenachse 27
Ordnen 104

P

Parallelogramm 166
Passante 142
Peripheriewinkel (Umfangswinkel) 144, 163
Peripheriewinkelsatz 149
Pfeilbild 110
positive Zahl 19
Potenz 45
ppb 78
ppm 78
Prisma 168, 183
- Berechnen 174
- Beschreiben 168
- Darstellen 170
- Oberflächeninhalt 175
- Schrägbild 172
- Volumen 174

Probe 113
Probieren 100
Projektionsebene 170
Promille 97
Promillerechnung 78, 97
proportional 68
proportionale Zuordnung 8
Proportionalitätsfaktor 154
Prozent 64
Prozentkreis 70
Prozentrechnung 68
Prozentsatz 65, 68, 97
- bequemer 65
- Berechnen 69
- Darstellen 70

Prozentstreifen 70
prozentualer Abschlag 80
prozentualer Zuschlag 80
Prozentwert 68, 69, 97
Prozentzahl 65
Punkt 142

Q

Quader 14, 166
Quadrant 27
Quadrat 166
Quadratwurzel 45
Quadratzahl 45
Quadrieren 45

R

Rabatt 81
Radius 140, 142
rationale Zahl 22, 58
- Addieren 33
- Darstellen 23
- Dividieren 40
- Multiplizieren 40
- Ordnen 27
- Subtrahieren 33
- Vergleichen 27

Rechengesetz 58

Rechenregel
- Addition 35
- Division 41
- Multiplikation 41
- Subtraktion 35

Rechteck 166
reelle Zahl 46, 152
regelmäßiges n-Eck 139
repräsentativ 189, 209
Rotationskörper 168
Rückwärtsarbeiten 110, 228

S

Sachaufgabe 129, 228
Satz des Thales 147, 163
- Anwendung 148
- Umkehrung 148

Säulendiagramm 70
Schaubild 8
Scheitelwinkel 10
Schrägbild 170, 183
- Prisma 172
- Zylinder 172

schräge Parallelprojektion 170
Sehne 142
Sehnen-Tangenten-Winkel 144
Sehnenviereck 142, 163
Seiten-Winkel-Beziehung 10
Seitenfläche 168
Sekante 142
senkrechte Zweitafelprojektion 170
sinnvolle Genauigkeit 49
Skonto 81
Spannweite 192, 209
Stabdiagramm 70
Stängel-Blätter-Diagramm 186
statistische Erhebung 189
Stichprobe 188
Strategie 100
Strecke 142
Streckendiagramm 186
Streifendiagramm 70, 186
Strichliste 186, 209
Stufenwinkel 10
Subtraktion 34
- einer negativen Zahl 34
- einer positiven Zahl 34

T

Tabelle 209
Tabellenkalkulation 77, 216, 218
Tageszins 85
Tangente 142
- äußere 144
- innere 144
- Konstruieren 144

Taschenrechner 120, 212

247

Register

Teilmenge 23
Term 102, 137
- Struktur 103
- Umformen 104
- Vereinfachen 103
Termwert 103
Thalessatz 148
THALES VON MILET 147
Tiefenlinie 173

U

Umfang 12, 140
- Dreieck 12
- Kreis 151
- Parallelogramm 12
- Quadrat 12
- Rechteck 12
- Trapez 12
- Vieleck 12
Umfangswinkel (Peripheriewinkel) 144
Umformungsregel 112, 121, 137
Umkreis 140
unendlicher nichtperiodischer Dezimalbruch 46
Ungleichung 102, 121, 137
- Darstellen 121
- Lösen 121
Urliste 186

V

Variable 102, 126
Variablengrundbereich 110
Verbindungsregel 41
Vereinfachen 100
Verhältnisgleichung 68, 101
Vertauschungsregel 41
Verteilungsregel 41
Volumen 183
- Prisma 174
- Quader 14
- Würfel 14
- Zylinder 174
Vorderansicht 171
Vorzeichen 22

W

Wechselwinkel 10
Winkelhalbierende 140
Wurzelziehen 45

X

x-Achse 27

Y

y-Achse 27

Z

Zahl
- ganze 19, 22
- irrationale 152
- natürliche 19
- negative 19
- negative gebrochene 22
- positive 19
- rationale 22, 58
- reelle 46, 152
- zueinander entgegengesetzte 19, 26
Zahlenbereich 59
Zahlengerade 19, 22, 121
Zahlenmenge 23
Zahlenstrahl 22
Zehnerbruch 62
Zehnerpotenz 45
Zellbezug 219
Zellinhalt 217
Zentralwert 194, 209
Zentriwinkel (Mittelpunktswinkel) 144, 155, 163
Zentriwinkel-Peripheriewinkel-Satz 149
Zins 84, 97
Zinseszins 86
Zinsrechnung 84
Zinssatz 84, 97
zueinander äquivalent 111
zueinander entgegengesetzte Zahlen 19, 26
Zufallsauswahl 189
Zuordnung 8
- antiproportionale 8
- proportionale 8
Zusammenfassen 104
Zylinder 168, 183
- Berechnen 174
- Beschreiben 168
- Darstellen 170
- Netz 175
- Oberflächeninhalt 175
- Schrägbild 172
- Volumen 174

Bildquellenverzeichnis

adpic Bildagentur / B. Leitner: 84/1; adpic Bildagentur / M. Verberkt: 67/1; AEG Hausgeräte GmbH: 87/2; Architekturbüro Rolf Disch: 61/1; B. Mahler, Fotograf, Berlin: 9/1; 24/1; 165/2; 185/1; 212/1; 234/2; 140/2; B. Wöhlbrandt: 57/1; 231/1; BackArts GmbH: 92/2; Bibliographisches Institut & F. A. Brockhaus, Mannheim: 25/1; 91/1; BilderBox Bildagentur GmbH: 87/1; blickwinkel / L. Lenz: 196/1; Canon Deutschland GmbH: 169/2; Comstock Images / Fotosearch: 190/1; 190/2; Corel Photos Inc.: 15/1; 17/3; 165/1; 195/1; 138/1; 16/1; Cornelsen Experimenta: 19/1; 169/1; 172/1; Daimler AG: 185/2; DB AG / Rainer Garbe: 89/1; Dr. Michael Unger: 165/3; DRK: 93/1; DUDEN PAETEC GmbH: 17/2; 37/1; 38/1; 56/1; 120/1; 132/1; 136/1; 147/1; 201/1; 211/1; 232/1; Fa. Ciclosport, Krailling: 151/1; Fotolia / I. Fischer: 79/1; Fotolia / T. Hilger: 128/1; Fotolia / Zauberhut: 96/1; G. Liesenberg: 174/1; 227/1; 227/2; 227/3; 139/1; 140/3; 167/1; 167/2; 167/3; 167/4; 167/5; 167/6; GARDENA, Ulm: 154/1; H. Mahler, Fotograf, Berlin: 155/1; 171/1; 226/1; Hans-Rudolf Schulz / Keystone: 164/1; Hemera Photo Objects: 83/1; 92/1; Herbert Haas / primap software: 161/1; iStockphoto: 190/3; iStockphoto / Chris Schmidt: 189/1; iStockphoto / Daniel Bendjy: 99/1; iStockphoto / Hans Laubel: 139/2; iStockphoto / Ian Bracegirdle: 159/1; iStockphoto / Konstantin Sukhinin: 151/3; iStockphoto / Simone van den Berg: 81/1; Katrin Bahro, Berlin: 99/3; Klaus Wätzel: 21/1; mauritius images: 60/1; Meyer, L., Potsdam: 49/1; 179/1; ÖAMTC: 208/1; panthermedia: 99/2; 205/1; panthermedia / A. Antl: 94/1; panthermedia / Alexander Pförtner: 7/3; panthermedia / Daniel Hohlfeld: 7/1; panthermedia / F. Friebel: 89/2; panthermedia / Ronny Nöller: 7/2; panthermedia / Sergej Seemann: 71/1; panthermedia/Michael Schmelter: 160/2; Photo Disc Inc.: 61/2; 140/1; 228/1; 238/1; Photosphere: 78/1; 210/1; picture-alliance / akg-images: 181/1; picture-alliance / akg-images / Hilbich: 160/1; picture-alliance / dpa: 88/1; 158/1; 162/1; picture-alliance / dpa / dpaweb: 32/1; picture-alliance / ZB: 184/1; Pitopia / Fotoman, 2006: 119/1; Pitopia / Patrizier-Design: 98/1; Potsdam Tourismus GmbH: 207/1; Raddiscount: 151/2; Rainer Fischer: 206/1; Raum, B., Neuenhagen: 234/1; S. Ruhmke, Berlin: 194/1; Siemens AG / München: 89/3; 185/3; 216/1; 191/1; Thomas Gloor, Buch: Zofinger Stadtgeschichte: 159/2; Uwe Schmidt: 61/3; VW Nutzfahrzeuge: 50/1; Wirtgen GmbH: 76/1; www.hessen-tourismus.de: 127/1

248

Übersicht zu Einheiten

Längeneinheiten
Kilometer (km), Meter (m), Dezimeter (dm), Zentimeter (cm), Millimeter (mm)

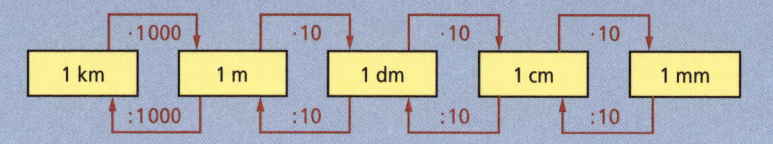

```
        ·1000        ·10         ·10         ·10
  1 km  →→→→  1 m  →→→→  1 dm  →→→→  1 cm  →→→→  1 mm
        :1000        :10         :10         :10
```

Flächeneinheiten
Quadratkilometer (km^2), Hektar (ha), Ar (a), Quadratmeter (m^2), Quadratdezimeter (dm^2), Quadratzentimeter (cm^2), Quadratmillimeter (mm^2)

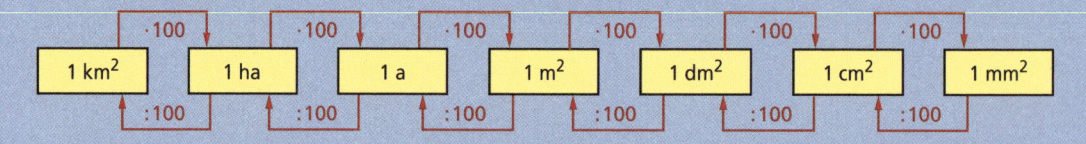

```
        ·100       ·100      ·100      ·100       ·100       ·100
  1 km² →→→  1 ha →→→  1 a →→→  1 m² →→→  1 dm² →→→  1 cm² →→→  1 mm²
        :100       :100      :100      :100       :100       :100
```

Volumeneinheiten
Kubikkilometer (km^3), Kubikmeter (m^3), Kubikdezimeter (dm^3), Kubikzentimeter (cm^3), Kubikmillimeter (mm^3); Hektoliter (hl), Liter (l), Zentiliter (cl), Milliliter (ml)

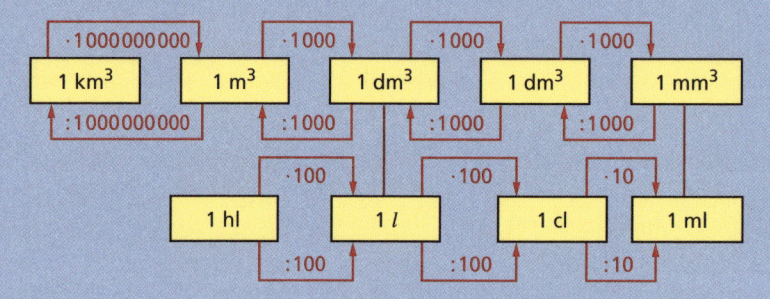

```
         ·1 000 000 000     ·1000      ·1000     ·1000
   1 km³ →→→→→→→→  1 m³ →→→  1 dm³ →→→  1 dm³ →→→  1 mm³
         :1 000 000 000     :1000      :1000     :1000

                       ·100       ·100      ·10
                 1 hl →→→  1 l →→→  1 cl →→→  1 ml
                       :100       :100      :10
```

Masseeinheiten
Tonne (t), Dezitonne (dt), Kilogramm (kg), Gramm (g), Milligramm (mg)

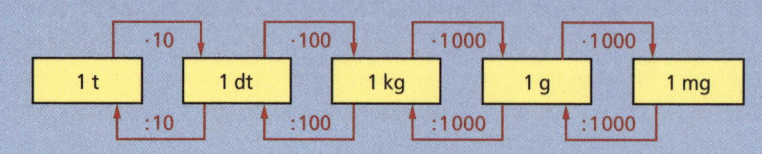

```
       ·10        ·100       ·1000      ·1000
  1 t  →→→  1 dt  →→→  1 kg  →→→  1 g  →→→  1 mg
       :10        :100       :1000      :1000
```

Vorsätze bei Einheiten

Vorsatz		Bedeutung	Faktor	Vorsatz		Bedeutung	Faktor
Mega	M	Million	$10^6 = 1\,000\,000$	Dezi	d	Zehntel	$0{,}1 = 10^{-1}$
Kilo	k	Tausend	$10^3 = 1000$	Zenti	c	Hundertstel	$0{,}01 = 10^{-2}$
Hekto	h	Hundert	$10^2 = 100$	Milli	m	Tausendstel	$0{,}001 = 10^{-3}$
Deka	da	Zehn	$10^1 = 10$	Mikro	μ	Millionstel	$0{,}000001 = 10^{-6}$